履践致远

厦门市环境科学学会会史

庄世坚　编著

厦门大学出版社　国家一级出版社
XIAMEN UNIVERSITY PRESS　全国百佳图书出版单位

图书在版编目（CIP）数据

履践致远：厦门市环境科学学会会史 / 庄世坚编著. -- 厦门：厦门大学出版社，2024.4
ISBN 978-7-5615-9345-5

Ⅰ. ①履… Ⅱ. ①庄… Ⅲ. ①环境科学-学会-历史-厦门 Ⅳ. ①X-2

中国国家版本馆CIP数据核字(2024)第067695号

责任编辑 李峰伟
封面设计 赖日成
美术编辑 李嘉彬
技术编辑 许克华

出版发行 厦门大学出版社
社　　址 厦门市软件园二期望海路 39 号
邮政编码 361008
总　　机 0592-2181111　0592-2181406(传真)
营销中心 0592-2184458　0592-2181365
网　　址 http://www.xmupress.com
邮　　箱 xmup@xmupress.com
印　　刷 厦门集大印刷有限公司

开本 787 mm×1 092 mm　1/16
印张 22.5
字数 412 千字
版次 2024 年 4 月第 1 版
印次 2024 年 4 月第 1 次印刷
定价 158.00 元

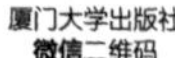
厦门大学出版社
微信二维码

厦门大学出版社
微博二维码

題贈廈門市環境科學學會

群策群力保護海上花園環境

同心同德促進廈門持續發展

一九九五年九月

盧嘉錫

序言

厦门市环境科学学会迎来建会40周年之际，《履践致远：厦门市环境科学学会会史》作为生日礼物出版，可喜可贺。

1983年12月3日，厦门市环境科学学会应需而生，这是厦门市生态环境保护事业的一件大事。40年来，厦门市环境科学学会致力于构建、夯实和拓展环境科技公共服务平台，坚持“为科技工作者服务、为创新驱动发展服务、为提高全民科学素质服务、为党和政府的科学决策服务”，并积极推动对外对台环保交流合作。

厦门是习近平同志到福建工作的第一站，每当重要发展阶段和关键节点习近平同志都为厦门亲自把脉定向。本书多处述及习近平同志亲自领导厦门这座海湾型城市的生态环境保护工作的事例，生动地诠释了厦门是习近平生态文明思想的重要孕育地和先行实践地。例如，时任中共厦门市委常委、副市长的习近平同志带领厦门人民打响自然资源保卫战；批文成立厦门市环境保护局，从体制上为开创厦门环保工作新局面奠定了坚实基础；在厦门市人大常委会会议上提出站位非常高、指导性非常强的生态环保工作思路；主编《1985年—2000年厦门经济社会发展战略》，极具前瞻性地设置“厦门市城镇体系与生态环境问题”专章；主持“加快筼筜湖综合治理”专题会议，确定“依法治湖、截污处理、清淤筑岸、搞活水体、美化环境”的治湖方略，推动筼筜湖黑臭水体治理，久久为功，促使环境与生态蝶变。时任中共福建省委副书记的习近平同志为边远贫困的军营村和白交祠村指明“山上‘戴帽’、山下开发”的绿色发展之路。时任福建省省长的习近平同志在给首届中国（厦门）国际城市绿色环保博览会的贺信中提出“绿色生活方式、绿色工作方式、绿色生产方式、绿色消费方式”；在福建省环保工作座谈会上系统阐述了建设“生态省”思想，并具体部署，要厦门建立空气质量预报制度、重视自然保护区和生态示范区建设；到厦门调研嘱托厦门成为“生态省”建设的排头兵，并指示厦门抓好西海域综合整治和自然保护区建设；在全省环保大会上部署“生态省”目标任务时，还要求厦门建成“国际花园城市”；采纳厦门环境科技工作者建议，批示推动厦门建设中华白海豚保护救护基地和建立海洋环境实时立体监测系统。时任中共中央政治局常委、国家副主席的习近平同志到中国科学院城市环境研究所调研，勉励环境科研人员大展宏图。习近平总书记在金砖国家厦门会晤中，赞誉厦门这座高素质高颜值现代化国际化城市，人与自然和谐共生。因此，厦门市环境科学学会从初创时期起，就有幸得到习近平生态文明思想理念的一路引领和点化，参与了厦门的治山、治水、治海、治气、治城，推进“海域、流域、全域”生态保护修复，不断探索协同推进高质量发展和高水平保护、促进人与自然和谐共生的生态文明实践“厦门路径”。

40年来，厦门市环境科学学会始终发挥学科交叉、人才荟萃、联系广泛的优势，踔厉奋发，砥砺前行，为厦门生态环境保护事业和生态文明建设做出了不可磨灭的重要贡献。心怀“国之大者”的厦门市环境科学学会会员们，一方面立足本职岗位、潜心科研，产出了累累学术硕果，为促进生态环境科技繁荣发展贡献心智，也为国际国内（特别是海峡两岸）生态环境保护学术交流与合作发挥了积极而独特的作用；另一方面为创新驱动厦门绿色发展奉献智慧、造就动能，为厦门市委和市政府的科学决策与环境管理提供了大量的咨询服务，也为提高全民环境意识和科学素质开展了许多形式多样的环境科普和宣传教育活动。

长期以来，在厦门市环境科学学会这个“厦门市环境科技工作者之家”，会员总数虽在200人上下，却贤达蔚起、英才辈出，在厦门生态环境保护事业探索先行的征程上留下的深浅脚印构成了生态文明建设的长征组歌。本书把大量的具体史实按时间轴线串联起来，展示了厦门市环境科学学会卓有成效、熠熠生辉的历程，讴歌了厦门市环境科学学会及其会员们为开拓厦门的生态环境科技事业作出的特别贡献，也从侧面展现了厦门市生态环境保护事业从无到有、从小到大的波澜壮阔的历史画卷。

但是，要从遍及全市的会员单位和散落在不同层级不同部门及个人的尘封资料里收集、整理、归纳、编辑形成厦门市第一部环境科技志书，是一项非常艰辛的厦门环保家底大整理的工程。幸好，厦门市环境科学学会理事长庄世坚从1982年就开始从事环境保护工作，是厦门市绝大多数环境治理和生态文明建设活动的亲历者、见证者或知情者。在职时，负责过《厦门市志•环境保护志》的编写，退休后又代表厦门市环境保护局撰写过《厦门市环保行政与探路生态文明40年》，并为中共厦门市委、市政府建设“筼筜故事”厦门生态文明展馆撰写过《筼筜故事：生态文明建设厦门实录》。为此，庄世坚以高度的责任感领命编纂这部会史，而且用心、用情、用力讲好厦门市环境科学学会和环境科技工作者的故事。

《履践致远：厦门市环境科学学会会史》基于史实的锋笔，以平淡的笔调来抒写远去的或正在奉献的会员的背影，以历史的视野来审读让会员刻骨铭心的学会既往活动，以时代之眼来回顾厦门市驰而不息、踔疾步稳的生态文明建设史。这，确实是一部研究地方科技学会发生发展规律的开山之作。

环境保护是我国的一项基本国策，生态文明建设还任重道远。相信《履践致远：厦门市环境科学学会会史》的问世，一定能够激励厦门市环境科学学会全体会员和厦门市环境科技工作者赓续前行，与时俱进，长风万里，履践致远。

洪华生

2023年10月28日

目　录

第一章

加强组织建设 构筑服务平台

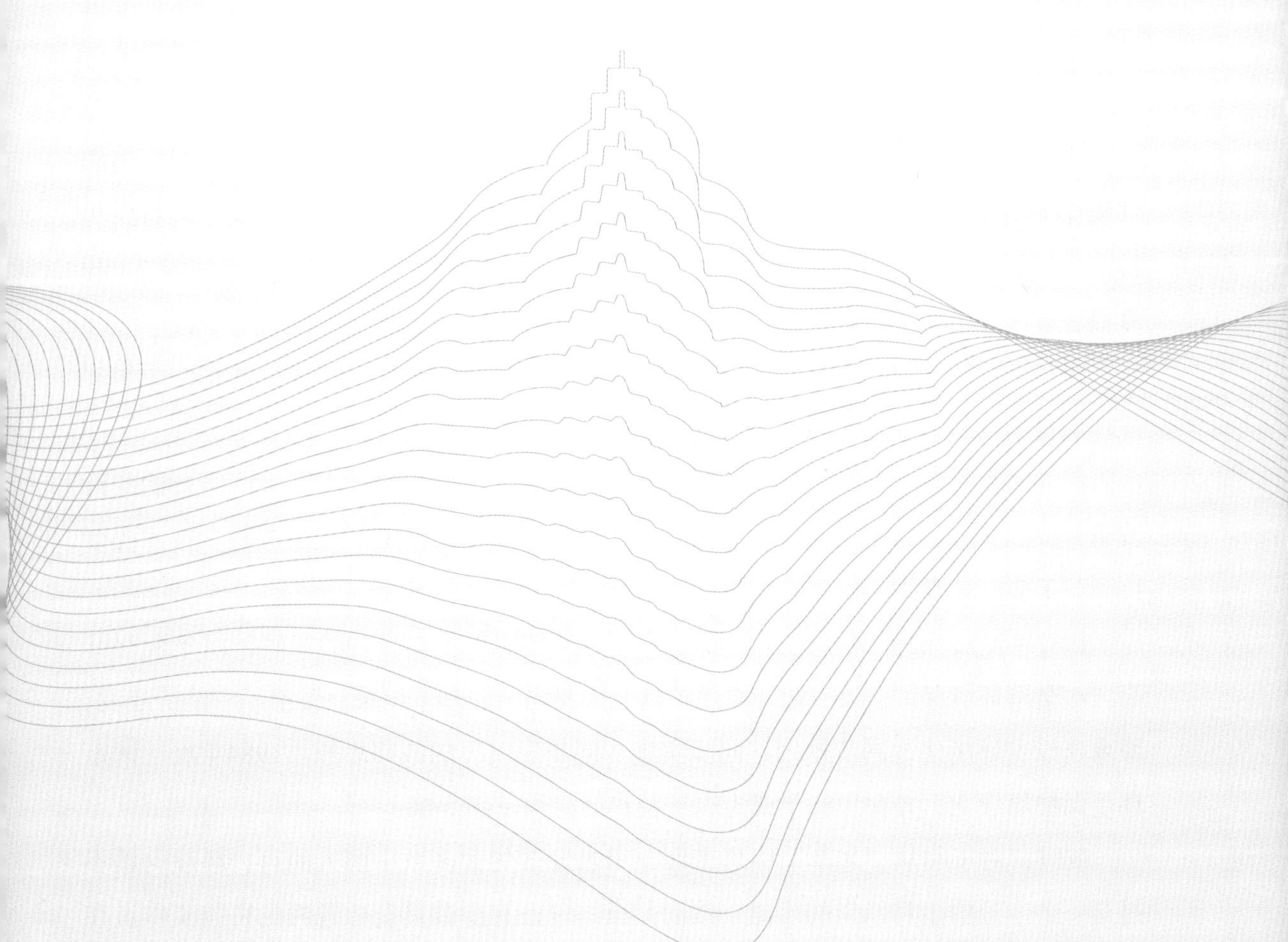

1.1 厦门市环境科学学会的孕育背景（1972—1982）

1972年6月5—16日，联合国在斯德哥尔摩召开第一次人类环境会议，颠覆了人类社会对发展问题的认知，标志着全球环境保护事业的开始。自此，环境科学作为新兴学科在全球范围内方兴未艾。

1973年8月，国务院召开了第一次全国环境保护会议，审议通过了我国保护环境的32字方针："全面规划、合理布局、综合利用、化害为利、依靠群众、大家动手、保护环境、造福人民。"

1974年5月，国务院环境保护领导小组成立，并设立办公室负责统一管理全国的环境保护工作。此后，全国各地陆陆续续建立环境管理机构和环境监测及环境科研机构，逐步开展环境保护工作。1975年9月，福建省环境保护领导小组及其办公室成立（挂靠福建省建委）。

1978年3月，中共中央召开全国科学大会，号召向科学技术现代化进军，中国迎来环境科学发展的春天。同年12月，党的十一届三中全会召开，环境保护首次纳入《中华人民共和国宪法》。全党工作重点转移到社会主义现代化建设上来，中国开始实行改革开放国策。1981年，党的十一届六中全会总结了历史经验，把中国科学技术协会提到与工会、共青团、妇联组织相应的地位。

1982年2月，国家城乡建设环境保护部内设环境保护局。1983年底，国务院召开第二次全国环境保护会议，把环境保护确立为我国一项基本国策，提出了"经济建设、城乡建设、环境建设同步规划、同步实施、同步发展"的战略思想。1984年底，国家环境保护局成立，并在1988年成为国务院直属机构（副部级）。

彼时，对于刚从"文革"中醒来而急于求发展的大多数中国人而言，环境问题不过是一个十分陌生和新奇的术语。然而，全国也已有少数具有敏锐性的科技工作者在各自领域对环境污染问题进行零星、分散的关注和研究。

几乎各领域有研究过环境问题的科技工作者都意识到：环境问题的认识和研究有赖于相关学科科技工作者的交流和密切合作，解决环境问题也必须依靠跨学科、跨领域、跨行业的通力协作，亟须一个组织将大家聚集起来。因此，这一重任历史性地落在了环境科学学会肩上。

1978年5月，中国第一个专门从事环境保护事业的全国性科技社团——中国环境科学学会成立。这个国家一级学会是当时环境保护最高行政主管部门——国务院环境保护领导小组办公室（简称国务院环保办）下辖的唯一的直属单位，也是国内环境学科最高学术团体和目前规模最大的环保科技社团组织①。

在厦门，厦门市革命委员会（市政府）于1976年11月成立“三废”污染治理办公室（厦门市基本建设委员会下属机构），标志着厦门市环境保护事业的开创。1977年7月，厦门市环境保护领导小组办公室（简称“厦门市环境保护办公室”或“厦门市环保办”）成立，厦门市基本建设委员会副主任刘炳林兼主任，谢崇永为副主任②。从此，厦门市环保办与其环境保护监测站（以下简称厦门市环保监测站）在厦门市政府大院（公园南路2号）中搭盖简陋的玻璃钢房开展工作。1978年5月16日，厦门市环境保护领导小组成立，厦门市革命委员会副主任向真任组长，厦门市基本建设委员会刘炳林任副组长兼办公室主任，谢崇永任办公室副主任。1978年7月，厦门市环境保护委员会成立，刘炳林为主任，谢崇永为副主任③。1982年6月16日，厦门市人大任命邱永清为厦门市环保办主任。而后，厦门市政府先后任命吴子琳、林汉宗为厦门市环保办副主任。

1978年2月，厦门市革命委员会向福建省革命委员会呈报《关于厦门市环境保护科学研究所人员编制问题的报告》，申请成立厦门市环境保护科研所。1978年6月，福建省环境保护办公室发出“关于厦门环保科研、监测机构建设问题的函”（闽环字〔1978〕016号）。1978年7月11日，厦门市革命委员会发文批准成立厦门市环保监测站和厦门市环境保护科研所（以下简称厦门市环保科研所），编制各为15名。

1980年，厦门市环保监测站开始具备定期监测空气、水质和噪声的工作能力。

① 中国环境科学学会:《中国环境科学学会史》，上海交通大学出版社2008年版，第5-7页。

② 厦门城市建设志编纂委员会:《厦门城市建设志》，鹭江出版社1992年版，第21页。

③ 中共厦门市委党史研究室:《中共厦门地方史专题研究（社会主义时期Ⅲ）》，中共党史出版社2005年版，第316页。

1981年5月，福建省环境保护局重新核定厦门市环保监测站编制为40人，并下文取消尚未组建的厦门市环保科研所。由于厦门市环保办不同意，厦门市环保科研所的财政印章账号保留下来，并于1984年任命了正、副所长，但是其编制和事业经费都没有列入计划。不过，厦门的环境科研工作从未停止[①]。

事实上，20世纪70年代厦门的环境保护工作就拉开了序幕。1973年7月，厦门市科学技术局组织对全市烟囱除尘情况进行调查[②]。从1978年开始，厦门市“三废”污染治理办公室对“三废”治理与主体工程的“三同时”纳入基建会审，对污染严重的电镀行业加强了原料供应的管理。1980年4月16日，厦门市革命委员会召开大会，动员全市人民开展“环境保护宣传月”活动。

1980年7月，厦门市环保办开始对全市工业锅炉进行消烟除尘管理。

1980年8月，全国人大常委会宣布，在深圳、珠海、汕头、厦门设立经济特区。1980年10月，国务院同意在厦门岛西北部的湖里地区划出2.5平方公里的土地，设置厦门经济特区。

1981年4月，厦门市人大常委会通过《厦门市人民政府关于对企事业单位征收排污费和实行污染罚款的规定》。

1981年8月，国务院环境保护办公室在北京召开经济特区环境影响评价工作座谈会，决定对厦门及其他经济特区进行“环境本底调查和评价”（国环办字〔1981〕165号）。为此，厦门市环保办组织辖下全体人员（福建省环保局和福建省环境监测中心站也抽调人员参与），开展厦门市环境本底调查和评价工作。

1982年8月5日，厦门市第一次环境保护工作会议召开，主题是讨论“福建省人民政府关于执行国务院《征收排污费暂行办法》的实施意见”。

1981年末起，福建省65个县（市）开展以工业为主要对象的污染源调查，福建省科学技术委员会、福建省环保办等省内58个单位参加。为此，厦门市环保办组织开展全市工业污染源普查，并从1982年夏至1983年夏进行了周年环境现状监测。在此基础上，厦门市环保办、厦门市环保监测站、厦门大学和国家海洋局第三海洋研究所等对全市的环境质量变化趋势做出预测、分析和评价，于1983年10月编制完成《厦门市环

① 厦门市环境保护专业组：《厦门市环境保护科技发展规划：1986—2000年》，1986年8月。
② 《厦门市科学技术志》编纂委员会：《厦门市科学技术志》，厦门大学出版社1999年版，第186页。

境影响报告书》。这部报告书突破了我国在环境保护初创时期把环境影响评价都集中于单一的建设项目，是全国第一部区域环境影响评价报告书。1983年10月，厦门市环保办及其环保监测站编制完成《厦门市环境质量现状综合调查与研究报告》。这些对厦门市及其西海域的大气、水质、生物、底质、土壤进行现状综合调查的大数据，为厦门城市建设规划、经济发展计划和引进建设项目提供了非常重要的科学依据，成为制定厦门经济特区环保政策和环保规划的基础信息。

1983年4月28日，厦门市第二次环境保护工作会议召开。1983年10月1日，福建省人民政府批准厦门市城建总体规划，将厦门定位为海港风景城市。1984年5月4日，中共中央、国务院转发《沿海部分城市座谈会纪要》，指出厦门经济特区范围扩大至厦门全岛，并实行自由港的某些政策。

截至1986年，厦门市及其区县的所有环保机构仅有85人的编制（各类科技人员67人），厦门市环保科研所又徒有虚名，全市环保系统的党组织只有一个“中共厦门市环保办、监测站支部委员会”。

然而，在20世纪80年代初，厦门大学环境科学研究所、国家海洋局第三海洋研究所、厦门市化工局环境监测站和厦门水产学院等高校与驻厦科研所（福建海洋研究所、福建省水产研究所、福建省亚热带植物研究所和一些市级科研所）以及工厂企业等从事环保科技工作（含兼职）的高、中级科研人员和工程技术人员就有约170人。

其实，在中国开创环境保护事业之前，位于厦门的高等院校和科研机构就已经在台湾海峡及其邻近海域开展了一些环境科研工作，并出现不少在国内外闻名遐迩的海洋环境科学研究先驱。1923年，厦门大学的美籍动物学家莱德（S.F.Light）在*Science*发表论文《厦门大学附近的文昌鱼渔业》，厦门海区遂以盛产文昌鱼而著名。20世纪20年代至30年代，厦门涌现出一批从事海洋环境科学研究的专家学者，如研究海洋动物的采集和分类的秉志、研究鱼类及渔业资源的陈子英、研究藻类的曾呈奎和金德祥、分析文昌鱼化学成分的卢嘉锡、调查厦门港水质的黄大烜和陈国珍……①

20世纪40年代，研究海洋地质和古生物的马廷英、研究黑潮的朱祖佑、研究海洋生物的郑重、研究福建省植物生态的何景以及严楚江、赵竹韵、曾定、黄厚哲、林

① 袁东星、李炎：《启航问海：厦门大学早期的海洋学科（1921—1952）》，厦门大学出版社2021年版，第47-76页。

鹏、唐仲璋、伍献文、曾呈奎、肖培根、唐崇惕、陈宜瑜等都作出了杰出成就。1946年，厦门大学创办了中国高校第一个海洋学系和中国第一个海洋研究所（中国海洋研究所）。

20世纪50年代以来，厦门从事海洋环境科学研究的技术力量在全国仍然是一流的。1958—1960年，福建海岸带调查（国家科委海洋组“0701”项目）曾调查海水盐度、溶解氧、pH值、硅酸盐与磷酸盐等。福建省科委组织厦门大学、福建师范学院、集美水产学校、福建省水产实验所、福建省水产资源勘察队和厦门海测处以及沿海驻守海军，对沿海19个县、市进行海况观测、生物资源调查和可养殖的浅海滩涂面积测量。1961—1964年，位于厦门的福建海洋研究所和福建省水产研究所参与了对闽江口至诏安县的海岸带调查。①

厦门大学和福建省研究院植物研究所的学者出版了一批环境科学著作：何景编著《植物生态学》（高等教育出版社，1959）；陈国珍主编《海水分析化学》（科学出版社，1965）；胡明辉等编写《海洋调查规范（海水化学要素调查）》（海洋出版社，1975）；胡明辉、吴瑜端等编写《海洋污染调查规范》（海洋出版社，1980）；吴瑜端编著《海洋环境化学》（科学出版社，1982）。厦门大学和国家海洋局第三海洋研究所先后承担国家海洋局主持的《海洋污染调查暂行规范（1977—1980年）》《海洋污染调查规范（1985—1989年）》《海洋调查规范•海水化学要素国家标准》的编制工作。

1972—1975年，厦门大学海洋学系始建海洋化学组，参加江、浙、沪两省一市的长江口污染调查及江、浙、闽、沪三省一市的沿海环境污染调查，参与编写《海洋污染调查规范》《海洋化学调查规范》和一系列调查报告；开展长江口、闽江口和九龙江口的环境污染调查与研究；研制了各种监测仪器，开展了微生物生态学、生物对毒物降解作用和环境植被及河口区红树林生态学研究；参与教育部制定环境科学规划的工作，举办教育部直属高校环境科学学术讨论会。

1978年8月，厦门大学建立环境科学仪器与分析方法研究室，并研制成功二十几种环境分析仪器和海洋环境监测仪器②；厦门大学环境科学仪器与分析方法研究室主任

① 福建省地方志编纂委员会：《福建省志·科学技术志》，方志出版社1997年版，第211页。
② 袁东星、李炎、洪华生：《春潺入海：厦门大学环境科学的成长》，厦门大学出版社2023年版，第3-18页。

季欧为中国环境科学学会第一届理事会理事[①]，并由国家科委任命为全国环境科学专业组成员。1980年10月，厦门大学生物学系林鹏副教授发起成立福建省生态学会，并任第一届理事长。

1981年5月，福建省环境科学学会成立（会员数311人），厦门大学化学系主任周绍民教授出任第一届副理事长。1982年3月，厦门大学成立环境科学研究所，成为当时全国为数不多的高等院校（包括北京大学在内）的环境科学专门研究机构之一。厦门大学环境科学研究所侧重海洋环境科学、环境化学和生态学等方面研究，积极开展三废治理、环境质量评价、环境管理和环境经济方面的研究，成为既研究科学技术问题又研究社会管理问题、政策问题的综合性的环境科学研究所。

早在1959年，中国科学院福建分院与厦门大学合办“福建海洋研究所”。1962年，福建海洋研究所更名为中国科学院华东海洋研究所，其放射化学组就着手利用放射性示踪剂进行海水分析。1965年底，研究所移交国家海洋局直接管理，易名为国家海洋局第三海洋研究所[②]。国家海洋局第三海洋研究所以台湾海峡及其毗邻海区和洋区为基地，以海洋资源环境调查、开发利用和海洋生态环境及其保护的研究为使命。国家海洋局第三海洋研究所黄宗国研究员主编的《厦门湾物种多样性》，介绍自达尔文时代至2006年厦门湾记录的5713种生物物种，其中以厦门为模式种产地的生物就有数十种（文昌鱼、黄嘴白鹭、陈嘉庚水母、林文庆海星、林文庆舫鱼、厦门隔膜水母、丁文江黄鱼、乌耳鳗、刘五店沙鸡子、陈氏新银鱼……）[③]。

20世纪60年代，国家海洋局第三海洋研究所进行福建沿海污损生物和钻孔动物的调查研究。1978—1979年，国家海洋局组织江苏、上海、浙江、福建三省一市组成东海污染调查监测协作组，国家海洋局第三海洋研究所牵头在福建省组织调查。

1980—1986年，国家海洋局第三海洋研究所按《关于开展厦门港海洋环境综合调查问题的报告》，在厦门港开展海洋环境多学科综合调查，以提供海区方面的水文、气象、海水化学、沉积、生物等基本要素的资料和海洋环境报告。在有关单位协作下，完成了“福建省海岸带综合调查”“闽东、闽南渔场调查”“东海污染调查”“厦门港

① 中国环境科学学会:《中国环境科学学会史》，上海交通大学出版社2008年版，第277页。
② 王克坚、陈东军:《厦门大学海洋与地球学院院史》，厦门大学出版社2021年版，第12页。
③ 袁东星、李炎、洪华生:《春潺入海：厦门大学环境科学的成长》，厦门大学出版社2023年版，第56-57页。

及九龙江口环境综合调查”“全国沿海主要港口污损生物调查”；开展了“海洋生物实验生态研究”“海洋污染物测试方法研究”等一系列科研项目研究。还有不少科技人员参与了诸如“太平洋中部特定洋区综合调查”“我国首次发射运载火箭实验”“南大洋调查和南极洲考察”等国家或国际机构组织的海洋考察、研究活动。1984年6月，国家海洋局第三海洋研究所组建国家海洋局设立的第一个区域性海洋管理机构——国家海洋局厦门海洋管区，承担北起湄洲湾、南至南澳岛（总长1650公里海岸线）的海域环保执法、环境监测和科学研究，定期派出“中国海监”船队在管辖海域进行巡航监视。

1982年4月6日，国家海洋局颁布国家海洋局第三海洋研究所主编（主要起草人李少犹等）的《海水水质标准》（GB 3097—82）；此标准一直使用到1998年才更新为《海水水质标准》（GB 3097—1997）。1982年，国家海洋局第三海洋研究所还创办了海洋专业学术刊物《台湾海峡》（2013年更名为《应用海洋学学报》）。

1980—1986年，厦门水产学院杨瑞琼、陈灿忠、陈品健、王渊源、胡晴波、张雅芝、宋振荣、林利民、陈昌生等组成调查队，参加全国海岸带资源综合调查（福建省部分）。食品加工系徐祖鋆、陈佳荣、郑元福、吴兹敏等教师在水化学方面也已有建树。

厦门市第一中学教师蒲宛兰自编教材《环境保护（中学）》并开设选修课，在厦门市化学会中等教育组第三届化学教学研究会第二次年会发表论文《在中学进行环境科学教育初探》。

厦门电化厂郑瑞芝、蔡素英完成的“三废利用保护环境”项目获厦门市科学大会科技成果奖（1978），思明制药厂王俊雄、韩池池完成的“反吸式布袋除尘器的改进和推广”项目获厦门市1979—1985年度科技进步综合奖三等奖。

1.2 厦门经济特区环境保护初创时期（1982—1991）

1980年10月7日，国务院批准设立厦门经济特区。1981年10月15日，随着湖里加工区工地的一声炮响，厦门结束了30年海防前线城市建设的寂静，从此拉开了特区建设的序幕。但是，在厦门经济特区设立之初，百业待兴，而环境污染问题却比比皆是。筼筜湖和厦门港避风坞的污染到了非整治不可的地步；弥漫在鹭岛上空的200多根烟囱终日“吞云吐雾”；城市噪声达到令人难以容忍的地步；垃圾围城、四害猖獗，城市管理混乱；自然生态破坏严重，很多地方出现挖沙取土、毁林采石、砍伐红树林等无政府行为和破坏风景资源的乱象，许多山峰“青山挂白”变成“瘌痢头”，海滩滩底裸露；“海滨浴场自然衰退并遭到人为的侵占破坏，生活污水、工厂排污污染环境和海域，许多地方旅游垃圾和生活垃圾泛滥成灾”①。

在严峻的环境形势下，厦门市环境保护工作只能筚路蓝缕，开始起步。由于厦门市环境保护行政主管部门及其环保监测站与排污收费监理力量十分弱小，而分散在厦门高校和科研单位的环境科技人员则实力超群，且1979年以来在环境污染调查、区域性环境质量评价、环境监测及分析方法、环境污染综合治理、监测仪器研制等方面已完成了近百项科研课题与项目（有4项经鉴定为科技成果）。因此，厦门市环保办主任邱永清，厦门市环保监测站副站长刘震，厦门大学周绍民教授和吴瑜端副教授、杨孙楷副教授共同倡导成立厦门市环境科学学会，并成立筹委会。

1983年11月30日—12月4日，福建省环境科学学会第一届第三次环境科学学术年会与厦门市环境科学学会成立大会在厦门市开元饭店会议厅召开（图1-1）。在11月30日

① 习近平、罗季荣、郑金沐：《1985年—2000年厦门经济社会发展战略》，鹭江出版社1989年版，第206页。

下午大会开幕式上，厦门市科学技术协会（以下简称厦门市科协）副主席洪敏捷宣布厦门市环境科学学会正式成立。中国环境科学学会副理事长兼秘书长陈西平（国务院环境保护领导小组办公室副主任）作了“关于环境保护的战略思想问题”的主旨报告，厦门市副市长和福建省环境科学学会代表发表了贺辞与讲话。12月4日，福建省城乡建设厅厅长、福建省环境科学学会代理事长沈继武作会议总结讲话。

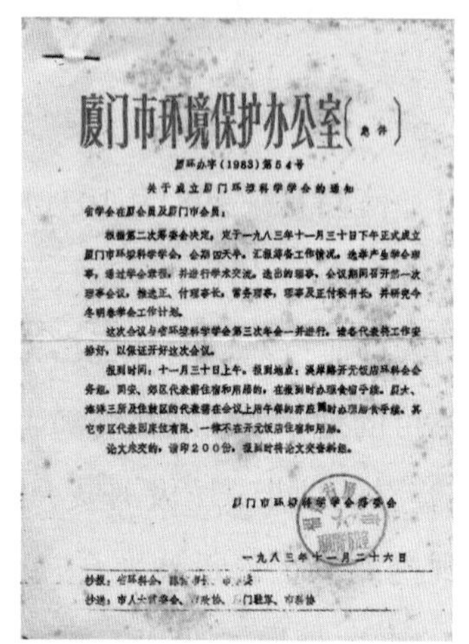

厦门市环境保护办公室（急件）

厦环办字（1983）第54号

关于成立厦门环境科学学会的通知

省学会在厦会员及厦门市会员：

根据第二次筹委会决定，定于一九八三年十一月三十日下午正式成立厦门市环境科学学会，会期四天半。汇报筹备工作情况，选举产生学会理事，通过学会章程，并进行学术交流。选出的理事，会议期间召开第一次理事会议，推选正、付理事长，常务理事，理事及正付秘书长，并研究今冬明春学会工作计划。

这次会议与省环境科学学会第三次年会一并进行，请各代表将工作安排好，以保证开好这次会议。

报到时间：十一月三十日上午。报到地点：溪岸路开元饭店环科会会务组。同安、郊区代表需住宿和用膳的，在报到时办理食宿手续。厦大、海洋三所及住鼓区的代表需在会议上用午餐的亦应同时办理膳食手续。其它市区代表因床位有限，一律不在开元饭店住宿和用膳。

论文未交的，请印200份，报到时将论文交秘书组。

厦门市环境科学学会筹委会

一九八三年十一月二十六日

抄报：省环科会、[illegible]

抄送：市人大常委会、市政协、厦门驻军、市科协

图 1-1　厦门市环境科学学会成立的文件及相关材料

12月3日，厦门市环境科学学会召开第一次代表大会，通过了厦门市环境科学学会章程（草案），选举产生了第一届理事会（常务理事19人和理事27人），并举行第一届理事会第一次会议①。

理事长：周绍民（厦门大学科研处处长、教授）

副理事长：刘炳林（厦门市城乡建设委员会总工程师、厦门市科协第二届委员会副主席）、黄金生（厦门市城乡建设委员会副主任）、杨孙楷（厦门大学环境科学研究所副所长、副教授）、陈伯霖（厦门市电化厂副总工程师、厦门市科协第二届委员会常委）、陈德峰（厦门市科协第二届委员会副主席、厦门市机械工程学会理事长）、邱永清（厦门市环保办主任）、徐祖鋆（厦门水产学院化学系主任、副教授）、吴瑜端（厦门大学环境科学研究所副所长、副教授）、李少犹（国家海洋局第三海洋研究所助理

① 中共厦门市委党史研究室：《中共厦门地方史大事记（1949—2001）》，中共党史出版社2002年版，第201页。

研究员）、赖新生（厦门筼筜新区开发公司副经理）

秘书长：刘震（厦门市环保监测站站长）

值得一提的是，1982年3—9月，厦门大学组建了“环境科学研究所筹备组”，建议由周绍民教授兼任所长，吴瑜端、杨孙楷、林鹏3位副教授担任副所长。周绍民（厦门大学科研处处长兼化学系主任、物理化学研究所所长，福建省化学会理事长等职）以“校内外兼职多，工作负担过重，不适宜再兼任新的职务”为由而婉拒厦门大学环境科学研究所所长职务[①]。但是，厦门市环境科学学会成立时，著名电化学家周绍民却欣然出任第一届理事长。

厦门市环境科学学会成立时，共有会员89人，包括：林鹏（福建省生态学会理事长、2001年当选中国工程院院士）、苏根全（厦门市水利电力局副局长、厦门市水利学会副理事长）、季欧（厦门大学科学仪器工程系主任、厦门市科协第二届委员会常委）、刘文远、黄展胜、陈贞奋、陈泽夏、周秋麟、黄贤智、郭莲灯、陈镇国、郭忠平、王尊本、张钒、陈于望、陈慈美、连玉武、郑元球、吴以德、陈淑勉、曾寿清、欧寿铭、钟琼积、高鸣九、杨森根、蒲宛兰、吴省三、曾秀山、倪纯治、张珞平、蔡阿根等（图1-2）。

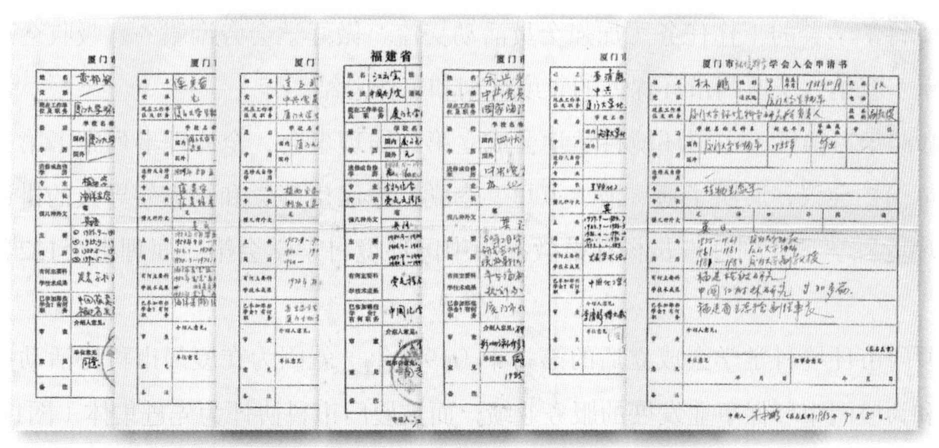

图 1-2　厦门市环境科学学会会员入会申请表

① 袁东星、李炎、洪华生：《春潺入海：厦门大学环境科学的成长》，厦门大学出版社2023年版，第21-22页。

后来，第一届理事会发展增加了23位会员（包括从外省、外地转入的5人），达到112人；为加强亚热带植物与海洋研究力量和开展环保法规建设，第一届理事会还增补了3位理事而达到30位理事。

科技社团是科技活动社会化、组织化、制度化的产物，是科技人才和创新资源的集聚地，承载着繁荣学术交流、培育科技人才、促进国际国内合作、推动产学融合等重要使命。厦门市环境科学学会是一个多学科、跨门类的综合性、群众性学术团体，主要是厦门市环境科研人员、环境工程技术人员、环境教育和环境管理工作者以及环保产业管理者（统称环境科技工作者）志愿结合组成的统一体。从学科结构看，它有化学、化工、海洋、生物、公共卫生、地理、农业、林业、给排水、城市规划、法律等。从部门看，它有厦门大学、水产学院、国家海洋局第三研究所、福建省海洋研究所、福建省水产研究所、福建省亚热带植物研究所、厦门市卫生防疫站、厦门市政府各有关委办局（如环保办、园林局、规划局、公用事业局、司法局、港监局、旅游局等）、中学和工厂等。

厦门市环境科学学会的成立完成了其组织建设的基本任务，为厦门市环境保护事业增加了一个宝贵的科技智库与一支重要的方面军，而且即时发挥出其推动政府环保工作的作用，成为厦门市政府环保工作不可或缺的有力助手。为此，从1984年起厦门市环境科学学会的工作任务（加强会员活动交流、做好学会咨询服务、吸收会员、宣传通讯）就纳入了厦门市环保办的年度计划和工作总结[①]。

1984年1月4日，中国环境科学学会成立第二届理事会，全体理事列席了第二次全国环境保护会议，聆听了薄一波、万里、李鹏、廖汉生等党和国家领导人的讲话。厦门市环境科学学会副理事长杨孙楷教授为中国环境科学学会第二届理事会122名理事之一[②]。

厦门市环境科学学会成立后的第一年（1984年）就因为在厦门市科协活动中成绩显著和为厦门市环保事业发展的服务业绩，而被厦门市科协评为先进集体（图1-3）。

① 《厦门市环境保护办公室1984年任务与人力安排》《厦门市1991年环保工作计划》，责任人为邱永清、刘震、王永燕。

② 中国环境科学学会:《中国环境科学学会史》，上海交通大学出版社2008年版，第279页。

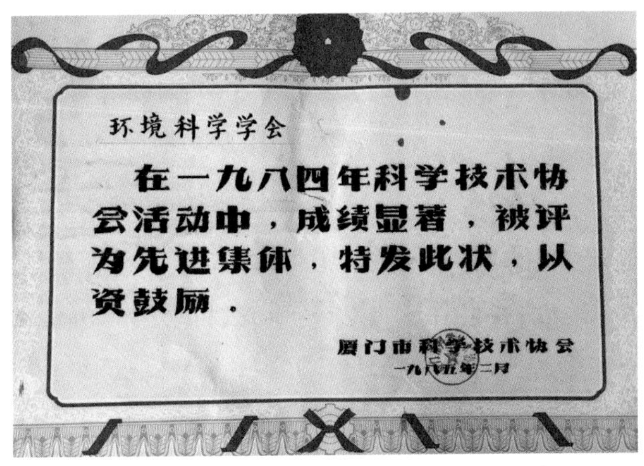
环境科学学会

在一九八四年科学技术协会活动中，成绩显著，被评为先进集体，特发此状，以资鼓励．

厦门市科学技术协会
一九八五年二月

图 1-3　厦门市环境科学学会首次受奖

1985年12月19日，时任中共厦门市委常委、副市长的习近平同志亲自在厦门市环保办关于成立厦门市环境保护局的报告作出批示，并着力解决机构建制与人员增编问题。1986年1月4日，市长办公会通过后，厦门市政府下文成立厦门市环境保护局，为厦门市人民政府环境保护工作主管机关；人员由原厦门市环保办（隶属于厦门市建设委员会）5人增加至一级局建制的20人。1986年6月，厦门市环境保护局挂牌办公，设立3个科。

在厦门市科协和福建省环境科学学会的关怀重视下，在厦门市环保办（局）的直接支持下，厦门市环境科学学会迅速凝聚了全市与环境科学有关的科技工作者，在厦门经济特区创业初期形成了一支学科专业最多、门类跨度最大、技术力量雄厚的环境科技人员组成的队伍，成为厦门市环境科技事业的中坚。

这支厦门环境保护工作的重要方面军从成立开始，就与厦门市环境保护局（办公室）同脉共振，严格按照学会的章程从事各项活动，自觉地担当厦门市政府有关部门环保决策的“外脑”，真正发挥了参谋咨询作用，使厦门市政府在重大环境问题的决策上有了科学依据。

1986年，中国科协召开第三次代表大会，在党的以经济建设为中心、坚持四项基本原则、坚持改革开放的基本路线指引下，在科技界倡导发扬“献身、创新、求实、协作”科学精神的激励下，厦门市环境科学学会作为厦门市科协的组成部分，认真履行人民团体的社会责任。另外，厦门市环境科学学会又与中国环境科学学会和福建省环境科学学会的工作关系甚为密切，多年来联合或配合上级学会组织了大量活动，共同为推动环境科学的进步和环境保护事业的发展做了大量有益的工作。1986年5月，福建省环境科学学会成立第二届理事会；厦门大学环境科学研究所第一副所长吴瑜端教授出任副理事长。

1986年12月22—23日，厦门市环境科学学会召开第二次会员大会暨第二次学术交流年会。第一届理事会向大会作了工作总结报告，厦门市有关领导和福建省环境科学学会发表了致辞与讲话，兄弟地市的环境科学学会也纷纷致辞祝贺。大会选举产生了第二届理事会（常务理事12人和理事21人）。

理事长：吴瑜端（厦门大学环境科学研究所副所长）

副理事长：杨孙楷（厦门大学环境科学研究所副所长）、林汉宗（厦门市环境保护局副局长）、陈泽夏（国家海洋局第三海洋研究所室主任）、谢开礼（厦门市公用事业管理局副总工程师）

秘书长：刘震（厦门市环境监测站站长）

名誉理事长：周绍民（厦门大学科研处处长）、邱永清（原厦门市环保办主任）

在组织建设上，厦门市环境科学学会第二届理事会下设工程治理、生物生态、环境监测、宣传教育等学组和厦门市科协咨询服务中心环境保护分部。

第二届理事会不仅致力使厦门市环境科学学会成为全市环保科技人才汇聚的洼地，而且积极地引才、育才、荐才。同时，又严把会员的准入门槛，主要对象为在厦门市与环境科学有关的高级或中级职称科技人员和直接从事环保工作的科技人员。例如，第二届理事会第七次理事会（1987年12月27日）讨论通过38位新会员，包括：厦门大学海洋系（陈金泉、商少平、潘伟然等）8位、厦门市环境监测站（黄国和、庄世坚等）12位、公用事业局污水处理厂筹建处（郝松乔、魏凤影）2位和福建省水产研究所（阮金山等）9位以及城市建设局、市建筑设计院、高频设备厂的5位环保科技人员。

1986年12月27日，厦门市科协第三次代表大会召开，厦门市环境科学学会会员陈德峰、季欧当选厦门市科协第三届委员会常务委员。

1990年3月1日，第二届理事会召开1990年第一次常务理事会，厦门市科协副主席林锦浚及学会部林美玲应邀与会。会议讨论通过增补厦门市环保局局长吴子琳为常务理事，污水处理厂筹建处主任郝松乔、厦门利恒涤纶有限公司副总经理高鸣九为理事，聘任刘震为专职秘书长；陈立奇（国家海洋局第三研究所副所长）、蓝伟光（厦门水产学院）、俞绍才（厦门环境监测中心站）等25人为会员；厦门市利恒涤纶有限公司为团体会员。

这些新会员的加入使得厦门市环境科学学会增加了新的血液与活力。但是，厦门市环境科学学会从建会开始就要求入会会员必须有一定的学术基础和学术成就，能积极参加学术活动，遵守学会章程和规定。因此，到1990年底，厦门市环境科学学会登记在册理事21人（其中高级职称11人），会员数190人。到1992年底，厦门市环境科学学会理事20人（其中高级职称12人），会员数199人。

1990年12月29日，厦门市环境科学学会副理事长杨孙楷出任中国环境科学学会第三届理事会理事[①]。

1992年2月，厦门市环境科学学会第二届理事会召开1992年度第一次理事会，讨论通过洪华生、王小如、袁东星、杨芃原、苏文金、陈立义、黄志勇、陈晓舟、杨天尝、王隽品10位同志为厦门市环境科学学会会员（图1-4）。这批新会员出现一个鲜明特点，10位新会员中有5位（洪华生、王小如、袁东星、苏文金、杨芃原）都是在美国或法国获得博士回国到厦门大学任职的海归人才，而陈立义也在短期内成长为厦门水产学院院长助理和享受国务院政府特殊津贴专家。这些高素质人才都有着强烈的报国之心，并自愿在厦门市环境科学学会这个平台施展才华、接续成长。

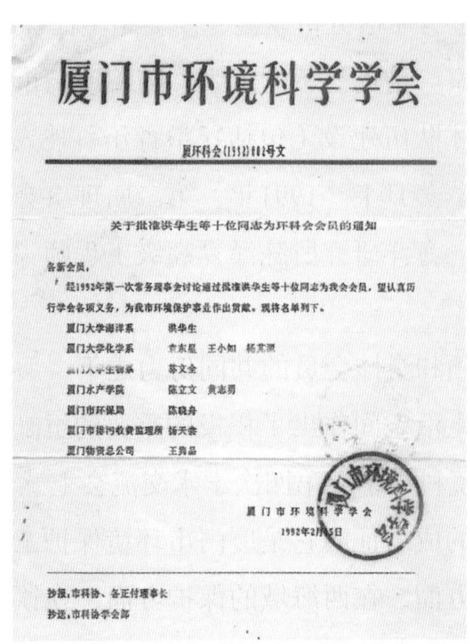

厦门市环境科学学会

厦环科会(1992)002号文

关于批准洪华生等十位同志为环科会会员的通知

各新会员：

经1992年第一次常务理事会讨论通过批准洪华生等十位同志为我会会员，望认真履行学会各项义务，为我市环境保护事业作出贡献。现将名单列下。

厦门大学海洋系　洪华生
厦门大学化学系　袁东星　王小如　杨芃原
厦门大学生物系　苏文金
厦门水产学院　陈立文　黄志勇
厦门市环保局　陈晓舟
厦门市排污收费监理所　杨天尝
厦门物资总公司　王隽品

厦门市环境科学学会
1992年2月[illegible]日

抄报：市科协、各正付理事长
抄送：市科协学会部

图 1-4　厦门市环境科学学会新会员源源不断入会

① 中国环境科学学会：《中国环境科学学会史》，上海交通大学出版社2008年版，第280页。

（1）洪华生：1992年起历任厦门大学环境科学研究中心主任、海洋与环境学院创院院长、近海海洋环境科学国家重点实验室创始人，中国海洋科学委员会主席，国际海洋科学委员会副主席，第六届福建省政协副主席，第八届、第九届、第十届福建省人大常委会副主任。

（2）王小如：1991年起历任厦门大学化学系教授，厦门大学校长助理、副校长和厦门华厦学院院长，曾任全国人大代表，兼任教育部科学技术委员会副主任，福建省科协第八届委员会副主席，中国科协常委，厦门市科协第四届、第五届委员会常委等职。

（3）苏文金：1991年起任厦门大学生物学教授、系副主任，曾任集美大学副校长、校长，兼任厦门市人大常委会副主任、福建省科协第八届委员会副主席、厦门市科协第五届委员会常委、福建省微生物学会副理事长、福建省抗生素学会副理事长等职。

（4）袁东星：1992年起历任厦门大学环境科学研究中心副主任、海洋与环境学院院长，兼任中国海洋学会海洋环境分会副理事长，福建省环境科学学会副理事长，厦门市科协第四届、第五届、第六届委员会常委等职。

（5）杨芃原：1989年起历任厦门大学化学系副教授、教授，厦门大学网络中心主任，复旦大学化学系副主任、主任，复旦大学生物医学研究院常务副院长，厦门华厦学院校长，兼任中国化学会理事、质谱分析学会专委会副主任等职。

学会是科技工作者之家、精英荟萃的组织。随着厦门市环境科学学会一批又一批新会员的加入，学会的人才队伍建设（包括托举青年科技人才，宣传、表彰、举荐优秀科技工作者等）工作也蒸蒸日上。1991年，第二届理事会推荐厦门市环境科学学会副理事长、国家海洋局第三海洋研究所陈泽夏高级工程师为福建省环境保护工作积极分子。

在第二届理事会的引领和全体会员的共同努力之下，厦门市环境科学学会为厦门创造一个清洁安静优美的生活空间作出了积极的重要的贡献。为此，厦门市环境保护局局长吴子琳在厦门市环境科学学会第四次学术交流会上感言："厦门市环境科学学会成立五年多来，以它显著的成绩证明它是厦门市环境保护工作一支重要的方面军。几年来，在筼筜湖综合治理方面，在西海域的保护方面，在饮用水源的保护方面，在老污染源的治理和新污染源的控制方面，在环境监测、科研和科普教育、环境宣传以及对外的环境科学交流各方面，厦门环境科学学会都发挥了重要作用，提出许多有益的咨询意见并且被采纳或是付诸实施。对保护和改善厦门的环境，对在特区建设中提高领导和全市人民的环境意识，使环境保护与经济建设、城市建设同步协调发展起着巨大的促进作用。”

1991年5月，厦门市民政局组织对371个全市性各类社团进行清理整顿。厦门市环境科学学会顺利通过审查、审定和申请登记及发证，同时按照《社会团体登记管理条例》和国办发〔1990〕32号文件精神及福建省科学技术协会下发的《关于福建省科协所属团体与省科协、挂靠部门关系的几点意见的通知》，建立了分级分口双重管理的社团管理体制。厦门市环境保护局作为厦门市环境科学学会组织上、经济上的挂靠单位，确立了厦门市环境科学学会重大活动报告制度、社团重大活动制度和理事会例会制度及经费收支审计制度等。

厦门市环境科学学会明确规定：“学会是科技工作者的学术性群众团体，理事会是学会的领导机构，学会应在理事会领导下根据学科发展与国民经济发展的需要，开展各项活动。学会要主动了解挂靠单位的要求，并为挂靠单位参加学会的活动提供优先优惠的便利条件。学会要认真负责地承担挂靠部门委托的工作，利用自身的人才、信息、横向联系等优势，主动为挂靠部门组织决策咨询、技术服务、人才培训以及其他有关活动。”因此，厦门市环境科学学会每年的工作计划与总结也都列入厦门市环境保护局的工作计划与工作总结中。

回首厦门经济特区环境保护初创时期，厦门市环境科学学会与上级学会的工作联系非常紧密，并逐渐明确了环境科学学会的基本功能、社会地位和价值，这就是：①推动环境学科的发展和提高环境保护科技水平，为中国环境保护事业服务是学会的终极目标。②环境问题的综合性、复杂性决定了作为环境科技社团的环境科学学会具有不同于其他学术社团或行业社团的基本特性，就是涉及学科的综合性和联系社会的广泛性。③学会是联系政府和环境科技工作者的桥梁和纽带，其服务对象是政府（提供科学咨询建议）和环境科技工作者（办好科技工作者之家）。④学会的基本职能是开展环境科技交流、为环境决策科学化和民主化服务、为环境管理和环境建设服务、努力促进全民环境意识提高等。

1.3 厦门环境科技事业探索前行时期（1992—2001）

1992年6月，联合国在巴西里约热内卢召开环境与发展大会，提出了可持续发展战略，世界环境保护从此跨入一个新时代。同年，中国把实施可持续发展确立为国家战略，并毅然决然开始实行社会主义市场经济体制。这是改革开放政策又一次质的飞跃。与此同时，随着我国政府和公众对经济发展与环境保护关系认识的不断深化，中国环境保护事业也得到了飞速的发展。1996年7月，国务院召开第四次全国环境保护会议，发布《关于环境保护若干问题的决定》。1998年3月，国家环境保护局升格为国家环境保护总局。

1991年、1996年和2001年，时任中共中央总书记江泽民同志连续3次出席中国科协全国代表大会，要求各级科协组织高举爱国主义和社会主义的旗帜，充分发挥科学技术在社会主义物质文明建设中的作用，以团结广大科技工作者献身于科教兴国的伟大事业作为自己的根本任务，进一步增强为科技工作者服务的意识，把科协真正办成科技工作者之家。作为中国科协的组成单元，中国环境科学学会也进入了顺应改革、探索前行时期。1990年12月，中国环境科学学会第三次全国会员代表大会召开，国家环境保护局局长曲格平任第三届理事会理事长。1995年12月，中国环境科学学会第四次全国会员代表大会召开，国家环境保护局局长解振华任第四届理事会理事长[①]。

进入20世纪90年代，厦门的环境保护事业由筼筜湖污染整治和工业“三废”治理迈入“预防为主，防治结合”的城市环境综合整治发展时期。厦门的环境保护机构在经历了逐步发展、砥砺前行的历程后，厦门市环境保护局下属的事业单位相继建立、

① 中国环境科学学会：《中国环境科学学会史》，上海交通大学出版社，2008年版，第279-281页。

健全和加强。1991年5月，厦门市环境保护科研所也结束了长期与厦门市环境监测站合一的体制，独立从事环境科学研究工作。

1992年7月22—23日，厦门市科协第四次代表大会召开，厦门市环境科学学会会员王小如、阮五崎、陈德峰、季欧、袁东星、高鸣九当选厦门市科协第四届委员会常务委员，副理事长林汉宗、副理事长陈泽夏、理事郝松乔当选厦门市科协第四届委员会委员。

1993年1月12—13日，厦门市环境科学学会举行第三次会员大会暨第五次学术交流会。厦门市副市长，厦门市人大城建委主任傅广璋，厦门市科协副主席邱元龙，三明市、漳州市环境科学学会代表及会员148人出席会议。第二届理事会理事长吴瑜端作了工作总结报告，大会通过了新修改的学会章程，选举产生了第三届理事会（常务理事10人和理事19人）。

理事长：吴子琳（厦门市环境保护局局长）

副理事长：林汉宗（厦门市环境保护局副局长）、陈泽夏（国家海洋局第三海洋研究所环境综合评价室主任）、袁东星（厦门大学环境科学研究中心副主任）

秘书长：欧寿铭（厦门市环保科研所副所长）

名誉理事长：周绍民（厦门大学科研处处长）、邱永清（原厦门市环保办主任）、吴瑜端（原厦门大学环境科学研究所副所长）、杨孙楷（原厦门大学环境科学研究所副所长）

厦门市环境科学学会第三届常务理事会认真履职，于1993年2月26日举行第一次会议：①讨论1993年度学会工作计划（包括厦门市环境科学学会成立10周年庆祝和学术活动、配合世界环境日活动、环保夏令营活动、海峡两岸学术交流与互访、健全学会组织机构和各种制度）；②开展环保产业与科技咨询活动（包括学会成立学组：环境工程组、生物生态组、环评咨询组、环境宣教组）；③其他事项（包括社团年检、登记等）。

1993年2月，厦门市环境科学学会接受了江云宝（现任厦门大学副校长、第八届厦门市科协主席）等一批会员入会。1993年10月，厦门市环境科学学会完成团体会员和会员重新登记工作，并发放会员证。共有会员单位42个，会员183人（其中，教授、研究员13人，副教授、副研究员、高级工程师55人，讲师、助研、工程师88人，助工、助教等27人）。

1994年，厦门市环境科学学会持续加强组织建设工作，既积极扩充会员数量，又认真把控会员质量（新会员都要履行入会申请与介绍人和理事会审批的程序）。像李清彪（曾任集美大学校长）、阮五崎（曾任福建海洋研究所所长、全国人大代表）、黄邦钦（曾任厦门大学环境科学研究中心主任、生态与环境学院副院长，第五届厦门市环境科学学会副理事长）、张钒（曾任福建海洋研究所党委书记、副所长）等都认真履行入会相关手续。

1995年5月12日，第三届常务理事会讨论批准吸纳厦门大学、国家海洋局第三海洋研究所、厦门市环境保护局和厦门市污水处理厂的25位新会员。这批会员入会后也是奋楫笃行，像余兴光（曾任国家海洋局第三海洋研究所所长、第七届厦门市科协主席）、郑微云（曾任厦门大学环境科学研究中心主任）、郑天凌（曾任厦门大学环境科学研究中心副主任）、薛雄志（曾任厦门大学福建海洋可持续发展研究院院长、厦门大学海洋与海岸带发展研究院执行院长）、彭荔红（曾任厦门大学环境学院环境影响评价中心主任）、张勇（曾任厦门大学环境与生态学院教授、亚太经合组织AMETEC学术指导委员会委员）、王金坑（自然资源部第三海洋研究所总工程师）、蔡榕硕（自然资源部第三海洋研究所海洋环境管理与可持续发展研究中心副主任），以及厦门大学环境科学研究中心、环境与生态学院、海洋与地球学院诸多挑大梁的教授蔡立哲、徐立、陈伟琪……

1995年12月14日，厦门市环境科学学会第三届理事会理事长吴子琳、会员洪华生出任中国环境科学学会第四届理事会理事[①]。

1996年1月23日，第三届常务理事会又讨论批准厦门市环境监测站、厦门市环保科研所、厦门市自来水公司、厦门中鹭植物油有限公司16位新会员入会，包括庄马展、焦卫东、陆从容、庄洁（这些会员后来都在厦门市环境科学学会理事会任职）。

1997年6月，中共厦门市委、市政府决定在全国率先进行环保行政管理体制的垂直管理改革，将各行政区的环境保护分局设立为市环保局派出机构。到20世纪90年代末，厦门就形成了市、区统一监督管理的环境管理体系与环境保护事业的新格局。

在国家深化社会主义经济体制改革的宏观大背景下，20世纪90年代后期在全国范围内就开始了以脱离计划经济管理体制转向市场化自主运营发展为核心内容的社会团体改革，社团划归民政部门登记管理，并规定学会只归块块领导，条条不再是领导关

① 中国环境科学学会:《中国环境科学学会史》，上海交通大学出版社2008年版，第282-283页。

系。由于厦门市环境保护局不再是厦门市环境科学学会组织上、经济上和政治上的挂靠单位，中国环境科学学会和福建省环境科学学会及厦门市科协也不再像以往经常深入了解学会的工作，厦门市环境科学学会的准政府职能性工作开始削弱。第三届理事会理事长吴子琳也在1999年退休，厦门市环境科学学会与厦门市环境保护局的联系有所淡化。

跨入21世纪，我国进入全面建设小康社会、加快推进社会主义现代化的新的发展阶段，党和国家高度重视科学技术事业和支持科协、学会工作，充分发挥科技进步和创新在增强综合国力方面的决定性作用，深入贯彻落实科教兴国战略和可持续发展战略，为科技事业和科技团体的发展创造了前所未有的良好环境。2001年，中国科协印发了《关于推进所属全国性学会改革的意见》，提出目标：在党的领导下确立以会员为主体、实现民主办会、具有现代科技团体特点的组织体制和管理模式；加强学会能力建设，提高学会竞争能力，建立和完善自立、自强和自律的运行机制；改进和丰富活动方式方法，提高活动质量和水平，进一步树立学会的学术权威性和鲜明的社会形象，增强对广大会员的凝聚力和吸引力。

为此，厦门市环境科学学会进一步确定了广大会员和科技工作者在学会中的主体地位，切实克服行政化倾向，竭诚为会员服务，努力把学会建成“科技工作者之家”。例如，2000年3月，厦门市环境科学学会第三届理事会推荐会员庄世坚为中国环境科学学会环境监测专业委员会常务委员。2001年4月，厦门市环境科学学会理事长吴子琳、会员赖桂勇当选中国环境科学学会第五届理事会理事①。

2000年11月13日，厦门市科协第五次代表大会召开，厦门市环境科学学会副理事长袁东星，会员王小如、苏文金、阮五崎当选厦门市科协第五届委员会常务委员，秘书长欧寿铭当选厦门市科协第五届委员会委员。

2001年3月，时任福建省省长的习近平同志在福建省环境保护工作座谈会上强调：“要高度重视环保机构建设，在市、县、乡机构改革中，要选派德才兼备的优秀干部充实到环保部门担任领导职务。按照中央关于环境保护部门实行双重领导的规定，市、县（区）党委在任免环保部门领导时，要事先征求并尊重上一级环保部门党组的意见，确保环保部门在机构改革中得到加强。”

① 中国环境科学学会：《中国环境科学学会史》，上海交通大学出版社2008年版，第285页。

2001年9月，厦门市环境科学学会第三届理事会副理事长袁东星当选福建省环境科学学会第四届理事会副理事长。

2001年11月，厦门市环境科学学会会员林鹏当选中国工程院院士，并因其在红树林系统研究中的突出贡献被誉为“中国红树林之父”。

截至2001年12月，厦门市环境科学学会汇聚了厦门市环境科技人员中的大量精英，共有个人会员233人。其中，厦门大学63人（包括周绍民、林鹏、杨孙楷、洪华生、王小如、杨芃原、苏文金、江云宝、李清彪、袁东星、黄邦钦、许金钩、连玉武、卢昌义、郑微云等），国家海洋局第三海洋研究所22人（包括黄自强、周秋麟、王文辉、余兴光、蔡锋、陈泽夏、顾德宇、许清辉、郑金树、王金坑、蔡榕硕等），厦门市环境保护系统68人（包括邱永清、刘震、王永燕、吴子琳、林汉宗、游新清、欧寿铭、高诚铁、毛德裕、庄世坚、王民法、陈秋茄、吴耀建、焦卫东、庄马展、陆从容、庄洁、陈志鸿等），福建海洋研究所2人（包括阮五崎、张钒），福建省水产研究所12人（包括曾焕彩、杜琦、李秀珠等），污水治理工程筹建处与污水处理厂12人（包括郝松乔、洪朝良、黄景岁、赵伟等），市规划局市政园林局9人（包括谢开礼、杨邦建、刘建、关天胜、朱盈国等），厦门水产学院12人（包括徐祖鋆、陈佳荣、陈立义、江仁、彭景岚、蓝伟光等），其他系统33人（包括林秀德、高维真、高振华、吴以德、赖新生、曾灿星、洪丽娟、蒲宛兰、曾国寿等）。

回眸厦门环境科技事业探索前行时期，厦门市环保行政主管部门顺应环境与发展大势，把解决危害群众健康的突出环境问题作为最直接的民生工程，通过创建国家环境保护模范城市，让厦门人民保护美好家园环境的情结成为建设生态文明的社会基础，而城市转型与经济转型又为厦门绿色发展提供了不竭的动力。因此，厦门市获得国家卫生城市（1996）、国家环境保护模范城市（1997）、国家园林城市（1997）、中国优秀旅游城市（1998）等一系列殊荣。

由于厦门市环境科学学会在厦门经济特区与环境保护事业初创时期成为厦门市环境科技事业的主力军，为了发挥其更大的作用，厦门市环境保护局局长吴子琳亲任第三届理事会理事长。厦门市环境科学学会在总结前10年发挥基本职能的基础上，通过强化组织建设的不断实践，更准确地认识了学会的自我价值、正确定位以及群众性、学术性、公益性和社会性的基本属性。因此，适应了国家和社团改革发展的需要，为搞活学会工作奠定了组织基础。

1.4 可持续发展与生态文明建设时期（2002—2011）

2002年8月26日—9月4日，联合国在南非约翰内斯堡召开可持续发展世界首脑会议，将经济发展、社会发展和环境保护确立为可持续发展的三大支柱，全球可持续发展事业进入了一个崭新阶段。

中国是联合国可持续发展议程的重要参与者、推动者、践行者，确立了以人为本、全面协调可持续的科学发展观，统筹经济与社会发展，统筹人与自然和谐共生，统筹当前利益和长远利益。2006年第四次全国科技大会和第六次全国环境保护大会召开，标志着我国的科技工作开始进入以自主创新为主要战略目标的新时期，我国的环境保护工作开始进入以“三个转变”为主要内容的历史新阶段。2007年10月，党的十七大首次提出建设生态文明，并作为全面建设小康社会的奋斗目标和新要求。2008年7月，国家环境保护总局升格为国家环境保护部。

生态是生存之本，环境是发展之基。2002年起，厦门市委、市政府围绕海湾型城市的发展战略，提出了包括建设海湾型生态城市的奋斗目标。厦门人民也以“爱拼才会赢”的精神践行科学发展观，在可持续发展中勇当先行者，自觉地把经济特区的热土作为中国生态文明建设试验田。2002年6月，时任福建省省长的习近平同志在厦门调研时嘱托厦门要“成为‘生态省’建设的排头兵”。紧接着，厦门市就摘取了“国际花园城市”（2002年10月）和“联合国人居奖”（2004年9月）桂冠。2006年10月，厦门市第十次党代会报告提出“促进人与自然和谐相处，发展生态文明”。2011年9月，厦门市第十一次党代会报告提出“加强生态文明建设，环境质量居全国前列”。

进入21世纪，中国环境科学学会继续秉持办会宗旨：推动环境科学技术的发展，为我国环境保护和可持续发展提供科技支撑与服务，并且要站在时代和学科发展的前沿，引领社会进步。厦门市环境科学学会也顺应国家从20世纪90年代初开始的现代科技社团改革大趋势，探索建立从政府统包和主导的社团向政府指导下的自主活动、自我发展、充满生机和活力的新运行机制。2002年11月25日，厦门市环境保护局局务会决定恢复厦门市环境科学学会服务平台的作用，并纳入厦门市环境保护局工作计划中；将部分政府的环保职能转移给厦门市环境科学学会，作为厦门市环境保护委员会的辅助。

2003年1月17日，厦门市环境科学学会举行第四次会员代表大会。第三届理事会理事长吴子琳主持大会，厦门市环境保护局副局长庄世坚致开幕词，第三届理事会秘书长欧寿铭作工作报告和财务情况报告。大会选举产生了第四届理事会（常务理事11人和理事27人）。

理事长：吴子琳（原厦门市环境保护局局长）

副理事长：袁东星（厦门大学海洋与环境学院院长）、余兴光（国家海洋局第三海洋研究所副所长）、欧寿铭（厦门市环境科学研究所所长）

秘书长：高诚铁（厦门市环境监测中心站站长）

在厦门市环境科学学会第四次会员代表大会上，吴子琳理事长强调厦门市环境科学学会的组织建设：要建立健全内设机构，要加强吸收团体会员和个人会员（特别要吸收一些门类齐全、热心学会工作的科技人员参加学会），使学会的队伍不断扩大。

第四届理事会形成共识：要围绕厦门海湾型城市建设和全市环保中心工作，开展卓有成效的科学研究，本着创新的精神积极推进环境科学、环境管理、污染防治以及先进环保技术的推广和运用。要加强探索学会改革发展的思路和措施，研究新的内设机构和广泛吸收团体会员和不同学科不同领域的会员，大力发展团体会员壮大学会队伍，使之更好地为厦门的环境保护服务。同时，学会应当加强国内外环境管理和技术市场信息的交流，开展学术研讨，扩大与福建省和全国学会的交流；在科普宣传教育方面，要充分利用社团优势，广泛运用非政府组织（non-governmental organizations, NGO）的形式开展喜闻乐见又能身体力行的活动。同时，积极开展交流与培训活动，使学会活动有声有色。不断探索对外交流活动，通过环保科技交流，采取请进来、走出去的办法，就某项议题深入交流，取长补短。广泛开展技术咨询、技术服务、中介服务工作、环境认证等，增强学会工作的发展后劲①。为此，第四届理事会成立了科学研究部、咨询服务部、科普交流部。

---

①《厦门市环境科学学会第四届第一次理事会议纪要》（厦环科会〔2003〕1号）。

在组织建设方面，第四届理事会坚持以环境科技工作者为主体，适当兼顾社会科学界、教育界、经济界、司法界等界别的人才，丰富、充实、完善会员队伍的门类。特别吸收了一些热心学会工作的教师和环保NGO的领头人参加理事会。像厦门一中生物教师曾国寿一直积极地引领学生参加“生物与环境科学实践活动”“青少年科技创新大赛”，获得2002年第53届国际科学与工程学大奖赛集体三等奖指导教师称号和2003年“英特尔国际科学与工程学大奖赛”英特尔杰出教师第一名，并指导学生获得国家奖32项（一等奖9项）、国际科学与工程学大奖2项，因而被聘为理事。

厦门市环境科学学会第四届理事会为加强学会与会员之间的联系，健全学会有关制度，建立联络网，于2003年3月发出《厦门市环境科学学会团体会员和学会会员重新登记的通知》。同年6月，完成登记工作，像厦门大学江云宝、王桂忠、苏永全、张勇、郑文教、李春园等教授都认真履行了会员登记手续；福建海洋研究所参加登记的会员也达到15人（包括张钒、严正凛、方少华、吕小梅、张影等）。同年10月，厦门市环境科学学会完成会员重新登记，并第一次发放会员证。

2004年5月，厦门市环境科学学会新会员中出现了不少环境科学的翘楚：像厦门大学长江学者焦念志（2005年任近海海洋环境科学国家重点实验室副主任）、厦门大学海洋与环境学院副院长戴民汉、厦门大学环境科学与工程系副主任王克坚（2001年获选俄罗斯外籍院士、2012年起任厦门大学海洋与地球学院院长）、曹文志（2014年起任厦门大学环境与生态学院副院长）（图1-5）、江毓武（2013年任厦门大学物理海洋学系副主任）、陈荣（2013年起任厦门大学环境科学与工程系副主任）等。

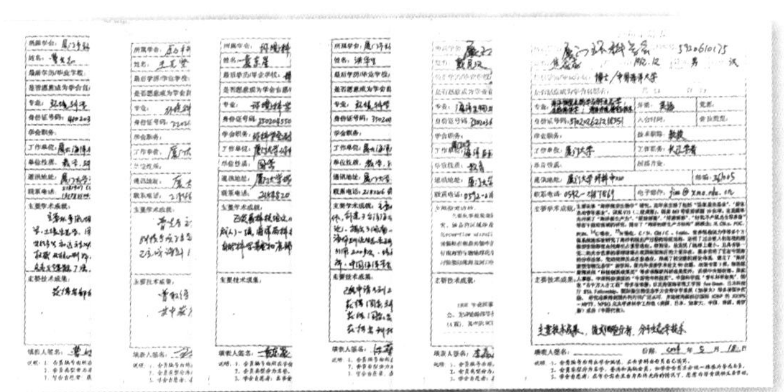

图 1-5　焦念志教授、戴民汉教授等认真履行会员登记

党的十六大强调必须大力实施科教兴国战略和可持续发展战略，充分发挥科学技术作为第一生产力的重要作用。全党全国围绕“两个一百年”的目标，进入了现代化建设

加速、综合国力不断增强、人民生活水平不断提高的新时期。由于城市化和工业化的加快，城市环境综合整治和工业污染防治依然是这一时期的主要任务，因此国务院发布“关于落实科学发展观加强环境保护的决定”，环境保护被提到了前所未有的高度和应有的高度。

2006年6月29日，中国科学院和厦门市人民政府签署了共建中国科学院城市环境研究所备忘录。7月4日中国科学院城市环境研究所在厦门集美成立。该所是中国科学院下属的事业法人单位，是资源环境与高技术交叉领域的综合国立研究机构。2009年12月10日，中国科学院城市环境研究所在厦门正式揭牌，并源源不断为厦门市环境科学学会输送高素质环境科技人才。

2006年10月，党的十六届六中全会召开，明确提出要充分发挥学会等社会团体的社会功能，为经济社会发展服务。2008年12月15日，中国科协举办纪念中国科协成立50周年大会，时任中共中央总书记胡锦涛同志发表重要讲话，要求科协组织进一步发挥推动我国科技事业发展重要力量的作用，广泛开展群众性、基础性、社会性科普活动，把促进创新人才作为科协组织的重要任务，当好科技工作者之家、提供好服务。

2007年12月11日，厦门市科协第六次代表大会召开，厦门市环境科学学会副理事长余兴光当选厦门市科协第六届委员会副主席，副理事长袁东星当选厦门市科协第六届委员会常务委员，会员赖桂勇当选厦门市科协第六届委员会委员。

2008年12月，厦门市环境科学学会的指导单位——厦门市环境保护局获得第五届中华环境奖，该奖是中国环境保护最高的社会性奖项。

2010年，厦门市环境保护局敦请我国生态学家和可持续发展科学家、中国科学院城市环境研究所第一任所长赵景柱（时任党委书记）出任厦门市环境科学学会第五届理事会理事长。赵景柱曾经是出席联合国环境与发展大会的中国代表团专家组组长，负责协调起草《中国21世纪议程》，提出了我国实施可持续发展的战略目标、重点领域与实现路径。

2010年9月6日，时任中共中央政治局常委、国家副主席的习近平同志到中国科学院城市环境研究所参观实验室并与环境科研人员座谈时勉励大家：“你们可以大展宏图。”① “福建、厦门要提升经济发展层次，一定要牢牢抓住人才这个第一要素。”在中

① “把厦门建设得更美丽更富饶更繁荣”——习近平同志在厦门考察纪实，载于《厦门日报》，2010年9月9日，第1版。

国科学院城市环境研究所屋顶视察集美新城时又说："2002年我在厦门调研时就提出了要'提升本岛、跨岛发展'，要求坚持提升本岛与拓展海湾相结合、城市转型和经济转型相结合、工业化与城市化相结合、凸显城市特色与保护生态环境相结合。"

2011年3月，厦门大学在原海洋与环境学院环境科学与工程学科和生命科学学院生态学科的基础上，组建了环境与生态学院，继续作为厦门市环境科学学会的中坚力量。

2011年9月1日，厦门市环境科学学会举行第五次会员代表大会，厦门市环境保护局局长、厦门市科协副主席郑颖聪、厦门市民政局处长李济宗到会发表了讲话。第四届理事会副理事长黄邦钦代表第四届理事会作了题为"围绕中心求发展 推动学会新服务"的工作总结报告，大会通过了新修改的学会章程，选举产生了第五届理事会（常务理事12人和理事50人）。

理事长：赵景柱（中国科学院城市环境研究所创所所长）

副理事长：余兴光（国家海洋局第三海洋研究所所长）、黄邦钦（厦门大学环境与生态学院副院长）、孙飒梅（厦门市环境监测中心站副站长）

秘书长：焦卫东（厦门市环境科学研究所所长）

赵景柱理事长在第五届理事会第一次会议上表示：厦门的环境在全国名列前茅，厦门市环境科学学会不应示弱。环境科学学会主要起交流作用，在新形势下应有新思路，学会工作应有突破，要解放思想，秉持开放办学会的基本思路，又要实事求是以学会作为平台具体做些实事，通过厦门大学、中国科学院、厦门市环境科学研究所等单位开办丰富多彩的活动，为环保工作者多做工作，为厦门的环境作出贡献。中国科学院愿作为厦门市环境科学学会的强大后盾与平台。

第五届理事会出现了专家型领导较多的现象（赵景柱、余兴光为厅局级干部，而庄世坚、周鲁闽、陈世真、王伟军、任国岩、陈瑞珍都是市管干部）。第五届理事会成员对学会的"群众性、学术性、公益性"基本属性都有深刻的认识：学会是环境科技工作者自愿加入的群众组织，是一个以会员为基础的会员制团体。学术性是学会区别于其他环境社团的另一个重要特征。学会开展的一切活动都具有明显的非营利特征，属于社会公益活动。为此，第五届理事会决意发挥厦门市环境科学学会自身优势，再创新业绩。

2011年11月，厦门市环境科学学会会员焦念志因在海洋碳循环有关的微型生物生态过程与机制方面取得原创性系统成果，当选中国科学院院士。

1.5　新时代书写美丽中国新画卷时期（2012—2023）

2012年6月，联合国可持续发展大会在巴西里约热内卢召开；明确可持续发展由三大支柱组成，旨在以平衡的方式实现经济发展、社会发展和环境保护。中国政府积极回应里约峰会精神，在可持续发展和消除贫困框架下把生态文明建设放在突出的战略位置，将其融入经济、政治、文化、社会建设各方面和全过程，协同推进工业化、信息化、城镇化、农业现代化和绿色化，大力推进绿色发展、循环发展和低碳发展。

2012年11月，党的十八大把生态文明建设纳入中国特色社会主义事业“五位一体”总体布局；以习近平同志为核心的党中央把生态文明建设作为关系中华民族永续发展的根本大计，以前所未有的力度抓生态文明建设。2017年10月，党的十九大明确了建设美丽中国的目标，加快生态文明体制改革。党中央、国务院开展了一系列根本性、开创性、长远性工作，加快推进生态文明顶层设计和制度体系建设，推动生态文明建设从认识到实践都发生历史性、转折性、全局性变化。2018年3月，十三届全国人大一次会议把生态文明历史性地写进宪法，并组建了新的生态环境部和自然资源部。

2013年6月26日，厦门市环境科学学会会员焦念志、苏文金当选福建省科协第八届委员会副主席。

2014年1月7日，厦门市科协第七次代表大会召开，厦门市环境科学学会副理事长余兴光当选厦门市科协第七届委员会主席，会员戴民汉当选厦门市科协第七届委员会副主席，秘书长焦卫东当选厦门市科协第七届委员会常务委员。

2015年，厦门市环境科学学会会员黄国和入选加拿大工程院院士。

2015年7月6—7日，党中央首次召开群团工作会议，对党的群团工作和群团改革作出全面部署。习近平总书记出席并发表重要讲话，提出了群团组织要增强“政治性、先进性、群众性”的要求。之后，中共中央印发了《关于加强和改进党的群团工作的意见》，全面启动群团改革。2016年8月，中共中央办公厅印发了《关于改革社会组织管理制度促进社会组织健康有序发展的意见》。2017年，习近平总书记对群团组织作出重要指示，指出党的群团工作是党的一项十分重要的工作，群团改革是全面深化改革的重要任务。在党的二十大报告中又指出，要深化“群团组织改革和建设，有效发挥桥梁纽带作用”。

厦门市环境科学学会第五届理事会认真领会习近平总书记在中央党的群团工作会议上要增强群团组织的“政治性、先进性、群众性”的指示，认识到：政治性是党的要求，先进性体现科协的价值，群众性是群团工作的根本。因此，立足厦门市环境科学学会职责定位，积极理顺新一届学会工作程序，完善学会财务管理等各项工作制度。在组织建设上，团体会员单位发展到近50家。

2017年1月，中国环境科学学会召开第八次全国会员代表大会，国家环境保护部副部长黄润秋当选第八届理事会理事长。2020年4月，黄润秋被任命为生态环境部部长。

2017年6月，根据中共厦门市委办公厅《关于加强社会组织党的建设工作的实施意见（试行）》和中国科协、省科协、市科协“在社会组织中实现党的组织全覆盖和工作全覆盖”的相关要求，厦门市环境科学学会加强群团组织自身党的建设，成立了“兼合式”党支部，由学会专职人员邵银环任书记。

2017年9月14日，厦门市环境科学学会举行第六次会员代表大会，厦门市环境保护局局长何伯星到会发表了讲话。第五届理事会理事长赵景柱作了工作总结报告，大会通过了新修改的学会章程，选举产生了第六届理事会（常务理事13人和理事42人）。

理事长：庄世坚（厦门市环境保护局原巡视员）

副理事长：陈少华（中国科学院城市环境研究所副所长）、曹文志（厦门大学环境与生态学院副院长）、黄全佳（厦门市环境监测站副站长）

秘书长：黄全佳（兼）

名誉理事长：赵景柱（中国科学院城市环境研究所书记）

顾问：余兴光（国家海洋局第三海洋研究所所长）、袁东星（厦门大学环境与生态学院院长）、黄邦钦（厦门大学环境科学研究中心主任）、孙飒梅（厦门市环境监测中心站副站长）、周鲁闽（厦门市翔安区政协主席）、颜昌宙（中国科学院城市环境研究所所长助理）

第六届理事会成立后，认识到会员是学会存在的基础和立足之本，既是学会依靠的基本资源，又是服务的基本对象。理事会是代表和体现广大会员意志的领导机构。强化理事会对学会工作的直接指导和支持，是学会迈向现代化社团的最重要推力。为此，不断强化理事会作为日常办会主体的领导。另外，第六届理事会从政治组织方位来审视学会工作，将政治性作为学会组织的灵魂，把思想建设作为组织建设的基础，始终坚持正确的政治方向，把科技工作者凝聚在党的周围，致力于把学会建设成为党的群众工作的坚强阵地，弘扬科学家精神，涵养优良学风和学术道德。

第六届理事会以多种形式动员全体理事和会员提高政治站位，强化学会工作的政治引领，深刻领会和准确把握习近平生态文明思想的丰富内涵、精髓要义和实践要求，团结全市生态环境科技工作者深入研究和广泛宣传习近平生态文明思想，增强“四个意识”、坚定“四个自信”、做到“两个维护”，始终坚持做习近平生态文明思想的忠实践行者和积极传播者，自觉担负起生态文明建设和生态环境科技发展的政治与社会责任。为推动绿色低碳循环发展，动员全社会共同参与生态文明事业，为建设美丽中国作出贡献。

2017年11月，厦门市环境科学学会会员戴民汉因研究海洋碳循环的卓越成就而当选中国科学院院士。

2018年3月9日，第六届理事会召开第二次会议。根据厦门市民政局备案新要求，党政领导干部、离退休干部在社会团体兼职的，需经中共厦门市委组织部确认履行审批手续。第六届理事会成立后理事会成员中有2名厅局级干部（庄世坚、陈少华）和5名市管干部（胡军、任国岩、王伟军、陈忠、罗昌荣）。由于5名市管干部在其他社会团体兼职，而无法兼任学会常务理事。因此，第六届理事会第二次会议增补了李友谊（厦门市环境保护局规财处处长）、蔡启欣（厦门市环境监测中心站站长）、傅海燕（厦门理工学院环境科学与工程学院院长）、张世文［波鹰（厦门）科技有限公司总经理］为常务理事。

在第六届理事会第二次会议上，庄世坚理事长回顾了厦门市环境科学学会的发展历程，在阐述学会的工作思路时指出：党中央把科技创新摆在国家发展全局的核心位置，大力实施创新驱动发展战略。生态环境科技是国家生态环境保护事业和科技创新体系的重要组成部分，是推动解决生态环境问题的利器，是贯穿生态环境保护全过程的基础性工作。环境科学学会作为政府公共服务职能的有益补充，是政府部门的得力助手和有力补充。环境科学学会是环境科技事业发展不可或缺的重要组成部分，是生态环境科学技术施惠于社会文明和生态文明进步的无形桥梁。但是，要做好环境科学学会工作就要深入把握新形势下的学会工作规律，大力推进改革创新，加强基层基础工作，加强网上环境科学学会建设，提高做好环境科学学会工作的能力。

在第六届理事会第二次会议上，各位理事集思广益，补充完善了《厦门市环境科学学会财务管理制度实施细则》，并就厦门市环境科学学会工作思路形成共识：①积极承接环保部门部分职能的转移工作；②每年召开一次环境科学学术交流会；③开展各类环保技术咨询服务；④开展科普宣传和继续教育；⑤举办环境保护技术培训班；⑥举荐环境科技人才。

2018年5月18日，习近平总书记在全国生态环境保护大会上作了“推动我国生态文明建设迈上新台阶”的重要讲话。全国生态环境保护大会确立了习近平生态文明思想。习近平生态文明思想是习近平新时代中国特色社会主义思想的重要组成部分和核心内涵，为开创我国绿色发展的新局面提供了强大的理论支撑和实践指导，为生态环境治理理念提供了思想引领，是推动生态文明和美丽中国建设的根本遵循。

为此，第六届理事会以不同的形式向会员宣贯：厦门是习近平总书记在福建工作的第一站，是习近平生态文明思想的重要孕育地和率先实践地。习近平同志在厦门工作期间，高度重视生态环境保护和可持续发展，提出了一系列符合科学发展规律、具有战略性和前瞻性的生态文明建设理念、思路和重大决策部署，不仅为厦门发展注入了强大动力，也成为习近平生态文明思想的源头活水。第六届理事会要求全体会员认真学习贯彻习近平生态文明思想和全国生态环境保护大会精神，提升服务生态文明建设和打好污染防治攻坚战的政治担当，和环保铁军一起争当生态文明建设的排头兵。

2018年12月，厦门市环境科学学会会员焦念志、江云宝、李清彪当选福建省科协第九届委员会副主席。

2019年3月，根据《厦门市市级机构改革实施方案》，组建厦门市生态环境局，不再保留厦门市环保局。

随着科学技术的进步、科学与社会关系的演变，科技社团的内涵、外延和功能作用也不断深化与拓展。在新时代、新形势下，第六届理事会按照中国科协2019年发布的《全国学会组织通则》，致力于自身的组织建设，在发展会员上不再囿于学术圈，而是逐渐形成厦门市政、产、学、研、用一体的环境科技人员统一战线；在厦门市各级政府部门与环境科技工作者之间建立良好的沟通渠道，形成有效和良性的互动，切实发挥科技群团应有的桥梁、纽带和参谋作用。团体会员单位数由换届时的37家增加到56家，个人会员数由224名增加到305名，创下了历史新高。

第六届理事会根据《厦门市环境科学学会章程》规定，以推动环境科学技术发展为宗旨，以服务改善环境质量和生态文明建设为目标，认真履行学术社团组织“四服务”工作职能，做好服务厦门市生态环境保护中心工作。同时，第六届理事会坚持开好理事会、常务理事会，认真进行审议重要事项决策、发挥民主议事决策作用，并做好日常管理。第六届理事会还坚持规范化、制度化、科学化地提供公益性服务，在促进各会员单位间的经验交流、信息沟通和区域环境科技合作以及促进海峡两岸环境保护合作与交流中做了许多工作，促进了环境科技繁荣发展和环境科学普及和推广，为推动厦门生态文明建设、服务污染防治攻坚战作出了积极的贡献。

2019年3月，第六届理事会召开第三次会议，总结了2018年的工作情况和存在问题，讨论了学会今后的工作思路：坚持民主办会，做好日常管理；接受中国环境科学学会和厦门市科协的指导，积极参加上级组织的一些活动。第三次会议还新增了庄马展、庄洁、杨尤波、赵胜亮、曾庆添5名理事，增补庄马展、方青松为副秘书长。

2019年11月9日，厦门市科协第八次代表大会召开，厦门市环境科学学会会员江云宝（厦门大学副校长）当选厦门市科协第八届委员会主席，厦门市环境科学学会顾问颜昌宙、副秘书长庄马展当选厦门市科协第八届委员会常务委员，秘书长黄全佳当选厦门市科协第八届委员会委员。

2021年3月，厦门市环境科学学会第六届理事会名誉理事长赵景柱不幸离世，并被追授为2021年中国科学院年度先锋人物。第六届理事会号召全体会员学习赵景柱献身生态环境科学事业的精神。

2021年5月，第六届理事会秘书长黄全佳和副秘书长庄马展分别作为厦门市科协常委和委员参加了厦门市科协第八届第三次全委会，并参观了自然资源部第三海洋研究所鲸豚科普基地和院士工作站。此后，第六届理事会多次组织理事参观华侨博物院、厦门破狱斗争旧址、五峰红色历史革命历史馆和陈嘉庚纪念馆以及参加“中国厦门首届廉政漫画展”活动。

2021年12月，中共中央组织部、中共中央宣传部确定全国32名“最美公务员”，厦门市环境科学学会会员傅冰洁被评为“最美公务员”，并记一等功。

2022年4月，中国环境科学学会召开第九次全国会员代表大会。生态环境部部长黄润秋、中国科协党组书记张玉卓出席会议，王金南（中国工程院院士）当选第九届理事会理事长。庄世坚作为会员代表参加了中国环境科学学会第九次全国会员代表大会。厦门市环境科学学会常务理事单位厦门科林尔环保科技有限公司成为中国环境科学学会第九届理事会理事单位。

2022年6月，中共厦门市直机关工作委员会批准，邵银环续任中共厦门市环境科学学会党支部（兼合式）书记。

2022年7月23日，第六届理事会召开第六次理事会，审议有关厦门市环境科学学会换届事宜，包括：第六届理事会工作报告、财务报告，《厦门市环境科学学会章程》修改草案，第七届理事会理事、常务理事、监事会监事候选人名单，第七届理事长、副理事长、秘书长、副秘书长、监事长、监事候选人名单，第七届会费标准草案，财务管理规定和实施细则，换届选举办法等。

根据《社会团体换届指引》，理事人数少于50人的不设置常务理事会。为了使厦门市环境科学学会组织结构不断优化并延续学会成立以来就有的常务理事会，决定第七届理事会扩大理事人数，并建立权责明晰的监事会，以加强内部监督。此外，第六届理事会认识到环境保护产业是解决环境问题的物质和技术基础，是发展环境科技全链条中十分重要的一环，为此建议第七届理事会继续扩大从事环境保护产业方面的理事人数。

2022年10月28日，厦门市环境科学学会举行第七次会员代表大会。厦门市生态环境局副局长胡军、厦门市科学技术协会副主席林秋松和学会部部长马宗远到会并致辞。第六届理事会理事长庄世坚作了工作总结报告，通过了新修改的学会章程，选举产生了第七届理事会（常务理事19人和理事65人）。

理事长：庄世坚（厦门市环境保护局原巡视员）

副理事长：郑煜铭（中国科学院城市环境研究所副所长）、王新红（厦门大学环境与生态学院副院长）、庄马展（厦门市环境科学研究院院长）

秘书长：庄马展（兼）

监事长：黄全佳（厦门市环境监测站站长）

副监事长：陈进生（中国科学院城市环境研究所大气环境研究中心主任）

厦门市环境科学学会在第七次会员代表大会召开之后，新增了一大批团体会员单位：福建省厦门市环境监测中心站等8个单位成为常务理事单位，厦门市水资源与河务中心等22个单位成为理事单位，中华人民共和国厦门海关技术中心（由厦门进出口商品检验局、厦门动植物检疫局、厦门卫生检疫局的检验检疫技术中心整合而成）等20个单位成为团体会员单位。

第七届理事会第一次会议决定，坚持“三服务一加强”（“努力为广大科技工作者服务，为经济社会全面协调可持续发展服务，为提高公众科学文化素质服务，全面加强科协组织的自身建设”）的工作方向，团结全市环境科技工作者，紧紧围绕厦门市生态环境保护工作和生态文明建设的中心任务，奋力实施环境科技创新驱动发展战略，广泛深入地进行学术交流、科学普及、技术培训和技术服务等活动，加强同各环保行业的联络与沟通。

2022年，厦门市环境科学学会会员俞绍才入选欧洲科学院外籍院士。

2022年11月15日，厦门市环境科学学会因在学术交流、科技评价、成果推广、科学传播、人才托举、教育与培训、决策咨询、会员服务等方面开展了大量卓有成效的工作，获厦门市科协“2022年度学会能力提升十佳学会”奖（图1-6）。

图 1-6　厦门市环境科学学会获“2022 年度学会能力提升十佳学会”奖

2023年2月8日，第七届理事会召开第一次常务理事会，形成2023年工作思路：①积极主动承接政府职能转移工作，同心协力不断提升厦门市生态环境保护的科技支撑能力。②积极打造环保学术交流平台，发挥学会载体作用常态化开展学术交流与研讨，共同提升业务服务能力。③积极打造环保科普宣教平台，组织好每年“6·5世界环境日”宣传活动，加强微信公众号运营与管理，扩大学会影响力，不断提高公众的环保素养，促进形成绿色发展方式和生活方式。④积极打造环保科技成果转化平台，发挥学会创新驱动作用，推动跨行业产学融合，促进科研成果转化，推进环境科学、环境管理、污染防治以及先进环保技术的研发、推广和运用，服务好企业发展需求。会议还增补了厦门联创达科技有限公司总经理李述标（厦门市政环卫协会会长）为理事。

2023年3月2日，厦门市环境科学学会第七届理事会常务理事王建春（福建龙净环保干法事业部副总经理）被授予“厦门市科技创新杰出人才”称号。

2023年4月28日，第七届理事会召开第二次常务理事会，增补威士邦（厦门）环境科技有限公司董事长、总经理江素梅，易成创意（厦门）展览服务有限公司总经理蒋平辉为理事，厦门佰欧环境智能科技有限公司为团体会员。至此，第七届理事会成员68个，团体会员单位60家，个人会员311人。

2023年5月18日，第七届理事会筹建“厦门市生态环境标准化技术委员会”，并面向全市征集委员。

2023年5月30日，第七届理事会理事方云辉带领的厦门市工程添加剂重点实验室荣膺厦门市2023年“最美科技工作者团队”，而厦门大学环境与生态学院陈鹭真教授在获评厦门市2023年“最美科技工作者”的翌日加入厦门市环境科学学会。

2023年5月30日，厦门市环境科学学会被聘请为厦门市纪委监委营商环境联系点。

2023年7月17—18日，全国生态环境保护大会召开。习近平总书记在会上发表重要讲话，强调“新时代生态文明建设的成就举世瞩目，成为新时代党和国家事业取得历史性成就、发生历史性变革的显著标志”“必须以更高站位、更宽视野、更大力度来谋划和推进新征程生态环境保护工作，谱写新时代生态文明建设新篇章”。

2023年7月21日，厦门市科协学会学术部牵头，厦门市环境科学学会承办了“绿色发展 科技赋能”沙龙暨生态环境学会联合体筹备会。厦门市天文气象学会、市水利学会、市海洋与水产学会、市地理学会、市观鸟协会、市风景园林学会的会长或秘书长出席，一致通过组建第一届生态环境学会联合体，由厦门市环境科学学会作为首届执行主席学会。

2023年9月20日，厦门市召开生态环境保护大会。中共厦门市委书记崔永辉强调：新征程上，要深入贯彻习近平生态文明思想，坚持以人民为中心，牢固树立和践行绿水青山就是金山银山的理念，协同推进降碳、减污、扩绿、增长，推动美丽中国先行示范市建设不断取得新成效，以高品质生态环境支撑高质量发展，努力率先实现人与自然和谐共生的现代化，不断绘就厦门高素质高颜值新画卷。

截至2023年11月，厦门市环境科学学会团体会员单位63个、个人会员322人。第七届理事会决心把思想和行动自觉地统一到习近平总书记在全国生态环境保护大会上的重要讲话精神和党中央决策部署上来，把建设美丽中国摆在强国建设、民族复兴的突出位置，坚定不移走生产发展、生活富裕、生态良好的文明发展道路，建设天蓝、地绿、水清的美好家园。发挥学会广泛动员作用，在服务厦门市生态环境科技事业创新驱动发展和政府社会职能等方面，积极促进政产学研用深度融合，繁荣学会学术活动，团结广大环境科技工作者和会员，把厦门打造成为美丽中国高颜值样板，共同谱写新时代生态文明建设新华章。

2023年12月6日，“厦门市环境科学学会成立四十周年庆典暨学术交流”在集美举行。省市老领导洪华生、潘世建，自然资源部第三海洋研究所原所长余兴光，中国科学院城市环境研究所所长贺泓，厦门大学环境与生态学院院长吕永龙，厦门市生态环境局副局长胡军，厦门市科协副主席林秋松，来自政、产、学、研、用各界人士及会员代表约300人齐聚一堂。中国环境科学学会副理事长贺泓院士宣读贺信，厦门市环境科学学会理事长庄世坚深情回顾学会40年辉煌的历史，厦门市生态环境局副局长胡军、厦门市科协副主席林秋松先后发表致辞。当天的活动，包含开幕式、院士论坛、学术交流论坛和企业优秀科技成果交流论坛、优秀团体会员单位风采展示等。为表彰和纪念资深会员对厦门市生态环境事业的贡献，此次活动还为学会历届理事会领导颁发了四十周年纪念奖。[①]（图1-7）

图 1-7 厦门市环境科学学会成立四十周年庆典暨学术交流会

① 大咖汇聚 献智生态文明建设：厦门市环境科学学会举行四十周年庆典暨学术交流活动，载于《厦门日报》2023年12月7日，第3版。

第二章

环境科技工作者的服务平台

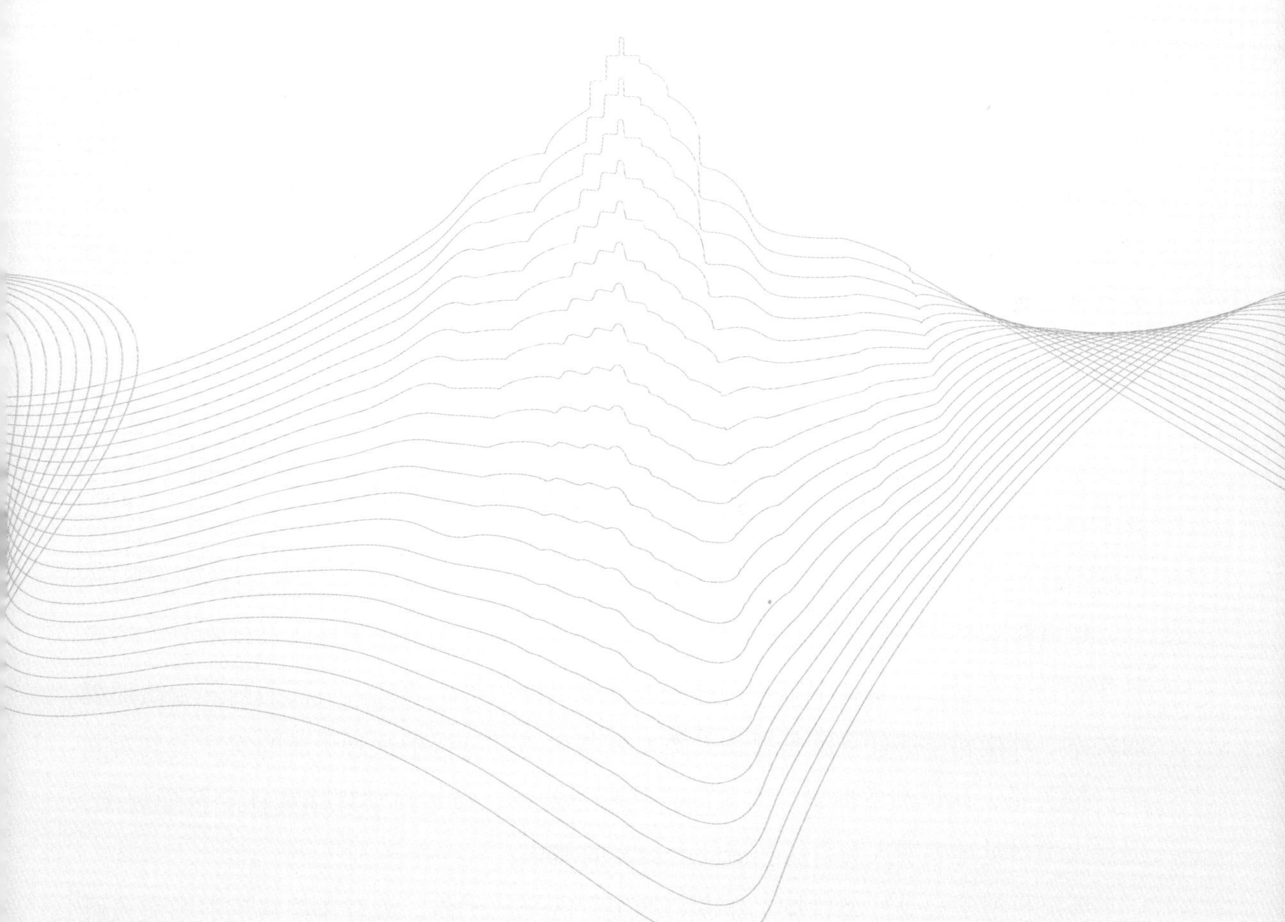

学术性是学会的根本与灵魂，组织学术交流是学会作为学术共同体的基本职能，是学会区别于其他社团组织的主要特征。学会只有积极搭建各类学术交流活动平台，才能满足服务会员学术发展的第一需要，也才能有效地促进学科发展，提高学会的学术权威性，体现学会的存在价值。因此，环境科学学会要构建环境科技工作者的服务平台首先就要具备学术交流的功能。

环境科学学会搭建的平台开展学术研讨和技术交流（包括举办论坛、学术年会、专题研讨会、报告会、展览展示）等活动，交流环境科技新动向、新成果，沟通信息、更新知识；既可以为会员发表学术见解、展示才华、发挥专长提供舞台，从而提高会员自身的学术水平，也可以为会员结识同行、获取同行认可并为促进合作提供条件。

环境科学学会构筑的环境科技工作者服务平台还应当具有环境科技工作者之家的功用。其一，加强厦门市环境科技工作者的联系与资讯沟通，积极为会员提供信息，是理事会服务会员的基础。其二，向社会举荐人才和发掘会员的优秀科研成果，是促进会员自身发展和环境科技人才脱颖而出的绿色通道。其三，学会建立专家库，根据会员的特长安排他们参加相关活动，提供他们运用智力优势为社会服务和展示自我的机会，也可以体现学会服务平台的作用。其四，增进会员单位之间的交流互动，可以满足他们互助与合作的需求，也可以发挥学会的桥梁纽带作用。为此，厦门市环境科学学会发轫伊始，历届理事会就不断构建、夯实和拓展为厦门市环境科技工作者服务的平台。

2.1　构建环境科技学术交流平台

环境科学是一门新兴的综合性交叉学科。人类的三大科学领域是自然科学、技术科学和社会科学，环境科学则是在这三大领域的交接带上研究人类活动与其生活环境的关系。环境科学的任务就是抓住人类发展与生态环境保护这对矛盾的实质及其对立统一的关系，认识和掌握研究对象的自然科学规律、技术科学规律和社会科学规律，促使人类自觉地朝着人与自然和谐共生的方向演化。

环境科学学会是环境科技工作者自愿组织起来的团体，最有条件构筑学术交流研讨的服务平台，让来自自然科学、技术科学和社会科学领域的人员，能够不分职级、不分专业对共同关注的环境科技问题展开自由研讨，充分表达学术观点，切磋提高环境科技水平。因此，环境科技学术交流平台是面向所有会员开展环保科技交流、合作、推广的服务平台，也是凝聚环保科技工作者的智慧，协力解决环境问题的载体。

厦门市环境科学学会从诞生之日起，就以“防治污染，改善生态，促进四化，造福人民”为宗旨，为厦门市分布在政、产、学、研、用等各界别的环境科技工作者构建了环境科技学术交流平台、科研合作平台与成果推广平台。在此服务平台上开展的学术交流，都是围绕厦门市亟待解决的主要环境问题进行研讨[①]；每一次学术交流会征集的论文也都尽可能结集印刷（图2-1）。

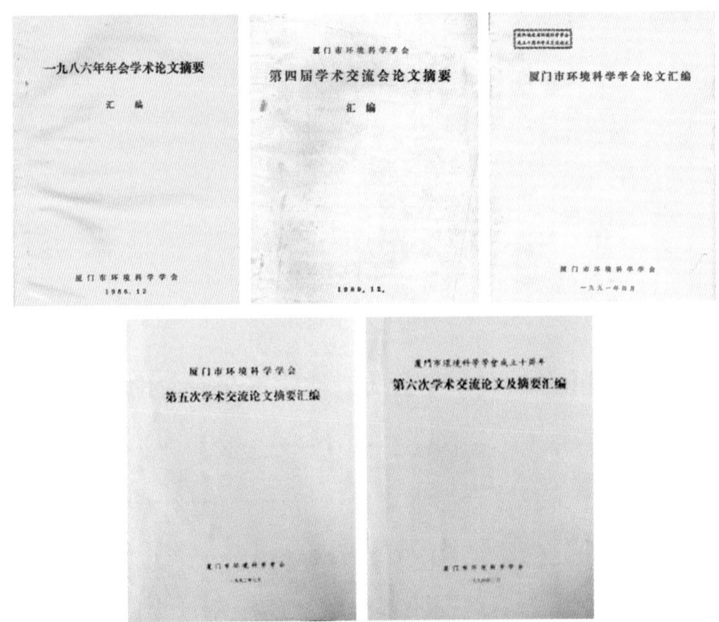

图 2-1　厦门市环境科学学会学术交流论文集

2.1.1　厦门市环境科学学会第一次学术交流会

在厦门市环境科学学会成立前夕，厦门最大的环境问题是位于厦门岛西部的筼筜湖污染，严重影响着湖区周围广大市民的生活和厦门经济特区的建设。为此，1980年5月10日，厦门市革命委员会发文“批转市环境保护办公室《关于对筼筜港水质污染

① 中共厦门市委党史研究室:《中共厦门地方史专题研究（社会主义时期Ⅲ）》，中共党史出版社2005年版，第320页。

进行调查实施方案的报告》”，强调：对筼筜港水质污染调查监测是关系今后筼筜港污水治理，从而关系到全市人民的身体健康和实现四化的一件重要工作①。1981年，厦门市人民政府把制订筼筜湖污染综合治理方案作为厦门市环保办的首要任务；并决定成立厦门筼筜新区市政建设指挥部，负责新区道路建设和污水治理工程。

1981年8月，国务院环境保护领导小组办公室召开经济特区环境影响评价工作座谈会，决定对厦门及其他特区进行环境本底调查和环境影响评价。1982年3月，厦门市环保监测站副站长刘震代表厦门市环保办，带队向国务院环境保护领导小组办公室汇报厦门筼筜湖污染情况。国务院环保办高度重视，4次召集在京的有关专家听取汇报和座谈筼筜湖综合治理问题。

1983年11月30 日—12月4日，在福建省环境科学学会第一届第三次环境科学学术年会与厦门市环境科学学会成立大会的学术交流会上，学术交流的主题就是关于筼筜湖综合整治。中国环境科学学会副理事长陈西平（国务院环境保护领导小组办公室副主任）亲临厦门，在大会上作了题为“关于环境保护的战略思想问题”的主旨报告。接着，其他13位专家的学术报告和福建省环境科学学会代理事长沈继武（福建省城乡建设厅厅长）的总结，大部分都是围绕厦门市筼筜湖综合整治的主题来展开。

厦门市环境科学学会第一次学术交流会论文

1.厦门环境质量状况简介 ……………………………………………………刘　震
2.筼筜湖调查与初步评价及综合治理意见 ………………………………陈淑勉
3.厦门西部海域天然净化初步估算 …………………………………………吴瑜端
4.关于厦门筼筜湖污染综合治理及西部海域水质控制规划的初步设想 …李少犹
5.关于近期改善厦门市筼筜湖区水质黑臭现状的建议方案 ………………赵俊英
6.厦门特区几个气象要素对大气污染影响的初步分析 ……………………朱赛霞
7.肝癌流行病调查及发病有关因素的探讨 …………………………………兰忠光
8.厦门海域环境污染状况调查报告 …………………………………………陈泽夏
9.筼筜港主要微生物类群及其耐毒性的初步研究 …………………………杨淑专

① 厦门市革命委员会批转市环境保护办公室《关于对筼筜港水质污染进行调查实施方案的报告》（厦革〔1980〕182号）。

10.闽江干流自净能力及环境容量的初步研究 ……………………………方秋贤
11.影响闽江水质（福州区段）的污染源 ……………………………林源开
12.三明市八二年大气监测结果及试评价 ……………三明市环境保护监测站
13.福建省酸雨情况及成因分析 ……………………………………………马　荣

厦门市环境科学学会在首届学术交流会的引领下，不断加强环境科技学术交流平台的建设。同时，按照中国科协第三次代表大会的精神，贯彻“百花齐放、百家争鸣”方针，努力提高国内外学术交流活动质量，促进学科发展和人才成长，积极推进环保科技交流与合作。

2.1.2 厦门市环境科学学会第二次学术交流会

环境管理、环境监测和环境科研是撑起环境保护事业架构的3根顶梁柱。环境监测所用的科学技术方法，包括化学的、物理的、生物的科学方法和信息、智能、遥感等现代技术。环境监测是在调查研究的基础上，用科学技术方法监视和检测代表环境质量和变化趋势的各种数据的全过程；是指运用多种手段对环境各要素或污染因子进行测试，其对象是环境质量或污染源。环境监测在环境监督管理中占有重要地位，是环境管理的耳目。环境监测工作提供了环境质量定性、定量的可能，提高了环境管理的针对性。

环境保护创业时期，首先就是要了解一定空间的环境状况。因此，环境管理必须紧紧依靠环境监测来了解不同要素的环境质量状况与重点污染源的污染物排放量及其时空变化。环境监测的大数据不仅是环境管理立法、执法和决策的科学依据，也是环境规划、环境科研等所有环境工作的重要基础。

在厦门市环境保护事业初创时期，厦门市环境保护系统的所有人员（包括后勤人员）都必须参加定期的空气、水质和噪声监测和污染源调查工作。厦门市环保办的管理工作人员每年都要参加每季度连续7天、每天4次（含深夜2：00—2：30）的大气采样与丰水期、平水期、枯水期6次的水质采样以及每年一期的环境噪声网格监测。厦门市环保监测站人员也要参与厦门市环保办的污染源调查和督促一些企业进行简单的“三废”治理以及征收排污费等许多环境管理工作。

1983—1984年，厦门经济特区管委会环保监测站和同安县环保监测站相继成立。然而，厦门市环保监测站与湖里、同安环保监测站一样，建站以后都没有建立环境监测质量保证体系，质控工作重点仅囿于实验室的分析测试过程。

厦门大学环境科学研究所、国家海洋局第三海洋研究所、福建省海洋研究所和福建省水产研究所等研究环境科研单位在进行环境调查与环境科研中，也做了大量的环境监测工作。但是，除了《海洋污染调查规范》，国家尚未建立不同环境要素的环境监测规范，环境监测质量难以保证。

“事非经过不知难。”1977年恢复高考制度的前几年，全国各高等院校都没有设置环境保护专业，厦门市环境科学学会会员全部是非环保专业毕业的科技人员。当时环境监测都以化学分析为主，实验室的玻璃器皿（包括滴定管等）购置都相当困难。环境保护监测人员要踩着自行车或三轮车或推着板车外出采样，或爬烟囱监测烟尘，或钻阴沟采集污水或租小木船出海采样，再带回实验室分析测试（速测样品必须当晚测完）。所有的采样工具和监测仪器及氧气、氮气、氢气等钢瓶都要手提肩扛搬上与厦门市卫生防疫站合建的5楼实验室（厦门市环保办和厦门市环保监测站1980年11月从厦门市政府大楼后的玻璃钢棚迁入）。直到1985年，厦门市环保办及其环保监测站又搬迁至环保监测大楼（湖滨南路56号），环境监测条件才进一步改善。（图2-2）

厦门市环保监测站工作人员业余时间都要自学和补习环境保护知识，这方面的书籍和参考文献又很少，且难以获取或借阅。利用业余时间进行某些自选课题的环境科学技术研究，要发表一篇学术论文往往饱含艰辛，不仅要一遍又一遍爬格子撰写论文（当时很难用上计算机和复印机），成稿后还要筹划如何打字和在蜡纸上刻写标题及在硫酸纸上作图。

图 2-2　厦门市环境监测实验室与环保监测大楼

1985年12月，第一届理事会召开厦门市环境科学学会第二次学术交流会，主题是关于如何提高环境监测质量。在第二次学术交流会上，厦门市环境科学学会会员发表了20多篇论文（收集不全，无法列出目录）。其中，杨孙楷、林建东的论文《海水中可溶铬的化学形态研究》，会后载于《海洋学报(中文版)》1985年第5期；庄世坚的论文《RIDIT检验在烟气浓度评价中的应用》，会后载于《环境工程学报》1986年第1期；庄世坚的论文《整理环境监测资料的曲面插值方法》，会后载于《数学研究》1986年第1期。

通过第二次学术交流会，厦门市环境科学学会会员（含厦门市环保监测站尚未入会的环境科技工作者）认识到，要取得代表环境质量变化或污染源排放的各种科学数据，需要通过环境监测活动的全过程。其基本环节包括：布点、采样、分析（实验室）测试、数据处理和综合评价。从此，厦门市环保监测站开始进行计量认证和优质实验室创建，并建立不同尺度的环境监测信息管理系统。国家海洋局第三海洋研究所、厦门大学环境科学研究所也组织精兵强将开始《海洋监测规范》的研究与编制工作。

随着全国各级环境监测站监测能力与监测技术的逐年提高，环境监测领域不断扩大，监测因子不断增加。凡事兴许都要乱出规模才能整出规范。国务院要求环境保护部门对各省、自治区、直辖市的环境监测统一协调、统一规划、统一要求，对监测数据提出了代表性、准确性、可比性、完整性、精密性的要求。为了确保环境监测数据的可靠性，1986年中国环境监测总站才着手进行统一分析方法和监测技术规范工作，要求各地强化实验室质控和质量保证工作，形成监测质量控制体系。

2.1.3　厦门市环境科学学会第三次学术交流会

厦门岛是深大断裂切割而成的断块岛，周围强大的海流原可自由环流（潮水流速为强流和特强流），基本可以把九龙江及陆地来的泥沙带出港区，所以厦门港历来是不淤的天然良港。1955年移山填海构筑的高集海堤合龙后，厦门港东、西海域的有机联系就此切断，厦门岛也从此成为人工半岛。高集海堤的填筑人为地造成西海域和东海域（同安湾）两个单口半封闭型的海湾，阻碍了海堤两边海域水体的交换和流通。

20世纪80年代以来，随着厦门经济特区的高速发展和人口剧增，位于九龙江入海口、新老城区、港区、开发区和工业区环抱的西海域污染不断加重，加上污水直排、围占岸线、填海造地、海水养殖、港湾航道局部淤浅等原因，西海域的水质越变越差，1986年起还屡现赤潮。特别是，位于西海域湾顶的马銮湾和宝珠屿附近海域污染严重，厦门海沧和沿海的大量红树林也遭受毁灭性的破坏。

为此，第一届理事会于1986年12月22—23日举行换届大会时，召开厦门市环境科学学会第三次学术交流年会，主题是西海域出现赤潮的原因探讨与防治措施。

厦门市环境科学学会第三次学术交流会论文

一. 环境保护综述

1.经济开发与环境保护关系 ……………………………………………吴瑜端

2.从国际会议看环境监测的作用与趋势 ……………………………杨孙楷

二. 西海域环境保护

1.厦门西海域污染状况综述和防治建议 ………………李贤民　吴子琳　邱永清

2.厦门岛西南部海滨环境变化初步调查 ……………………………郑元球

3.厦门西港水质质量状况分析 ………………………………………陈泽夏

4.厦门近岸海域功能分区初探 ………………………………………曾良杰

5.厦门西海域沿岸带环境区划研究 ……………………………林文生　黄国和

6.宝珠屿西面海域水的稀释扩散能力 …………………………王文辉　陈泽夏

7.厦门西海域的污染现状与九龙江口污染物入海通量的估算 …陈连兴　张晓平

8.厦门港海域营养状况的分析和厦门海域水质质量的评价 ………………陈于望

9.厦门西港潮间带污染现状及防治对策 ………………………周玉琴　黄斌斌

10.厦门西海域赤潮成因的探讨 …………………………………杜　琦　蔡清海

11.河口海域悬浮沉积物与赤潮 ………………………………陈慈美　陈于望等

12.海水营养物质和环境因素促进赤潮生物生长的综合效应 …陈于望　陈慈美等

13.河口港湾海域水体中石油烃的自然风化模式 ……………张珞平　王隆发等

14.厦门港石油降解微生物的研究 ……………………………倪纯治　周宗澄等

15.痕量重金属在厦门港和九龙江河口表层水中的分布特征 …李锦霞　张功勋等

16.厦门港海域重金属污染状况研究 …………………………………………吕荣辉

17.厦门港表层沉积物重金属的富集和来源探讨 ……………陈　松　许爱玉等

18.厦门港沉积物间隙水中重金属及NH_4^+的扩散通量 ……………郭廷宗　许清辉等

19.开闸纳潮排污期间筼筜湖水质变化调查报告 ……………王隆发　陈慈美等

20.充分利用筼筜湖的自净能力加快筼筜湖的治理步伐 ……………………杜　琦

21.厦门西海域牡蛎、缢蛏死亡原因初探 ……………………………叶丽娜
22.厦门地区贝类养殖场四种致病弧菌的初步调查 …………………庄铁诚等
23.厦门西港环境质量的生物学监测与评价 ……………何明海　蔡尔西等
24.厦门西港区一次赤潮的观测 ………………………张水浸　许昆灿等
25.厦门海区的水文、气象环境特征 ……………………………………曾焕彩
26.厦门西海域油污染的监测与治理 ……………………………………蔡清海
27.厦门西港悬浮泥沙、重金属存留时间的初步估算 …………………曾秀山

三、环境生物生态

1.厦门湾火烧屿植被初步调查研究 ……………………………………郑元球
2.几种水生植物对污水中氮、磷去除效率及其抗盐性的研究 …林　鹏　卢昌义
3.九龙江口红树林区重金属的沉积地球化学 ……………黄建东　卢昌义等
4.红树林对河口区汞循环和在净化环境方面的作用 …………林　鹏　陈荣华
5.红树林中某些金属元素的测定及其分布 …………………苏循荣　肖键等
6.厦门海洋围隔生态系实验及其在海洋环境保护中的应用 …傅天保　吴晋平等
7.重金属对海洋贝类几种酶的效应 …………………………王初升　林岳夫等
8.海洋生物积累60C0、137Cs的研究 …………………………………蔡福龙等
9.核素在小生境中的迁移过程 ……………………………陈　英　蔡福龙等
10.几种水生高等植物对污水中BOD5和硫化物净化作用研究 …吴建河　黄道营

四、环境监测分析

1.九龙江口厦门海区表层沉积物中重金属人为增量的测定 ……吴瑜端　林月玲
2.同步荧光法快速测定污泥中的苯并（a）芘 …………………黄贤智　李耀群等
3.导数荧光法和同步荧光法检测油污 ………………………黄贤智　林南蘅等
4.甲胺磷农药残存量测定方法的研究 ………………………杨淑专　黄庆辉等
5.滩涂泥质中磷的极谱波测定 ………………………………杨孙楷　李小波
6.硒-钒体系中锡的催化波测定 ……………………………许荣达　苏循荣等
7.电镀废水中铅的极谱催化波测定 ……………………………………杨　勇
8.海洋底质中微量铜、铅、镉、锌连续测定 ……………………………谢美恩
9.茁芽丝孢酵母苯酚电极 ……………………………………黄克服　刘月英等

10.海藻胶固定化酵母菌BOD传感器的研究 ……………………刘月英　郑忠辉等

11.样条函数在环境资料统计分析整理中的一个应用 ……………………黄建东

12.海藻胶固定化亚硝化菌测氨传感器 ……………………………黄克服　刘月英等

五、其他环境保护

1.厦门一中环境教育回顾 ………………………………………………………蒲宛兰

2.北溪引水的现状评价及分析 ……………………………………王易农　赵蔚萍

3.厦门市饮用水源流域农业环境污染控制系统的规划研究 ………………黄国和

4.预测机场噪声影响的声级—面积数值模型 ……………………………黄国和

5.城市环境噪声功能分区的数字化模拟研究 ……………………黄华凯　黄国和

6.用金属盐凝聚剂处理含磷废水的研究 …………………………………黄国和

7.厦门一中酸雨成因浅析 ………………………………………………………蒲宛兰

8.厦门一中环境噪声现状 ………………………………………………………蒲宛兰

9.砖瓦厂泛滥的危害 ……………………………………………………王水交　吴慧敏

此次学术交流会收到论文60篇（大会交流论文23篇），论文质量较高。所以，会后许多论文分别在国内一些学术刊物发表。例如：

吴瑜端的论文《经济开发与环境保护关系》，收录于《论福建海洋开发》（福建人民出版社，1988年版）一书中。

林文生、黄国和的论文《厦门西海域沿岸带环境区划研究》，载于《环境科学与技术》1987年第4期。

陈于望的论文《厦门港海域营养状况的分析和厦门海域水质质量的评价》，载于《海洋环境科学》1987年第3期。

陈慈美、陈于望等的论文《河口海域悬浮沉积物与赤潮》，载于《海洋通报》1987年第4期。

张珞平、王隆发、吴瑜端的论文《河口港湾海域水体中石油烃的自然风化模式》，以《河口港湾海水中石油烃的自然风化模式》为题，载于《海洋学报（中文版）》1988年第1期。

李锦霞、张功勋等的论文《痕量重金属在厦门港和九龙江河口表层水中的分布特征》，载于《中国环境科学》1988年第5期。

吕荣辉的论文《厦门港海域重金属污染状况研究》，载于《海洋环境科学》1986年第2期和1987年第3期。

陈松、许爱玉等的论文《厦门港表层沉积物重金属的富集和来源探讨》，载于《台湾海峡》1987年第2期。

郭廷宗、许清辉等的论文《厦门港沉积物间隙水中重金属及NH_4^+的扩散通量》，载于《厦门大学学报（自然科学版）》1989年第4期。

黄建东、卢昌义、李小波、林庆扬、李云毅、郑逢中、吴瑜端的论文《九龙江口红树林区沉积物重金属的沉积地球化学》，在第三次学术交流会上发表后，又在日本福冈举行的国际会议“Specialized Conference on Coastal and Estuarine Pollution 1987”上以“Purification of heavy metals in sediment by mangroves in Jiulong Estuary, Xiamen Harbour”为题作大会报告；1988年这项成果以“Removal of heavy metals from sediments by mangroves in Jiulong estuary, Xiamen Harbour, China”为题，登载于国际学术刊物*Water Science and Technology*1988年第20卷第（6/7）期。①

林鹏、陈荣华的论文《红树林对河口区汞循环和在净化环境方面的作用》，由厦门大学出版社1986年出版。

许荣达、苏循荣、杨孙楷的论文《硒-钒体系中锡的催化波测定》，载于《分析测试通报》1987年第4期。

黄建东的论文《样条函数在环境资料整理中的应用》，以《应用样条函数整编水文测验资料》，载于《台湾海峡》1989年第1期。

黄克服、刘月英、陈晓琼的论文《海藻胶固定化亚硝化菌测氨传感器》，载于《厦门大学学报（自然科学版）》1986年第5期。

黄国和的论文《厦门市饮用水源流域农业环境污染控制系统的规划研究》，载于《环境科学学报》1986年第3期。

黄国和的论文《用金属盐凝聚剂处理含磷废水的研究》，载于《工业水处理》1986年第4期。

① 袁东星、李炎、洪华生：《春潮入海：厦门大学环境科学的成长》，厦门大学出版社2023年版，第357页。

第二届理事会将厦门市环境科学学会第三次学术交流会专家发表的观点等信息呈报厦门市政府，市政府采纳了其中的一些对策建议。1987年，厦门市政府成立海洋管理协调小组，由厦门市环境保护局牵头，海洋管区、港监、渔监、军监参加组成。海洋管理协调小组成立后，建立了海洋管理制度，修订《海洋环保管理办法》，并着手对筼筜湖、避风坞、厦大浴场、鼓浪屿浴场开展整顿。

2.1.4　厦门市环境科学学会第四次学术交流会

20世纪80年代，虽然成为厦门市环境科学学会会员的环境科技工作者不到200人，但是在厦门市环境科学学会前三次学术交流会上交流的100多篇研究论文显示出较高的质量。这些论文基本反映了这一时期厦门乃至全国重大环境问题和环境科学前沿领域、环境科学技术领域的最新成就与突破性进展。

为了广泛培养环境科技人才、引领环境学科发展方向和促进环境污染防治，第二届理事会决定厦门市环境科学学会第四次学术交流会全方位扩大学术研讨范围。但是，适逢厦门海沧台商投资区的开发和“901工程”的兴建，中共厦门市委、市政府要求厦门市科协组织有关学会献计献策、多作贡献。

1990年4月20—21日，厦门市环境科学学会第四次学术交流会召开，主题是关于海沧开发区的工业结构、布局、排污口选择与植物红树林保护①。厦门市人大财经委副主任林秀德、城建委傅子仪，厦门市科协副主席邱元龙，厦门市环境保护局局长吴子琳、副局长林汉宗、副局长游新清，国家海洋局第三海洋研究所副所长黄自强和学会名誉理事长邱永清等领导出席了会议。

第四次学术交流会收到58篇论文（大会交流16篇），论文内容涉及环境规划与管理、环境质量与调查、环境生物生态、环境化学、环境监测分析和其他。理事长吴瑜端带头发表3篇论文，副理事长杨孙楷带着研究生发表9篇论文，厦大海洋系讲师陈慈美也发表4篇论文。此次学术交流会也为从事环境科技工作的青年成才搭建了平台，庄世坚发表4篇论文，蓝伟光发表3篇论文，俞绍才发表3篇论文。

第四次学术交流会后，理事会组织评选出4篇优秀论文（王隆发、刘震、陈泽夏、卢昌义）和10篇鼓励奖论文（黄毅坚、杜琦、庄铁诚、曾秀山、庄世坚、孙飒梅、陈荣林、李贤民、郑金树、曾焕彩）。

① 厦门城市建设志编纂委员会:《厦门城市建设志》，鹭江出版社1992年版，第450页。

厦门市环境科学学会第四次学术交流会论文

一、环境规划与管理

1.“七•五”环保计划回顾与编制“八•五”环保规划的设想 ……李贤民　吴子琳

2.试论经济特区环境监测工作如何适应环境管理的多变特征 ………………刘　震

3.厦门水污染防治之我见 ………………………………………………………郝松乔

4.海沧开发区环境基本特征及经济开发的环境影响预测与环保对策
………………………………………………………………………王隆发　陈于望等

5.杏林海沧台商投资区海域环境条件及污水扩散器施设位置的选择 ……陈泽夏

6.论海沧开发区发挥红树林等自然资源的作用 ……………………………卢昌义等

7.浅谈城市社会经济与城市生态环境的协调发展 …………………………孙飒梅等

二、环境质量与调查

1.北溪引水水资源的开发和保护 ………………………………林文生　周玉琴等

2.厦门地表水有机污染调查研究 ………………………………郑金树　蒋金泉等

3.厦门同安湾水环境质量调查研究 ……………………………周玉琴　林文生等

4.海沧开发区贝类养殖场环境卫生细菌学初步监测 ……………………庄铁诚

5.厦门西港和九龙江口水体自净能力及其现状 …………………………吕荣辉

6.厦门西海域水质污染现状及对渔业生产的影响 ………………………阮金山

7.九龙江河口水质监测优化布点的探讨 ……………………………黄道营　吴建河

8.厦门海洋性酸雨成因特点初探 ………………………………俞绍才　蔡小平等

9.降水及云雾水中有机弱酸的研究 ………………………………………俞绍才

10.划分城市大气环境功能区的研究 ……………………………庄世坚　高诚铁等

11.用主成分子集合选择法优选大气测点 …………………………………庄世坚

12.一种应用于环境影响评价领域的人文学方法的探讨 ………黄国和　陈丽玉等

13.论开展工业污染源抽样调查 ……………………………………………庄世坚

三、环境生物生态

1.厦门港疏浚物海洋倾废对初级生产力影响的一次中型围隔海水试验研究
……………………………………………………………曾秀山　傅天宝　陈　松

2.杏林、海沧开发的海洋环境问题 …………………………………………杜　琦

3.围海造地对厦门西海域生态环境的破坏 ……………………………………曾焕彩
4.生活污水中螺旋藻的生长及其去除氮、磷、有机质的作用 …陈慈美　曾丽娟
5.纳污海域生物营养物质形态水平与浮游植物增殖竞争关系
……………………………………………………………………………陈慈美　包建军等
6.受污染沉积物中生物元素的释放及其与浮游植物生长的关系 ………………
……………………………………………………………………………林月玲　吴瑜端
7.铬对文昌鱼的毒性效应和生长的影响 …………………………黄展胜　郁建栓等
8.诏安湾顶死鱼原因剖析 ……………………………………………………陈　砚
9.海水网箱养鱼的环境问题 ……………………………………………黄毅坚　杜　琦
10.重金属汞、铜、锌、镉、铅对长毛对虾育苗的影响 ……………………黄美珍
11.重金属对对虾的毒性研究述评 ………………………………蓝伟光　杨孙楷
12.论植被与浅海滩涂生态环境保护 …………………………………………郑元球
13.曾厝垵海滨沙滩生态环境变化研究 …………………………………………郑元球
14.大气中SO_2污染的植物监测指标研究 …………………………连玉武　陈荣华等

四、环境化学

1.厦门西港水体中活性磷的缓冲作用 ……………………………陈慈美　陈于望等
2.厦门港水/沉积物间磷释放的机理 ……………………………吴瑜端　林月玲等
3.港湾沉积物释放有机质的研究 ……………………………………………陈于望
4.厦门港海域大气中微量金属研究 ……………………………陈立奇　高鹏飞等

五、环境监测分析

1.微机控制的流动注射——电位溶出分析系统的研制与应用
……………………………………………………………………许荣达　黄　忻　杨孙楷
2.应用TPPS4荧光法测定微量氰化物的研究 ……………………欧阳耀国　蔡维平等
3.海水中铬化学发光分析 ……………………………………杨孙楷　郁建栓　王莉莉
4.海水中硒化学形态的催化极谱分析 ………………………………杨孙楷　郭似旋
5.镉、铊和铅的断续方法溶出伏安法测定 ………………洪丽娟　许荣达　杨孙楷
6.水中铜铅镉铬导数极谱波的同时测定 …………………杨　勇　孙利生　杨孙楷
7.海水中铬的化学形态分析 ……………………………………………杨孙楷　郁建栓

8.水中铬的化学形态分析 ……………………………………蓝伟光　杨　勇等

9.海水中各种化学形态磷的测定方法 ………………蓝伟光　陈　霓　杨孙楷

10.土壤中钒的极谱催化波测定 …………………………………李小波　杨孙楷

11.ICP-AES 同时测定土壤中 Cu、Zn、Cr、Mn、V ……………李小波　郭一飞

12.微机化催化方波伏安法测定土壤中硒 ……………………谢美恩　许荣达等

13.四种海洋致病性弧菌的血清学检测研究 …………………庄铁诚　杨智勇等

六、其他

1.兼性氧化沟—好氧—厌氧—好氧生物接触氧化法处理涤纶工业污水

……………………………………………………………………………陈荣林

2.用新型净水剂处理筼筜湖污水的尝试 ……………………………郭忠平

3.城市垃圾和污水的处理方法 ……………………………………………蔡清海

4.关于酸性降水pH值精确计算方法的探讨 ……………………………俞绍才

5.用计算机绘制近地层风速时空分布图 ……………………庄世坚　林　元

6.厦门电磁环境问题刍议 ……………………………………………………赖成宗

7.厦门经济特区环境管理的挑战与决策 ……………………………………高捷达

第四次学术交流会提交的论文不仅数量多，而且质量高。因此，会后许多论文都在一些学术刊物发表。例如：

吕荣辉的论文《厦门西港和九龙江口水体自净能力及其现状》，载于《海洋环境科学》1988年第4期。

庄世坚、高诚铁等的论文《划分城市大气环境功能区的研究》，载于《中国环境科学（学报）》1990年第4期。

庄世坚的论文《用主成分子集合选择法优选大气测点》，载于《中国环境科学（学报）》1990年第2期。

曾秀山、傅天宝、陈松的论文《厦门港疏浚物海洋倾废对初级生产力影响的一次中型围隔海水试验研究》，载于《海洋通报》1991年第1期。

陈慈美、曾丽娟、王强的论文《生活污水中螺旋藻的生长及其去除氮、磷、有机质的作用》，载于《海洋环境科学》1990年第4期。

陈慈美、包建军等的论文《纳污海域生物营养物质形态水平与浮游植物增殖竞争

关系》以《纳污海域营养物质形态及含量水平与浮游植物增殖竞争关系》为题，载于《海洋环境科学》1990年第1期。

黄展胜、郁建栓等的论文《铬对文昌鱼的毒性效应和生长的影响》，载于《台湾海峡》1989年第2期。

蓝伟光、杨孙楷等的论文《重金属对对虾的毒性研究述评》以《海水污染物对对虾毒性研究的进展 Ⅰ.对虾的重金属毒性研究》为题，载于《福建水产》1990年第1期。

许荣达、黄忻、杨孙楷的论文《微机控制的流动注射——电位溶出分析系统的研制与应用》，载于《仪器仪表学报》1991年第12卷第2期。

欧阳耀国、蔡维平、刘宏之、许金钩的论文《应用TPPS4荧光法测定微量氰化物的研究》以《应用TPPS4荧光法测定微量氰化物》为题，载于《环境化学》1990年第4期。

杨孙楷、郁建栓、王莉莉的论文《海水中铬化学发光分析》，载于《海洋学报（中文版）》1994年第1期。

洪丽娟、许荣达、杨孙楷的论文《镉、铊和铅的断续方法溶出伏安法测定》以《方波断续溶出伏安法同时测定镉、铊、铅》为题，载于《厦门大学学报（自然科学版）》1990年第6期。

杨勇、张利生、杨孙楷的论文《水中铜铅镉铬导数极谱波的同时测定》，载于《重庆环境科学》1990年第4期。

蓝伟光、陈霓、杨孙楷的论文《海水中各种化学形态磷的测定方法》，载于《海洋学报（中文版）》1990年第5期。

庄世坚、林元的论文《用计算机绘制近地层风速时空分布图》，载于《环境工程》1990年第5期。

2.1.5 厦门市环境科学学会庆祝福建省环境科学学会成立十周年暨1991年学术交流会

在福建省环境科学学会成立十周年之际，厦门市环境科学学会第二届理事会围绕学术交流的主题“水环境保护”，组织会员撰写了39篇论文，并于1991年5月举行“庆祝福建省环境科学学会成立十周年暨1991年学术交流会”。

1991年厦门市环境科学学会学术交流会后，第二届理事会将会员撰写的39篇论文集结为《厦门市环境科学学会论文汇编》。

厦门市环境科学学会庆祝福建省环境科学学会成立十周年暨1991年学术交流会论文

1. 厦门酸性降水中微量金属的测定和研究 ……………………陈小江　俞绍才
2. 制定地方法规，保护发展中城市 ……………………………………吴子琳
3. 水质监测项目及其测点优化的对应分析 ……………………叶丽娜　庄世坚
4. 用投影寻踪技术评价环境质量 ………………………………………庄世坚
5. 平均声级与等效声级的差异 …………………………………………庄世坚
6. 厦门酸性降水分级分时段的研究 …………俞绍才　蔡小平　陈小江　陈泽面
7. 水生植物塘净化有机污水研究 ………………………………吴建河　黄道营
8. 厦门海滨填土对水质污染及对策 ……………………………………吴建河
9. 浅谈城市社会经济与城市生态环境的协同发展 ………………孙飒梅　黄国和
10. 厦门筼筜湖纳潮排污的试验与模拟研究 ……………………高维真　高诚铁
11. 厦门西海域水体污染源分布状况调查与预测研究
……………………………………………………孙飒梅　林文生　吴建河等
12. 北溪引水水资源的利用和保护 ……………………林文生　周玉琴　骆鹏飞
13. 厦门同安湾水环境污染状况及防治对策研究 ………………周玉琴　林文生
14. 水环境的浮游生物污染 ……………………………杜　琦　黄毅坚　王小奉
15. 开发区环境保护与经济建设协调发展刍议 …………………………吴子琳
16. 特区更应该严格执行“三同时”规定 ………………………………吴慧敏
17. 严格谨慎执行《环保法》争取行政诉讼中的主动权 …………吴子琳　吴慧敏
18. 水面漂油和油渍的正构烷烃油指纹鉴定 ……………………………郑金树
19. 核技术在环境科学中的应用 …………………………………陈进兴　吴亚英
20. 饮用水中氯仿与四氯化碳含量测定的几个问题 ………………林志峰　陈淑美
21. 海湾环境容量估算方法及其在厦门港的应用 ………………………陈泽夏
22. 烟道气中苯并（a）芘采样的初步研究 …………孙新熙　陈国忠　沈敏新等
23. 厦门西港底质耗氧的测定 ……………………………………………陈于望
24. 红树植物秋茄对镉污染的吸收和净化 ………………………郑逢中　林　鹏
25. 高效气浮技术 ……………………………………………许　志　姚剑峰等

26. 海水中硼的示波极谱测定法 ……………………………………陈立义　刘家欣
27. 沉积物二次污染对海域赤潮的效应 ……………………陈慈美　林月玲　吴瑜端
28. 饮用水和工业废水处理中的PAC …………………………………郭忠平　马青华
29. 光合细菌在环境保护中的应用 ……………………………………黄美珍　李秀珠
30. 应用光合细菌处理高浓度有机废水前景展望 ………李秀珠　陈超群　黄美珍
31. 水环境污染对我省沿海渔业发展的影响及采取的对策
……………………………………………………………黄毅坚　杜　琦　王小奉
32. 海洋油污染影响鱼卵的发育 …………………………………………………蔡清海
33. 加强渔业环保工作促进我省海水养殖生产的发展 ………………………曾焕彩
34. 海洋环境中贝毒的监测分析方法 ……………………………………………王小奉
35. 大气水中苯并（a）芘的分析方法评述 …………………………杨孙楷　吴万晖
36. 水中硒微机化催化方波伏安法 ……………………………………谢美恩　杨孙楷
37. 区域性水污染治理的根本保证：从筼筜湖综合整治谈起 ………………林汉宗
38. 厦门西海域磷的生物地球化学行为和环境容量 …………陈慈美　林月玲等
39. 重金属对真鲷生理生化作用的研究 ……………………蓝伟光　陈　霓　杨孙楷

此次学术交流会会员踊跃投稿，厦门市环保办副主任吴子琳发表了3篇论文，厦门市环境监测站庄世坚、吴建河、林文生各自发表3篇论文，福建省渔业环境监测站王小奉发表3篇论文，冶金部建筑研究总院几位非会员也发表了2篇论文。

此次学术交流会后，许多提交会议交流的论文分别在国内一些学术刊物发表。例如：

叶丽娜、庄世坚的论文《水质监测项目及其测点优化的对应分析》，载于《环境科学学报》1991年第1期。

庄世坚的论文《用投影寻踪技术评价环境质量》，载于《环境保护》2000年第2期。

庄世坚的论文《平均声级与等效声级的差异》，载于《环境工程》1992年第10期。

吴子琳、吴慧敏的论文《严格、谨慎执行〈环保法〉争取行政诉讼中的主动权》，载于《环境保护》1991年第5期。

林志峰、陈淑美的论文《饮用水中氯仿与四氯化碳含量测定的几个问题》，载于《环境监测管理技术》1992年第2期。

孙新熙、陈国忠、沈敏新等的论文《烟道气中苯并(a)芘采样的初步研究》，载于《环境科学》1987年第4期。

陈于望的论文《厦门西港底质耗氧的测定》，载于《台湾海峡》1993年第1期。

陈立义、刘家欣的论文《海水中硼的示波极谱测定法》，载于《海洋学报（中文版）》1993年第5期。

陈慈美、林月玲、吴瑜端的论文《沉积物二次污染对海域赤潮的效应》以《沉积物二次污染对海域赤潮的影响》为题，载于《海洋通报》1991年第5期。

黄毅坚、杜琦、王小奉的论文《水环境污染对我省沿海渔业发展的影响及采取的对策》，载于《福建水产》1992年第2期。

陈慈美、林月玲等的论文《厦门西海域磷的生物地球化学行为和环境容量》，载于《海洋学报（中文版）》1993年第3期。

蓝伟光、陈霓、杨孙楷的论文《重金属对真鲷生理生化作用的研究》，载于《海洋学报（中文版）》1993年第1期。

2.1.6 厦门市环境科学第五次学术交流会

1987年底，中共中央进一步确定沿海经济发展的新战略，提出大进大出、两头在外，参加国际经济大循环，进一步发展外向型经济的战略部署。中央的决策极大地推动了经济特区的经济发展和城市建设，也对经济特区建设的环境保护工作提出了新要求：决策速度要快，环境决策要准。环境管理手段要活，环境信息要灵。环境决策要科学化，环境管理要法制化。

为了使厦门市环保科技人员以积极、主动、稳妥的态度和作风投入时代的大变革，厦门市环境科学学会于1993年1月12—13日举行第五次学术交流会。

厦门市环境科学学会第五次学术交流会论文

1. 厦门海域环境开发利用中的保护问题 ……………………………………陈泽夏
2. 工业污染防治的有效途径——清洁工艺 ………………………孙飒梅　曾子建
3. 经济特区的新形势和环保对策初探 ……………………………………………吴子琳
4. 提高排污收费管理水平　强化环境管理　为特区环境保护工作的深入开展和改

革开放服务 ……………………………………………………………………………张元俊
5. 厦门市水环境污染现状与综合整治规划 ………………………………………郝松乔
6. 有关我市吸收外资和生态环境保护的几点看法 …………………………吴瑜端
7. 试论厦门特区的旅游环境生态经济 ……………………………………………蒲宛兰
8. 小水泥厂原料破碎系统的除尘 ……………………………………………………张元俊
9. 东水西调治理西海域 ……………………………………………………………杜　琦
10. 员当湖纳潮排污的一种建议 …………………………………钱小明　曾焕彩
11. 厦门西海域周日连续观测资料的分析报告 ……………………钱小明　曾焕彩
12. 海面漂油油种指纹鉴定和港口船舶违章排污管理 ……………………郑金树
13. 石油烃的生物活性组分及其生物效应 ……………陈慈美　黄金龙　吴晓峰
14. 环境污染对水产养殖生物的危害 …………………………………………黄美珍
15. 厦门东屿虾池底质的改良 ……………………………阮金山　钟硕良　陈碧霞
16. 植物根区在污水净化中的作用 ……………………………………………陈能场
17. 可监测污染的指示生物……………………………………蔡清海　吴　善　阮秀凤
18. 赤潮导致鱼、虾、贝死亡原因初探 ……………………………………………陈立义
19. 铁对海洋硅藻的生物活性形式及其对海域初级生产力影响
……………………………………………………………陈慈美　蔡阿根　陈　雷
20. 港湾沉积物释放有机物的研究 ……………………………………………………陈于望
21. 厦门海洋性酸雨中有机弱酸的研究 ……………………俞绍才　蔡小平　陈小江
22. 关于pH平均值算法的研究 ……………………………………………………俞绍才
23. 关于酸雨中致酸物天然来源的分析 ……………………………………………俞绍才
24. 无公害真空镀技术在工业应用 …………………………………………………王隽品
25. 用液膜技术从排出废水中提取分离铌和钽 …………………………………黄志勇
26. 叶蜡石合成A型沸石 ……………………………………………………………郭忠平
27. 厦门市中波广播台的局部环境电磁污染 ……………………………赖成宗　符江涛
28. 厦门市ISM射频设备的电磁环境问题 ……………………………………………赖成宗
29. 九龙江口红树林区有机氯分布和净化作用 ……………………………林　鸣　黄建斌
30. 秋茄红树林凋落叶自然分解过程中的环境效应 ……………………庄铁诚　林　鹏

第五次学术交流会后，也有一些提交会议交流的论文在国内学术刊物发表。例如：

陈于望的论文《港湾沉积物释放有机物的研究》，载于《海洋环境科学》1993年第1期。

俞绍才的论文《关于pH平均值算法的研究》，载于《中国环境监测》1993年第1期。

2.1.7 厦门市环境科学学会第六次学术交流会

1993年是厦门市环境科学学会成立10周年。厦门市环境科学学会于1993年2月召开常务理事会，决定第六次学术交流会要围绕“厦门自由港建设中环境保护的地位、作用及其战略目标”这一主题进行研讨。征文内容：①改革开放10年来，厦门市环境保护（包括环科会）工作的回顾和展望；②从国外（如新加坡）及地区（如香港、台湾地区等）自由港的环境保护工作中，厦门应借鉴的经验和教训（吸取成功或失败的经验，以及优、劣势的类比分析）；③ 厦门自由港建设所面临的主要环境问题；④厦门自由港建设的环境保护战略目标；⑤自由港建设中厦门海域的保护和规划；⑥自由港建设与环境保护如何协调发展（或环境保护对策）；⑦厦门市水资源、山石、沙滩资源的开发保护利用；⑧环境管理和环境法规、宣传教育等；⑨与自由港有关的环境保护工作建议、意见。

1995年3月30—31日，第三届理事会召开厦门市环境科学学会第六次学术交流会，主题是“特区建设与生态环境”。中共厦门市委办公厅副主任洪英士，厦门市政府办公厅副主任潘文梓，厦门市人大财经委主任委员林秀德，厦门市人大城建委主任傅广璋，厦门市政协经济建设委员会主任李茂荣，厦门市科协副主席严为善，福建省环境科学学会秘书长陈夏冠和厦门市环境科学学会会员周绍民、邱永清、洪华生、林鹏、江云宝、杨孙楷、袁东星、郑微云、王尊本、连玉武、陈于望、黄邦钦、吴子琳、林汉宗、刘震、陈立奇、黄自强、周秋麟、谢开礼、杨邦建、陈泽夏、顾德宇、余兴光、倪纯治、阮五崎、张钒、曾焕彩、高维真、杜琦、曾灿星、高振华、郝松乔、陈立义、江仁等166人参加了会议。

在第六次学术交流会上，庄世坚、吴子琳、欧寿铭的论文《厦门市自由港建设中环境保护战略对策初探》，吴子琳的论文《环境与发展的新形势和我国的对策》《关于我国环境与发展的若干建议》《关于厦门市环境与发展的情况、问题和对策建议》，连玉武的论文《厦门自由港经济发展与城市生态环境建设》，林汉宗的论文《厦门自由港经济发展与城市生态环境建设》，郭忠平的论文《建设自由港环境意识要加强》都围绕“厦门自由港建设中环境保护的地位、作用及其战略目标”这一主题进行研讨。

厦门市环境科学学会成立十周年
第六次学术交流会论文

厦门市自由港建设中环境保护战略对策初探 …………庄世坚　吴子琳　欧寿铭

环境与发展的新形势和我国的对策 ……………………………………吴子琳

关于我国环境与发展的若干建议 ……………………………………吴子琳

关于厦门市环境与发展的情况、问题和对策建议 ……………………吴子琳

厦门自由港经济发展与城市生态环境建设 …………………………林汉宗

厦大海滨浴场综合整治方案 …………………………………………林汉宗

厦门自由港经济发展与城市生态环境建设 …………………………连玉武

建设自由港环境意识要加强 …………………………………………郭忠平

为培养二十一世纪环境主人做出贡献 ………………………………蒲宛兰

加强厦门海域环境保护的若干思考 ………………………黄美珍　李志棠

加强建设项目环境管理、促进环保与经济协调发展 ………………吴慧敏

关于厦大海滨浴场综合整治的建议 ………………王隆发　张珞平　薛雄志

谨防筼筜湖底质的“二次污染”………………陈慈美　王隆发　陈于望　吴瑜端

人工生态系对厦门西部海域营养物质含量水平的效应 ………………吴瑜端

加强沉积及水动力研究，保护厦门西港道 …………………………曾焕彩

厦门筼筜湖环境化学要素特征 ……………郑瑞芝　王　健　方惠瑛　张　钒

厦门市河流水质现状评价 …………………………………陈于望　陈慈美

厦门饮用水中有机污染物卫生指标的监测分析 ……………………高振华

厦门地表水中的苯并（a）芘与致突变性的相关研究 ……………………

……………………………………………郑金树　郑栋材　梁荣春　高振华等

未雨绸缪 ……………………………………………………薛雄志　洪华生

茶叶揭示的环境信息 ……………………………………………………………袁东星
化学教学与环境教育相结合 ……………………………………………………蒲宛兰
发展环保产业　促进科技进步 …………………………………杨孙楷　林竹光
推广清洁生产　防治工业污染 …………………………………林竹光　杨孙楷
治理三苯废气　改善特区气候环境 ……………………………………………张会平
试行"排污权交易"　促进工业污染防治 ………………………………………王隆发
厦门滨海地带的环境保护 ………………………………………………………杜　琦
同安县水环境问题与对策 ……………………………………………王为钹　邵火炉
气温升高对人类生存环境的影响 ………………………………………………蔡清海
厦门岛五老峰巨岩沟谷常绿阔叶林群落立木种群调查研究 ……………郑元球
挽救红树林、发展红树林 ………………………………………………………叶庆华
植被在沿海开放区防灾减灾中的地位和作用 …………………………………郑元球

第六次学术交流会后，也有一些提交会议交流的论文在国内学术刊物发表。例如：

陈于望、陈慈美的论文《厦门市河流水质现状评价》，载于《福建环境》1995年第1期。

蒲宛兰的论文《化学教学与环境教育相结合》，载于《福建环境》1993年第2期。

王为钹、邵火炉的论文《同安县水环境问题与对策》，载于《福建环境》1994年第3期。

在此有必要指出，中国的环境保护事业是以污染防治为主线展开的，从事生态学研究的一些精英在各级环境科学学会的任职大都没有进入理事会的主流位置。像资深会员林鹏、连玉武、卢昌义接续担任了第一届至第五届福建省生态学会理事长，但是他们每次都以普通会员的身份出席厦门市环境科学学会历次学术交流会，而且发表了多篇学术论文（据不完全统计，林鹏4篇、连玉武2篇、卢昌义3篇）。

2.1.8　厦门市环境科学学会学术交流会的复办

厦门市环境科学学会从1983年成立时举办首届学术交流会，到1995年举办7次学术交流会，均取得巨大的成功。20世纪90年代后期，随着改革的深化和时代的进步以及生态环境保护事业的蓬勃发展，厦门市环境科学学会曾经承担的一些准政府职能

（推动环境科技发展的工作任务）逐渐被转移，活动经费受到极大的制约。另外，随着国内会展经济的兴起，各种学会、协会数量的增多，各种名目的学术交流会、研讨会、论坛和学术刊物风起云涌。厦门大多数的环境科技工作者（包括厦门市环境科学学会会员）也将他们的高水平论文投到国内外刊物发表或将其研究成果在国内外学术会议交流。例如，截至2020年，厦门大学环境与生态学院的教师在*Science*、*Nature Communications*等相关学科国际高水平期刊发表SCI/EI等研究就有1000余篇论文（其中国际顶级期刊论文230篇）[①]。2013—2020年，每年又独立举办环境与生态学科研讨会（在已举办的7届中，2016年并入“海峡两岸环境与生态论坛”，2017年因故未举办）。

自1995年后的20多年，厦门市环境科学学会因种种原因就没有再举办过全市综合性的生态环境科技学术交流会。然而，2017年厦门市环境科学学会换届后，第六届理事会统一了认识：环境科学涉及自然科学和社会科学，是一门多学科交叉、综合性的边缘学科，因此在各地召开的各类学术交流会议中，学术年会无论从会议召开的层次、规模、水平及其综合研讨的内容，还是从会议所产生的影响和作用来看，环境科技学术交流会都是其他类型的交流、研讨会所不能比拟的。

尽管进入21世纪之前，国内外就有很多学术刊物和学术会议可以发表生态环境科技论文，但是开展学术交流活动是学术性团体坚持其主要基本属性——学术性的一项基本工作任务。理事会应当紧紧抓住厦门市环境科学学会区别于其他社团的学术特征，打造环境科技领域高水平、最具影响力的交流平台，发挥环境科学学会学术交流主渠道的作用，让与会的各方面专家、政府官员和企业界代表共同交流研讨，推动厦门市生态环境保护和绿色经济产业的发展与升级，服务于美丽厦门的建设和发展。为此，第六届理事会决意克服经费等困难，从2018年起恢复举办全市性环境科技学术交流会。

2018年9月25日，第六届理事会组织召开“2018年厦门市科协年会分会场——厦门市环境科学学会2018年学术交流会”（第一场）。理事长庄世坚作了题为“统一科学的神器——基元规律”的主旨报告，使参会人员对环境科学这一交叉学科归纳提炼出统一科学理论有了一定的了解。厦门大学环境科学系主任陈能汪作了题为“福建省河流湖库化与富营养化问题”的主旨报告，为参会人员在进行水环境污染防治科研工作

① 张明智、李庆顺：《厦门大学环境与生态学院院史》，厦门大学出版社2021年版，第33页。

提供了指导。

2018年10月16日，第六届理事会组织召开“2018年厦门市科协年会分会场——厦门市环境科学学会2018年学术交流会”（第二场）。厦门市环境科学研究院总工程师王坚作了题为“厦门市光化学污染研究”的主旨报告，使参会人员对光化学污染和厦门市打赢蓝天保卫战进行臭氧污染防治采取的相关对策和措施有了更深的认知。中国科学院城市环境研究所吝涛研究员作了题为“智慧城市建设中的资源环境技术介绍”的主旨报告，让参会人员了解了智慧城市建设中资源环境技术的有效应用，提高了在日常生活、工作中利用资源环境技术应用的意识。

2020年11月13日，第六届理事会组织召开“2020年厦门市环境科学学会学术年会”。庄世坚理事长作了题为“厦门筼筜湖生态沧桑”的主旨报告，陈少华副理事长作了题为“畅通资源循环，赋能环境整治与乡村振兴”的主旨报告，厦门大学吴水平教授作了题为“厦门湾空气质量演变、污染排放清单及减排探讨”的主旨报告，庄马展副理事长作了题为“厦门市机动车污染防治技术与政策研究”的主旨报告；共有30余篇论文参加交流，会员踊跃参加。此次学术年会围绕厦门市生态环境保护涉及的问题进行研讨和切磋，提出了许多宝贵的意见和建议。会后，第六届理事会组织召开“厦门市环境科学学会论文评选会”，经专家评审，评选出优秀论文15篇。其中，特等奖1篇（庄世坚），一等奖3篇（陈毅萍、薛秀玲、贾宏鹏），二等奖3篇（王坚、刘启明、庄马展），三等奖8篇（黄葳、杨心怡、郑渊茂、吴水平、陈毅萍、孙荣、王坚、黄清育）。

在“2020年厦门市环境科学学会学术年会”上，第六届理事长庄世坚发表论文《厦门是习近平生态文明思想的发祥地》（中国生态文明研究与促进会全国征文得奖）。学术年会之后，还在厦门市委党校、市委宣传部、市生态环境局、同安区、海沧区、思明区、集美区和厦门大学、中国科学院城市环境研究所以及厦门理工学院等广为宣讲，论文还刊载于《厦门特区党校学报》2019年第3期。

2023年12月6日，在“厦门市环境科学学会成立四十周年庆典暨学术交流”活动中，以“致力绿色低碳发展，促进人与自然和谐共生”为主题，举办了生态环境科技交流院士论坛。论坛由北京师范大学黄国和院士主持，来自中国科学院城市环境研究所的贺泓院士、厦门大学的吕永龙院士、浙江大学的俞绍才院士分别作“我国大气臭氧污染控制的挑战与对策”“海岸带地区新污染物的多介质传输及其生态风险”“模拟机动车全面电动化对中国大气$PM_{2.5}$及NO_2的影响”主旨报告。院士们围绕当前大气污染协同控制、新污染物等热点环境问题作了精彩报告，分享了国内生态环境研究成果与案例，让广大会员接触并学习了先进思想，提高了对前沿生态环境科研的了解和认知。

在此次活动中，举行了“厦门市环境科学学会2023年学术年会”。会前，第七届理事会面向全体会员共征集论文66篇，最终选出优秀论文16篇，并在活动现场给予颁奖。其中，一等奖2篇（宋璐璐、孙金成），二等奖5篇（黄葳、庄马展、廖虎、王彦国、彭荔红），三等奖9篇（刘畅、郑渊茂、许可、周真明、傅铭哲、方雪娟、王琛、吴水平、黄屋）。

厦门市环境科学学会2023年学术年会论文集

1. 循环经济助力大宗材料碳减排的路径和潜力 …………………………… 宋璐璐等
2. Microplastic pollution threats coastal resilience and sustainability in Xiamen City, China …………………………………………………………………………… 孙金成等
3. Evaluating green city development in China using an integrated analytical toolbox …………………………………………………………………………… 黄　葳等
4. 厦门一次典型臭氧污染过程与成因分析 ………………………………… 庄马展
5. 病毒群落对不同土地利用方式的响应 ……………廖　虎　李　虎　段晨松等
6. 厦门湾秋季浮游动物群落结构特征研究 ………… 王彦国　田永强　王春光等
7. 基于物质存量的闽三角城市群“骨肌”代谢与区域协同 ……………………… …………………………………………………… 彭荔红　吴相民　路宇辰等
8. 九龙江河口-厦门海域全/多氟化合物的污染特征及演变趋势…………………… …………………………………………………… 刘　畅　马欣欣　李　芹等
9. 融合DMSP/OLS和NPP/VIIRS夜光遥感数据的福建省“市-县-镇”尺度碳排放时空格局演化研究 ………………………………… 郑渊茂　范孟琳　蔡雅玲等
10. 台风期间气溶胶酸度变化特征及影响因素定量分析 ……………………… …………………………………………………… 许　可　洪有为　张可然等
11. Effect of controlling nitrogen and phosphorus release from sediment using a biological aluminum-based P-inactivation agent (BA-PIA) ………………………… 周真明等

12. 基于多源遥感数据的洞庭湖流域时空演变研究 … 傅铭哲　郑渊茂　钱长照等
13. 餐厨垃圾不同处理产品养分状况及资源化潜力分析研究 ……………………
……………………………………………………… 方雪娟　钟东亮　周唯珺等
14. 具有自萃取功能的离子液体吸附剂捕集CO_2的性能及机理研究 ………………
……………………………………………………………… 王　琛　谢宇昕等
15. 厦门城区道路尘重金属生态风险与人体健康风险评价 ………………………
……………………………………………………… 闻哲男　姜炳棋　刘怡靖等
16. 2015—2021年厦门市空气质量及臭氧变化特征分析 …………………………
……………………………………………………… 黄　厔　庄马展　陈森阳等
17. 干法脱硫灰在轻质抹灰石膏砂浆中的应用研究 … 陈　宏　林仕宏　苏清发等
18. Source apportionment and transfer characteristics of Pb in a soil-rice-human system, Jiulong River Basin, southeast China …………………………………… 林承奇等
19. 九龙江河口区海水水质模糊综合评价 ……………… 王　翠　郭　洲　李青生
20. 我国海洋生态补偿机制的现实进展与发展进路 ……………………………
………………………………………………… 姜玉环　张继伟　赖　敏　陈凤桂
21. 4种常见沉水植物耐盐特性研究 …………………… 唐雪平　庄马展　龚春明
22. 干法脱硫灰作为沥青混合料填料的应用研究 …… 陈永瑞　苏清发　赖毅强等
23. 耦合双层规划的改进模糊排序算法在农业水资源规划中的应用——以福建省为例 ……………………………………………… 成　扬　金　磊　潘亚磊等
24. 基于城市污水处理厂TN排放的氧化亚氮排放估算：以中国厦门市为例………
…………………………………………………………………………… 白若琳
25. 厦门市UV工艺治理VOCs废气应用问题研究 ………………… 吴艳聪　刘建福
26. 厦门市集美区水资源配置的非精确联合-概率随机规划模型（ITIC-JPC）协同MCDA分析 ……………………………………… 韦　一　金　磊　刘　珍
27. Spatiotemporal variation of surface sediment quality in the Xiamen Sea area, China
…………………………………………………………………………… 傅世锋等
28. 聚合硫酸铁对水中聚乙烯微塑料的混凝效果与机理研究 ……………………
……………………………………………………………… 陈金垒　龚佳昕等

29. 酸改性猪粪生物炭对直接红23染料的吸附性能 …… 江汝清　余广炜　王　玉
30. 监测浮船的稳定性及抗风等级分析计算 ………………………………… 沈丽松
31. 新形势下福建省生活垃圾焚烧烟气氮氧化物污染防治技术对比分析 … 李　涛
32. Spatial-temporal evolution research of pollutant evolution in Daitou Creek Basin based on Sentinel-2 remote sensing image ………………………………… 郑渊茂
33. 厦门集美杏林湾水库底泥重金属污染状况评价 ……………………… 唐雪平
34. 净水厂污泥/河道淤泥混合煅烧制备除磷材料及其除磷性能研究 ……………………………………………………………………… 金弘毅　唐雪平　庄马展
35. Research on the genetic diversity and population structure of Capitulum mitella based on mitochondrial 16S rRNA sequences in the Western Taiwan Strait………………………………………………………………………………… Bingpeng Xing
36. "双碳"目标约束下厦门市的节能减排对策分析 ……………………………………………………………………冠丽敏　韩　晖　林剑艺
37. 养殖贝类碳汇价格核算研究 …………………………温　瑞　张继伟　高　超
38. 福建省乡村振兴战略推进绩效水平测度与分析 ……………………… 邱　宇
39. 厦门市河流生态需水量补水措施探讨 ………………………………… 王宝宗
40. 优化模糊综合评价法在厦门湾水质评价的应用 ……张继伟　高　超　罗　阳
41. 喷漆废水处理工程设计实例 …………………………………………… 罗春霖
42. 典型油类石油烃污染土壤风险评估对比分析 ……… 张唤民　朱奇健　陈信斌
43. 海绵城市理念下水环境综合治理工程方案设计——以厦门市乌石盘水库综合整治为例 ……………………………………………………………… 王宝宗
44. 快速修复技术在黑臭水体生态治理中的应用研究 …………………… 崔应乐
45.海底电缆工程对中华白海豚的影响研究—以厦门英春——围里海底电缆工程为例 ………………………………………………… 陈斯婷　杨淑珍　陈　斌
46. 废水预处理混凝沉淀实验分析 ………………………………………… 陈宝民
47. 石油烃污染地块土壤风险评估研究 …………………………………… 韩德飞
48. 厦门市环境影响区域评估理念及方法 ………………………………… 赖丽珍
49. 污泥焚烧处置厂厂区污水处理工程实例简析 ………………………… 陈宝民

50. 电化学高级氧化在喷漆废水处理中的应用 ······························ 刘逸凡

51. 典型己内酰胺生产项目污染防治要点分析 ······························ 钟厚璋

52. 大型地下水封洞库储油项目环境影响评价要点浅析 ························ 黄杨威

53. 厦门市推进碳达峰碳中和行动路径研究 ······························ 林云萍

54. 电镀前处理老化液处理技术研究 ······························ 黄辉樟

55. 利用MBR膜生物法处理氨氮的技术研究 ······························ 陈燕贵

56. 推进福建省气候投融资高质量发展的政策建议 ························ 邱　宇

57. 关于车辆鸣笛识别定位研究的现状与展望 ············ 马　超　张文琪　代智能

58. $PM_{2.5}$含量对滤料过滤性能的影响 ······························ 陈建文

59. 尿素热解过程的反应动力参数研究与模拟分析 ······························
······························ 马文明　郭厚焜　黄和茂等

60. 利用遥感技术多管齐下探索机动车排气污染防治新思路 ················ 周海锋

61. 循环流化床干法工艺在燃煤耦合污泥燃烧烟气超低排放的应用 ················
······························ 连娥桂　詹　全　陈树发

62. 厦门市生态空间规划管控历程、特征及优化策略 ························ 周　培

63. 兴化湾大型底栖动物群落结构及其时空变化 ········ 张心科　林颖越　刘　坤

64. 厦门市臭氧污染特征及其影响因子研究 ······························ 潘万艺

65. 厦门市港区空气质量污染特征研究 ······························ 潘万艺

66. Migration of sulfonamides in integrated fish-pig aquaculture and its impact on food safety ······························ 林建清

2.2 组织参加国内环境科技交流

厦门市环境科学学会一直秉持服务环境管理主战场的理念，所以在厦门举办的学术交流会所选择的交流主题和研讨内容，大都与厦门市政府当时关注的环境问题相关。但是，历届厦门市环境科学学会的会员中都有不少享誉国内外的专家，他们所提交的学术报告具有较高学术水平，对环境科学学科的发展具有一定的导向性和前瞻性。因此，历届理事会也采取（走出去或请进来）不同方式，组织或支持会员出席一些国内更高级别的环境科技学术交流会、研讨会。

20世纪90年代，厦门市环境科学学会最为看重的基本职能——学术交流面临着激烈的竞争局面[①]，国内外各类环境科技期刊和学术交流会大量涌现（到2014年，环境学科已经跻身为国内论文数最多的10个学科之一）。第三届、第四届和第五届理事会只能因应社会主义市场经济体制建立的新形势，一方面继续组织会员参加跨地域的全国、全省环境科技学术交流会和华东地区环境科学学会联网学术交流会，另一方面任由会员自由参加其选择的国内外涉及环境科学技术与环境保护的学术交流会、研讨会。

因此，这方面的信息难以收集和统计。在此，只能列举部分会员出席国内一些环境科技学术交流会、研讨会及其发表的部分与厦门直接相关的论文做些片鳞半爪的略述。

1983年11月30日—12月4日，福建省环境科学学会第一届第三次环境科学学术年会在厦门召开，同时也是厦门市环境科学学会成立大会。厦门市环境科学学会会员悉数参加福建省环境科学学会第一届第三次环境科学学术年会，听取13位专家所作的学术报告。

福建省环境科学学会自1981年成立起，每年都举办学术年会。厦门市环境科学学

① 中国环境科学学会:《中国环境科学学会史》，上海交通大学出版社2008年版，第25-26页。

会成立后，历届理事会均协助组织厦门地区的论文征集工作，并组织厦门地区会员参加福建省环境科学学术年会，而且都成为历次学术交流会上的主角。

1984年，会员江仁、庄世坚出席福建省海洋气象学术交流会，发表论文《厦门城市热岛效应》，收录于《福建省海洋气象学术交流会论文集》（1984）。1985年，庄世坚出席福建省海洋气象学术交流会，发表论文《厦门特区大气污染特征及成因分析》《厦门秋季的低空温度特征》，收录于《福建省海洋气象学术交流会论文集》（1985），并载于《福建环境》1985年第4期。

1985年12月，中国海洋环境科学学会与中国核学会辐射防护学会在厦门联合召开“全国海洋放射性辐射防护技术工作经验交流会”。厦门市环境科学学会多个会员（国家海洋局第三海洋研究所）发表了论文。

1986年10月，中国环境工程学会、中国声学学会、中国劳动保护科学技术学会在西安联合举办“第三届全国噪声控制工程学术会议”。会员黄华凯、黄国和发表了论文《城市环境噪声功能分区的数字化模拟研究》。庄世坚发表了论文《区域环境噪声主观评价中阈值的确定》，并收录于《第三届全国噪声控制工程学术会议论文集》。

1987年，福建省环境科学学会第六次学术年会在泉州举行。会后，为加强与各地的学术交流，第二届理事会将厦门市参加省环境科学学会第六次学术年会部分会员的论文经过认真比较，筛选了29篇论文编印了《厦门市环境科学研究论文集（1987）》（图2-3）。

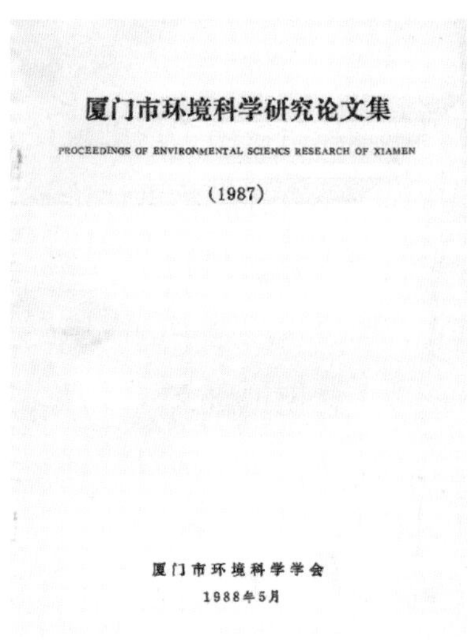
厦门市环境科学研究论文集

PROCEEDINGS OF ENVIRONMENTAL SCIENCS RESEARCH OF XIAMEN

(1987)

厦门市环境科学学会

1988年5月

图 2-3 《厦门市环境科学研究论文集（1987）》

厦门市环境科学研究论文集（1987）

24. 水体中六价铬测定前处理的探讨 ……………………………………周玉琴　林丽环
25. 用过硫酸钾氧化法测定海水中溶解有机碳 ………………………赵榕平　傅天保
26. 气相色谱法测定污水中微量硫化氢气体 …………………………钟琼积　毛德裕
27. 检测粪大肠菌的几种方法比较 ……………倪纯治　曾活水　姚瑞梅　梁子原
28. 厦门市降水酸度的观测与研究 ……………………………………蔡小平　陈小江
29. 厦门市西海域磷、氮含量及其对环境的影响 ………………………………蔡清海

厦门市环境科学学会选编的这些论文质量较高，许多论文在学术交流会后在国内刊物上发表：

庄世坚的论文《环境监测中最优测点与最优观测时间的确定》，载于《中国环境科学（学报）》1987年第4期，并获福建省环境科学学会颁授的1987年度优秀论文三等奖。

庄世坚的论文《烟尘测定简化公式的推导》，载于《中国环境监测》1986年第2期。

孙飒梅、陈师雄的论文《厦门市大气中颗粒物质污染分析》，载于《环境研究与监测》1988年第4期。

苏循荣、叶晓云、杨孙楷的论文《土壤样品中锆的测定》，载于《福建分析测试》1995年第1期。

黄国和的论文《厦门国际机场声环境污染现状调查与防治对策研究》，载于《环境科学》1986年第2期。

黄道营、吴建河的论文《方差分析在湖泊水质监测站位优选上的应用》，载于《重庆环境科学》1988年第1期。

黄道营的论文《植物叶绿素含量评价大气环境质量》，载于《环境保护科学》1989年第3期。

倪纯治、曾活水、姚瑞梅、梁子原的论文《检测粪大肠菌的几种方法比较》，载于《海洋学报》1990第5期。

蔡清海的论文《厦门市西海域磷、氮含量及其对环境的影响》，载于《福建水产》1988年第1期。

1990年5月，副理事长林汉宗参加华东地区环境科学学会第五届联会，论文《从实际出发分阶段实施排污许可证的探讨》获二等奖。

1990年5月，福建省环境科学学会第八次学术年会召开。高维真、高诚铁发表论文《厦门筼筜湖纳潮排污的试验与模拟研究》，获优秀论文二等奖。会后，刊载于《中国环境科学（学报）》1992年第6期。孙飒梅发表论文《浅谈城市社会经济与城市生态环境的协调发展》《厦门西海域沿岸带污染源调查与预测研究》。

1991年5月，福建省环境科学学会召开“庆祝福建省环科学会成立十周年纪念暨1991年学术交流会”。厦门市环境科学学会组织会员撰写了39篇论文（占全省论文的34%）。福建省环境科学学会分配给厦门参会交流论文的作者名额仅限16名，厦门参会的论文4篇获奖。

1991年，中国环境监测总站在湖南省株洲市召开“全国大气环境监测优化布点技术研讨会”。庄世坚发表了《环境监测中最优测点与最优观测时间的确定》《用主成分子集合选择法优选大气测点》《城市大气环境监测优化布点研究》3篇论文。

高诚铁的论文《坚持环境监测和科研为环境管理服务的方向》，载于《环境保护》1992年第1期。

吴瑜端、王隆发、郑志宏的论文《厦门港沉积物——水界面磷的释放机制》，获福建省科协1990—1992年自然科学优秀学术论文三等奖。

1992年10月，华东地区城市环境科学学会联会召开第五次学术交流会；1993年8月，华东地区环境科学学会网络召开第六次学术交流会议，厦门市环境科学学会均组织30多人参加学术交流。

1992年11月，全国第三届海洋环境与水环境学术讨论会召开。吴瑜端发表论文《S.P.M对天然水体环境容量的控制作用》；吴瑜端、陈慈美、陈于望、林月玲发表论文《港湾水体中磷环境容量的预测模式》。

1992年12月，庄世坚的论文《城市大气环境监测最优测点的确定》获福建省科协首届青年学术年会优秀论文。

1993年4月，庄世坚的论文《用主成分子集合选择法优选大气测点》，叶丽娜、庄世坚的论文《水质监测项目及其测点优化的对应分析》分别获得厦门市科协1987—1991年度优秀论文二等奖；孙飒梅、黄国和的论文《浅谈城市社会经济与城市生态环境的协同发展》获厦门市科协1987—1991年度优秀论文三等奖。

1995年1月，在中国地理信息系统协会首届年会上，孙飒梅发表论文《应用遥感与地理信息系统分析城市进程中的近岸海域生态环境变迁》，会后刊载于《遥感信息》

1996年第1期。

1995年8月，在全国“海洋与湖沼学术讨论会”上，吴瑜端、陈慈美发表论文《亚热带近岸生态环境对耗氧有机污染物的承载能力》。

1995年12月，庄世坚的论文《制定厦门环保战略对策协调经济社会持续发展》获厦门市科协首届青年学术年会优秀论文。

1999年11月，国家863计划海洋领域海洋监测技术“818”主题专家组委办的“海洋监测的现代化学生物传感器集成平台战略研讨会”在厦门大学举行。王小如、江云宝、孙大海、杨芃原、庄峙厦、李伟等发表了多篇论文。会后，论文集结为《海洋监测化学、生物传感器及集成技术探讨》一书，由厦门大学出版社出版。

2001年10月，全国第六届环境监测学术交流会在成都举办，会议收到220多篇论文。庄世坚以全国环境监测技术委员会委员身份参会，并参加中国环境科学学会环境监测专业委员会会议。

2001年12月，福建省环境科学学会主办“福建省第二届环境监测学术研讨会”。在大会评选出的18篇优秀论文中，厦门市环境科学学会会员得奖论文最多。庄世坚的论文《论21世纪初我国环境监测的机遇与挑战》获一等奖，庄马展、高诚铁的论文《群策群力开创环境空气质量发布工作的新局面》获三等奖，庄马展、吴宇光的论文《差分光谱仪与传统点式仪器测定环境空气质量对比研究》获三等奖，杨红斌、王若苹的论文《固相微萃取-毛细管气相色谱法快速同步分析水中挥发性卤代烃及氯苯类化合物》获三等奖。

2003年9月，第四届理事会协助组织福建省环境科学学会主办的福建省科协第三届学术年会：“生态环境与可持续发展学术研讨会”的厦门地区论文征集。厦门市环境科学学会会员参会的7篇论文，全部入选《生态环境与可持续发展学术研讨会论文集》。

2004年2月，在厦门市政府办公厅2003年“为厦门建设发展献计献策”活动优秀成果评奖中，庄世坚的论文《构建绿色城市平台，支持循环经济发展》获二等奖，薛东辉的论文《鼓浪屿-万石山风景名胜区管理模式的思考》获三等奖，周鲁闽的论文《厦门市海洋综合管理（五年）工作思路》获三等奖。

2004年8月，关琰珠的论文《餐饮业执法需多方配合》获国家环境保护总局环境监察局、中国环境报社主办的“环境执法大家谈”征文活动优秀论文奖。

2005年11月，由全国人大环境与资源保护委员会、国家发改委、科技部和国家环境保护总局共同主办的“中国循环经济发展论坛2005年年会”在厦门举行。全国人大常委会副委员长盛华仁、全国政协副主席张梅颖和冯之浚、张家坤、毛如柏、钱易、杜鹰、吴晓青、孙洪等出席了会议。会前，中共厦门市委专题会决定出版《循环经济：厦门在行动》一书。由厦门市环境科学学会庄世坚、薛东辉、关琰珠、余进和厦门市科学技术局徐平东和集美大学郑如霞、林媛媛及厦门大学陈琛组成的编写小组完成编纂，全国人大常委会副委员长顾秀莲为此书作序，并于2005年10月由厦门大学出版社出版发行。庄世坚、李燕、庄翠蓉的论文《用绿色GDP评估厦门发展的持续性》在大会上发表，并被收录于《中国循环经济发展论坛2005年年会论文集》中。

2005年11月，黄歆宇、刘玉琨、薛东辉、张继伟撰写的论文《建设生态城市 构建和谐厦门》在厦门市2005年“构建社会主义和谐社会与法治”征文活动中获三等奖。

2006年5月，厦门市科学技术局编辑《创新厦门：行业与区域篇》一书，收录了《科技日报》记者张建琛、席大伟撰写的《厦门吹响发展循环经济号角——访厦门市环境保护局副局长庄世坚》。

2006年10月，福建省环境科学学会召开学术年会。孙飒梅发表论文《透水地面，流域生态良性循环的基础》和《基于生态系统管理的筼筜湖流域综合治理措施探讨》。会后，收录于福建省科协第六届学术年会《福建省环境保护与科技创新学术研讨会论文集》。

2008年1月，薛东辉的论文《从可持续发展到循环经济》在厦门市第七次社会科学优秀成果评选中荣获论文三等奖。

2010年11月，厦门市环境科学学会组织部分理事和会员参加全国计划单列市环境科学学会大连交流会。

2011 年11月，厦门市环境科学学会的众多会员参加了厦门市科协举办的厦门市第一届高校科协年会。

2011年12月，厦门市环境科学学会第五届理事会组织部分理事和会员参加深圳市环境科学学会和清华大学深圳研究生院在深圳联合主办的“滨海城市可持续发展论坛暨第一届环境前沿技术与环保产业研讨会”。

2012年7月，厦门市环境科学学会部分理事和会员参加了全国计划单列市环境科学学会青岛交流会。

2012年10月，厦门市环境科学学会部分理事和会员协助中国环境科学学会，组织开展《环境空气质量标准》解读与$PM_{2.5}$监测及防治技术高级研讨会。

2013年7月，第五届理事会组织在厦门召开全国计划单列市环境科学学会交流会，邀请宁波、青岛、深圳和大连四地的环境科学学会代表就“土壤与地下水修复工程”等主题进行了技术交流，并赴金门进行相关生态考察，其间与金门县环保局相关技术人员开展了技术交流。

2014年10月，在福建省环境科学学会、省水利学会、省气象学会、省林学学会、省地质学会及省水土保持学会承办的“第十四届福建省科学技术协会年会（水•生态·绿色分会场）”上，厦门市环境科学学会会员刘瑜博士作为特邀科技人员代表进行大会交流发言，其学术论文《水源突发环境事件应急管理体系研究》被收录于《福建省科协第十届学术年会的论文集》。

2017年10月20—22日，中国环境科学学会在厦门杏林湾酒店召开2017年科学技术年会，会议主题：创新驱动助推绿色发展。中国环境科学学会理事长黄润秋、福建省副省长杨贤金、厦门市副市长李辉跃等领导和嘉宾及专家学者出席了会议。

2017年10月21日，福建省环境科学学会与厦门市环境科学学会联合举办了“福建省生态环境保护与可持续发展论坛”，厦门市环境科学学会第五届副理事长余兴光作了“厦门海洋生态文明建设经验与启示”的主题报告。厦门市环境科学学会部分会员参加了大会和分论坛，与全国环境科技工作者进行了大量的学术交流。

2018年11月，厦门市环境科学学会部分会员参加中国环境科学学会举办的长三角绿色供应链区域合作论坛。

2018年12月，庄世坚的论文《厦门是习近平生态文明思想的发祥地》在2018年度全国生态文明建设优秀论文和调研报告征文活动中获10篇纪念奖之一。

2019年8月，中国环境科学学会在西安召开2019年环境科技年会，第六届理事会理事赵胜亮博士作了“人工干预降解环境空气中臭氧的研究”报告。

2019年12月，庄世坚的论文《厦门筼筜港70年生态沧桑》在2019年度全国生态文明建设优秀论文和调研报告征文活动中获10篇佳作奖之一。

2019年12月，厦门市环境科学学会作为协办单位参加“2019厦门国际环保产业创新技术展览会暨海峡环保高峰论坛”。第七届理事会常务理事蒋林煜在“无废城市”分论坛上，作了“存量垃圾填埋渗滤液综合解决方案与案例分享”的演讲。

2021年9月，工业与信息部国际经济技术合作中心、福建省工业和信息化厅、厦门市政府联合在厦门举办“膜分离技术绿色与低碳发展论坛”。蒋林煜在论坛上发表“以技术的力量实现垃圾渗滤液全量化处理”的学术报告。

2021年10月，中国环境科学学会在天津召开2021年环境科技年会，赵胜亮作了“臭氧污染应急防控措施及应用示范”的报告。

2023年3月，在中国工商联环境商会主办的首届中国专精特新环境企业发展论坛上，蒋林煜发表“嘉戎技术的专精特新之路——打造精品环保装备”的演讲。

2023年5月，中国膜工业协会联合中国科学院大连化学物理研究所、膜技术国家工程研究中心召开“膜科学与技术在‘双碳’战略中的应用研讨会”。蒋林煜参加了组织委员会，并在研讨会进行了交流。

2023年9月，首届“城市健康和新污染物防控预警与治理研讨会”在厦门举办。会议由北京市国际生态经济协会、中国环境科学研究院、清华大学、中国科学院城市环境研究所、厦门理工学院联合主办。中国科学院生态环境研究中心、北京大学、清华大学、厦门大学环境与生态学院等十几个单位参与。厦门市环境科学学会众多会员分享了最新研究成果，副理事长郑煜铭、副理事长王新红作了专题报告演讲。

近几年来，自然资源部第三海洋研究所连续主办多届全国海洋生态研讨会。研讨会每两年举办一次，全国50余家涉海单位的领导和专家、学者参会。研讨会主要围绕海洋生态系统与全球变化、海洋生物多样性保护与珍稀濒危物种研究与保护、基于生态系统的近海生物资源可持续利用机理、海洋生态灾害与生态安全、海洋生态修复、海洋生态文明等内容展开交流和讨论。厦门市环境科学学会的众多会员不仅积极参与全国海洋生态研讨会，而且把其高质量的论文在国际刊物上发表。像厦门市环境科学学会会员邵宗泽作为“深海微生物代谢机制与环境作用创新团队”首席，与王万鹏研究员一起，2023年9月在*Cell*子刊*iScience*发表了题为“Bacterial cell sensing and signaling pathway for external polycyclic aromatic hydrocarbons(PAHs)”的论文。

2.3 打造厦门环境科技人员之家

为环境科技工作者服务是厦门市环境科学学会的本职工作，努力把厦门市环境科学学会办成厦门市环境科技工作者之家则是学会改革发展的重要方向。历届理事会都认识到，会员是学会的主体，是学会存在的基础和意义，学会的全部工作都围绕着为会员服务这个核心进行。厦门市环境科学学会的工作首先是为环境科技工作者服务，只有服务好环境科技工作者，才能通过环境科技工作者做好其他3项服务。为会员服务一方面要满足他们自身发展的需要，另一方面也需要给他们提供为社会服务的机会。厦门市环境科学学会的工作不可能靠行政手段，要和工作对象、服务对象保持密切联系，不能有事了、需要了才联系，没事了、不需要了就不联系。

为此，历届理事会不断强化和提高全心全意为会员服务的意识，打造有温度的可信赖的环境科技工作者之家，努力为全市的环境科技工作者服务。同时，及时准确地向厦门市党政部门反映环境科技工作者的意愿、建议和呼声，依法维护环境科技工作者的合法权益，为他们发挥聪明才智争取更为良好的环境和条件。

2.3.1 加强信息交流沟通

学会的性质和任务决定了必须把联系会员、服务会员作为工作重点和基本要求。厦门市环境科学学会的会员来自与生态环境相关的各个领域，虽然他们都是自己擅长专业的行家里手，但是在厦门市环境科学学会这一多学科知识与学术观点风云际会的平台上，不仅理事会存在与每一个会员联系的需求，会员之间也都存在信息交流共享的需求。

为此，历届理事会坚持以会员为本，积极探索适合时代发展的联系会员、服务会员的方式方法，与时俱进采用多种形式来联系和服务会员；通过加强交流信息沟通来宣传环保政策和最新资讯、传递护卫厦门环境的声音，积极展示厦门市环境科学学会工作的新思路、新举措、新形象，推动厦门市的绿色发展和生态文明建设。

1986—1990年，厦门市环境科学学会就发起组织厦门、漳州、泉州和汕头的环境信息网络，为交流环境保护工作经验和各种活动信息，促进特区和金三角的环境保护做了大量服务工作[①]。

为了做好服务会员信息交流工作，理事会依托厦门市环境科学学会自办的简报、微信服务平台、学会门户网站等媒介，围绕服务厦门市生态环保中心工作，向全体理事和会员发送简报或在微信群中不定期推送专业信息，加大政策及时传播力度。前三届理事会还为每一位理事订阅《中国环境报》，为正、副理事长订阅《中国环境工作通讯》。

进入21世纪，随着高学历和海外归国人才的持续增加，职业覆盖面广，多学科跨界人才涌现，环境科技工作者思想活动的独立性、选择性、多变性、差异性越来越明显。厦门市环境科技工作者同样有多层次、多样化需求，这对于厦门市环境科学学会当好环境科技工作者之家提出了更高要求。近几届理事会通过互联网和微信作为联系工具，打造互联网+会员服务平台，持续做好联系会员和社会资源的服务工作。

为了更好地服务全市环境科技工作者，加强各理事单位、成员单位的经验交流、信息沟通与环境科技合作，理事会着力推动全方位、多层次的学术论文交流，积极建设政产学研用融合的平台，促成会员的环保科技成果转化，并开拓区域环境科技合作。2018年2月，第六届理事会建立厦门市环境科学学会公众号，致力于将公众号打造成生态环境学术交流平台与学会会员再学习、再提升的工作平台：实时推送厦门生态环境领域的热点时事、环保科技前沿；定期展示环境科学学会会员的精英风采、研发成果；及时发布各类生态环境法律法规、标准和常识以及会员的学术论文（图2-4）。

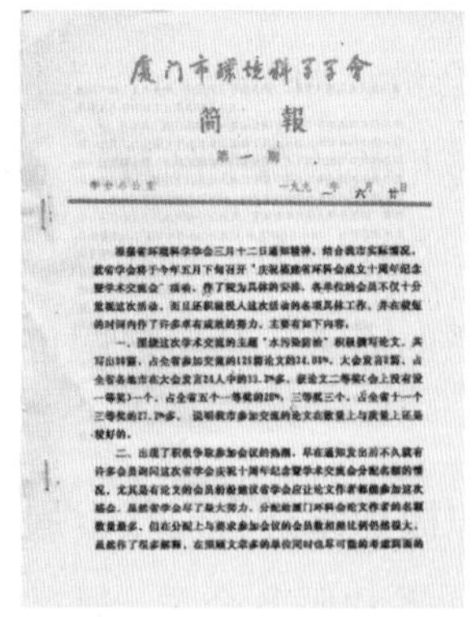

厦门市环境科学学会

简　報

第一期

图 2-4　厦门市环境科学学会简报与微信公众号

① 厦门城市建设志编纂委员会:《厦门城市建设志》，鹭江出版社1992年版，第450页。

2023年3月，第七届理事会组织对厦门市环境科学学会网站进行改版升级。升级的公众号包括“学会风采”“相关动态”“科普基地”3大模块，“学会风采”模块包含“学会简介”“会员风采”“理事风采”“加入我们”“沟通建议”5个功能区；“相关动态”模块包含“环境要闻”“学会要闻”“科技讲坛”“培训活动”“成果推广”5个功能区；“科普基地”模块包含“环境空气”“水环境”“土壤环境”“减污降碳”“环境标准”5个功能区。学会通过这一生态环境信息平台实时推送厦门生态环境领域的热点时事、环保科技前沿动态，定期展示精英会员的风采、研发成果与新发表的学术论文，及时发布各类生态环境法律法规、标准和常识，为厦门市环境科学学会会员了解环保各个板块内容及相关环保政策知识提供了渠道。

长期以来，厦门市环境科学学会一直鼎力打造有温度的全市环境科技工作者之家，并积极寻求合适的机会为每个家庭成员服务。例如，厦门市环境科学学会的一些理事单位和会员单位近年来都在从事环保管家的工作，很需要了解全国环保管家的运营现状和发展方向。2023年3月，第七届理事会组织会员通过“腾讯会议”参加中国环境科学学会举办的“环保管家及第三方环保服务网络研修班”。

2022年5月，国务院办公厅印发了《新污染物治理行动方案》，对新污染物（具有环境持久性、生物累积性和生物毒性的化学物质）治理工作进行系统安排部署。生态环境部会同有关部门印发了《重点管控新污染物清单（2023年版）》，对14种具有突出环境风险的新污染物，实施禁止、限制、限排等管控措施。2023 年7月27日，生态环境部部长黄润秋在国新办举行的新闻发布会上表示，生态环境部将会同有关部门加强科技支撑，把新污染物治理作为国家基础研究和科技创新的重点领域，抓好关键核心技术攻关。为此，厦门市环境科学学会于2023 年 8 月 3 日举办环境科学讲坛主题讲座，邀请厦门市环境科学研究院与自然资源部第三海洋研究所“2021年厦门西海域及九龙江河口海洋微塑料情况调查”课题组成员潘钟研究员，向全体会员报告“我国新污染物污染与治理现状”。未能到厦门市环境监测综合大楼参会的人员可以通过腾讯会议方式参加。

2.3.2 举荐人才建立智库

举荐人才，表彰先进，组织优秀论文评选，推荐优秀科研成果，开展生态环境课题研究，进行各类生态环境科技咨询与服务，组织生态环境科技项目评估、论证，开展生态环境科技成果的鉴定与评奖工作，也是厦门市环境科学学会为广大会员和环境科技工作者服务的重要任务。

1987年，厦门市科委颁发的《厦门市科学技术研究成果管理暂行办法》规定：科技成果是国家的重要财富，一切成果的完成单位都有向其他单位交流、推广（或转让）本单位科技成果的义务。1988年，为了使厦门市环境科学学会会员取得的科技成果得以推广应用，第二届理事会就汇集全市环保科技成果参加了厦门市科委组织的科技成果展。

在培养和举荐环境科技人才方面，历届理事会都接续宣传和表彰厦门市环境科学学会出现的优秀环境科技工作者。例如，厦门市环境监测站一些青年会员在平凡的工作岗位上以学会平台为托举，不断进取，并取得了一些不平凡的业绩。

（1）黄国和：在厦门市环境监测站工作期间科研成果和学术论文颇丰，并积极参加厦门市环境科学学会召开的学术交流会，发表了7篇论文。1988年获厦门市科技进步奖二等奖、三等奖各一项，被评为“厦门市劳动模范”；1989年获得福建省“五一”奖章，被国务院环境保护委员会授予“全国环境保护事业先进工作者”称号；经第二届理事会举荐，黄国和1989年获中国环境科学学会“优秀环境科技工作者”称号；1991年在中国科协第四次全国代表大会上获第二届青年科技奖。出国深造后，2015年当选加拿大工程院院士，现为国际环境信息科学学会主席，中国国家杰青、长江学者、“973”首席科学家，*Journal of Environmental Informatics*期刊主编。

（2）俞绍才：1988—1994年在厦门环境监测站工作，入会以后迅速成长，在厦门市环境科学学会几次学术交流会上发表8篇论文，在国内环保核心刊物上发表数十篇论文。1994年到美国读博士和工作后，依然全身心地为环境科技事业作奉献，在国际上首次提出可用水来遏制中国的雾霾和大气污染的地球工程方法，对大气颗粒物在美国东部气候变化中的作用及其对整个美国空气质量的影响和控制对策有独特的研究和贡献。获美国国家环保署2011年银质奖章，任英国皇家气象学会会士，*Climate and Atmospheric Science*期刊主编、*Environmental Chemistry Letters*期刊副主编等。2014年被浙江大学聘为特聘教授。2022年当选欧洲科学院外籍院士。2023年任浙江工商大学环境科学与工程学院院长（一级教授），兼任中国环境科学学会臭氧污染控制专业委员会副主任委员。

（3）庄世坚：在厦门市环境科学学会历次学术交流会上发表11篇论文，在国内学术刊物上发表上百篇学术论文，并取得7项省部级科学技术进步奖、10项厦门市科学技术进步奖和社会科学优秀成果奖。1984年起，历任厦门市环境（保护）监测（中心）站室主任、副总工程师、副站长兼总工程师。1993年被国家环保局聘为国家环境质量监测网专家组成员；1995年享受国务院政府特殊津贴；1996年被国家环保局聘为第二届全国环境监测技术委员会委员；1997年被选为第三批厦门市专业技术拔尖人才；1999年入选科技部国家科技发展战略专家库成员；2000年任中国环境科学学会环境监测专业委员会常务委员。2002年起，历任厦门市环保局副局长、巡视员。2003年被授予“首届全国学习型家庭”称号；2011年被国家环保部聘为全国环境监测技术委员会委员；2016年当选中国生态文明研究与促进会第二届理事会理事。

在厦门市环境科学学会举荐的优秀人才和专家中，出现了许多可圈可点的环境科技工作者。兹再举老、中、青3个会员作为范例。

（1）陈泽夏：自1990年以来，一直在国家海洋局第三海洋研究所从事环境保护工作。厦门市环境科学学会成立后，担任第二届副理事长、第三届常务理事。积极参加理事会议，组织并亲自写论文参加学会召开的学术交流会，发表了6篇论文。为厦门海沧台商投资区（901工程）的环境保护问题献计献策，参与厦门及周边地区50余项临海大、中型建设项目的环境影响评价和城市与海域环境保护规划，积极开展环保咨询活动为学会活动筹集资金。他负责的“厦门西海域环境容量和水质控制规划研究”项目取得了丰硕成果，为厦门市污水排海方案和3个污水处理厂的处理方案决策提供了科学依据，并具有明显的社会效益和经济效益。经厦门市环境科学学会第二届理事会推荐，1991年被评为“福建省环境保护工作积极分子”（图2-5）。1993年起享受国务院颁发的政府特殊津贴，1994年被评为福建省劳动模范，1995年起任国家海洋局第三海洋研究所总工程师，2000年被国家环保总局授予“环境保护杰出贡献者”。

（2）蓝伟光：1985年厦门大学化学系毕业后在厦门水产学院当助教，1990年成为厦门市环境科学学会会员。在厦门市环境科学学会第三次至第五次学术交流会上发表8篇论文。1995年在新加坡国立大学化学系获博士学位后，就职于凯能高科技工程（新加坡）有限公司，并致力于生物膜和纳滤等技术的发明与创新。1996—2023年，蓝伟光担任三达膜科技（厦门）有限公司董事长。20多年来率领三达人构建了一条涵盖“膜材料研发—膜组件生产—膜设备制造—膜系统集成—膜技术应用”的完整产业链。2008年蓝伟光团队研发出无机陶瓷纳滤膜芯，相关技术获国家科技进步奖二等奖。

国家海洋局第三海洋研究所笺

国家海洋局第三海洋研究所陈泽夏高级工程师，是厦门市环境科学学会副理事长，自1973年以来一直从事环境保护工作。近年来他积极参加环境科学学会的理事会议，组织并亲自写文章参加学会召开的学术讨论会；为厦门海沧台商投资区（901工程）的环境保护问题献计献策；参与临海大、中型建设项目环境影响评价；积极开展环保咨询活动，为学会活动筹集资金；他负责的《厦门西海域环境容量和水质控制规划研究》项目，取得了丰硕的研究成果，获得国家级专家的好评。为厦门市污水排海方案～三个污水处理厂的处理方案决策提供了科学依据，并具有明显的社会、经济效益，特此推荐他为我省环境保护工作积极份子。

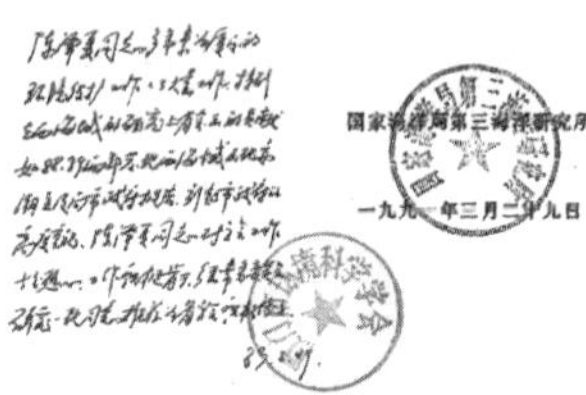

国家海洋局第三海洋研究所
一九九一年三月二十九日

图 2-5　推荐陈泽夏为福建省环境保护工作积极分子

2013年，蓝伟光在厦门大学创立水科技与政策研究中心，为解决水资源利用问题培养更多的科技人才。如今，中国乃至世界各地的医药、食品、石油、化工、冶金、水质净化等领域都留下了三达人依赖膜技术创造经济与社会效益、诠释“绿水青山就是金山银山”的故事。三达膜科技（厦门）有限公司被业界誉为“膜技术开发与应用领域的拓荒牛与领头羊”“中国膜技术人才培养的黄埔军校”[①]等，蓝伟光则被业界誉为“水资源膜术师”“纳滤之父”等。蓝伟光多年来在科技领域作出的突出贡献得到中国政府的高度认可。2019年10月1日，蓝伟光以新加坡知名科学家身份，受邀进京参加中华人民共和国成立70周年的观礼庆典活动。2023年，蓝伟光任第八届新加坡-中国科学与技术交流促进协会会长。

（3）王建春：现任龙净环保干法事业部（福建龙净脱硫脱硝工程有限公司）副总经理、烟气净化技术研究院院长，也是厦门市环境科学学会第六届、第七届理事会常务理事。多年来，王建春博士致力于干式烟气多污染物协同净化技术研发与应用，作为课题（技术）负责人带领团队承担了国家重点研发计划、863计划、福建省自然科学基金杰青项目等课题，形成了具有自主知识产权的行业主导技术，成果在钢铁、煤电等十几个领域成功应用推广超百台套，为工业烟气净化技术及产业发展作出了积极

① 厦门市环境科学学会常务理事张世文、蒋林煜、李振峰和理事严滨都曾在该公司任职。

的贡献。该产品遍及全国，并出口“金砖”和共建“一带一路”国家，为厦门经济作出了突出贡献。为此，王建春入选国家第三批“万人计划”，被授予科技部中青年科技创新领军人才、第二批国家环境保护专业技术青年拔尖人才、中国环境科学学会第二届青年科学家奖、第十五届福建青年科技奖、厦门市科技创新杰出人才等光荣称号。

2021年11月，第六届理事会推荐常务理事傅海燕（厦门理工学院院长）参加福建运盛青年基金会关于第二十七届运盛青年科技奖候选人评选。

2023年5月25日，厦门市科协评审2023年厦门市“最美科技工作者团队”和“最美科技工作者”。厦门市环境科学学会第七届理事单位——科之杰新材料集团有限公司厦门市工程添加剂重点实验室获评“最美科技工作者团队”，会员陈鹭真（厦门大学环境与生态学院教授）获评“最美科技工作者”。科之杰新材料集团有限公司厦门市工程添加剂重点实验室的事迹是：获厦门市科学技术进步奖二等奖，承担和参与政府科技项目12个，获授权发明专利150余件，发表科技论文80余篇。其开发的功能型聚羧酸减水剂在100多家客户使用，为公司创造经济效益6亿余元。陈鹭真的事迹是：深耕滨海蓝碳研究10余年，系统开展覆盖沿海13个省市的蓝碳监测，编制我国第一个红树林碳汇交易方法学；热心科普，精心组织面向厦门市民的“自然讲堂”系列科普讲座，牵头福建省生态学会走进中小学，传播生态文明。

举荐人才对鼓励和促进人才成长发挥了很好的作用。但是，厦门市环境科学学会会聚了厦门市环境科技的许多专家，建立和适时更新厦门市生态环境科技专家库，不仅可以服务于社会的需求，也可以服务于理事和专家发挥智库作用的需求。因此，历届理事会为厦门市政府和各区政府及其相关部门和事业单位、福建省科协、厦门市科协、福建省环境科学学会、厦门市有服务需求的企业等推荐了厦门市环境科学学会中专业对口、学术水平高、有较大影响力的一批又一批专家。对于厦门市科协组织的优秀论文评选、科普基地评审和青少年科技创新大赛及最美科技工作者评选等活动，厦门市环境科学学会都选派专家参加。

厦门市环境科学学会一直加强生态文明领域智库建设，为推进厦门生态环境领域的科技创新、战略规划、管理政策、标准体系和产业发展发挥了重要的作用。近几年，第六届理事会和第七届理事会就推荐了多名理事、会员作为福建省优秀科技工作者、全省农村生活污水治理专家、厦门市科协科技智库专家、厦门市应急气候变化专家、厦门市水生态环境保护专家、厦门市生态环境应急专家和厦门市城市规划建设顾问及安全生产专家等环境领域专家，并征集了第一届厦门市生态环境标准化技术委员会委员。辅助厦门市环境保护委员会，为市、区二级党政领导生态文明建设和环保目标责任书考核提供评审专家，有的专家还参加了一些区的生态环保目标责任书中期评估检查或季度检查，不仅及时发现存在问题，而且提出解决办法。

此外，历届理事会认为，各类生态环境科学刊物都是有记忆的学术交流平台，是辑录生态环境保护科研成果的载体。为此，积极选定厦门市环境科学学会中学术造诣深厚的专家担任国内不同环境科学或生态科学和相关刊物的主编、副主编、编委及审稿人。

2.3.3 会员单位互联互助

要打造有温度的可信赖的环境科技工作者之家，必须充分了解会员单位的需求与建议，才能更好地服务学会的理事、会员和团体会员。因此，必须加强理事会与会员单位的沟通和联系，增进会员单位之间的互联互动，会员单位才能获得更多的互助与合作的机会。

厦门市排污权储备和管理技术中心是2015年才成立的事业单位。2017年成为厦门市环境科学学会理事单位后，第六届理事会就组织力量帮其完成“厦门市区域主要污染物排污总量控制初步方案研究”项目。

2019年11月—2020年5月，厦门市环境科学研究院与中国科学院城市环境研究所编制完成《闽西南协同发展区生态环境保护专项规划（2020—2025）》。厦门市环境科学学会第六届理事会组织专家进行评审。

近几年来，第六届理事会组织全体理事走访调研部分理事单位：路达（厦门）工业有限公司、厦门市庚壕环境科技集团有限责任公司、福建省环安检测评价有限公司和福建龙净脱硫脱硝有限公司。第七届理事会也组织常务理事和部分会员走访了厦门嘉戎技术股份有限公司、厦门世达膜科技有限公司、厦门斯坦道科学仪器股份有限公司。通过组织学会理事走访会员单位，实地参观学习交流，提高了学会理事成员之间的交流互动，加强了学会与会员单位的沟通和联系，充分了解了会员单位的需求与建议，提升了学会的活力，受到了理事和会员的交口赞誉。

在组织理事走访理事单位的过程中，理事会了解到部分理事单位有一些生态环境科技课题项目已经完成，需要组织生态环境科技成果的评审、论证与鉴定。2023年初，第七届理事会遂向厦门市科学技术局申报，获准厦门市环境科学学会可以开展生态环境科技成果的评审、论证与鉴定工作。

2023年2月20日，中国科学院城市环境研究所承担的国家重点研发计划“固废资源化”专项“农村厕所粪便高效资源化处理关键技术与示范”（2018YFC1903200）项目下课题“乡村公厕粪便污染物深度控制及资源化利用与示范”（2018YFC1903205）实施期满，第七届理事会组织专家对其关键技术、装置产品和示范工程进行鉴定验收。

2023年7月17日，第七届理事会组织专家对理事单位华侨大学化工学院完成的“难降解有机废水处理全流程工艺体系关键技术研发与应用”“工业和异味废气全流程工艺体系关键技术研发与应用”科技成果进行鉴定。

2023年8月，第七届理事会组织专家，对理事单位厦门斯坦道科学仪器股份有限公司完成的“感潮河段水质自动监测技术”“海水养殖尾水在线监测技术”“水生态剖面立体自动监测技术”“一体化微型水质监测系统（户外小型水质自动监测系统）”科技成果进行鉴定。

2023年9月，厦门市劳动比赛委员会主办“厦门市第二十九届职工技术比赛生态环境监测技术比赛”。参赛队有福建省厦门环境监测中心站、厦门市环境监测站、厦门市华测检测技术有限公司、福建省环安检测评价有限公司、厦门市政南方海洋检测有限公司、中测通标（厦门）检测技术有限公司、厦门金雀检测技术有限公司、厦门鉴科检测技术有限公司、厦门通鉴检测技术有限公司。此次比赛的组委会组长胡军、副组长许文锋、陈剑平、黄全佳及其组委会办公室成员，裁判长庄世坚和主持人詹源都是厦门市环境科学学会理事或会员。

近几年，理事会还开展地方政府、科研院所和企业需求对接、成果转化洽谈，促进项目落地解决实际问题，尽心尽力为学会理事、会员和环境科技工作者服务。同时，尽力解决部分会员在环保科技服务中遇到的困难，反映其意愿和诉求，维护其合法权益。

历届理事会为环境科技工作者服务、打造温馨的可信赖的环境科技工作者之家的种种作为和精神，也传递到理事单位和会员单位。像厦门蝌蚪生态环保科技有限公司作为一家民营环保企业，董事长庄洁对员工关怀备至，大家精诚合作、锐意进取，因此2021年11月被厦门市总工会授予“五一先锋号”荣誉称号、2023年1月被福建省总工会授予“福建省模范职工小家”荣誉称号、2023年9月被厦门市总工会授予“五一先锋号优胜集体”称号。

第三章

创新驱动厦门发展服务平台

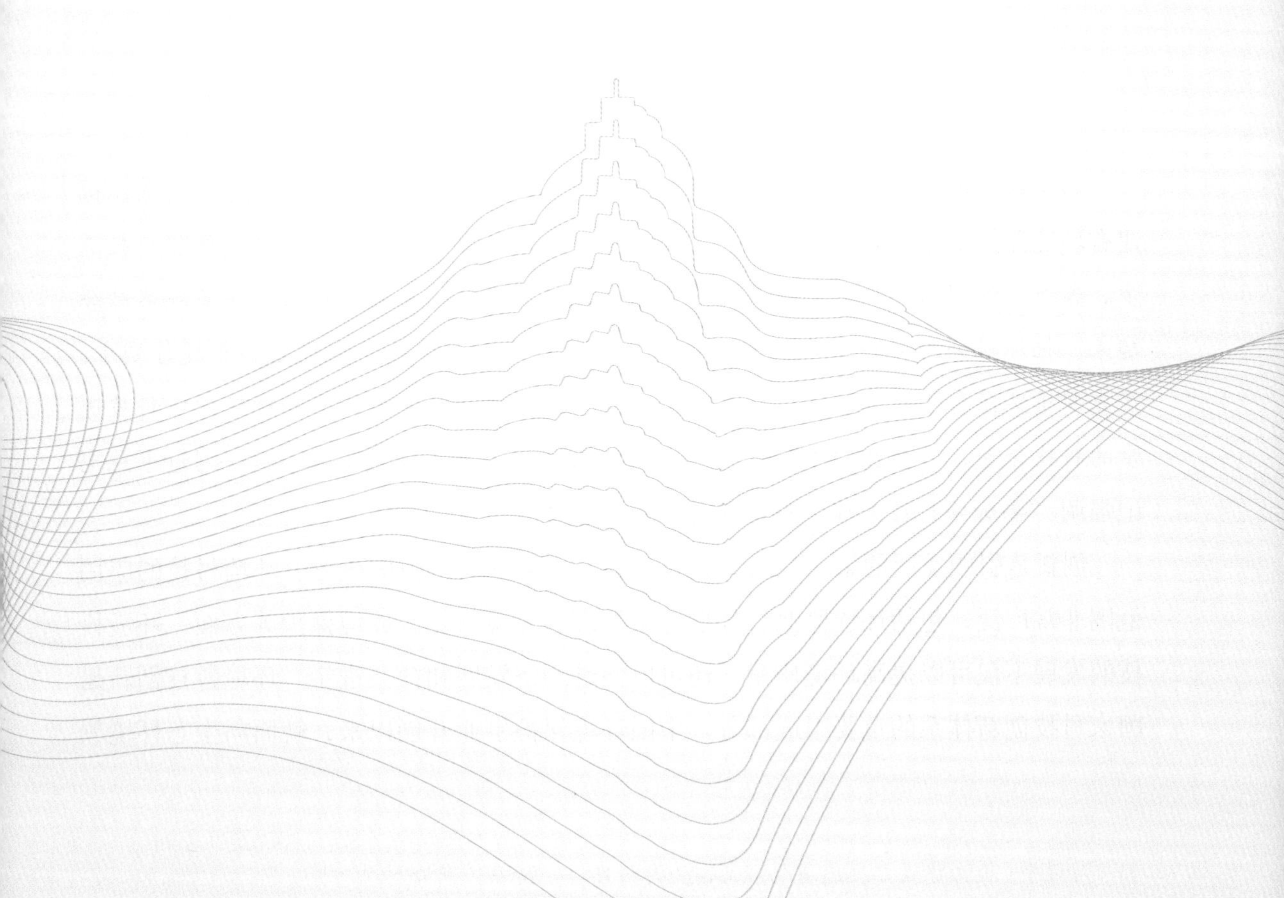

环境科技是应用科学和技术解决环境问题的一种方法，是推动绿色低碳高质量发展的利器。环境科技的创新发展可以有效地解决环境问题，保护生态环境，为生态文明建设造就发展新动能。科学解决理论问题，技术解决实际问题。环境科研的创新主要是发现和理清生态破坏与环境污染的原因，但是环境科研回答了“为什么”，目的还是要服务于现代环境治理的“怎么办”，应用科研成果驱动绿色发展。

科技社团是创新变革的促进者、全球科技治理体系建设的推动者和营造开放创新生态的贡献者。厦门市环境科学学会作为一个以科技为主题的创新型社团，历届理事会都把创新环境科技、驱动厦门绿色发展和可持续发展作为厦门市环境科学学会的组织使命，鼎力构筑以理事单位为重要支撑力量的厦门环境科技创新驱动发展的服务平台架构，并将厦门市生态环境管理作为平台的服务重点。

3.1　增强环境科技创新能力

关于科技创新与生态环保的关系，2001年3月时任福建省省长的习近平同志在福建省环境保护工作座谈会上就作了深刻阐述：“环境问题的最终解决，必须依靠科技进步。各地、各部门要把实施科教兴省战略、调整产业结构与实施可持续发展战略结合起来，把环保列为科技进步的重要内容，在各项中长期科技发展规划和年度计划中，优先安排环保科研开发工作，在资金、政策上给予扶持，努力提高环境保护中科技进步的科技含量。”[①]在2023年7月17—18日召开的全国生态环境保护大会上，习近平总书记强调：“要加强科技支撑，推进绿色低碳科技自立自强。”[②]

创新是引领发展的第一动力，科技创新是人类社会永恒的主题。环境科技的应用范围非常广泛，包括环境监测、环境污染治理、环境修复、环境保护等方面。环境科技的发展不仅可以提高环境质量，还可以促进经济发展和社会进步。环境科技创新是国家科技创新体系的重要组成部分。中国环境保护事业开创以来，就面向生态环境领

① 习近平：致力建设“生态省”，2001年3月31日。
② “习近平在全国生态环境保护大会上强调 全面推进美丽中国建设 加快推进人与自然和谐共生的现代化”，新华社，2023年7月18日。

域国家重大战略需要，按照国家科技体制改革有关要求，从战略上、整体上、全局上不断地加强环境科技建设，构建了以举国体制为基础的生态环境领域科技架构。

厦门市环境科学学会是一个推动环境科技创新和知识分享的科技社团。开展环保科技创新活动，驱动厦门绿色发展、可持续发展，是厦门环境科学学会义不容辞的重要工作。40年来，历届理事会都致力于构建以基础研究为动力、以成果应用为导向的科技价值体系。一方面，大力支持、鼓励全体会员围绕厦门市直面的环境问题，积极谋划改善环境质量，不断增强环境科技自主创新能力；另一方面，围绕“人类-环境”这一大课题，积极开展生态环境领域的基础研究、管理支撑和技术服务，坚持守正创新，追求卓越，加快构建与国家重大战略科技需求相适应的生态环境科技体制机制。

3.1.1 环境质量监测与生态环境调查

2016年8月，习近平总书记在青海省环境监测中心考察时指出：“保护生态环境首先要摸清家底、掌握动态，要把建好用好生态环境监测网络这项基础工作做好。”①

调查研究是科技创新的基础。调查是为了了解一定对象客观的事实，采用定量与定性相结合的方式，通过直接或间接接触的实际考察，获得调查对象客观的实际现状及其相关信息。监测则是通过一定的仪器设备的测量，定量获取监测对象的某些特征参数数值，通过对这些数据的分析来监视该监测对象的动向和态势。

摸清家底就是要对一定的区域（如家园）环境状况进行调查研究。掌握动向就是要通过环境监测（高频次的调查）收集的大量数据和信息来分析环境质量的变化。摸清一定空间研究对象的环境状况和掌握其特征因子的动态的调查研究是深入了解环境问题的重要手段，也是环境科技创新的机会，能够为环境治理决策提供准确的科学依据。

厦门市环境保护事业一拉开大幕，厦门市环保办的首要需求就是要摸清家底，了解厦门市不同环境要素的环境质量状况、污染源分布状况、污染物排放量及其时空变化。如果不知道环境质量状况“怎么样”，环境管理就很难解决环境保护“怎么办”的问题。

环境监测是用科学仪器和技术方法来精准监视和检测，获取代表环境质量和变

① “习近平在青海考察时强调 尊重自然顺应自然保护自然 坚决筑牢国家生态安全屏障”，载于《人民网-人民日报》，2016年8月25日。

化趋势的各种数据的全过程。20世纪80年代，厦门市环保监测站一形成监测能力，就成为厦门环境科研的先锋队和环境管理的侦察连，逐步对厦门地区的地表水（包括海水）、大气、酸雨、降尘、噪声等环境要素进行监测，积累了大量的监测数据，掌握了第一手资料。通过开展厦门地区环境质量现状综合调查与研究，污染物和污染源综合调查与研究，编报了《1981—1985年厦门市环境质量报告书》，并获得福建省环境保护委员会颁发的优秀奖和1986—1987年度厦门市科学技术进步奖三等奖。因此，1986年，厦门市环保科研所被福建省科委授予“1985年省科技普查先进单位”。1987年，厦门市环保科研所、监测站因在“六五”期间科技工作成绩突出，被评为“福建省建委系统科技工作先进集体”。1987年，厦门市环境保护委员会污染源调查办公室完成《厦门市工业污染源调查研究》，其成果得到国家5个委、部、局的联合嘉奖。1997年11月，厦门市环境保护局在第三次全国环保系统科技工作会议上，作了“重视和支持环境科技与监测，促进环保事业的发展”典型发言。

1986年3月，福建省人民政府发布《关于认真贯彻执行国务院〈关于环境保护工作的决定〉的意见》，提出：“要加强环境监测和环境科研队伍的建设，努力提高环境保护工作的管理水平和技术素质。各级科委要组织有关单位、有关部门和环保部门，集中力量，组织攻关，统筹安排全省和各地环境科学研究工作。”从此，厦门市环境监测的要素从常规的地表水（含海水）、环境空气、环境噪声（含交通）延伸到土壤、放射性、电磁辐射等；环境调查对象包括了特征环境因子或指示生物、海岸带环境质量、海岸带浮游生物、文昌鱼资源、海洋污染基线、饮用水源地及海域有机污染物等；调查范围从局地（如筼筜湖）到厦门市域再拓展到福建省、台湾海峡乃至一些更大的指定区域；监测科研内容从环境因子的检测分析方法到环境监测技术规范再到环境监测网的顶层设计等。调查研究报告的完成质量屡屡受奖，如《福建省厦门市第一次全国污染源普查技术报告》在全国污染源普查工作会议上作典型发言，并得到国务院污染源普查办的嘉奖（图3-1）。

厦门市环境科学学会成立以来会员单位或会员取得的生态环境调查与监测科研成果及其奖项见附录4。项目完成单位和完成人为厦门市环境科学学会会员单位和会员的用星号（*）标注，下同。

在附录4所列的生态环境调查与监测科研成果中，有必要作3点说明：

（1）关于“厦门市土壤环境背景值研究”项目。1985年国家第一次开展大规模的

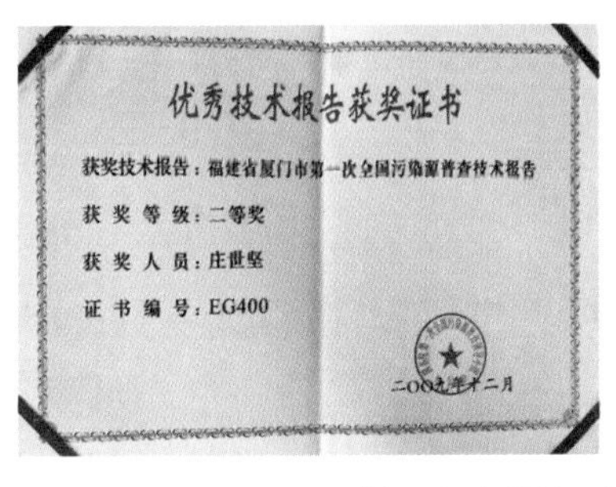

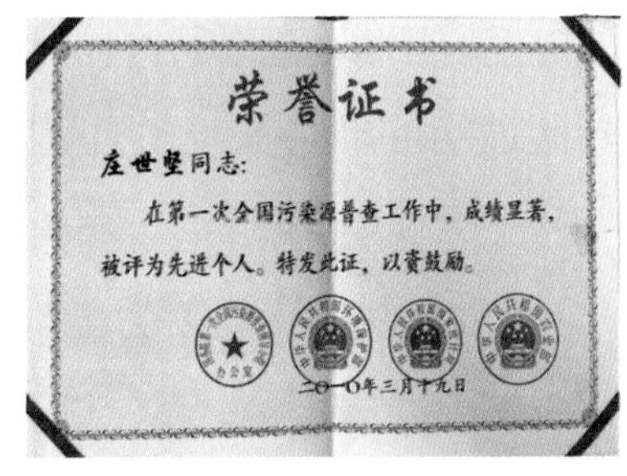

图 3-1 《福建省厦门市第一次全国污染源普查技术报告》受到嘉奖

土壤环境背景值调查，将“全国土壤环境背景值调查研究”列为“七五”期间的重点科技攻关课题（75-60-01-01）。厦门作为全国4个典型城市之一，“厦门市土壤环境背景值研究”被厦门市科委列入“七五”重点科技攻关项目（75-60-01-01-32）。

厦门市环保监测站第一次参与国家课题，为此联合厦门大学环境科学研究所组建了“厦门市土壤环境背景值研究”课题组。课题组按照总课题的目标要求和“土壤背景值质控学习班”（安徽）、“土壤背景值采样质量控制学习班”（长沙）的技术要求，加大采样密度，进行比较深入详细的土壤背景值调查研究。最终，“厦门市土壤环境背景值研究”课题成果被并入“福建省土壤环境背景值研究”成果中。由于福建省环境监测中心站与厦门大学完成了“福建省土壤环境背景值研究”，并获得1991年度福建省科学技术进步奖二等奖；“厦门市土壤环境背景值研究”课题作为“福建省土壤环境背景值研究”的子课题，厦门市环保监测站无人进入获奖名单，不过课题组人员通过调查研究主要土壤微量元素含量分布规律和特点，技术素质和科研能力得到很好的提升。因此，“十一五”期间，根据国家“开展全国土壤污染现状调查，综合治理土壤污染”的决定，厦门市环境保护局、厦门市环境监测中心站、厦门市环境信息中心开展了厦门市土壤污染状况调查，分析研究了厦门市的土壤污染类型、程度、成因和变化趋势。2011年12月完成《厦门市土壤环境质量状况调查与评价报告》，并根据污染物含量分析及土壤元素分布规律，推动开展土壤环境功能区划和保护利用规划，为土壤污染防治、农村生态环境的改善、保障农产品安全生产乃至建设城市生态文明提供科学依据。

（2）关于“城市大气环境监测优化布点研究”项目。环境监测活动的基本环节包括布点、采样、分析（实验室）测试、数据处理和综合评价，在监测全过程中有些环节产生的数据误差是布点＞采样＞分析（实验室）测试。因此，在全国各级环境监测站形成监测能力后遭遇的共同难题就是：不同尺度的环境监测网如何布设尽可能少的测点并以最小的误差来反映监测区域整体的环境质量状况。

1986—1987年，厦门市环境监测站庄世坚、高诚铁、欧寿铭、宋伟建、石美莲开展了“城市大气环境监测优化布点研究”课题研究[①]，提供了一种确定监测点位与测点数量的优化方法，来客观准确地反映研究区域的大气环境质量。该成果获得厦门市1988年度科学技术进步奖一等奖和福建省1991年度科学技术进步奖三等奖。1991年，庄世坚参加“全国大气环境监测优化布点技术研讨会”发表3篇论文，引起了中国环境监测总站的重视。会后，中国环境监测总站邀请其参与全国大气环境监测网络设计，并作为编委参与编写《大气环境监测优化布点方法》一书（中国环境科学出版社，1992年出版）。从1991年开始，庄世坚作为专家参加了国家环境质量监测网国控监测点位认证、复审。此后，庄世坚又探索了适用于各种不同环境要素优化布点的方法学，在《环境科学学报》《中国环境科学》《环境科学》《中国环境监测》《数理统计与管理》《系统工程理论与实践》等刊物发表了十几篇优化布点的论文。

（3）厦门市环境科学学会资深会员黄国和、蓝伟光出国留学后加入了外籍，但是他们在工作中还是参与了厦门理工学院和三达膜科技（厦门）有限公司的环境科技研究工作，产出的多项成果也获得不同级别的奖励。

3.1.2 环境科研项目及其成果

长期以来，在落实科教兴国和可持续发展两大战略的形势下，厦门市政府及其科技、环保、海洋等主管部门重视和支持厦门市生态环境科技事业的发展，为控制环境污染和生态破坏，改善环境质量，实现不同历史阶段的环境保护目标提供了课题立项和资金支持。在厦的高等院校和科研院所及相关单位也从国家部委、省市和企事业单位争取了大量的环境科技研发项目和资金，为厦门生态环境科技事业发展和生态文明建设作出了积极贡献，也摘取了市级、省（部）级、国家级乃至全球的环境科技创新的累累硕果。

在厦门的高等院校和科研院所大都是厦门市环境科学学会的理事单位或会员单位，是支撑厦门市环境科学学会创新驱动厦门发展服务平台的台柱。40年来，厦门市

① 福建省地方志编纂委员会:《福建省志·环境保护志》，福建人民出版社2008年版，第530页。

环境科学学会会员与其所在单位的同事或国内外同行一起不懈努力，潜心研发，取得了许许多多的生态环境科研成果，在此只能选取若干团体会员单位略作概述。

1. 厦门大学环境与生态学院

1982年9月，厦门大学环境科学研究所成立，下设环境化学研究室、海洋环境研究室、生态及微生物学研究室①，凸显了环境科学作为交叉学科的特色。

1992年厦门大学环境科学研究所扩建为厦门大学环境科学研究中心，是厦门大学海洋环境科学教育部重点实验室的挂靠单位，并与厦门市共建了厦门海岸带可持续发展培训中心；形成了在国内外享有盛誉的以海洋环境为特色与优势的学科体系，取得了丰硕的环境科研成果。

2011年3月，厦门大学环境与生态学院成立，由原海洋与环境学院的环境学科和生命科学学院的生态学科整合组建；下设环境科学系、生态学系、环境与生态工程系，拥有环境科学、生态学、环境生态工程3个本科专业，环境科学、环境工程、环境管理、生态学、海洋事务5个硕士、博士研究生专业和环境科学与工程、生态学2个一级学科博士点和博士后流动站，形成了“本—硕—博—博士后”完整的人才培养体系。2023 年，厦门大学环境与生态学科位居 ESI 全球前 0.205%。

2011—2020年，厦门大学环境与生态学院承担国家及省市各级科研项目 310 余项，其中，主持科技部国家重点研发计划专项项目 9 项；获批国家自然科学基金委重大重点项目 26 项；主持省部级重大重点项目 15 项。产出了一大批具有重要影响的科研成果，在高水平期刊上发表学术论文 1800 余篇，其中*Science*、*Science*子刊、*Nature*子刊论文 11 篇，Top 期刊论文705 篇。2022 年，学院教授担任主编的国际期刊*Ecosystem Health and Sustainability*加入*Science*合作期刊计划；学院教授撰写 UNEP 报告《海岸带资源管治：对可持续蓝色经济的影响》，由联合国秘书长海洋特使对外发布。完成《中国红树林保护与恢复战略研究报告》，为国家《红树林保护修复专项行动计划（2020—2025 年）》贡献智慧；参与国家可持续发展议程创新示范区建设方案与规划纲要的研究制定，推进示范区建设方案落实；自主研发的我国第一个红树林碳汇方法学，为国家级海洋碳汇交易中心建设提供坚实支撑；为海岸带生态修复、国家生态文明先行示

① 袁东星、李炎、洪华生：《春潺入海：厦门大学环境科学的成长》，厦门大学出版社，2023年版，第23页。

范区、国家可持续发展议程创新示范区建设提供了重要科技支撑。

2. 中国科学院城市环境研究所

中国科学院城市环境研究所成立于2006年7月4日，是中国科学院下属的事业法人单位，是资源环境与高技术交叉领域的综合国立研究机构。中国科学院城市环境研究所以建设城市环境科学国际一流研发机构和国家战略科技力量为目标。“十四五”时期的使命定位是：作为我国城市环境科学领域的国家战略科技力量，面向国家生态文明建设、新型城镇化战略需求和城市环境科技前沿，聚焦城市环境健康领域，研究城市的物质、能量代谢过程、驱动机制及其环境健康效应，研发城市环境协同治理、资源循环利用与低碳发展规划关键核心技术，突破城市生态风险识别与防控技术，创新人工智能、大数据驱动城市环境管理模式，为保障城市环境健康提供理论、技术和管理支撑。同时，持续提升服务地方生态文明建设和区域创新的能力，为地方生态环境保护及可持续城市建设提供科技支撑。

中国科学院城市环境研究所拥有中国科学院重点实验室2个（中国科学院城市环境与健康重点实验室、中国科学院城市污染物转化重点实验室）、中国科学院工程实验室1个（中国科学院城市固体废弃物资源化技术工程实验室）、省部级科技创新平台4个，并设有支撑部门所级技术服务中心与城市环境综合观测实验室。

中国科学院城市环境研究所聚焦国家重大需求和国际科技前沿，持续提升科技创新能力和学科研究水平。环境科学与生态学、环境工程连续多年进入ESI国际排名前1%行列，地球和环境科学（Nature Index 2020 Earth and Environmental Sciences）排名中国高校和科研机构前列。2010年以来，科研人员发表高水平论文3000余篇（其中，Top 0.1%的热点论文9篇，Top 1%的高被引论文79篇，*Science*、*Nature*及子刊32篇）；累计申请专利1079件，授权专利473件；获得各级科技奖项46项。

3. 自然资源部第三海洋研究所

自然资源部第三海洋研究所的前身是中国科学院华东海洋研究所，创建于1959年。1965年华东海洋研究所划归国家海洋局建制，改名国家海洋局第三海洋研究所。2018年9月，根据党和国家机构改革要求，更名为自然资源部第三海洋研究所（以下简称海洋三所）。海洋三所是自然资源部直属的国家公益性综合型海洋科学研究机构，主要从事海洋基础研究、应用研究和高新技术研究，促进海洋科技进步，为海洋管理、公益服务、海洋经济发展及海洋安全提供科技支撑。重点发展深海生物研究与海洋生物资源开发利用、全球变化与区域海洋响应、海洋生物多样性与生态系统保护、应用海洋学4个学科领域12个研究方向。

海洋三所建有自然资源部重点实验室2个、自然资源部工程技术创新中心1个、福建省重点实验室1个和自然资源部野外科学观测站2个以及面向服务经济社会建设为主的厦门海洋工程勘察设计研究院有限公司。在深海微生物研究、海洋-大气化学与全球变化等学科领域居全国领先地位，部分成果达到国际先进水平；海洋生物多样性和生态系统保护与修复研究及应用具明显优势，部分领域处于全国领先水平；海洋生物资源开发利用技术独具特色，一批专利实现成果转化，在国内处于先进水平；在台湾海峡、南海等区域海洋学研究方面研究成果突出，海洋声学等领域在国内具有一定的学科优势。

近5年来，海洋三所承担了“863”、“973”、重点研发计划、自然科学基金、重大国家专项以及自然资源部技术支撑项目等1000余项科技计划项目。近5年来，海洋三所发表论文1185篇，其中SCI收录文章774篇，EI收录文章19篇；获得授权的专利160项；牵头起草的《海洋生态损害评估技术导则第1部分：总则》《深海微生物样品前处理技术规范》2项国家标准和《近岸海域海洋生物多样性评价技术指南》《红树林植被恢复技术指南》《海洋环境放射性核素监测技术规程》《河豚毒素的检测方法》《海洋生物活性物质标准样品结构确证方法》5 项行业标准已颁布实施。近5年来，海洋三所出版专著（含译著）31部，获得省部级奖项14项，其中“中国海滩修复养护技术与应用”和“北冰洋快速酸化过程、机制及预测研究”分别获得 2017年、2018年海洋工程科学技术奖特等奖；“海洋烷烃降解菌与代谢机制研究”获得 2018 年海洋科学技术奖一等奖；“极区大气气溶胶和温室气体本底特征及其环境和气候效应研究”获得 2015年海洋工程科学技术奖一等奖。

4. 厦门市环境（保护）监测（中心）站 和 厦门市环境科学研究院

厦门市环境保护监测站和厦门市环境保护科研所成立于1978年7月，编制各为15名。1981年5月，福建省政府撤销福州市、厦门市和三明市的环境保护科研所；1982年厦门市环境保护科研所的编制及其职能并入厦门市环境保护监测站。厦门市环境保护监测站1986年更名为厦门市环境监测站，1998年更名为厦门市环境监测中心站。2018年3月，厦门市环保机构监测监察执法垂直管理制度改革，厦门市环境监测中心拆分为“福建省厦门环境监测中心站”（由福建省环境保护厅直接管理）和“厦门市环境监测站”（由厦门市环保局管理）。

厦门市环境（保护）监测（中心）站在完成全市各种环境要素监视性监测（常规例行监测、污染源监督监测）和特种目的监测（污染事故监测、纠纷仲裁监测、考核验证服务监测）的同时，一直保持浓厚的环境科学研究氛围（仅1986—1987年，监测人员在各种杂志就发表论文53篇）。因此，1987年被福建省建委授予“科学技术先进集体”。此外，还被国家环境保护局和国家人事部授予“国家环境监测优质实验室”（1992年）、“全国环境保护系统先进集体”（1993年）、“全国优质实验室”（1993年），1997年被国家环境保护局和国家人事部授予“全国环境保护系统先进监测站”，2002年被国家环境保护总局授予“九五期间全国先进环境监测站”，2011年被中华人民共和国环境保护部和中华人民共和国人力资源和社会保障部授予“全国环境保护系统先进集体”等称号。

1991年5月，厦门市环境保护科研所与厦门市环境（保护）监测站结束长期合一的体制，成为财政核拨公益一类事业单位，独立从事环境科研工作。1993年厦门市环境保护科研所下设环境影响评价室、环境工程室和综合研究室，持有环境影响评价乙级证书。2016年1月,厦门市环境保护科研所更名为厦门市环境科学研究院，主要工作内容包括：开展环境规划编制、环境标准制订、环境科学综合研究等，为政府其他部门及企事业单位提供咨询服务、技术支持，解决生态环境保护热点难点问题等。

厦门市环境保护科研所曾被福建省科委授予“1985年福建省科技普查先进单位”，“六五”期间被评为“福建省建委系统科技工作先进集体”，1995年获中共厦门市委、省政府授予“厦门市科技工作先进集体”称号，1997年获评“福建省环境保护科技工作先进集体”，2011年获中华人民共和国环境保护部授予“‘十一五’全国环保科技先进单位”称号。完成的科研课题成果曾获得厦门市科学技术进步奖二等奖、三等奖等荣誉。2020年以来，发表论文数量60多篇，编制完成省级标准2项、市级标准7项。2023年获批“福建省两岸标准共通试点单位”。

5.华侨大学化工学院

华侨大学隶属于中央统战部，由中央统战部、教育部、福建省人民政府共同建设。华侨大学自1983年开始开展环境治理技术研究，开发了电镀、食品、医院、纺织工业、造纸、化工等行业废水和消烟除尘及“三苯”废气治理技术。1995年，华侨大学成立环境保护设计研究所，专门从事环境污染治理与环境影响评价；具有废水处理工程设计乙级证书、废气治理工程设计丙级证书和环境影响评价乙级证书。

华侨大学于2004—2006年在厦门市集美区建立新校区，此后将理工科院系从泉州校区迁入厦门。华侨大学化工学院成立于1998年，2000年更名为材料科学与工程学院，2008年在厦门校区重组化工学院；下设化工与制药工程系、生物工程与技术系、环境科学与工程系和园艺系。环境科学与工程系建系以来，形成了“本—硕—博”培养体系。拥有环境工程、环境科学、环境生态工程本科专业，环境科学与工程一级学科硕士点，资源与环境专业硕士学位授权点，并依托化学工程与技术一级学科博士点设置了环境化工二级学科博士点，同时依托化学工程与技术博士后流动站招收环境化工方向博士后。其中，环境工程专业2016年获评福建省高等学校服务地方产业特色专业，2018年通过国家工程教育认证，2019年入选国家级一流本科专业建设点。

华侨大学环境科学与工程系拥有大气污染控制工程、水污染控制工程、环境监测与评价、湿地生态工程4个主要研究方向，形成了大气污染物与温室气体协同减排、大气污染控制新材料研发、工业污水及近海水体治理、湿地生态保护等特色研究领域。拥有福建省工业废水生化处理工程技术研究中心、厦门市陆源环境污染治理与生态修复重点实验室等省、市级研究平台，并为福建省生态学会副理事长单位、泉州市湿地学会理事长单位，还拥有环境工程研究所、环境生态工程研究中心等校、院级研究机构。近5年来，主办或承办国际、国内学术会议6次，发表SCI论文200余篇，获省市级科技奖16项、国家级科研项目18项、省市级科研项目30余项、横向项目60余项，发明专利20余项。

6. 厦门理工学院环境科学与工程学院

厦门理工学院环境科学与工程学院成立于2007年，现有环境工程系、水务工程系和环境生态工程系。学院建有福建省农村污水处理与用水安全工程研究中心、环境生物技术福建省高校重点实验室等9个科研平台，研究领域涉及环境污染控制、流域综合管理、环境生态系统规划、能源系统规划、自然生态保护、气候变化等，并形成了污水处理、饮水安全、海绵城市建设以及环境系统分析等特色方向。其中，环境工程系的环境工程专业是省级一流专业，2018年获批服务产业特色专业，同年通过 IEET专业认证，于2022年6月接受教育部工程认证在线考核。水务工程系的水务工程专业位列“2022 年中国大学水利类专业排名”(应用型)榜首，入选中国一流应用型专业 A++ 行列。

近年来，环境科学与工程学院承担了国家及省部级各类科研项目200余项，在国际 SCI 杂志上发表论文100余篇，授权发明专利20余项。获省部级科技进步奖二等奖1项，厦门市科技进步奖一等奖1项、二等奖2项，市专利奖1项等。获福建省教学成果奖二等奖1项、校级教学成果奖3项，建设有省级精品课程3门。学院秉持“以育人为本，为产业服务”的办学理念，注重国际交流与合作，根据社会和行业需求，积极探索校企和国际合作办学，着力构建实践性、创新型的人才培养体系。已与北京师范大学、山东大学、厦门大学、河海大学、加拿大麦克马斯特大学、里贾纳大学、日本北海道大学等多所高校建立了良好的合作交流机制；与省内外近40家企事业单位共建了本科生、研究生联合培养基地，吸收不同学科领域的专家学者和实践领域有丰富经验的专业人员作为校外导师，共同承担学生的培养工作。

7. 福建龙净脱硫脱硝工程有限公司

福建龙净环保股份有限公司成立于1971年，是中国环保产业的龙头企业、全球最大的大气污染环保装备制造企业，拥有“国家级企业技术中心”等6个技术创新平台。承担国家、省、市科技创新项目150余项，主导和参与制订国家及行业标准160余项，拥有授权专利1800件，获国家科学技术进步奖5项，省部级科技奖励68项。

福建龙净脱硫脱硝工程有限公司成立于1998年，是福建龙净环保股份有限公司在厦门注册的全资子公司。作为一家综合大气环保装备方案咨询、研发设计、生产制造、集成应用、安装调试、运营维护等服务于一体的系统解决方案供应商，具有“环保工程专业承包壹级”“环境工程专项设计甲级”“生态环境与建设专业工程咨询资信评价甲级”“环保设施运营服务一级”全流程“四甲”资质。

福建龙净脱硫脱硝工程有限公司开发了具有自主知识产权，以循环流化床为核心的干式超净治理技术，拥有授权专利 160 余项，获环境技术进步奖一等奖、福建省科学技术进步奖一等奖、福建省标准贡献一等奖、中国专利优秀奖等奖项20余项。技术广泛应用于钢铁、煤电、玻璃、铝业、焦化、炭黑等10余个领域，累计应用业绩超过600套，每年可实现烟尘减排约1610万吨、二氧化硫减排约305万吨、氮氧化物减排约19万吨，创造了良好的社会效益和环境效益。

40年来，厦门市环境科学学会的理事单位、会员单位或会员个人围绕驱动厦门绿色发展和“人类-环境”的大课题致力于环境科技创新研究。科研内容既有厦门市现实存在的生态环境问题，也有不同领域环境科技的前沿难题；涉猎范围有微生物世界、不同尺度的环境空间和南极北极的极地环境以及全球气候变化等极其宽泛的领域。

厦门市生态环境科研成果及其奖项见附录5，其中的大部分成果都是厦门市环境科学学会的会员单位或个人会员取得的。

对于附录5所罗列的厦门市生态环境科研成果及其奖项，也有必要作2点说明。

（1）关于未取得生态环境科研成果奖的项目。长期以来，厦门市环境科技人员承担了大量的国家重点研发计划、国家高技术研究发展计划、国家智能制造装备发展专项、国家国际科技合作专项、福建省科技计划和一些部委及地方的科技攻关计划项目以及许多自选的课题。虽然大多数科研项目成果都得了奖，还是有相当多的环境科研项目或课题由于种种原因没有评奖（有一部分没有评审鉴定，有一部分只完成成果登记，还有一部分因涉密或其他因素制约），而未能获得生态环境科研成果的奖项。但是，这些未取得生态环境科研奖项的科技创新也同样成为推进绿色低碳高质量发展的重要支撑。例如，“厦门地区酸沉降特征及防治研究”（85-912-02-02-05）是国家环保局、国家教委、中国科学院主持开展国家“八五”科技攻关“沿海经济发展地区（青岛、厦门）酸雨沉降特征和防治研究”85-912-02的子课题，课题成果没有经历评审、鉴定和获奖环节。然而，课题组掌握了厦门地区致酸物质的污染现状及其随季节变化规律，厦门地区酸性降水的地理分布 、特点、发展趋势及对环境的影响，从降水中的离子平衡估算硫酸、硝酸及有机酸对雨水酸度的相对贡献，由此制定了厦门地区酸沉降与致酸污染物的控制对策，收到良好的成效；也为1998年厦门承担东亚酸沉降监测网中国网点的监测工作提供了重要借鉴。

（2）关于《厦门市区域可持续发展评价体系及相关对策研究》。2000年2月16日，时任福建省省长的习近平同志到福建省环境保护局调研①，当场帮助解决了很多棘手的问题。习近平省长了解到福建省环保局正在开展“福建省区域可持续发展评价体系及相关对策研究”课题，用真实储蓄率计算全省9地市的绿色GDP。他认为此课题很有意义，要求课题成果在“生态省”建设中体现，并亲自推动将此课题列入福建省科技厅重点课题。此课题由福建省环保局副局长丛澜任课题组组长，庄世坚为课题组成员之一兼子课题“厦门市区域可持续发展评价体系及相关对策研究”负责人。

2000年6月，庄世坚*、李燕*、庄翠蓉*组成课题组，开展“厦门市区域可持续

① 中央党校采访实录编辑室:《习近平在福建（下）》，中共中央党校出版社2021年版，第25-54页。

发展评价体系及相关对策研究”。课题组按总课题设计采用关于国家财富和真实储蓄率的新估算方法，分年度计算了1980—2005年厦门市的真实财富。在课题研究期间，庄世坚撰写了论文《实施绿色GDP才能准确核算经济和全面评估发展》发表于《厦门特区论坛》2004年第2期，论文《用绿色GDP来核准财富和评估发展》收录于2004年在福州召开的“依靠科技进步 促进人与自然和谐发展学术研讨会”的论文集中。

在厦门市科技局资助下（项目编号3502Z20065010），课题组于2007年9月完成《厦门市区域可持续发展评价体系及相关对策研究》报告，并作为《福建省区域可持续发展评价体系及相关对策研究》分报告而结题。虽然课题成果没有评奖，但是课题组已把绿色GDP的理念植入厦门经济特区的热土，意义重大。

3.1.3 缘于厦门出版的环境科技著作

科学著作（又称学术专著）是作者根据在某一学科领域内科学研究的成果总结撰写成的理论著作，对学科的发展或建设大都有着重大的贡献和推动作用。一部优秀的科学著作常常能成为学科或相关学科取得突破性进展的基石。

科学著作包括基础论著、技术理论著作、应用著作以及科普图书类，而编撰科学著作往往代表着国家或地区的科技创新水平。因而，出自厦门的环境科技著作一般能够反映厦门市的环境科技创新能力，也可以成为驱动厦门绿色发展和可持续发展引擎的动力。

环境科学是一门研究环境的地理、物理、化学、生物4个部分的学科。由于大多数环境问题涉及人类活动，因此环境科学研究也必须应用生态学、经济学、法学和社会科学的知识。然而，环境科学作为交叉学科，只是运用所用基础学科的理论来认识和解决环境问题，至今没有形成独立的理论体系。不过，推动学科交叉研究的动力在于增强科技创新，许多环境科技工作者运用不同学科的知识来研究和解决生态环境问题，就不仅是从自然科学的一级学科和二级学科，也从社会科学和哲学等不同学科来撰写其著作。

厦门市环境科学学会成立以来，部分会员编著或参与编写出版的部分环境科技著作以及缘于厦门的环境科技著作见附录6。

对于附录6列出的缘于厦门的生态环境保护科技著作，也有必要作2点说明：

（1）关于《海洋监测规范》。为了对全国各地开展的环境监测工作统一协调、统一规划、统一要求，1980年成立了中国环境监测总站。1986年，中国环境监测总站首次出台《环境监测技术规范》。但是，在全国海洋环境研究具有一流水平的国家海洋局第三海洋研究所和厦门大学的科研人员早就参与编制过《海洋调查规范（海水化学要素调查）》《海洋污染调查规范》《海洋化学调查规范》等，因此国家海洋局组织全国海洋环境科学专家制定海洋环境质量调查与监测的相关标准——《海洋监测规范》，厦门市环境科学学会的许多会员就大显身手，吸收了国内外先进技术和方法，分析质量保证系统完整，并有诸多发展和创新。

《海洋监测规范》是10个海洋监测法规国家标准的汇编。在研制过程中，张金标、黄自强*、吴瑜端*、胡明辉*、黄奕普为顾问组成员，许昆灿*（副组长）、陈进兴*、张水浸*为编写组成员，陈立奇*、许清辉*、柳如眉*、倪纯治*、周宗澄*、杨绪林*、赵榕平*、许爱玉*、许溪滨*、陈淑美*、曾活水*、傅天宝*、林志峰*、余群*、何明海*、林峰*、孙淑媛、陈其焕、陈荣忠、林玉辉、林燕顺、杨丰、暨卫东、林茂、王初生、霍湘娟等厦门的专家则是（总则；数据处理与分析质量控制；样品采集；贮存与运输；水质监测与分析；生物体分析；大气分析；放射性核素测定；近海污染生态调查和生物监测以及污染物入海通量等）相关标准组成主要内容的主要起草人。

国家海洋局于1991年9月发布《海洋监测规范》，1992年1月实施。《海洋监测规范》（国家标准）编写获得1993年度国家科学技术进步奖三等奖，主要完成人张春明、许昆灿*、陈维岳、张水浸*、赵得兴、陈进兴*等。《海洋监测规范》在科学性、完整性、综合性和实用性等方面皆超过中国已有的同类书籍，堪称一部具有国际水平的海洋监测法规，不仅有维护国家海洋权益、合理开发海洋资源、保护海洋环境和执法管理准则，而且还有仲裁效能的高级技术准则。

（2）关于《统一科学：融基础学科于一体》。20世纪80—90年代，庄世坚在环境科研中借鉴不同学科的基本规律来认知环境变化规律，竟然发现跨学科不同领域各种事物形态变化呈现同型规律的“公理”，并因企求建立环境科学的基础理论而迷上了统一科学。他通过对不同基础学科基本规律本质的自觉，揭示了普适于各种层面的事物形态转化基元规律。由此笃信，学科交叉研究不是做“拼盘”，但只要人类已发现并经证实的各领域各层级的事物形态变化规律与分布规律都源于同一个基元规律，以此普适的公理就可以演绎出不同学科领域的定律、定理和猜想，并融通基础学科而实现统一科学。

庄世坚在1998年出版《统一科学初探》一书后，在好奇心驱动下又用20年业余时间的自由探索，以基元规律的普适真理来演绎不同基础学科的基本规律与教科书的经典理论，并按二分法建立了逻辑自洽的理论体系。退休后潜心著述，于2018年出版了源于环境科学又高于环境科学的巨著——《统一科学：融基础学科于一体》（210余万字）。为此，时任厦门大学出版社社长的蒋东明在《中华读书报》发表题为《迈向统一科学的高峰》的书评①："对'统一科学'的研究是攀登科学高峰的艰难跋涉过程。作为大学出版社，它的真正理想就是要出版人类对客观世界的最前沿、最高水平的认知成果。""出版更多具有探索认知意义和文化积累价值的传世之作。"

① 蒋东明："迈向统一科学的高峰"，载于《中华读书报》2018年6月13日，第18版。

3.2　科技咨询赋能环境治理

早在20世纪80年代，厦门市环境科学学会第一届理事会、第二届理事会认真贯彻中国科协第三次代表大会和第二次全国环境保护会议精神，统一了认识：学会的科技咨询是党的科技体制改革的一项新兴事业，环境科学学会开展科技咨询不仅可以为经济建设和环境建设服务，还可以为现代环境治理赋能。

1992年，中国环境科学学会两次召集各省（市）和计划单列市环境科学学会秘书长会议，传达了中国科协第四次全国代表大会精神，指出学会体制改革要与贯彻邓小平同志南方谈话精神结合起来，强调各地学会要根据各自的情况兴办实体，并以实体为基础搞活学会，增强学会的实力和活动能力。为此，厦门市环境科学学会成立了咨询委员会。

40年来，厦门市环境科学学会发挥科技团体学科互相交叉、人才荟萃的智力优势，把科技咨询作为创新驱动厦门发展的服务平台。环境咨询服务包括环境质量改善、污染治理服务、环境影响评价、环境监理、环境工程咨询、环境管理体系与环境标志产品认证、清洁生产审计与培训、环境信息服务、环境规划、环境设计等一系列咨询类项目。但是，其中有一部分是面向环境管理的咨询服务，有一部分是面向社会需求的咨询服务，还有一部分是既面向环境管理又面向社会需求的咨询服务。

3.2.1　开展环境影响评价咨询

在改革开放初期，中国的环境保护工作围绕贯彻实施经济建设、城乡建设与环境建设同步规划、同步实施、同步发展的战略方针，逐步形成“预防为主、防治结合”“谁污染谁治理”“强化环境管理”的环境管理政策体系，并形成具有中国特色的环境管理8项制度。其中，环境影响评价制度是源头预防污染且行之有效的制度，也开拓了环境咨询市场；在建设项目环境影响评价工作中，环境管理和社会需求都有科技咨询的必要。

20世纪80年代初，时任国家环境保护局局长曲格平指出①，有两个环节涉及环境咨询工作：①通过技术改造，采用无污染、少污染的生产工艺技术，既促进国民经济的发展，又能保护环境。②控制新污染抓同步建设。“三同时”是建设程序后面管理的一部分，前面是环境影响评价，这是头。为此，他认为：“学会可以从五个方面开展咨询工作。（1）接受国家有关部门的委托，提出决策咨询意见。（2）接受国家区域性、大型示范工程项目、城市的规划咨询。（3）传播知识咨询。（4）对地方、部门的环境咨询工作进行指导，全国环保战线都开展咨询工作。（5）接受国外咨询任务，开展对外咨询是完全可以的。”

为此，厦门市环境科学学会第一届理事会决定：逐步开展环境决策、技术服务等咨询项目，特别是把建设项目环境影响评价咨询作为技术咨询的主要业务。同时，第一届理事会明确：对建设项目开展环境影响评价是为经济建设决策科学化服务，开展咨询的原则是“以服务为宗旨，在服务中锻炼学习，适当收取成本和劳务费”。

在厦门经济特区起步阶段，国内能够开展环评工作的力量还十分弱小。在厦门有能力进行环境影响评价的单位也很少。1983年4月，厦门市环保监测站完成了《厦门高崎机场的环境现状和影响初步评价》，为厦门高崎机场的快速建设提供了支持。1984年，厦门大学环境科学研究所的环境影响评价工作也开始起步。

自1984年9月以来，第一届理事会利用其与各理事单位、会员单位及其专家有着广泛的社会联系，把分散在各团体会员单位（国家海洋局第三海洋研究所、厦门大学环境科学研究所、厦门市环境监测站和厦门市环境科学研究所等）有能力进行环境影响评价的人员组织起来，积极开展厦门市大多数新建、改建、扩建的建设项目环境影响评价工作（图3-2）。

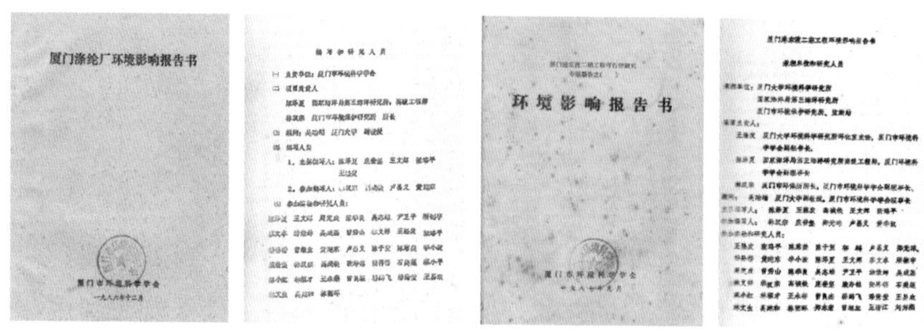

图 3-2　厦门涤纶厂、厦门东渡二期工程环境影响报告书

① 中国环境科学学会咨询服务中心：《环境咨询初探》，北京大学出版社1988年版，第2-3页。

厦门市环境科学学会理事会在承担建设项目环境影响评价任务时，统筹对各专题负责的理事单位或个人进行协调和组织。像1986年承接“厦门东渡二期工程环境影响评价”项目时，厦门市环境科学学会就有50多人参加。学会通过环境影响评价工作的“协同作战”，给各个建设项目的选址、三废治理措施的要求、治理深度和工程项目的兴建提供了重要的科学依据，促进了特区建设的进程，保护了环境，而且也逐渐锻炼发展成为一支全省最强的环境科技咨询队伍。

厦门市环境科学学会通过建设项目环境影响评价作为开展技术咨询服务的主要内容，发挥了科学技术为特区建设服务、特区建设必须依靠环境科技的作用。同时，也为厦门市环境科学学会开展学术交流、科普宣传提供了资金保证，增强了学会的活力。

厦门市环境科学学会发挥多学科综合性的作用，使环保科技为经济建设、城市建设和环境建设服务，使环境科技工作者掌握的科学知识转化为保护家园环境不受污染的咨询活动，受到了厦门市科协的高度赞扬。在厦门市科协第三届会议后，第二届理事会就组织部分会员参加了厦门市科协科技咨询服务中心，并成为该咨询服务中心的环境分部。[①]同时，积极参加福建省科协系统“千个学会、千项服务”活动。

1990年7月，为了更好地发挥环境科学学会人才聚集、学科齐全、拥有较完善的科研设备、对厦门各环境要素各区域环境状况积存较丰富的科学资料、横向联系面较宽等优势，具有开展环境质量评价、环境综合整治和各环境要素污染防治的有利条件，第二届理事会又组织厦门大学环境科学研究所、国家海洋局第三海洋研究所、冶金部建筑研究总院厦门分院、厦门市环境监测站组成“厦门市环境综合服务体”作为学会所属的经济实体，并制定了《环境科技综合服务联合体章程》。

从1984年起到20世纪90年代，厦门市环境科学学会理事会领会1987年厦门市政府颁发的《厦门市技术市场管理暂行办法》和1992年厦门市税务局颁发的《关于对科研机构和技术咨询业企业给予免征所得税的若干规定》，在承接厦门一些建设项目环境影响评价工作时，不仅根据环保相关法规和厦门市提及的相关具体要求进行工作，而且按照自身的能力对新建、改建、扩建的建设项目环境影响评价分类开展咨询服务工作。

对于一些大型的建设项目（如厦门嵩屿电厂、福达感光工程）的环评，理事会组织会员单位全力配合外地来厦从事建设项目环境影响评价的专业队伍，不仅在工作和

① 厦门城市建设志编纂委员会:《厦门城市建设志》，鹭江出版社1992年版，第450页。

生活上均给予方便，并提供厦门本地有关基础数据，而且参加厦门市环境科学学会较为擅长的分项目评价等。例如，1985年厦门市政府拟在海沧嵩屿建设火电厂。厦门市计委能源组带领厦门市环保监测站积极配合水利电力部华东电力设计院开展可行性研究。1986年5月—1987年7月，西南电力设计院在厦门开展嵩屿电厂环境影响评价。为全面了解厦门污染气象特征和大气扩散输送规律，在现场及附近地区进行海面-内陆风、气温周年观测，动用了当时最先进的手段（铁塔三轴风速仪、平衡球、烟弹试验、声雷达、电接风、空气质量监测等）来观测海陆环流特点与热内边界层，厦门市环境监测站在与西南电力设计院协作中迅速锻炼了自己的队伍。国家海洋局第三研究所在嵩屿港口电站工程周围海域进行环境影响评价过程中，对海域水动力条件进行了较充分的现场调查、试验和室内计算工作，用潮流的椭圆要素按港工规范计算了表层、底层水质点运移距离和矢量；首次在国内大型电厂工程海域影响评价中开展了浮子试验和罗丹明示踪试验；应用了二维垂直平均的潮流方程和水质扩散方程说明潮流运动和浓度场分布。

对于力所能及的大多数的大中型建设项目，厦门市环境科学学会理事会则组织会员单位或厦门市环境综合服务体独立承担其环境影响评价工作。学会及其会员单位承接环评的大中型建设项目包括：厦门经济特区炼油厂、华厦钢铁厂、厦门港东渡二期工程、厦门高集大桥、厦门煤气厂、厦门印染厂、厦门利恒涤纶有限公司、厦门市燃料公司石湖山煤场工程、杏林污水处理厂、厦门化工公司的苯酐工程、厦门钨制品厂、万山汽车工业公司、三星橡胶联合厂、鹭涌石油公司石湖山油码头和油库、厦门第一印刷厂、新华玻璃厂、厦门正星橡胶工业有限公司等。

对于小型和技改的建设项目（如同安银城联合啤酒厂、厦门新华玻璃厂扩建工程、厦门卷烟厂扩建工程、厦门工程机械厂的技改工程）的环境影响评价，一般只考虑微利。例如，对于经济较为困难的同安银城联合啤酒厂项目的环评咨询服务只收取工本费，该项目采纳了厦门市环境科学学会的环境影响评价意见还减少了15亩的用地。

此外，厦门市环境科学学会理事会对于涉及厦门的重大环境问题（如筼筜湖整治、海沧台商开发区等），为了让厦门市政府领导在决策考虑上更全面，厦门市环境科学学会会员只是尽义务进行技术咨询服务。

在参加建设项目环境影响评价工作中，为使每一个会员每参加一项工作都能得到业务上的学习和技术上的提高，理事会曾先后组织承担万山汽车厂、厦门新华玻璃厂扩建工程、福达感光工程、厦门正星橡胶工业有限公司等项目的环评人员到国内相对先进的同类企业实地考察调研，使之既做到心中有数又能吸收和借鉴先进地区和单位的经验与教训，从而能编写出较高质量的环境影响评价报告书和作出切实可行的结论。与此同时，也培养了参加技术咨询服务的学会会员的独立工作能力、整体工作的组织能力和项目环评报告或调研报告的编写能力及报告解说能力。

评价建设项目排污对环境影响时，必须进行环境质量变化趋势预测和分析。处在海陆交界的厦门大气环境的下垫面与处在九龙江河口的厦门海域为半封闭海域，地形都比较复杂，但是理事会要求对一些大型建设项目的环评，在运用大气扩散模型或建立水质模型进行预测时对扩散参数都必须实测。因此，厦门市环境监测站的所有业务人员在气象部门引领下都学会了独立进行低空探测实验。国家海洋局第三海洋研究所和厦门大学环境科学研究所及厦门市环境监测站的环评人员也通过跟踪浮子实验和玫瑰精扩散实验，掌握了海域流场参数，科学认识了厦门西海域（及杏林湾）中污染物扩散迁移规律。

在此还要指出，在厦门经济特区初创时期的招商引资大潮中，想落地厦门发展的建设项目鱼龙混杂、良莠不齐，其中包括不少发达国家将污染产业转移进中国的建设项目。可是，厦门市环境科学学会的环境科技人员均以科学严谨的态度来开展（新建、改建、扩建）建设项目环境影响评价工作，并且认真负责地将工程选址、建设的环境影响评价结论上报厦门市政府及其主管部门。

例如，1984年厦门根据《联合投资兴建每天加工10万吨原油的厦门经济特区炼油厂的建议书》，拟建设一个年加工500万吨原油、年产高级汽油146万吨的炼油项目（占地需2平方公里），该项目预计投产后地方政府每年有数千万元的经济收入，并能提供5000人的就业机会。这对受“前线”因素制约，饱尝30年半封闭发展的厦门的诱惑力太大了。厦门市环境科学学会参与了该建设项目的环评，通过环境影响预测与评价，为项目是否开发建设及其选址提供了科学决策的意见。因此，当厦门市政府看到厦门市环境科学学会的环境影响评价结论进行决策时，最后还是否决了该项目的建设。

又如，1985年选址在湖里象屿的华夏钢铁厂（30万吨炼钢、轧钢）又是厦门市环境科学学会的环评报告首先提出否定意见，抵制在厦门本岛建设。再如，厦门化工公司的苯酐工程原选址比较靠近杏林水厂，1988年经厦门市环境科学学会环评后发现若发生事故可能会对水厂造成影响。为此，建设单位根据评价结论决定把厂址与水厂的距离拉开。

由于厦门市环境科学学会发挥独立第三方优势，在为政府和社会提供环保科技公共服务与环境咨询、环境评价和环境治理等多种服务的同时，把学术交流与决策咨询和政策建议结合起来，为决策科学化服务，日益受到中共厦门市委、市政府的重视。因此，厦门市环境科学学会编报的建设项目环境影响报告书以较高的质量频频受到各级管理部门的好评和奖励。例如，厦门市环境科学学会完成的《同安银城联合啤酒厂环评报告书》获福建省科技优秀咨询奖；《厦门正星橡胶工业有限公司环境影响评价报告书》列入中国科协为中小、乡镇企业服务验收项目，同时通过厦门市科协组织的评审并获得高度评价；《厦门卷烟厂七•五技改工程环境影响评价与预测研究报告》获1990年度福建省科协二等奖。

从1984年起到20世纪90年代，厦门市环境科学学会牵头团体会员单位开展了大量的建设项目环境影响评价工作，同时在建设项目环境影响评价阶段，充分听取并尊重当地公众的意见和建议。但是，在这一时期国家环保行政主管部门也不断加强建设项目环境影响评价证书管理。1987年4月，福建省环境保护局下发第一批获准环境影响评价证书单位，国家海洋局第三海洋研究所、厦门大学环境科学研究所、厦门市环境科学研究所均在列。从1990年开始，新的评价证书设甲、乙级两种。国家海洋局第三海洋研究所获甲级环境影响评价证书、厦门大学环境科学研究所与厦门市环境科学研究所获环评乙级证书。1994年，厦门大学环境科学研究中心获得甲级环境影响评价证书。

随着环保行政主管部门对建设项目环境影响评价证书管理的不断加强，厦门市环境科学学会因不具有环评证书，其牵头开展建设项目环境影响评价的科技咨询工作就只能停止。但是，从20世纪80年代中期开始到20世纪90年代后期，厦门市环境科学学会开展以建设项目环境影响评价为核心的环保科技咨询服务，为源头预防污染生态环境还是作出了历史性的贡献，为保护厦门人民及其子孙后代赖以生存的家园环境彰显了科技咨询的作用。

在这一历史进程中，厦门市环境科学学会的团体会员单位不仅发挥了主导作用，而且自身也不断地发展壮大。像厦门大学自1985年以来已经完成相关建设项目环境影响评价报告700多项，完成规划（战略）环境评价约40项；2000年，成立厦门大学环境影响评价中心。2010年以来，国家海洋局第三海洋研究所承担了高集海堤开口改造工程、海沧湾清淤整治、鳌冠海域岸线保护和生态综合整治、环东海域清淤整治等海湾整治工程，厦门跨海桥隧（翔安隧道、翔安大桥、集美大桥、杏林大桥、丙洲大桥、马新大桥、溪东大桥、南港特大桥等）、轨道过海段（1号线至4号线）、港区码头（东渡、海沧、翔安港区多个泊位）、航道（主航道、东渡航道、海沧航道以及刘五店航道等）以及机场（厦门大嶝机场）等重要交通基础建设工程环境影响评估工作；厦门国家级海洋公园选划论证，厦门市集美污水处理厂、前埔污水处理厂、高崎污水处理厂和澳头污水处理厂及大嶝污水处理厂尾水排放口选划论证以及环境影响评估工作；开展厦门海洋塑料污染物迁移转化及归趋研究和厦门市管辖海域城镇污水处理厂尾水排放口优化调整研究。

3.2.2 科技助力现代环境管理

环境治理是通过各种手段和方法对各种环境问题进行系统治理和改善环境质量的过程。环境管理是环境治理中效力最高的主要途径。环境管理是为了保护和改善环境质量而采取的一系列措施，包括规划、监督、监测、评估、治理、修复和协调等。但是，环境管理所包括的环境政策、环境规划、环境评价、环境监测、环境法律法规等方面内容，又与环境科技密不可分。环境管理的科学化是社会发展的需要，也是多层次环境管理的需要。通过环境科技为现代环境管理赋能，可以有效地提高环境质量，保护生态环境，促进经济发展和社会进步。

1. 面向环境管理的科技咨询

虽然环境科技咨询内容众多，但其核心是为环境质量改善和污染治理的科技咨询服务，其他环境科技咨询服务都是为开展这两个服务而派生出来的。环境管理的根本目的是改善环境质量，因此环境科技咨询服务的主要对象就是面向现代环境管理的科技咨询服务。

厦门市环境科学学会从第一届理事会起，就把科技咨询的服务重点放在建设项目环境影响评价上。20世纪90年代中期，厦门市环境科学学会因不具有环评证书，停止了牵头开展的建设项目环境影响评价活动，转而把环境管理作为环保科技咨询服务的重点。

1993年1月，厦门市科协副主席严为善出席厦门市环境科学学会第五次学术交流暨换届改选大会，希望厦门市环境科学学会会员积极投入国家提出的“金桥”工程，切实为特区建设服务。第三届理事会决议：围绕厦门存在的各种环境问题和厦门市环境管理不同时期的中心工作与发展需要，创办环保实体，把环保科研成果尽快转化为综合整治的实用技术，构建厦门市“全方位、多层次、立体化”的环境科技支撑体系，增强学会活力，为创建清洁、优美、安静、舒适的特区环境和卫生文明城市作出应有的贡献。

1993年2月，厦门市环境科学学会召开常务理事会，决定组织课题组制定《厦门市环境保护战略与对策》，并召开第六次学术交流会，围绕“厦门自由港建设中环境保护的地位、作用及其战略目标”主题进行研讨。在厦门市环境保护局的鼎力支持下，庄世坚研究了自由港性质的厦门环境保护战略、体制和机制等一系列问题与对策，撰写了《厦门市环境保护战略与对策》，成为21世纪议程中厦门市环境战略规划的纲领与科学决策的依据。

1996年，厦门市政府首次发布《厦门市环境功能区划》。这一科研项目由欧寿铭*、孙飒梅*、陈泽夏*、陈志鸿*、张珞平*完成，并获得1997年度厦门市科技进步奖二等奖。

“九五”期间，厦门市环境科学学会努力将环境科技创新体系和环境治理体系深度融合，充分发挥生态环境科技在实现经济—社会—环境复杂系统多维目标共赢中的基础性、引领性、支撑性作用，探索环境科技服务环境管理的模式。学会通过进行厦门地区环境质量评价、环境预测，拟订环境保护规划，环境科技成果推介、产学研合作活动等“软科学”服务环境管理的刚需，也表现出在创新驱动厦门发展服务方面的硬实力。

1998年，第三届理事会在贯彻党的十五大精神学习中，又提出要根据环境科学学会群众性、学术性、公益性和社会性的特点，树立以会养会、以会促会的思想，努力调动学会人才荟萃、智力知识密集和纵横的网络优势，做好环境科技咨询服务工作，以科技创新助力现代环境治理，为驱动厦门发展服务。

2000年，厦门市科协下发《关于开展科技团体为经济建设服务活动的通知》，组织科技工作者就全市主导产业、骨干行业中的高新技术应用及其产业化发展以及企业技术创新中遇到的难题，与相关企业合作开展课题研究和技术攻关。为此，吴子琳理事长在厦门市环境科学学会第四届会员大会上强调：随着我国加入世贸组织以后，一些政府行为将逐步转为市场行为，学会这一吸纳多学科、跨行业的社团组织将大有可为，在技术咨询、技术服务、中介服务方面可以开展有关环保企业进行技术或产品评议和推荐工作，也可以组织若干个生态示范点的建设试验，还可以就室内空气污染控制技术与建筑材料开展环境认证与推荐工作等进行探索。

从此，厦门市环境科学学会会员于2000年参与编制了《九龙江流域（厦门段）水环境与生态保护规划》，2001年编制了《厦门珍稀海洋物种国家级自然保护区总体规划》《厦门生活饮用水地表水保护区划定方案》，2003年编制了《厦门市酸雨控制区酸雨和二氧化硫污染防治“十五”计划》《厦门市环境质量全面达标规划》，2005年编制了《厦门市“十一五”环境保护规划和2020年远景目标》《厦门市生活垃圾、工业固体废物和危险（医疗）废物处理利用规划》，2006年编制了《厦门市饮用水源地环境保护规划》。

2003年2月，第四届理事会召开常务理事会，承接了厦门市环境保护局赋予的编写《厦门市环境保护志》任务，由庄世坚、叶文建负责。

2003年3月，厦门市人大常委会决定修订《厦门市环境保护条例》。厦门市环境科学学会应厦门市环保局的要求，广泛征求各位理事的意见。洪华生*、林鹏*、陈泽夏*、余兴光*、周秋麟*、阮五崎*、卢昌义*、张珞平*、谢小青*、洪朝良*等专家均对《厦门市环境保护若干规定（草案）》第五稿认真审读并提出书面意见。

2003年，厦门市科协围绕厦门市建设海湾型城市和“科技之城”的工作部署，在学会和企业科协中组织开展了“我为厦门建设发展献计献策”活动，收到涉及城市功能定位、基础设施建设、产业布局与结构调整、环境保护、科技发展、教育卫生文化事业改革发展、第三产业发展、“三农”工作、人才队伍建设等问题的建议29篇。厦门市科协编印《为厦门市加快海湾型城市建设献计献策——科技工作者建议汇编》，提交厦门市领导和有关党政部门作决策参考。其中，厦门华夏国际电力发展有限公司科协提出“关于‘实施嵩屿电厂扩建，实现增产不增污’的建议”，经厦门市科协主持工作的驻会副主席贺向东提议，厦门市科协常委会研究决定作为重点建议推动。厦门市科协主席陈传鸿（厦门大学校长）亲自主持召开专题论证会，邀请福建省能源研究会和厦门市环境科学学会等省市有关专家参加论证。论证会慎重讨论，确认该建议的科学性、可行性后，上报厦门市政府，得到采纳实施。

2005年6月，厦门市环境科学学会副理事长余兴光牵头国家海洋局第三海洋研究所环境科技人员负责“厦门杏林湾生态环境保护与建设”课题，开展了杏林湾近50年来现代沉积速率、湿地生态、陆域植被(包括外来种)、区域鸟类资源、区域污染源、自然和社会环境等方面的详细调查，并开展了杏林湾清淤工程、环湾道路和杏林湾片区吊脚楼工程项目环境影响评价工作。

在课题进行过程中，课题组陆续提交《“关于园博苑重要植被生境及生态景观保护的重要问题”的对策建议》《厦门杏林湾生态环境现状调查报告》《园博苑规划区开发建设过程中的生态环境问题与初步对策》《厦门园博苑北溪饮水干渠盖板工程施工期水质状况监测与跟踪评价报告》，供园博苑建设指挥部决策参考，并向厦门市环境保护局提交《厦门杏林湾区域重要生境保护区位图》，向厦门市规划局提交《厦门杏林湾园博园区域开发建设前后生态系统服务功能价值损失评估》和《关于杏林湾重要湿地生态保护的建议》。2007年9月，课题结题时提交《厦门杏林湾生态环境保护与建设研究》报告简本、综合报告、环境信息系统用户使用手册等。2006年2月—2007年6月，余兴光还通过人大监督、媒体等多种方式和途径，开展呼吁和协调工作，促成开发规划与生态保护的协调和生态保护规划的实施，抢救性地保护杏林湾重要生境。

2006年8月召开的全国环保科技大会对未来5到15年的环境科技工作进行了部署。中共中央政治局委员、国务院副总理曾培炎对环境科技工作提出要求，强调要把科技创新放在突出位置，力争在环保技术方面取得突破，加快推动应用环境科研成果，努力实现“十一五”主要污染物排放总量减少10%的指标。2007年3月，国家环境保护总局副局长吴晓青在2007年全国环保科技工作会议上强调：要突出一个中心，环境管理是科技服务的主战场。

党的十八大以来，党中央以前所未有的力度抓生态文明建设，创造了举世瞩目的生态奇迹和绿色发展奇迹。面向污染防治攻坚战需求，环境科学研究投入和产出快速发展。作为科技社团，利用联系广泛的专家优势承接一些地方政府重大的生态环境保护研究课题，是厦门市环境科学学会着力开发的一项基本职能。能否参与政府一些重大环境问题的调查研究、发表意见，关系到厦门市环境科学学会在厦门环境科研领域的话语权，关系到厦门市环境科学学会在政府和社会上的学术影响力。

为此，第五届理事会积极组织厦门市环境科学学会团体会员单位申报与编制厦门市人大、厦门市政府、厦门市环保局、厦门市科协和各区政府委托的重点调研课题和各类环境规划及突发环境事件应急预案等。例如，厦门市环境科学学会第五届理事会组织团体会员单位完成了《厦门市思明区环境保护“十三五”规划中期评估报告》《厦门市思明区“十三五”环境保护规划终期评估》。中国科学院城市环境研究所牵头编制了《厦门经济特区生态文明建设条例》《美丽厦门环境保护总体规划暨生态文明建设示范市规划》，厦门大学环境与生态学院也积极开展环境治理与生态修复各类项目，为厦门市生态文明建设提供有力的科技支撑和咨询服务。例如，改善和提升厦门市筼筜湖水质和厦门市下潭尾滨海湿地公园红树林景观建设等。

2014年以来，第五届理事会组织团体会员单位制订或修编厦门市思明区、湖里区、海沧区、集美区、同安区、翔安区的突发环境事件应急预案以及编制部分企业的突发环境事件应急预案。先后完成了《厦门市思明区突发环境事件应急预案》《厦门市思明环境保护局突发环境事件应急预案》《厦门市思明区重污染天气应急预案》厦门市湖里生态环境局突发环境事件应急预案（修订）《厦门市湖里区辐射事故应急预案》《厦门市集美区突发环境事件应急预案》《厦门市环境保护局集美分局突发环境事件应急预案》《同安区饮用水水源地突发环境事件应急预案》《厦门市同安区突发环境事件应急预案》《厦门市同安生态环境局突发环境事件应急预案》《厦门市同安区工业园区突发环境事件应急预案》《厦门市同安生态环境局应急演练、培训和应急相关的宣传专业服务》《翔安区饮用水水源地突发环境事件应急预案》《厦门市翔安区突发环境事件应急预案》《厦门市环境保护局翔安分局突发环境事件应急预案》。

2015年，中共中央办公厅、国务院办公厅在印发《中国科协所属学会有序承接政府转移职能扩大试点工作实施方案》的通知（厅字〔2015〕15号）上明确指出："开展中国科协所属学会有序承接政府转移职能试点工作，是贯彻落实中央关于深化行政审批制度改革，正确处理政府与社会关系的重要举措。""按照深化改革的有关政策规定，科技评估、工程技术领域职业资格认定，技术标准研制、国家科技奖励推荐等工作，适合由学会承担的，可整体或部分交由学会承担。政府部门有关职能中设计专业性、技术性、社会化的部分公共服务事项，适合由社会力量承担的，可通过政府购买服务等形式委托学会承担。"

"十四五"时期，我国生态文明建设进入了以降碳为重点战略方向、推动减污降碳协同增效、促进经济社会发展全面绿色转型的关键时期。为了编制好《厦门市生态环境保护"十四五"专项规划》，厦门市环境科学研究院委托厦门大学进行"厦门市'十四五'生态环境专项"前期研究和"厦门湾污染物总量控制成效分析及海域海洋环境承载力评估"；委托中国科学院城市环境研究所开展"厦门市地表水水环境质量提升机理和对策研究"。在此基础上，2020年5月—2021年11月再与福建省环境科学研究院一起编制《厦门市"十四五"生态环境保护专项规划》。国家海洋局第三海洋研究所也承担了《厦门市海洋环境保护规划（2016—2020年）》《厦门市海洋生态环境保护“十四五”规划》《厦门美丽海湾保护与建设方案》等编制工作。

与此同时，第五届理事会受相关环保主管部门委托，也组织团体会员单位完成《翔安区重点流域水生态环境保护“十四五”规划》《厦门市思明区“十四五”生态环境保护专项规划》《厦门市思明区生态文明建设示范区规划（2015—2020）》《“思明区全面加强生态环境保护坚决打好污染防治攻坚战的实施意见”终期评估》等规划的编制工作。

此外，厦门市环境科学学会与思明生态环境局签订《思明区二氧化硫浓度溯源分析》项目合同。组织会员对厦门市环境空气质量进行分析，研究思明区二氧化硫污染特征。运用福建省地方标准《大气二氧化硫来源分析技术指南 稳定同位素法》（DB35/T 1747—2018），开展思明区环境空气中二氧化硫的来源分析工作，确定环境空气中二氧化硫的污染来源情况，提出二氧化硫减排的联防联控措施和策略，为管控思明区二氧化硫污染提供指导意见，最终编制的《思明区二氧化硫浓度溯源分析报告》得到好评。

2016年4月，第五届理事会组织会员参加厦门市科协重点课题“厦门市饮用水源地水质预警系统建设：以汀溪水库为例”研究。课题组针对汀溪水库饮用水安全隐患，围绕厦门市饮用水源地——汀溪水库水质历史监测数据和现状监测结果，进行水环境自动监测和预警预报系统的关键技术应用和开发，优化现有厦门市汀溪水库饮用水源地水质预警监测方案，为实现厦门市汀溪水库、江东饮水工程等水源水质预警开发创造条件，也为厦门市新建的莲花水库、枋洋水库的水源水质在线监测提供技术参考，从而保障厦门市居民的饮用水安全。

2017年11月，厦门大学、厦门市环境监测中心站、福建省环境监测中心站、漳州市环境监测站、龙岩市环境监测站联合完成“九龙江铁锰来源分析及检测过程的优化”项目研究，探明了九龙江北溪锰含量的时空分布与迁移转化规律，揭示了九龙江库区锰超标的来源与形成机制，为九龙江流域生态环境保护与饮用水安全保障提供科学依据。

2019年，厦门市科协又将“饮用水源地环境状况调查——以莲花水库为例”列为重点课题。厦门市环境科学学会会员不仅按课题要求完成研究报告，而且还完成了《汀溪水库饮用水水源地保护区勘界报告》《厦门市汀溪水库饮用水源保护区划分方案》《翔安区2019和2020年度水环境承载力评价报告》《厦门市区域主要污染物排污总量控制初步方案研究》《厦门市生态控制线本地调查与分析》等调研课题报告。

第六届理事会理事关琰珠（厦门市政协副秘书长）、副理事长曹文志和会员吴毅彬联合厦门市政协、致公党厦门市委和厦门市发展研究中心等单位一起承担了厦门市社科联、厦门市社科院资助的厦门市社会科学调研课题项目"'双碳'目标约束下区域碳排放与污染物协同减排调控政策研究"，提出了厦门市"双碳"目标和实现路径，分析了经济社会发展概况、能源消费及结构、能耗强度变化情况等"双碳"目标实现基础；针对评估出的实现路径所带来的达峰方案需要科学谋划、减污降碳面临较大压力、能源结构需要调整优化、低碳基建仍有较大空间、低碳城市需要深化建设、碳汇供给需要持续强化和宣传引导需要广泛深入7个方面影响，提出了区域碳排放和污染物协同减排的调控政策建议，为我国立足新发展阶段、贯彻新发展理念、构建新发展格局，确保如期实现碳达峰、碳中和目标，提供更多的"厦门实践"和"厦门经验"。

2019年11月—2020年5月，厦门市环境科学研究院与中国科学院城市环境研究所编制完成《闽西南协同发展区生态环境保护专项规划（2020—2025）》。厦门市环境科学学会组织专家进行了评审。

2021年5月，第六届理事会组织厦门市环境科学学会课题组申报厦门市科协的重点调研课题"厦门市推进碳达峰碳中和行动路径研究"，获得厦门市科协立项。课题结题时，《推进我市碳达峰碳中和行动路径研究》报告不仅顺利通过专家评审，而且经厦门市科协推荐，以厦门市环境科学学会课题组署名发表于中共厦门市委主办的《厦门通讯》2022年第2期。

2021年8月—2022年8月，厦门市环境科学研究院与厦门市环境科学学会一起完成"厦门市ODS排放及对温室效应影响研究"项目。2023年5月，第七届理事会组织厦门市环境科学学会课题组申报厦门市科协重点调研课题"厦门市蓝碳发展策略研究"，又获得2023年市科协重点调研课题立项。

2023年7月，厦门市环境科学研究院与厦门市环境科学学会一起完成《厦门市"十四五"生态环境保护专项规划》实施情况中期评估报告。

2023年9月，厦门市环境科学研究院在2022年7月完成《厦门市声环境功能区划》的基础上，编制并发布《美丽家园住宅区环境保护规范 宁静小区》，填补了全国"宁静小区"地方标准的空白。

近年来，随着国家行政管理体制改革的不断推进和深化，政府职能将进一步转变，政府的一些事务性、服务性、中介性社会职能将转移出来，交给企事业单位和社会组织。为此，厦门市科协开始筹划和指导各学会，因应国家行政管理体制改革不断推进和深化与政府职能转变的形势，将承接政府转移出来的一些事务性、服务性、中介性社会职能作为新时期学会工作的重大突破点。

在新形势下，厦门市环境科学学会充分发挥人才荟萃和学科优势，积极主动承接厦门市政府及其相关部门转移的职能和企事业单位的项目委托及其他工作任务。学会通过不同的渠道引导会员聚焦政府部门管理需求，开展环境科学课题研究服务，编制环境规划，编制突发环境事件应急预案，进行项目的环保评估、论证，环保科技成果的评审和鉴定，为厦门市生态文明建设做好各类环境技术咨询服务工作。

2. 面向社会需求的科技咨询

环境科技咨询服务的另一个主要对象是面向社会环境治理需求的科技咨询服务。服务社会刚需的环境科技咨询比较广泛，既包括水、气、噪声、振动、固体废物等污染治理，也包括环境影响评价、环境监理、环境工程咨询、环境管理体系与环境标志产品认证、清洁生产审计与培训、环境信息服务、环境规划、环境设计等一系列科技咨询类项目。

污染治理技术是打好污染防治攻坚战的基础。污染防治攻坚战是国家生态环境保护的战略需求，而掌握污染治理技术是社会各领域各层级担当生态环境保护责任的战术需求。但是，科学治污本身就存在各种污染治理技术问题需要攻坚。例如，在蓝天保卫战方面，需要重点突破碳污协同控制与资源化利用技术、重点行业领域多污染物近零排放和治理技术等。在碧水保卫战方面，需要重点突破流域水生态系统精准诊断预测、原真性和完整性保护修复，绿色流域构建等技术。在净土保卫战方面，需要研发土壤绿色修复与安全防控、固体废物资源化利用植物等技术及成套装备。在生态保护修复方面，需要重点突破多物种协同入侵防控和生境重建、生态修复与环境污染协同治理等关键技术。①

厦门市环境科学学会作为地方的一个科技社团，没有条件开展绿色低碳前沿技术的集智攻关。但是，学会集中了厦门市环境科技的许多优秀人才，这些环境科技工作者及其所在单位也频频收获生态环保科技研究成果。因此，通过开展环境科技咨询工作，不仅可以满足社会科学治污的需求，为驱动厦门绿色发展提供科技服务保障；而

① 黄润秋：加快构建与美丽中国建设相适应的生态环境科技体制，载于《人民政协报》2023年8月26日，第3版。

且可以使会员的科技创新成果或掌握的治污技术与应用推广有机衔接，促成环境科技成果转化。

厦门市环境科学学会成立后，第一届理事会就根据企业治污需求，组织会员为中小企业（如厦门制革厂、造纸厂、染整厂等）污染治理和老企业的改造提供技术咨询服务。在开展环境保护及污染防治的科技咨询和中介服务中，学会让会员通过治理实践不断提高服务质量和水平。

然而，厦门市环境科学学会及其理事会的人员构成，不可能全面适应厦门经济特区建设中需要解决的环境污染治理和技术咨询等问题，也不可能向所有的企业提供差异化精准治污的咨询方案。因此，厦门市环境科学学会坚持有所为有所不为的原则，并想方设法扬长避短。1990年11月，厦门市环境科学学会与四川省环境科学学会、福建省环境科学学会组织成立了川闽厦环保科技咨询服务委员会。

近十几年来，全国各地的臭氧浓度成为制约空气质量提升的瓶颈。挥发性有机物（volatile organic compounds VOCs）可以与臭氧发生反应，产生臭氧消耗物，从而对人体和环境造成潜在的危害。因此，控制挥发性有机物的排放是控制臭氧污染的重要措施。

为了助力全市打好升级版的蓝天保卫战，厦门市环境科学学会与厦门市环境科学研究院签署了《复合载体强化生物滤柱高效降解VOCs关键技术研发与效能分析》技术合作协议，也与华侨大学环境工程研究所签署了《可溶性有机工业废气生物固定化处理技术的研究开发》技术合作协议。厦门市环境科学研究院与厦门理工学院完成《厦门市第一级、第二级、第三级VOCs企业整治绩效评估技术报告》。在加强VOCs污染治理技术交流和合作的基础上，针对企业在不同的运行工况下VOCs污染治理技术问题，开展可溶性有机工业废气增溶技术方法研究，选择并开发生物固定化处理技术，评估不同处理工艺的处理效能，优化生物处理工艺参数和载体特征，帮扶企业更好地完善污染治理技术，实现和保障可溶性有机废气的达标排放，降低运行成本，提高自动化运行管理水平。

在协助环保行政主管部门解决海沧新阳工业区信访投诉问题时，第六届理事会积极搭建技术交流平台，联合厦门市环境科学研究院和厦门市环境保护产业协会组织VOCs污染治理技术专题交流会，邀请第三方——在废气处理上有丰富经验且专业的治理企业为废气排放企业进行技术培训，精准帮扶企业提升废气治理效能。

协助有关部门举办各类培训班，推广新技术、新工艺，提供环境保护专业技术培训服务，也是环境科技咨询的工作内容。1984—1986年，福建省环境监测中心站和厦门、青岛、漳州环保监测站组成“港区环境噪声评价和控制的研究”课题组，在全国9个港区首次开展港区环境噪声调查和噪声污染规律及噪声控制研究，认识了港区噪声源及其特性、时空分布特征，通过噪声污染分析及其影响的主观评价，探索了港区环境综合整治的方案。在开展国家课题研究的过程中，进口了一批丹麦必凯公司生产的噪声、振动仪器。在课题成果获奖后，课题组决定扩大课题应用成果。1989年3月28—30日，以厦门市环境科学学会之名面向全国，举办了丹麦必凯公司生产的噪声、振动仪器应用技术培训班。

此后，厦门市环境科学学会又因应有关部门的需求，举办了多场不同类别的培训班。例如，2014年7月—2015年12月，厦门市环境科学学会与厦门市机动车排气检测中心一起开展机动车尾气工况法检测操作人员上岗培训班。通过组织检测机构工作人员对简易工况法国家标准的学习和环检机构管理规定、技术规范、操作流程和安全事项以及实车上线操作培训，解答实际操作的具体问题，效果良好。培训班共举办9期，该培训面向全省检测站，共有近200个检测站约2000人报名参加培训。

环境保护产业是解决环境问题的物质和技术基础，有计划地发展环境保护产业的“硬件”和“软件”，既能提高环境保护设施和服务的质量，提高环境保护投资效益，又能引导各行业积极参加环境保护工作。第六届理事会和第七届理事会逐渐加大有代表性的环保企业在理事会的理事人数后，积极支持环保企业提升自主创新能力，并要求这些环保企业以厦门市环境科学学会名义通过不同的方式参与环境咨询、环境评价和环境治理等多种环保科技公共服务。

福建省环安检测评价有限公司、三达膜科技（厦门）有限公司、厦门隆力德环境技术开发有限公司、厦门嘉戎技术股份有限公司、威士邦（厦门）环境科技有限公司、波鹰（厦门）科技有限公司、厦门世达膜科技有限公司、昭仕（厦门）新材料有限公司、厦门青山绿水环保科技有限公司、厦门市庚壕环境科技集团有限责任公司等厦门市环境科学学会团体会员单位紧跟环境服务业发展新形势、新技术，通过“软科学”咨询服务社会刚需，在环境影响评价、环境监测、清洁生产、循环经济、环保管家等诸多方面的业务从厦门发展到全省和其他省份，而且颇具特色。例如，厦门蝌蚪生态环保科技有限公司于2015年12月创建的“蝌蚪生态空间”获得“国家级专业化众创空间”“福建省专家服务基地”称号，创新了一站式全过程环境咨询服务模式。

3. 推行清洁生产和ISO14000环境管理体系

20世纪90年代绿色经济开始兴起，联合国环境规划署力主推行清洁生产来实现工业生产方式变革。1992年5月，国家环境保护局与联合国环境规划署巴黎工业和环境办公室联合在厦门召开“清洁工艺国际会议”，这是第一次在厦门召开的环保国际性会议。厦门成为我国引进清洁生产理念的发祥地后，许多企业自觉地开展清洁生产。

1997年12月，由联合国气候变化框架公约参加国三次会议制定的《京都议定书》引入三大市场机制，即碳排放权交易、清洁发展机制、联合履行。1998年7月，联合国中国国家清洁生产中心向厦门ABB开关有限公司颁发了清洁生产企业证书和牌匾，该公司也成为全国首家获此殊荣的企业。

清洁生产是构建清洁发展机制的前提。全面推行清洁生产是建设资源节约型、环境友好型社会和可持续发展的一条途径。为此，厦门市通过强制性和志愿性清洁生产审核，开展环境标志绿色产品的检验和认证，提高工业生产技术水平，降低物耗能耗，促进污染控制方式根本性转变，减少污染物产生和排放，改善和提升厦门市的环境质量，为打造新的海湾型生态城市奠定了基础，也引领厦门数百家工业企业走上绿色发展之路。

2002年7月，时任福建省省长的习近平同志在全省环境保护大会上讲话要求：“积极推行清洁生产和ISO14000环境管理体系，到2005年，电力、化工、冶金、轻工、机械、建材等行业的骨干企业要普遍实现清洁生产，全省有100家企业或机构通过ISO14000环境管理体系认证。”

推行清洁生产涉及审核和评估验收工作。2005年，厦门市环境科学学会会员庄洁建立了科技类非营利机构——厦门市清洁生产与安全促进中心（后更名为“厦门市清洁生产与低碳研究中心”），与福建省清洁生产中心一起率先在全省开展清洁生产审核工作，并积极参与厦门市环境保护局和厦门市经济和信息化局关于清洁生产审核的工作方案实施和培训工作。为了务实指导企业开展清洁生产，福建省环安检测评价有限公司等机构深入企业开展咨询服务，指导企业从源头防控、过程管理、末端治理，使用更清洁的能源和原材料，采取更清洁的工艺设备，让企业实现了节能降碳、减污增效。因此，福建省环安检测评价有限公司也获得中华人民共和国工业和信息化部授予的“工业节能与绿色发展评价中心”“国家中小企业公共服务示范平台”称号。

2012年2月，福建省环境保护厅、福建省经济贸易委员会联合下达《关于开展清洁生产评估试点工作的通知》文件，决定向厦门、福州、泉州、三明4个城市下放清洁生产评估工作权限。为此，厦门市环保局委托厦门市环境科学学会按照福建省环境保护厅关于推行清洁生产的各项工作部署，落实企业强制清洁生产审核评估的各项工作。2013年，厦门市环境科学学会开展厦门市第三批次强制性清洁生产审核评估工作，并受厦门市经济发展局委托，着手开展厦门市自愿性清洁生产审核评估工作，共计完成了40家企业的清洁生产审核评估工作，共组织专家200多人次，按要求完成任务。

为了做好厦门市清洁生产审核评估工作，厦门市环境科学学会制定了厦门市清洁生产审核评估程序。理事单位厦门华厦学院和会员单位厦门市正巽环保科技有限公司及厦门市老科学技术工作者协会相继成立清洁生产审核评估部，组织专家对地方生产性企业开展清洁生产工作情况进行现场审核评估，并出具正式评估意见。截至2017年，共计完成1700多家厦门市强制性和自愿性清洁生产企业的清洁生产审核评估工作；共组织专家近1000人次，形成清洁生产审核专家库，按要求完成任务。

2023年3月，厦门市环境科学学会第七届理事会常务理事庄洁（厦门市清洁生产与低碳研究中心主任）当选福建省环境保护产业协会清洁生产专委会主任委员，第七届理事会秘书长庄马展当选福建省环境保护产业协会清洁生产专委会专家顾问。

ISO14000系列标准是国际标准化组织（International Organization for Standardization ISO）为促进全球环境质量的改善于1993年起草制定的国际系列环境管理标准。它是通过一套环境管理的框架文件来加强组织（公司、企业）的环境意识、管理能力和保障措施，从而达到改善环境质量的目的。中国推行ISO14000系列标准对政府和组织的环境保护工作都具有极为重要的意义，既是国际市场竞争的需要，也是我国实施可持续发展战略的重要措施。

1996年9月，中共厦门市委、市政府分别召开常委扩大会议和市长常务扩大会议，专题听取环保工作汇报，并就贯彻国务院《关于环境保护若干问题的决定》决定："九五"期间，全市的环保投入不低于国内生产总值的3%。从现在起，所有企业的负责人包括政府官员都要学习ISO14000等有关知识，执行和推广ISO14000环境管理体系的国际标准，在2000年以前把厦门建成推行ISO14000的示范城市。

1996年12月，厦门市成为全国实施国际环境管理体系（ISO14000）系列标准的首个试点城市。1997年4月，厦门环境管理体系认证中心成立。同月，国家环保局主办的“全国首届ISO14000环境管理体系标准培训班”在厦门举行。[①]1998年11月，厦门市环境管理体系认证中心取得ISO14001标准认证机构的国家认可资格。

从1996年开始，厦门就在全市推行ISO14000环境管理体系，并在鼓浪屿区、集美北部工业区、思明区和湖里区及海沧区等建立ISO14001区域性环境管理体系，并通过认证。厦门市数百家工业企业也通过了厦门市环境管理体系认证中心和其他国际认证机构的认证。其中，中国质量认证中心（China Quality Certification Centre，CQC）于1996年11月向厦门ABB变压器有限公司颁发了中国首张ISO14001证书。鼓浪屿区和鼓浪屿国家风景名胜区成为全国首家国家级“ISO14001示范区”。

厦门市环境科学学会的众多会员从1995年就开始参与推行ISO14000环境管理体系，为厦门ABB开关有限公司等数百家工业企业提供认证咨询、企业内训、公司策划、管理培训等咨询服务；为鼓浪屿区、集美北部工业区、思明区和湖里区及海沧区等建立ISO14001区域性环境管理体系提供初始环境评审、体系策划与设计、环境管理体系文件的编制体系试运行、内审和管理评审等咨询服务。其中，厦门市环境科学学会会员薛东辉、洪华生、李晨章、叶丽娜参与的“区域环境管理体系的规范化研究”项目获2001年度厦门市科学技术进步奖三等奖，论文《行政区域实施ISO14001标准的研究》获第五届厦门市（1999—2001年度）自然科学优秀学术论文三等奖。

① 福建省地方志编纂委员会:《福建省志·环境保护志》，福建人民出版社2008年版，第542页。

3.3 创新驱动厦门绿色发展

1980年10月，厦门成为中国最早改革开放的4个经济特区之一。厦门市经济社会从对台前线突然转身、思想观念的骤然转变，一切都让处在起跑线上的厦门有点手足无措。而面对的现实是基础设施严重滞后、电灯不明、道路不平、电话不灵，自来水供应要排队、没有一个万吨级泊位……特别是，百废待兴的厦门生态环境负债累累（图3-3）：

（1）筼筜湖和厦门港避风坞水体黑臭，令人望而生畏。

（2）200多根烟囱浓烟滚滚，酸雨出现频次与酸度值全省最高。

（3）污水直排、海域养殖密布、屡现赤潮，海滨浴场仅存2处[①]。

（4）市区环境噪声污染严重，85%以上路段交通噪声超标。

（5）乱采沙石、滥伐树木，自然生态破坏严重。

（6）垃圾围城、四害猖獗，城市环境管理混乱。

因此，风光旖旎的厦门被戏称为“美丽的臭厦门”。1989年全国首次创建国家卫生城市考核时，厦门以倒数第二名的成绩而闻名全国。

图 3-3　20 世纪 80 年代厦门空中浓烟翻滚、海域养殖网箱密布、开山采石破坏生态

① 习近平、罗季荣、郑金沐：《1985年—2000年厦门经济社会发展战略：》，鹭江出版社1989年版，第193页。

20世纪80年代，厦门面临的所有亟待解决的复杂的社会经济环境问题，涉及面广、起点高、难度大，给厦门市环境管理行政主管部门提出了紧急任务，也给新成立的厦门市环境科学学会提出了重大课题：厦门经济特区要如何实现经济建设与环境保护协调发展。

幸好！在厦门经济特区初创时期的重要发展阶段和关键节点，习近平同志来厦门担任中共厦门市委常委、副市长，为厦门社会治理体系和治理能力现代化把脉定向、掌舵领航，指引厦门走上“生产发展、生活富裕、生态良好的文明发展道路”。习近平同志以历史的科学的眼光与智慧对城市永续发展进行思考，1986—1988年亲任主编制定了《1985年—2000年厦门经济社会发展战略》，为厦门擘画了“逐步形成以港口和海湾风景相互映衬为特色的国际城市”的宏伟蓝图（图3-4）。

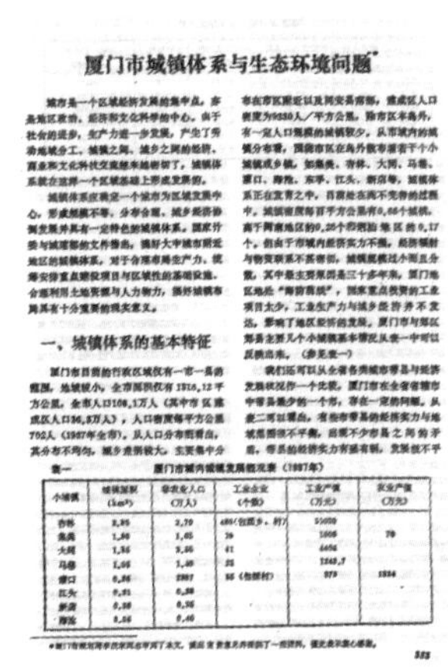

厦门市城镇体系与生态环境问题

一、城镇体系的基本特征

图 3-4　《1985 年—2000 年厦门经济社会发展战略》设置“生态环境问题”专章

《1985年—2000年厦门经济社会发展战略》极具前瞻性地设置“厦门市城镇体系与生态环境问题”专章，推动厦门从持续发展的角度深刻思考城市建设与环境的关系，将良好生态作为厦门发展战略的重要目标，超前提出厦门建设生态城市的具体举措。将“创造良好的生态环境，建设优美、清洁、文明的海港风景城市”纳入“厦门市2000年经济社会发展战略”六大战略目标之一，明确提出：“城市是一个以人为主体的，社会、经济、环境复合的人工生态系统。在发展社会经济的同时，一定要保护好生态环境。”“要树立经济建设与环境保护建设协调发展的观点，保护环境至关重要，一定要保护好生态环境。”“保护和发挥‘生态位’优势。”“要解决城市垃圾污染，生活垃圾要进行分类处理。”[①] 当时参与编制《1985年—2000年厦门经济社会发展战略》的中国著名经济学家于光远曾说，厦门是第一个提到生态问题的。

习近平同志主持编制的纵跨15年的《1985年—2000年厦门经济社会发展战略》于1989年9月出版，为厦门逐步建成具有“自由港”特征的多功能经济特区提供指南。厦门市第八次党代会据此提出了建设优美、清洁、文明的现代化海港风景旅游城市的目标。

《1985年—2000年厦门经济社会发展战略》中“厦门市城镇体系与生态环境问题”的内容，在厦门市环境科学学会会员中引起强烈反响。许多会员认为，《1985年—2000年厦门经济社会发展战略》提出了要制定适合厦门市特点的环境保护规划、重视保护水资源、加强建设供热、解决城市垃圾污染、保护风景旅游资源等一系列保护和改善城市生态环境的措施。虽然厦门市环保办1984年就在《公元2000年厦门市环境预测与对策研究》报告中提出高、中、低3种环境目标，阐述了随着工业的发展所带来的一系列问题，为掌握环境质量变化状况提供了一定参考。但是，立意不高，无法成为实行自由港某些政策时期的厦门市环境保护战略。

为此，第三届理事会召开专题会议，认为厦门市环境科学学会应该像控制性详细规划那样，把《1985 年—2000年厦门经济社会发展战略》的环保篇章扩展成环境保护战略，要因应实行自由港某些政策时期的经济社会发展，牵头制定厦门市生态环境保护事业发展的全局性战略，编写《厦门市环境保护战略与对策》。因此，理事会决定围绕“厦门自由港建设中环境保护的地位、作用及其战略目标”这一主题召开第六次学术交流会进行研讨。同时，理事会决定向福建省环境保护局和厦门市科学技术委员会申请“厦门自由港建设时期的环境保护战略研究”课题立项列入科研计划，并成立《厦门市环境保护战略与对策》编委会（吴子琳、庄世坚任主编，吴瑜端、林汉宗、陈泽夏为编委），由庄世坚执笔。

1993年6月29日—7月10日，“厦门自由港建设时期的环境保护战略研究”课题负责人吴子琳、庄世坚到香港进行了较全面深入的调研。课题顾问洪华生引见了香港环保署副署长赵德麟博士、香港科技大学副校长黄玉山教授等。

1993—1994年，庄世坚在从事繁重的环境监测工作之余，以习近平主编的《1985

① 习近平、罗季荣、郑金沐：《1985年—2000年厦门经济社会发展战略》，鹭江出版社1989年版，第344-347页。

年—2000年厦门经济社会发展战略》关于生态立市、文明兴市的战略定位为指引，借鉴其他国家和地区的环境保护经验，认真研究了自由港性质的厦门环境保护战略、体制和机制等一系列问题与对策，编写了《厦门市环境保护战略与对策》文本。在此期间，庄世坚还在《环境导报》（1994年第2期）发表论文《香港的废弃物处置》；在《新亚经贸》（1995年增刊）发表论文《厦门市环境保护战略与对策的总体思路》（获中国厦门“特贸杯”征文活动三等奖）；在厦门市科协首届青年学术年会发表论文《制定厦门环保战略对策协调经济社会持续发展》（获中国科协第二届青年学术年会执委会颁发的优秀论文）；在《福建环境》（1995年增刊）发表论文《厦门市环境保护战略与对策》；在厦门市环境科学学会第六次学术交流会上发表论文《厦门市自由港建设中环境保护战略对策初探》。

1995年3月，《厦门市环境保护战略与对策》①出版（图3-5）。第八届全国人大常委会副委员长卢嘉锡为此书题词“群策群力变化海上花园环境，同心同德促进厦门持续发展”，全国人大环境与资源保护委员会主任委员曲格平题词“保护环境 持续发展 建设生态型城市”，福建省人大常委会副主任洪华生亲自作序。

《厦门市环境保护战略与对策》首次较全面、深刻地阐述和回答了自由港某些政策实施时期厦门的经济与环境协调发展问题，针对性地提出具有前瞻性、奠基性的厦门市环境保护战略、目标、对策和建议，成为21世纪议程中厦门市环境战略规划的纲

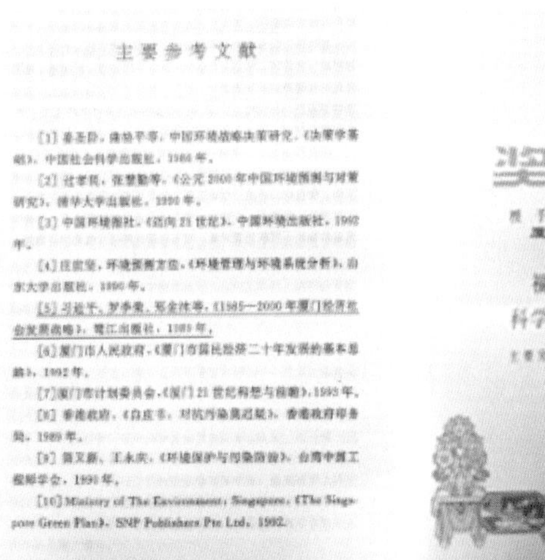
主要参考文献

图 3-5　《厦门市环境保护战略与对策》出版并获奖

① 厦门市环境科学学会、厦门市环境保护局：《厦门市环境保护战略与对策》，鹭江出版社1995年版。

领与科学决策的依据，其中的内容基本上为中共厦门市委、市政府及其管理部门所采纳，并逐步转化为厦门市环境保护和生态建设的现实。

厦门市环境保护战略愿景和战略目标确定以后，还必须对相关对策和举措的实施在时间上进行运筹，也就是要制订不同时段的环境保护的综合规划和针对一些环境要素的规划。为此，厦门市环境科学学会及其会员积极地参与厦门市环境保护局及其分局委托的相关规划的编制。

1995年12月—1996年11月，庄世坚*、李燕*与厦门市计划委员会黄先志（《1985年—2000年厦门经济社会发展战略》编委）一起完成了《厦门市环境保护“九五”规划和2010年远景目标》的编制。1996年12月，厦门市政府印发《关于执行〈厦门市环境保护“九五”规划和2010年远景目标〉〈厦门市污染物排放总量实施方案〉〈厦门市绿色工程规划〉的批复》。

1996年3月，厦门市十届人大四次会议确定：在本世纪的最后5年，厦门将坚持城市建设与资源、环境保护同步，确保经济可持续发展，使城市基础设施由制约性向适应性和超前性转变，高标准地创建全国文明城市、园林城市和环境保护示范城市。

1996年10月，国家环保局要求厦门市环保局以地方现状为基础，拿出创建国家环保模范城市的地方考核标准来，然后对接后形成创建国家环保模范城市的考核标准并在全国开展此项活动。为此，厦门市环境保护局指派李晨章*起草《国家环保模范城市考核标准和考核办法》。由于厦门参照世界标准化组织颁布的ISO14000标准拟订的考核城市的28个指标能够体现城市社会、经济、环境的协调发展程序，体现城市环境质量、污染控制、环境建设和环境管理工作的水平，因此成为《国家环境保护模范城市考核指标（第一版）》。

1996年10月31日，中共厦门市委、市政府联合召开厦门市第三次环境保护大会，要求全市人民以饱满的精神，为早日把厦门建成全国的环境保护模范城而努力奋斗。国家环保局局长解振华到会并发表重要讲话，对厦门的环境保护工作给予充分肯定，希望争取尽快把全国环保模范城的牌匾挂到厦门市来（图3-6）。

1997年3月，在厦门市第十届人大五次会议上，市长洪永世在《政府工作报告》中提出，将争创国家环境保护模范城作为1997年市政府的主要工作之一。福建省人大常委会副主任洪华生和列席代表吴子琳认为，厦门具有得天独厚的自然风貌，市民有爱护自然和保护生态环境的优良传统，且厦门城市现代化建设已具雏形，只要建立一个

图 3-6　国家环保局局长解振华在厦门市第三次环境保护会议上发表讲话（左起洪永世、解振华、洪华生）

环境与经济社会协调发展的良好机制，因势利导，奋力拼搏，争创国家环保模范城的目标就一定能实现。

国家环境保护模范城市创建活动和城市环境综合整治定量考核，促进厦门城市环境保护工作全面提升、成效卓著，城市环境质量明显改善，城市的社会、经济和环境协调发展的综合水平处于全国领先地位。

1997年8月，经过国家环境保护局严格考核，厦门昂首跨入国家环境保护模范城市推荐榜。1997年9月5日，厦门市以总分第一与大连、珠海、深圳、威海5个城市荣获“国家环境保护模范城市”称号（图3-7），这是中国城市环保工作的最高荣誉。获此称号的城市是遵循和实施可持续发展战略取得成效，在社会、经济建设高速发展的状况下，环境质量好的典型（第九届全国人大常委会委员长李鹏称其为中国城市建设和管理“诺贝尔奖”）①。

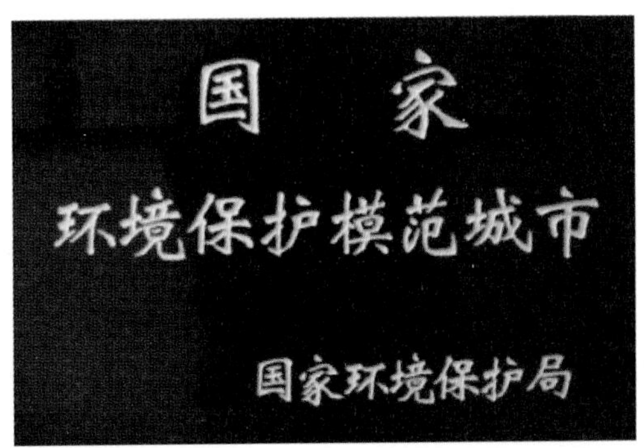

图 3-7　厦门市荣获“国家环境保护模范城市”桂冠

① 福建省地方志编纂委员会:《福建省志·环境保护志》，福建人民出版社2008年版，第542页。

1997年7月14日，时任中共福建省委副书记的习近平同志再次（第一次是1986年4月7日）来到厦门海拔最高、最边远、最贫困的山村——军营村和白交祠村。经过认真细致调研，针对山区村发展的实际，习近平同志提出利用好山区资源，壮大集体经济；为当地干部群众指明了“山上‘戴帽’，山下开发”的绿色发展之路，叮嘱“多种茶、种果，也别忘了森林绿化”。[①]

1997年10月4日，厦门市市长洪永世应国务院之邀，在第二届中国环境与发展国际合作委员会第一次会议上发言中指出：“作为发展中国家的发展中城市，厦门走出一条有中国特色的可持续发展道路。厦门的实践证明：环境与经济不仅可以彼此协调，而且能够相得益彰；实施可持续发展战略不但是必要的而且是可行的。”[②]

此后，厦门市以巩固国家卫生城市和国家环境保护模范城市为重要载体和抓手，始终牵住城市环境综合整治定量考核的牛鼻子，建立现代环境治理体系，实现特区经济建设与环境保护协调发展。

1998年，厦门市成为全国第二个发布空气质量日报的城市。

1999年10月9日，厦门市“一控双达标”工作就通过国家验收，成为全国第二个提早完成验收的城市。同月，国家环保总局局长解振华在考察厦门特区环境保护工作时提出，厦门要在城市生态建设上再上新台阶，为城市环境保护再创新经验。[③]从此，厦门致力建设生态城市，发展绿色文明，努力实现人与自然和谐共生的可持续发展。

1999年1月—2000年4月，按照《厦门市经济社会发展“十五”规划》专项规划的要求，由庄世坚*（组长、统稿）、陈志鸿*、张宇*、林晔*、张荣鼎等组成的编写小组，编制完成《厦门市环境保护“十五”规划》。由杨圣云（组长）、庄世坚*、郑文教*、陈志鸿*、方青松*、孙飒梅*组成的编写小组，编制完成《厦门市生态环境保护“十五”计划和2015年远景目标纲要》。

2000年7月，在中国人类学学会与厦门市社会科学联合会联合主办的“21世纪人类的生存与发展”国际学术研讨会上，庄世坚发表了论文《21世纪厦门市生态城市建设与持续发展的战略构想》。《厦门社会科学》发表的评论员文章《共同的命运 共同的主题》认为，厦门经济特区的一条重要经验是处理好人与自然的关系，处理好两个文

① 中央党校采访实录编辑室：《习近平在厦门》，中共中央党校出版社2020年版，第139-151页。
② 洪永世：厦门的可持续发展道路，载于《厦门日报》1997年10月14日，第1版。
③ 福建省地方志编纂委员会：《福建省志·环境保护志》，福建人民出版社2008年版，第547页。

明的关系，以提高人的整体素质、提高人民的生活水平为中心，实施可持续发展的战略，实施科教兴市战略，加强城市环境建设，改善人民生活条件，提高人民的身心素质，使厦门人的生活条件与环境不断优化美化。

为了进一步阐明生态型的国际性现代化港口风景城市是厦门在新世纪唯一的战略抉择，庄世坚还在地方媒体上，发表了题为《新世纪的厦门环境》[①]《建设厦门生态城市（上）》《厦门生态城市建设构想（下）》[②]等文章。

2000年1月27日习近平同志出任福建省省长，其生态文明思想体系在福建已基本孕育成型，并决意以福建省省域作为优先实践地。习近平同志不仅提出了建设“生态省”的目标，而且要作为21世纪福建省的整体发展战略。2001年，习近平同志亲任生态省建设领导小组组长，指导编制和推动实施《福建生态省建设总体规划纲要》，并两次到国家环境保护总局阐述福建初步具备建设“生态省”的基本条件。

2001年3月31日，时任福建省省长的习近平同志在福建省环境保护工作座谈会上作了“致力建设‘生态省’”的重要讲话（图3-8），要求“认清形势，切实增强抓好环保工作的责任感和紧迫感”“把环境保护工作放在更加突出的位置”，就“围绕目标，树立科学的可持续发展观”结合福建省实际情况深刻系统地阐述了“环境保护与经济发展的关系、环境保护与产业结构调整的关系、治标与治本的关系、完善环境经济政

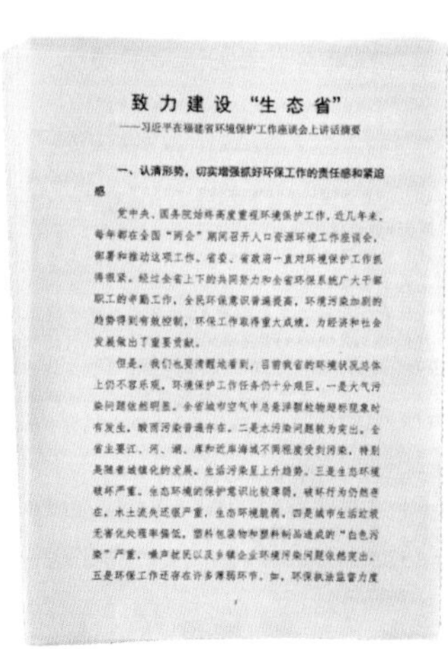

致力建设“生态省”

——习近平在福建省环境保护工作座谈会上讲话摘要

一、认清形势，切实增强抓好环保工作的责任感和紧迫感

党中央、国务院始终高度重视环境保护工作，近几年来，每年都在全国“两会”期间召开人口资源环境工作座谈会，部署和推动这项工作。省委、省政府一直对环境保护工作抓得很紧。经过全省上下的共同努力和全省环保系统广大干部职工的辛勤工作，全民环保意识普遍提高，环境污染加剧的趋势得到有效控制，环保工作取得重大成绩，为经济和社会发展做出了重要贡献。

但是，我们也要清醒地看到，目前我省的环境状况总体上仍不容乐观，环境保护工作任务仍十分艰巨。一是大气污染问题依然明显。全省城市空气中总悬浮颗粒物超标现象时有发生，酸雨污染普遍存在。二是水污染问题较为突出。全省主要江、河、湖、库和近岸海域不同程度受到污染，特别是随着城镇化的发展，生活污染呈上升趋势。三是生态环境破坏严重。生态环境的保护意识比较薄弱，破坏行为仍然存在，水土流失还很严重，生态环境脆弱。四是城市生活垃圾无害化处理率偏低，塑料包装物和塑料制品造成的“白色污染”严重，噪声扰民以及乡镇企业环境污染问题依然突出。五是环保工作还存在许多薄弱环节，如，环保执法监督力度

图 3-8　习近平省长作“致力建设‘生态省’”重要讲话

---

① 庄世坚：新世纪的厦门环境，载于《厦门日报》2000年11月24日。

② 庄世坚：建设厦门生态城市（上），厦门生态城市建设构想（下），载于《海峡生活报》，2002年8月7日和14日。

策与增加环保投入的关系”，并部署了9项重点环保工作。其中，要求“厦门市要在岛内已有4个自动监测点的基础上扩大到全市8个自动监测点，全面、客观地反映市区空气质量”“厦门市应争取今年年底前建立空气质量预报制度”。

2001年4月6日，厦门市副市长潘世建到厦门市环保局调研，并在具体落实9项重点环保工作时指出，厦门市在国内外的地位从某种意义上取决于生态环保水平。当月，厦门市环境监测中心站总工程师庄世坚就带领自动监测室人员进行在厦门岛外增设空气自动监测点与建立空气质量预报制度工作，在年底前完成任务的同时还建立了水质自动监测系统。

2001年11月，中国（厦门）国际城市绿色环保博览会在厦门举行。会议围绕“绿色城市、绿色经济、绿色生活、绿色文明”这一主题，倡导城市可持续发展，吹响我国迎接新世纪挑战、建设绿色新文明的号角。时任福建省省长习近平发来贺信（图3-9）指出：“保护环境是我国的一项基本国策，加强生态建设和生态环境保护是我省在新世纪发展中的一项重要的战略任务。坚持城市的可持续发展战略，推动城市建立有利于环境、投资与经济协调发展的绿色生活方式、绿色工作方式、绿色生产方式和绿色消费方式，是社会进步的重要表现。”[①]全国人大环境与资源保护委员会主任委员曲格平

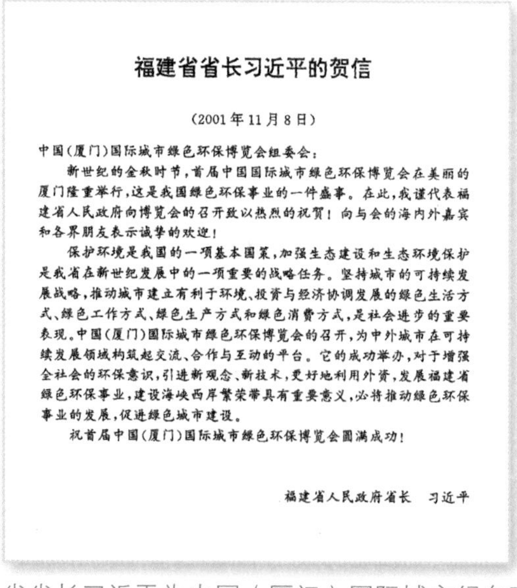

福建省省长习近平的贺信

（2001年11月8日）

中国（厦门）国际城市绿色环保博览会组委会：

新世纪的金秋时节，首届中国国际城市绿色环保博览会在美丽的厦门隆重举行，这是我国绿色环保事业的一件盛事。在此，我谨代表福建省人民政府向博览会的召开致以热烈的祝贺！向与会的海内外嘉宾和各界朋友表示诚挚的欢迎！

保护环境是我国的一项基本国策，加强生态建设和生态环境保护是我省在新世纪发展中的一项重要的战略任务。坚持城市的可持续发展战略，推动城市建立有利于环境、投资与经济协调发展的绿色生活方式、绿色工作方式、绿色生产方式和绿色消费方式，是社会进步的重要表现。中国（厦门）国际城市绿色环保博览会的召开，为中外城市在可持续发展领域构筑起交流、合作与互动的平台。它的成功举办，对于增强全社会的环保意识，引进新观念、新技术，更好地利用外资，发展福建省绿色环保事业，建设海峡西岸繁荣带具有重要意义，必将推动绿色环保事业的发展，促进绿色城市建设。

祝首届中国（厦门）国际城市绿色环保博览会圆满成功！

福建省人民政府省长　习近平

图3-9　时任福建省省长习近平为中国（厦门）国际城市绿色环保博览会发贺信

① 中国（厦门）国际城市绿色环保博览会组委会：《呼唤绿色新世纪》，厦门大学出版社2002年版，第30页。

致辞："今天，我们在碧海蓝天的厦门呼唤绿色文明。明天，我们期待着绿色文明的种子在所有城市开花结果。"

习近平同志的"生态省"思想体系[①]是习近平生态文明思想的重要载体。习近平同志深谙厦门生态立市的基础，厦门特区"试验田"是最具条件来先行先试习近平生态文明思想的区域模型。为此，习近平同志于2002年6月深入厦门调研，提出了"提升本岛、跨岛发展"的战略指导，要求厦门做到包括"凸显城市特色与保护海湾生态相结合"的"四个相结合"。"坚持以人为本的理念，走内涵集约化城市发展道路，建设有利于身心健康、资源节约、布局合理、自然和谐、宜人居住、富有特色、充满魅力的生态型城市。今年省委、省政府提出建设'生态省'的目标任务，下月初将召开全省环保大会予以部署推动。厦门自然条件得天独厚，原来基础也比较好，希望你们成为'生态省'建设的排头兵。"

2002年7月，时任福建省省长的习近平同志在福建省环境保护大会上作了《全面推进生态省建设 争创协调发展新优势》的报告（图3-10）。他说："建设生态省是省委省政府立足省情，适应新世纪世界发展新趋势作出的战略决策，是全面提高福建经济社会综合竞争力，实现全省经济社会与人口、资源、环境协调发展的重大举措。""通过以建设生态省为载体，转变经济增长方式，提高资源综合利用率，维护生态良性循环，保障生态安全，努力开创'生产发展、生活富裕、生态良好的文明发展道路'，把美

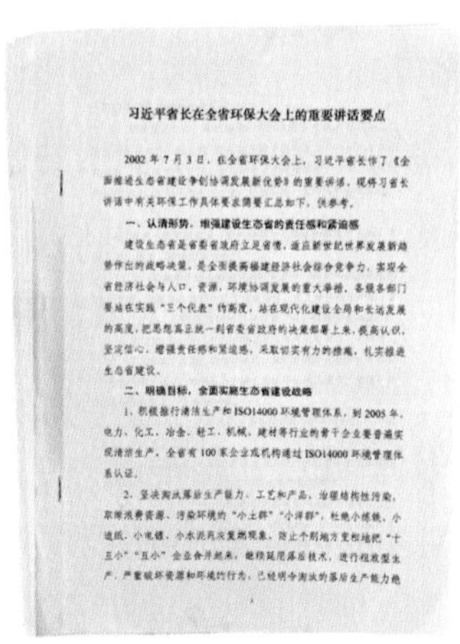

习近平省长在全省环保大会上的重要讲话要点

2002年7月3日，在全省环保大会上，习近平省长作了《全面推进生态省建设争创协调发展新优势》的重要讲话，现将习省长讲话中有关环保工作具体要求摘要汇总如下，供参考。

一、认清形势，增强建设生态省的责任感和紧迫感

建设生态省是省委省政府立足省情，适应新世纪世界发展新趋势作出的战略决策，是全面提高福建经济社会综合竞争力，实现全省经济社会与人口、资源、环境协调发展的重大举措。各级各部门要站在实践"三个代表"的高度，站在现代化建设全局和长远发展的高度，把思想真正统一到省委省政府的决策部署上来，提高认识，坚定信心，增强责任感和紧迫感，采取切实有力的措施，扎实推进生态省建设。

二、明确目标，全面实施生态省建设战略

1．积极推行清洁生产和ISO14000环境管理体系。到2005年，电力、化工、冶金、轻工、机械、建材等行业的骨干企业要普遍实现清洁生产，全省有100家企业或机构通过ISO14000环境管理体系认证。

2．坚决淘汰落后生产能力、工艺和产品，治理结构性污染，取缔浪费资源、污染环境的"小土群""小洋群"，杜绝小炼铁、小造纸、小电镀、小水泥死灰复燃现象，防止个别地方变相地把"十五小""五小"企业合并起来，继续延用落后技术，进行粗放型生产，严重破坏资源和环境的行为。已经明令淘汰的落后生产能力绝

图3-10　习近平省长作《全面推进生态省建设 争创协调发展新优势》的报告

① 钱易、李金惠：《生态文明建设理论研究：第一卷》，科学出版社2020年版，第22页。

好家园奉献给人民群众，把青山绿水留给子孙后代。”“到2005年厦门要初步建成新兴海湾生态城市，争取进入国际‘花园城市’行列。”

2002年10月，厦门市组成代表团，到德国斯图加特参加国际“花园城市”决赛；由周秋麟*、潘维廉（William N.Brown，厦门荣誉市民）、孙飒梅*作为主陈述人。10月8日，厦门市荣膺“国际花园城市”桂冠，被评为人口规模最大、级别最高的E组第一名（图3-11）。

图 3-11　厦门市获“国际花园城市”称号（2002）

建设生态省和生态城市是一项将生态环境保护融入地方“三位一体”建设的全新探索。2002年8月国家环保总局批准福建成为全国首批生态省建设试点省之一。但是，当时国家环保总局尚未形成生态省、生态市、生态县（区）和生态镇的相关指标体系。对于生态城市这样一个社会、经济、文化和自然高度协同和谐的复合生态系统，必须对其要素、组成、结构、功能和评价指标有统一的认识，才能规划和构建。

2002年11月，厦门市政府围绕厦门市海湾型城市的发展战略和奋斗目标，举行《厦门生态城市概念性规划》项目建议书说明会。2003年7月，厦门市政府组织吴良镛、王如松、王祥荣、邹首民、罗林、余兴光、陈振金、王维山等专家评审南京大学、北京师范大学、厦门大学、华东师范大学、北京化工学院等高等院校各自编报的《厦门生态城市概念性规划》。2004年9月，优选北京师范大学环境科学研究所（杨志峰团队）编制《厦门生态市建设规划》和《厦门生态市建设规划实施纲要》，由厦门市环境保护科研所辅助。

在城市空间布局上，厦门市规划局利用自然赋予厦门的条件来规划组团式海湾城市。2004年10月，厦门市再一次冲出国门，获得联合国人居领域最高规格奖项——“联合国人居奖”（图3-12）。

图 3-12　厦门市获“联合国人居奖”（2004）

2004年底，厦门市环保局完成《厦门市生态功能区划》和《厦门市“十一五”环境保护规划》的编制，2005年完成《厦门市生态环境规划》和《厦门生态市建设规划及实施纲要》的编制。2008年，通过国家环境保护部组织的论证，2011年颁布实施。

2012年6月，厦门市召开创建国家生态市动员部署暨全市环境保护大会（图3-13）。会议提出，要以保护环境质量为目标，持续推进国家生态市和国家环保模范城市创建。力争到2013年底，厦门在全省率先建成国家级生态市。2012年9月，中共厦门市委书记于伟国在调研厦门市环保工作时强调，要大力加强环境和生态文明建设。抓生态市建设和环保模范城市复核，绝不是为了称号和荣誉，说到底是为了广大市民的切身利益、长远利益和根本利益。

2012年8月，国家环境保护部颁发《国家生态县、生态市、生态省建设指标（修订稿）》，厦门根据国家“升级版”的要求对《厦门生态市建设规划实施纲要》进行修编，市政府成立国家生态市工作领导小组，并印发了《厦门市创建国家级生态市工作

图 3-13　厦门市召开创建国家生态市动员部署大会

任务分解方案》。2013年4月，厦门市人大常委会审议通过《厦门生态市建设规划实施纲要》。2014年10月，厦门市人大常委会审议并通过了全国第二部生态文明建设地方性法规——《厦门经济特区生态文明建设条例》，对推动厦门创建国家生态市和生态文明建设发挥了全方位的法治保障作用。

国家生态市是厦门生态文明建设征程上一个至关重要的里程碑。厦门为创建国家生态市，建立了“党委领导，政府主导，部门负责，社会参与”的工作机制，经历了一个自下而上、由点到面和陆域到海域的渐进历程。

在创建国家生态市的进程中，厦门在全国率先完成了生态文明建设“由实践探索到科学理论指导的重大转变”①。2005年下半年开始，中共中央编译局和厦门市委、市政府共同组织了重大课题“建设社会主义生态文明：厦门的实践与经验”，旨在通过中央研究机构与地方党委政府的有益合作，实现理论研究资源与丰富实践资源的有效配置，共同回答中国特色社会主义实践中建设生态文明这一具有重要理论性与前瞻性的课题。为此，中央编译局成立课题组（韦建桦任顾问，俞可平任组长）；中共厦门市委、市政府也成立课题组（何立峰任顾问，吴凤章任组长，潘世建任副组长，洪英士、陈二加、庄世坚等为成员）。

课题组对厦门经济特区25年来生态文明建设的实践与经验进行全面、认真、扎实的梳理、概括和总结，提炼出厦门的先进发展模式和展示了厦门社会主义生态文明建设经验的创新性、规律性、系统性和示范性②。在课题研究中，《马克思主义与现实》刊物开辟了《社会主义生态文明》专栏，课题组成员较早地认识了人与自然和谐共生是中国式现代化的鲜明特征，也是习近平生态文明思想的精髓；发表了多篇论文——《建设生态文明：厦门特区发展模式创新》（吴凤章）、《生态文明建设：从文化自觉到理论自觉》（洪英士）、《生态文明：迈向人与自然和谐》（庄世坚）、《时代呼唤生态文明》（关琰珠）。厦门市环境科学学会会员庄世坚、关琰珠、郑建华、薛东辉参与研制“生态文明（城镇）指标体系（含30项指标）”和编撰《生态文明构建：理论与实践》论著③。

① 习近平在全国生态环境保护大会上强调 全面推进美丽中国建设 加快推进人与自然和谐共生的现代化，新华社，2023年7月18日。

② 韦建桦：在科学发展观指引下创建生态文明——经典作家的理论构想和厦门实践的生动启示，载于《马克思主义与现实》2006 年第4期，第4-12页。

③ 吴凤章：《生态文明构建：理论与实践》，中央编译出版社2008年版，第117-135、372-374页。

“建设社会主义生态文明：厦门的实践与经验”课题不再拘泥于学术界20多年来对生态文明学理的学术探索与争论，在理论自觉中即时转化成为厦门市委、市政府的执政方略。2006年10月，厦门市第十次党代会报告提出“促进人与自然和谐相处，发展生态文明”。这是中国各层级的党代会首次将生态文明写进报告。

在该课题研究期间，课题组形成7份专报（其中的专报还送达中央政治局），为中央的科学决策提出了重要建议，为党的十七大报告提出“建设生态文明”作了理论铺垫。

2008年4月，中共中央编译局与求是杂志社编辑部组成联合调研组到厦门深入调研，总结改革开放30年来厦门构建的可持续发展模式。课题组成员吴凤章、洪英士、庄世坚等作了全面的介绍。《求是》杂志于2008年第13期发表了中共中央编译局与求是杂志社联合调研组撰写的文章《沿海开放地区经济社会协调发展的成功实践——厦门发展模式的理论思考》（图3-14），对厦门构建生态文明的可持续发展模式及其成功实践予以了充分肯定，认为“厦门之所以能够比较成功地走上科学发展之路，关键的一条，就在于始终坚持解放思想，实事求是，与时俱进，‘先人一步、快人一拍’，由此探索并创造出在全省乃至全国的多个‘率先’，在改革创新中不断探索出适合自己实际的科学发展之路”[①]。

2008年6月，时任中共福建省委常委、中共厦门市委书记何立峰主持召开中共厦门市委书记办公会议，认为：该课题对厦门经济特区25年来的实践与经验进行全面、认

沿海开放地区经济社会
协调发展的成功实践
——厦门发展模式的理论思考

图 3-14 《求是》杂志发文宣导厦门发展模式

① 中共中央编译局、求是杂志社联合调研组：沿海开放地区经济社会协调发展的成功实践——厦门发展模式的理论思考，载于《求是》2008年第13期，第33-35页。

真、扎实的梳理、概括、总结和提升，提炼和展示了厦门社会主义生态文明建设经验的创新性、规律性、系统性和示范性，从理论和实践上思考社会主义生态文明的内涵、实质和建设要求，形成了具有较高质量的研究成果，为十七大的理论创新贡献了智慧。对于课题组卓有成效的工作予以充分肯定。[①]2008年7月，“建设社会主义生态文明：厦门的实践与经验”课题成果在北京发布。

2008年世界城市人口超过了农村人口，标志着人类已经进入“城市型社会”。中国科学院城市环境研究所可持续城市研究组，将“可持续发展”理念应用于经济-社会-环境协调发展实践，通过建立“可持续城市评价指标体系”和“可持续城市发展指数”对全国35个主要城市的可持续城市建设和发展水平进行评价、比较分析和排序。《2010中国可持续城市发展报告》表明，厦门在全国排名第一[②]。

通过生态村、生态镇（街道）、生态区和生态市一级一级扎实创建，城乡联动、四级联创，又经历从地方到省再到国家的考核验收，14年一以贯之不懈努力，2015年8月厦门市在全省率先通过国家环保部考核验收（图3-15）。2016年10月，厦门市实至名归，获得“国家生态市”命名（环保部公告2016年第60号），实现了习近平同志希望厦门成为“生态省”建设排头兵的嘱托。

2016年5月，习近平总书记关于“绿色发展是生态文明建设的必然要求，代表了当今科技和产业变革的方向”[③]的论断，成为新时代引领厦门依靠科技创新来驱动经济

图 3-15　国家环保部对厦门创建国家生态市考核验收

① “建设社会主义生态文明：厦门的实践与经验”课题组成员受到中共中央编译局，中共厦门市委、市政府联合表彰。

② 中国科学院城市环境研究所可持续城市研究组：《2010中国可持续城市发展报告》，科学出版社2010年版，第75-76页。

③ 习近平：《为建设世界科技强国而奋斗》，人民出版社2016年版，第12页。

社会的绿色发展、可持续发展的指明灯。

2016年8月，在中办、国办印发的《国家生态文明试验区（福建）实施方案》中提出，建设“生态产品价值实现的先行区”作为福建省生态文明建设的重要战略定位，要求福建开展生态系统价值核算试点，为“绿水青山就是金山银山”论断提供科学量化的“绿色标尺”。厦门市政府委托中国环境科学研究院于2017年开展了“厦门市生态系统价值核算与业务化能力建设”（沿海样本）课题研究，还特聘7位院士（刘旭、李文华、金鉴明、尹伟伦、傅伯杰、焦念志*等）和6位专家（刘纪远、万东华、赵景柱*、余兴光*、庄世坚*、朱春全）作为顾问。

2018年6月，习近平总书记指出：“要积极探索推广绿水青山转化为金山银山的路径，选择具备条件的地区开展生态产品价值实现机制试点，探索政府主导、企业和社会各界参与、市场化运作、可持续的生态产品价值实现路径。”①

中国环境科学研究院通过量化分析准确计量得出绿水青山的实际价值，完成了《厦门市生态系统价值核算与业务化能力建设实施方案》。2018年12月，厦门市生态系统价值核算课题成果通过专家评审，被认为具有国际先进性和较强的创新性，形成的政策措施具有较强的指导性和可操作性。

厦门市由此形成生态系统价值核算基础理论框架、核算技术体系、业务核算能力和成果应用机制等试点改革成果，自主自动核算，连年发布白皮书。厦门市环境科学研究院牵头制定了《生态系统生产总值（GEP）统计核算技术导则》。中共厦门市委、市政府还将课题成果的生态产品概念由提高生产能力扩展到价值实现，编制《厦门市生态产品价值实现指南》，出台《厦门市建立健全生态产品价值实现机制工作方案》。厦门市开展生态系统价值核算试点，生动地诠释了习近平总书记给人们所算的生态账：“……生态总价值，就是绿色GDP的概念，说明生态本身就是价值，还有绿肺效应，更能带来旅游、林下经济等。‘绿水青山就是金山银山’，这实际上是增值的。”②

厦门市以“引领全国生态文明改革和建设”的责任担当，坚持先行先试、敢闯敢试，在全省率先开展生态环境损害赔偿、实行资源有偿使用制度和生态补偿制度，建立碳和排污权交易中心，在全国完成首批“绿证”交易，建立“三线一单”生态分区

① 习近平：在深入推动长江经济带发展座谈会上的讲话，载于《人民日报》2018年6月14日，第2版。

② “绿水青山就是金山银山”是增值的，载于《人民日报》2021年3月6日，第1版。

管控体系，出台首个海洋生态补偿管理办法和补偿标准。从2016年中共厦门市委、市政府发出《〈厦门市推进国家生态文明试验区建设暨厦门市生态文明体制改革行动方案〉的通知》，到2020年厦门市累计完成56项改革成果，出台地方性法规2部、政府规章1部、政府规范性文件47份、部门规范性文件25份，形成一批可推广、可复制的生态文明建设成果和先进经验。

2017年9月，习近平总书记在金砖国家领导人厦门会晤期间感慨："30多载春风化雨，今天的厦门已经发展成一座高素质的创新创业之城，也是一座高颜值的生态花园之城，人与自然和谐共生。""抬头仰望是清新的蓝，环顾四周是怡人的绿。"

2019年4月22日，中国工程院发布全国生态文明发展水平评估报告：2015至2017年我国生态文明指数提升显著。福建省在全国省区市的比较中生态文明水平最高，具备了"机制活、产业优、百姓富、生态美"的特征；厦门市在全国地级及以上城市中生态文明指数排名第一，并且得分优秀（达到世界先进水平）。

2020年11月，经国务院同意，国家发展和改革委员会印发《国家生态文明试验区改革举措和经验做法推广清单》供各地区、各有关部门和单位结合实际学习借鉴，厦门市形成的5项可复制、可推广的改革举措和经验做法在所有被推广城市中是数量最多的。

2017年和2018年厦门市的海沧区和思明区先后获得"国家生态文明建设示范区"称号；2020年，厦门市荣膺"国家生态园林城市"称号；2021年，厦门市的湖里区和集美区同时获得"国家生态文明建设示范区"称号；2022年，厦门市的同安区、翔安区获得"国家生态文明建设示范区"称号，厦门市所辖6个区实现"国家生态文明建设示范区"全覆盖；2022年，厦门市获评副省级城市"生态文明建设示范区"称号（图3-16）；2023年，厦门市获评"国家低碳试点优良城市"。而今，厦门市被列入全国第

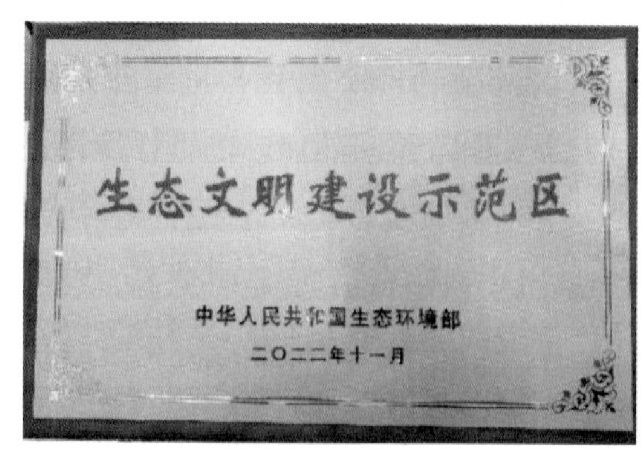

图3-16　厦门市获评"生态文明建设示范区"称号

一批减污降碳协同创新试点城市。

2021年3月22—25日，习近平总书记在福建考察时强调：“要把碳达峰、碳中和纳入生态省建设布局，科学制定时间表、路线图，建设人与自然和谐共生的现代化。”“知无央，爱无疆。”厦门市环境科学学会理事单位在我国打响碳中和的硬仗中大展雄图，大力研发减少二氧化碳排放、增加二氧化碳吸收和“负排放”各种途径。近年来，厦门大学中国能源政策研究院院长林伯强、厦门大学环境与生态学院院长吕永龙为实现人为源排放和人为汇清除的碳中和以及能源结构向深度“脱碳”转型，积极地为国家献计献策。2020年12月，厦门大学成立碳中和创新研究中心，全国20多位院士和众多专家学者齐聚在厦门的“海洋负排放，支撑碳中和”研讨会上，厦门大学展示了研发海洋负排放技术，并表示要利用厦门在海洋碳汇方面研究的明显优势，积极服务国家碳中和战略，发展海洋碳汇，深度参与国际治理。2021年5月，在中国科学院学部第七届学术年会全体院士学术报告会上，厦门大学焦念志院士分享了海洋负排放最新前沿进展及其对中国碳中和目标的潜在贡献，并提出自然碳汇无法满足碳中和需求，必须主动增汇（负排放），应全面进行海洋负排放科学规划布局。

2022年5月，厦门市市长黄文辉在介绍厦门在生态环境建设方面的经验成效时认为：厦门是习近平总书记在福建工作的第一站，是习近平新时代中国特色社会主义思想的重要孕育地、萌发地、实践地，也是习近平生态文明思想的重要孕育地和率先实践地。进入新时代，厦门市委、市政府带领全市人民高标准实施蓝天、碧水、碧海、净土四大工程，空气质量综合指数位居全国前列，垃圾分类工作在全国考评中保持第一，建成区绿化覆盖率位居全国前列，生态文明指数全国第一，先后荣获国家森林城市、国家生态市、国家生态园林城市等荣誉称号[①]。

2023年9月，国务院办公厅印发《关于对2022年落实有关重大政策措施真抓实干成效明显地方予以激励的通报》（国办发〔2023〕12号），供全国同类地市学习借鉴。对于厦门市的典型经验做法总结刊发如下：

牢记嘱托　感恩奋进　绘就厦门高素质高颜值城市画卷

厦门市积极践行习近平生态文明思想，持之以恒深化生态文明建设，不断探索促

① 福建省委宣传部“牢记使命 奋斗为民”系列主题新闻发布会厦门专场举行，载于《厦门日报》2022年5月13日，第1版。

进人与自然和谐共生“厦门路径”，奋力绘就高素质高颜值现代化国际化城市“厦门画卷”。习近平总书记在厦门工作期间，将生态环境规划正式纳入厦门经济发展战略并推动实施，亲自为特区事业发展擘画了宏伟蓝图。厦门市始终以习近平总书记为厦门擘画的蓝图、指引的方向为根本遵循，紧紧抓住党中央、国务院支持福建省深入实施生态省战略，加快国家生态文明试验区建设的历史机遇，坚持生态立市，持续加强生态文明建设整体谋划，纵深推进生态文明体制改革，全方位推进生态环境保护，加快城市绿色低碳转型，生态文明建设成效突出。

纵观厦门市环境科学学会筚路蓝缕、勇毅前行的历程，学会诞生之日就是以筼筜湖整治作为使命。筼筜湖综合治理是习近平生态文明思想的重要发端之一，厦门是习近平生态文明思想的重要孕育地和先行实践地。40年来，厦门市环境科学学会历届会员在习近平生态文明思想的引领和点化下，牢记习近平同志“要共同努力，把厦门建设得更加美丽、更加富饶、更加繁荣”的殷殷嘱托：在各自的工作岗位上踔厉奋发，以“功成不必在我，功成必定有我”的精神久久为功，成为习近平生态文明思想“厦门实践”治山、治水、治海、治气、治城不同阶段的亲历者，为不断描绘美丽中国的“厦门画卷”作出了积极的重要的贡献（图3-17）。

厦门市环境科学学会作为厦门市生态环境科技工作者的大家庭，努力打造使广大会员凝心聚力的服务平台。在习近平总书记对厦门市绿色发展转型的亲自推动和一路指引下，厦门市环境科学学会不同程度地参与了构建厦门从山顶到海洋的保护治理大格局，以生态环境科技创新驱动厦门绿色发展。如今，厦门市环境科学学会要在新的起点上深学笃行习近平生态文明思想，持续参与谱写青山常在、绿水长流、空气常新的壮美华章，为建设人与自然和谐共生的中国式现代化贡献更多“厦门力量”。

图 3-17　厦门市正在打造美丽中国先行示范市

第四章

市民环境科学素质服务平台

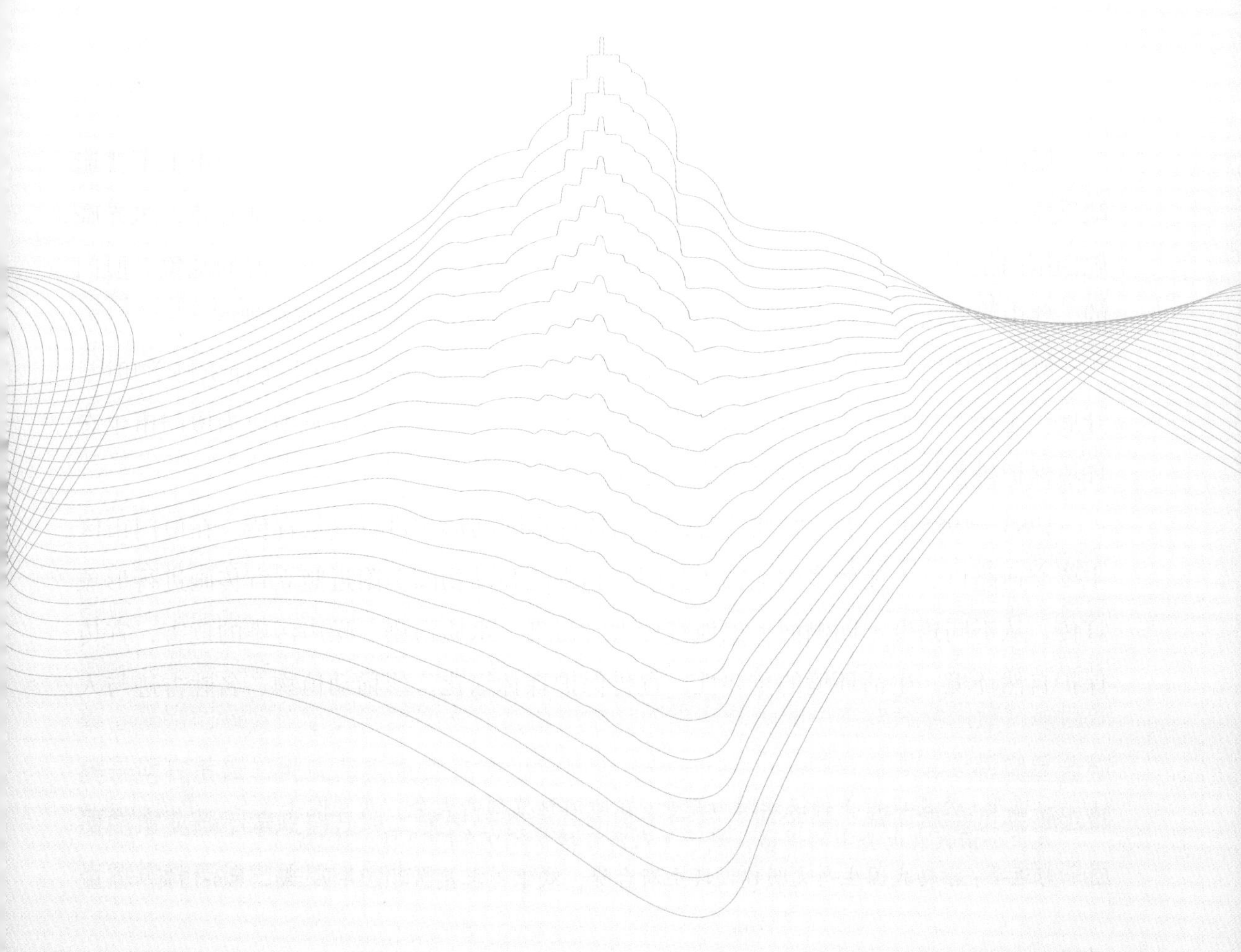

习近平总书记指出："科技创新，科学普及是实现创新发展的两翼，要把科学普及放在与科技创新同等重要的位置。"[①] "要增强全民节约意识、环保意识、生态意识，培育生态道德和行为准则，开展全民绿色行动，动员全社会都以实际行动减少能源资源消耗和污染排放，为生态环境保护作出贡献。"[②]

环境科学学会兼具公益性和互益性的组织形态，生态环境科学知识的普及宣传是环境科学学会的一项基本社会职能。40年来，厦门市环境科学学会利用丰富的多学科资源和专家会员遍布全市的特点，把广泛普及环境科学知识、深入开展环境科普宣传与教育活动作为厦门市环境科学学会工作的"传家宝"。为提高厦门市民生态环境意识和环境科学素质，厦门市环境科学学会配合厦门市环境保护行政主管部门做了大量的环境科普宣传与教育工作，有力地促进了厦门市民自觉参与生态文明建设。

4.1 多样化的生态环境科普宣传

厦门经济特区初创时，从对台的海防前线急转进入经济的主战场，全市上下普遍缺乏生态环境保护意识与生态环境科学知识。随着建设工地在全市遍地开花，风光旖旎的厦门呈现出许多挖沙取土、开山采石的无政府行为和破坏风景资源的乱象。厦门的一些山峰青山挂白，变成"癞痢头"；滨海的红树林成片被毁，滩底裸露。

厦门市环境科学学会成立后，面对这样严峻的现实，就把普及生态环境科学知识、开展生态环境科普宣传与教育活动作为自己的当家工作之一，自觉地成为厦门市生态环境保护科普与宣传教育的重要社会力量。

1983—1985年，第一届理事会就运用各种不同的形式进行气氛宣传。在厦门市区主要交通路口、人流较多的地方（公园、影剧院和动物园）附近竖立宣传画进行形象宣传，从不同角度不同侧面形象地宣传大气污染、水质污染、噪声污染的危害，宣传保护自然环境、生活环境的重要性，宣传保护森林绿化、珍稀动植物、名胜古迹与人

① 习近平：为建设世界科技强国而奋斗：在全国科技创新大会、两院院士大会、中国科协第九次全国代表大会上的讲话，载于《人民日报》2016年6月1日，第1版。
② 习近平：推动我国生态文明建设迈上新台阶，载于《求是》2019年第3期，第4-19页。

类生存的关系。因宣传经费极其有限，第一届理事会就发动会员单位和会员，利用有关部门的宣传窗宣传“保护环境是我国的一项基本国策”，并定期更换画廊内容，通过典型实例告诫人们忽视保护环境的危害。

从1984年起，厦门市环境科学学会与厦门市环保办（局）联合创办《厦门特区环境》报（图4-1），分发到全市各机关、学校、工厂和企事业单位。此外，还与厦门市条法局联合印刷了《水污染防治法》《厦门市环境保护管理规定》等内容的小册子，广为分发。

厦门特區環境 纪念“六·五”
XIAMENTEQU HUANJING
世界环境日

强化环境法规管理是当务之急

厦门市环境保护局负责人就《厦门市环境保护管理规定》答本报记者问

图 4-1　厦门市环境科学学会与厦门市环保办（局）联办《厦门特区环境报》和宣传栏

1985年12月，时任中共厦门市委常委、副市长的习近平同志亲自带领厦门人民打响了一场自然资源与环境保卫战（包括红树林保护）[①]。在这场自然资源与环境保卫战中，厦门市环境科学学会也借此造势，积极进行依法开采沙、石、土和环境保护宣传。

1985年以来，厦门市政府每逢“6・5世界环境日”都举行环境保护新闻发布会，将一年来所办的环境保护实事完成情况、环境质量及其变化情况以及下一年度拟办的实事通告全市人民。例如，1987年6月5日，厦门市政府围绕“保护环境，持续发展，公众参与”主题，开展纪念“6・5世界环境日”活动和“美在厦门”等系列活动，表彰了全国工业污染源调查先进单位和积极分子、环境优美工厂、中学生环保征文竞赛获奖者和环境统计先进个人。

从1986年起，厦门市环境科学学会每年都积极主动配合厦门市环境保护局开展“6•5世界环境日”宣传，联合举办“环境质量新闻发布会”，并请厦门市政府领导在《厦门日报》发表署名文章或在厦门电视台、广播电台讲话。

厦门市环境科学学会的理事和会员一致认为，开展环境科普宣传与教育，向市民

① 习近平同志推动厦门经济特区建设发展的探索与实践，新华社，2018年6月22日。

宣贯可持续发展的观念是倡导公众参与环保的基础。为此，从1987年开始，第二届理事会就创办学会会刊，开展科普资源创作，举办主题性科普活动，通过多种形式广泛持久地在全市开展环保知识宣传教育。例如，1987年10月，福建省环境科学学会在泉州召开学术交流会暨环保事业发展情况展览，厦门市环境科学学会组织了3个版面展出厦门环境保护事业发展成就及科研成果①。1989年，在厦门市科协组织的“庆祝厦门解放40周年”的科普宣传周活动中，厦门市环境科学学会展出环保科普画展、环境监测仪器，播放环保科普录像，印发4000多份环保科普小册子，还开展咨询活动。1990年，厦门市环境科学学会又参加厦门市科协组织在中山公园南门的科普宣传周活动，有4万多人前来参观、咨询；第二届理事会理事长吴瑜端教授还在厦门市科技宾馆作了“海洋污染与保护”的专题讲座。

第二届理事会除了组织会员撰稿，通过报纸、电台、电视台进行常态化的环境保护科普，宣传形式也趋于多样化。例如，举办电影招待会，开展街头环保咨询服务，分发环保科普知识小册子，举办环保成就展览和播放环保录像。其中效果较好的是，组织会员上街开展环保咨询服务，直接与市民见面，听取市民对环境保护的呼声，又结合回答问题进行有针对性的宣传，使广大市民从环境保护与我无关进而认识到环境保护与每个人息息相关，而且每个人都必须从我做起、从身边小事做起。

由于厦门市环境科学学会切实承担起科技社团的科普责任，组织动员会员为社会提供优质科普服务，使广大环境科技工作者成为环境科学传播链中无可替代的“第一发球员”。因此，厦门市环境科学学会被评为厦门市科协首届科普宣传周一等奖。1990年，在福建省环境保护局召开的宣传工作会议上，获得“全省环境宣传先进单位”称号。

1990年12月，国家环保局局长曲格平选任中国环境科学学会第三届理事会理事长，并在第三届理事会第一次全体会议上说：“学会要继续把开展形式多样的环境宣传教育、提高全民族环境意识作为重要任务之一。学会在这方面同政府所做的工作目标是一致的，但身份、角度和方式不一样，其对象主要是各学科领域的科技工作者和广大人民群众。”

1993年1月，厦门市环境保护局局长吴子琳选任厦门市环境科学学会第三届理事会理事长，在第三届理事会第一次全体会议上也强调：环境保护不仅要靠宣传起家，

① 厦门城市建设志编纂委员会：《厦门城市建设志》，鹭江出版社1992年版，第449页。

还要靠宣传教育去发展。因此，第三届理事会在前期启蒙式环保宣传的基础上，把环境宣传教育工作不断引向深入。

在每年庆祝“6·5世界环境日”纪念活动中，厦门市环境保护局都请分管副市长到电视台作环境现状与当年主要任务以及市政府为民办实事的讲话。《厦门日报》等平面媒体还出专刊，组织限期治理的工厂和主管单位汇报治理情况、存在问题、承诺治理完成时限，并由厦门市环委会领导当众宣布对少数长期不重视治理污染的工厂的治理时限和处罚措施。

第三届理事会除了组织会员积极参与“6·5世界环境日”纪念活动，在日常工作中还根据不同层次、不同文化水平、不同职业人群的受众要求，运用多种深度不同、范围不同的灵活形式，坚持不懈地进行环境宣传教育。例如，第三届理事会与其会员单位——厦门市环境宣传教育中心精诚合作，多次组织千名学生上中山路等重要路段踩街宣传环境保护；组织全市各学校开展自编自演的环保文艺节目，在厦门影剧院和厦门人民会堂进行汇报演出，观众全部来自学生家长，这些活动均受到社会的好评（图4-2）。

图 4-2　厦门市千名学生踩街活动宣传环境保护与小学生环境保护知识竞赛

1992年6月5日，厦门市举行纪念《人类环境宣言》发布20周年宣传活动，召开纪念大会、新闻发布会，表彰先进和演出环保节目。同时，在《厦门日报》发表社论，开设《环境与发展》为主题的环保专版；电视台举办环保知识竞赛；举办环保游园活动。

1992年9月，“中华环保世纪行”采访团记者采访厦门市。1993年10月，时任福建省省长贾庆林在厦门接见以杨时光为团长的“中华环保世纪行”采访团记者一行9人。①

1995年6月，厦门大学环境科学研究中心主任洪华生博士通过记者呼吁：不要浪费垃圾！广大市民应该树立以保护环境为荣的观念，鼓励人们使用再生纸等“环保产

① 福建省地方志编纂委员会：《福建省志·环境保护志》，福建人民出版社2008年版，第537页。

品”。环保要从娃娃抓起，从小培养环境意识，大家动手，从自己做起，参与社会监督，创造更好的生活环境[①]。1996年，厦门市环境科学学会与厦门市环境宣传教育中心就组织会员深入街道居委会开展环境科普常识宣传活动。

1996年12月，第二次全国环境宣传教育工作会议在厦门召开。中宣部、中组部、国家教委、国务院新闻办公室以及福建省、厦门市有关领导出席会议并分别作了发言[②]。

1996年，中共厦门市委把创建国家环境保护模范城市列为《厦门市“九五”精神文明建设规划》的主要目标之一。此后，中共厦门市委精神文明建设办公室又把珍惜生态、保护资源和爱护环境的指标以及简约适度、绿色低碳、文明健康的理念纳入社区精神文明创建体系中，将创建国家环保模范城市与精神文明一起抓。

在创建国家环保模范城市宣传教育活动中，厦门市环境科学学会与厦门市环境宣传教育中心组织印刷了10万张集知识问答、意见建议和学生家长签名于一体的宣传单，通过学校发放给每位学生及其家庭，有27万人签字参与了此项活动。此举通过学生带动家长，再推动社会，取得了很好的宣传效果。

1997年6月5日，厦门市政府召开纪念“6·5”世界环境日暨创建国家环境保护模范城市动员大会，提出力争1997年实现创建国家环保模范城市目标。由厦门市7个行政区共青团团委组成的7个青年志愿者方阵，身着7种颜色的宣传服装在厦门人民会堂广场举行宣誓，同时接受厦门市5套班子领导的授旗。之后，青年志愿者分赴所在的各区，开展创建国家环保模范城市宣传教育活动。其间，厦门市市长通过广播电视上发表讲话并在《厦门日报》发表署名文章。为此,《厦门日报》还发表社论，为高潮迭起的“创模”宣传教育活动营造氛围。

在创建国家环保模范城市的过程中，厦门市出现了许许多多的环保志愿者。环保志愿者在进行服务的同时，也在实现自我价值。不过，厦门还有更多的志愿者并没有刻意区分其志愿参与的公益活动是精神文明或环境保护，只要是积德的崇高的文明建设活动都参加。

在“创模”宣传教育活动中，厦门市环境科学学会大力宣传市民爱护家园环境的故

① 专家呼吁不要浪费垃圾，载于《中国环境报》1995年7月1日。
② 第二次全国环境宣教会议召开，载于《中国环境报》1996年12月24日。

事。因此，一位叫江老财的老人终身守护大屿岛白鹭的事迹，在厦门家喻户晓。1997年江老财离世后，厦门市白鹭自然保护区管理处在大屿岛为这位普通的厦门市民铸造了铜像，并竖起刻有“白鹭老人江老财碑记”的石碑。还有林北水父子接力守护鳄鱼屿22年，将寸草不生的荒岛变成绿岛而成为市民“岛主”的事迹，也被广为宣传，并获得了2012年全球规模最大环保奖的“福特汽车环保奖”中“自然环境保护—— 先锋奖”。

随着生态环境宣传工作的深入，厦门的环保志愿服务覆盖领域越来越广，参与者越来越多。环保志愿者的身影已经植入全市经济、文化、生态文明建设的方方面面。例如，2000年5月27日，开展“鹭岛关爱日”首次活动，800多位中外志愿者清除了五老峰和环岛路沙滩上的垃圾5卡车。2001年4月22日，1200多名中外志愿者在东坪山水库、上李水库、云顶岩后山及环岛路沙滩清理垃圾13卡车，设置分类垃圾箱20组，印制5000册垃圾分类手册，种植树苗1500株。2002年4月20日，1700多名中外志愿者在东坪山水库、上李水库、五老峰、轮渡码头广场、白鹭洲公园及5个社区进行环保宣传和清除垃圾工作，并分发环保书签，推广使用环保布袋，组织植树活动。

2001年3月，时任福建省省长的习近平同志在福建省环境保护工作座谈会上部署“加大环保依法行政和宣传教育力度”任务时指出:“在环境保护工作中，必须坚持‘法德并行’的原则，既要强化法治，严格执法，又要抓好宣传教育工作。”“环境保护关系每一个人的利益，环境保护事业是千百万群众的共同事业，大家都有保护环境的责任。为此，要进一步加强环境宣传教育，让人民群众都懂得，保护环境是每个公民的义务，是遵守社会公德的体现，也是一个综合素质的表现。要逐步形成公众参与环境保护监督管理的机制，建立公众环境投诉制度，使群众有反映情况和问题的正常渠道，依法维护自身的环境权益。新闻媒介要积极参与，继续开展‘中华环保世纪行’，组织好每年的‘世界环境日’等多种形式的宣传活动，表扬环保先进典型，提高公民环境意识和法制观念，促进全社会形成自觉爱护环境、遵守环境法律法规的良好风尚。”

从此，厦门市环境科学学会围绕大众关注的环保热点和衣食住行，引导厦门市民逐步建立健康的生活习惯和消费方式。2002—2005年，厦门市就“先人一步、快人一拍”启动“绿色社区”、“绿色学校”和“绿色家庭”创建工作（图4-3）。厦门市环境科学学会协同厦门市环境宣传教育中心编写了《绿色生活绿色家园》《社区环境与健康》等环保宣传手册，并在“环保进社区”活动中向社区居民发放。同时，还举办环保知识有奖问答、环保业务咨询，并受理环境投诉等活动。

图 4-3　时任厦门市副市长潘世建为市级绿色社区和绿色学校授牌

“十五”期间，厦门市环境科学学会与厦门市环境宣传教育中心举办“环境宣传教育下乡”百场影片放映活动，印发《改变种养方式，美化致富家园》《生态扶贫——在锄山村的探索与实践》等材料，介绍生态养殖方法。2004—2005年，分别以“珍惜水资源保护水环境”“同饮一江水共护母亲河”“大力发展循环经济”为主题，开展3次“中华环保世纪行（厦门）活动”。2005年，举办“九龙江流域三地市生态环境保护成果联展”①。

此外，厦门市环境科学学会还积极地与兄弟学会（如气象学会、地理学会等）联合举办与环境相关的丰富多彩的科普活动。如每年的全国科技活动周（每年5月的第三周）和科普日、3·23世界气象日、4·20世界地球日、4—5月爱鸟周等国际性、全国性纪念日，厦门都有大规模、丰富多彩的宣传活动。平日里，报纸、电视、广播和网络关于生态环境保护的报道一直是厦门新闻媒体频次最高的主题。夏令营、宣传站、街头咨询、绿色学校、绿色社区和绿色家庭、环境教育日、鹭岛关爱日、各类环保社团和非政府组织及企业或民间自发组织的环保活动，此起彼伏。

2001年，《中华人民共和国科学技术普及法》颁布。2002年，国家环保总局和科技部下发的《关于加强全国环境保护科普工作的若干意见》中明确了中国环境科学学会环境科普工作主力军的地位。厦门市环境科学学会第四届理事会召开理事会统一认识：环境保护科普工作是向社会公众普及环保科技知识，提高全民环境意识，促进公众对环保政策关注、理解和支持的重要措施，是全面建设小康社会，加快推进社会主义现代化建设步伐的基础性工作。第四届理事会清楚地认识到，厦门市环境科学学会

① 中共厦门市委党史和地方志研究室：《厦门市志（1996—2005）》上册，方志出版社2020年版，第105页。

拥有一批学术有造诣、技术有专长、管理有经验、社会有影响的专家学者，这是环境保护科普工作的重要资源。

从2003年开始，第四届理事会积极组织厦门市环境科学学会会员宣传《中华人民共和国科学技术普及法》，贯彻落实《国家环境保护总局、科学技术部关于加强全国环境保护科普工作的若干意见》，依法推进厦门市环境科普工作健康发展。同时，结合宣传党中央、国务院《关于落实科学发展观，进一步加强环境保护的决定》，在全市掀起一波又一波的学习环保法、贯彻环保法的热潮，努力做到家喻户晓，营造人人学法、讲法、懂法、用法、守法的社会氛围，树立一个保护环境光荣、污染破坏环境可耻的社会风尚。

第四届理事会与厦门市环境宣传教育中心一起积极开展环境科普工作，组织会员参加中国环境科学学会等单位开展的“全国环境科普资源现状调查及国家级环境科普基地建设研究”工作。针对厦门市的具体情况，开展了如湿地的普查和保护、国家级自然保护区的有效管理等，并开展学术研讨，提出对策建议。

2005年4月8—10日，中国环境科学学会在厦门组织召开了第一届全国环境保护科普工作经验交流会，会议又提出了“充分发挥各级环境科学学会在环境保护科普工作中的主力军作用”。时任厦门市副市长詹沧洲代表厦门市作了典型发言，在讲话中指出厦门市环境科学学会长期以来致力于厦门环境保护科普工作，勇于开拓创新，探索了不少环境保护科普工作的新鲜经验，促使保护环境、建设美好家园、构建和谐社会成为厦门全民的自觉行动。

2006年，厦门市环境宣传教育中心获得“十五”期间“全国环境宣传教育先进集体”称号。

在厦门市开展环境保护宣传工作中，厦门市的各种媒体也发挥了巨大的作用。1996—2005年，在中央、省、市媒体上刊播环保新闻3000多条，与中央电视台、福建电视台以及厦门电视台联合制作57个环保电视专题节目，全方位、多角度地对厦门的环保工作进行专题报道。同时，独立制作15部环保电视专题纪录片。此外，还在7个主要路口设立环保宣传广告561平方米。①2006年3月起，厦门电视台专门开播《环保

① 中共厦门市委党史和地方志研究室：《厦门市志（1996—2005）》上册，方志出版社2020年版，第105页。

视点》栏目。2006年6月，厦门市环境宣传教育网也开通。

经过各方面长期的不同形式的环境保护宣传，厦门市民环境意识普遍提高，而且还出现了另一支非常活跃的有生力量——13个环保非政府组织（NGO）：鹭岛关爱日（island care day, ICD）、厦门绿十字服务社、厦门大学学生绿野协会、厦门观鸟协会……厦门市历来对环保NGO给予了充分的尊重和支持，并充分发挥和挖掘环保NGO的作用，促其健康发展，形成引导公众自发参与和组织公众参与环境保护的良好局面[①]。厦门环保NGO从印制大量的垃圾分类宣传手册，制作环保教育手册、书签，到开展植树造林、组织捡垃圾活动和民间环保论坛，把日常的平凡环保公益活动寓于大型环保活动中。环保NGO的许多成员也是厦门市环境科学学会的会员，而厦门市环境科学学会的一些会员虽然不是环保NGO成员，但是只要环保NGO在厦门行动，许多会员不分男女老少都会踊跃参加。

2006年4月15日，厦门市环境科学学会与福建省环境宣教中心在厦门主办首届福建环境关爱日民间环保论坛，主题为“推动循环社区，共建和谐家园”。来自北京、深圳、福州等地的“自然之友”会员和厦门市的13个民间环保组织的成员出席了论坛，“自然之友”会长梁从诫（梁启超长孙）发表了演讲。

事实上，进入21世纪厦门市环保宣传工作就已经逐渐形成各行业共同参与的良好局面，每一个建筑工地的围挡上几乎都是环境保护宣传画；所有的“窗口单位”也都在人流集中、醒目的地方展示环保宣传口号，并定期更新。厦门火车站通过运用铁路车站开展环保宣传和清理铁路废弃物活动[②]。厦门航空有限公司也把《厦门航空》杂志作为其宣传窗口。例如，在《厦门航空》2008年第6期特别策划了《绿色·环保》栏目，登载了《绿色环保》《厦门园林梦》《生态文明：迈向人与自然和谐——专访厦门市环保局副局长庄世坚》《倾听荒野之声，传递绿色梦想——心中的绿野》《举手之劳作环保》5篇文章和9幅宣传画。

2011年9月，中国科学院城市环境研究所书记赵景柱出任厦门市环境科学学会第五届理事会理事长后，依然十分重视环境宣传教育工作。2011 年11月，第五届理事会成功举办了以“倡导低碳生活，再创国家环境保护模范城市”为主题的科普广场展览活动。2012年10月，第五届理事会联合厦门理工学院环境工程系师生，在厦门市金山社

① 吴凤章:《生态文明构建：理论与实践》，中央编译出版社2008年版，第31页

② 厦门卫星图像显示状况 列车窗口开展宣传，载于《中国环境报》1995年6月8日。

区举办了“环保进社区”的科普宣教活动，在社会上取得良好效果。2013年，厦门市环境科学学会协助厦门市环境保护局完成《环保知识一百问》宣传手册编制，开展环境保护知识的宣传教育。

2013年5月，中共厦门市委、市政府按照党的十八大提出的“两个一百年”奋斗目标和“五位一体”总体布局，组织制定《美丽厦门战略规划》，以全面开展“美丽厦门共同缔造”行动为载体，着力决策共谋、发展共建、建设共管、效果共评、成果共享，完善群众参与决策机制，通过市民对城市建设管理的深度参与，创新社会治理体系。厦门市环境科学学会在全市开展的“美丽厦门共同缔造”探索与实践行动中，也自觉地开展环境保护与生态文明宣传活动，在不同的时空用丰富的形式号召市民群众在生态文明建设中充分发挥主人翁的作用，从政府唱主角变为群众唱主角，从单向管理转向多元治理。因此，越来越多的市民群众从房前屋后、身边小事做起，自觉参与到献计献策、投工投劳、认捐认养、义务监督中去，共建美好家园。广大市民群众的生态文明意识更加牢固、践行低碳生活方式更加自觉，有效地夯实了厦门市生态环境保护工作的社会基础。

习近平总书记强调：“美丽中国建设离不开每一个人的努力。”①“生态文明是人民群众共同参与共同建设共同享有的事业，要把建设美丽中国转化为全体人民自觉行动。每个人都是生态环境的保护者、建设者、受益者，没有哪个人是旁观者、局外人、批评家，谁也不能只说不做、置身事外。”②

在2012—2016年厦门创建国家生态市的过程中，厦门市环境科学学会与厦门市生态环保主管部门始终奏响着同一个基调，那便是重视整个城市社会治理体系的“神经末梢”的最基本治理单元，扎扎实实地从细胞工程的创建开始。在绿色学校、绿色社区、绿色家庭创建中，引导每个社会成员勤俭节约，从爱惜每一滴水、节约每一粒粮食做起，尽量采用公共交通方式出行，实行生活垃圾减量分类等。

厦门市开展全民绿色行动甚至深入寺庙，像东南亚名刹南普陀寺于2009年就首创“一人一支，文明敬香”的做法并免费赠香，提倡鲜花礼佛、文明祭祀。2014年“6·5世界环境日”启动“我爱我家”环保活动，并持续“打造最干净的道场”，做到让日均2万多信善和游客的垃圾不落地，而成为全国首个无垃圾桶的佛教寺院。此后，还

① 习近平在参加首都义务植树活动时强调 倡导人人爱绿植绿的文明风尚 共同建设人与自然和谐共生的美丽家园，载于《人民日报》2021年4月3日，第1版。

② 习近平：推动我国生态文明建设迈上新台阶，载于《求是》2019年第3期，第4-19页。

一直通过不同形式提升信众的生态环保理念。2016年6月，厦门南普陀寺举行善心善行两周年系列活动，并在“6·5世界环境日”启动南普陀寺与厦门大学、厦门市环境保护局合作共建仪式暨《最后之胜利》公益演出。

从2011年起，厦门大学环境与生态学院每年与近海海洋环境科学国家重点实验室联合主办“厦门大学海洋科学开放日”；分别从2012年和2015年起，每年举办“厦门大学环保知识竞赛”和“节能减排社会实践与科技竞赛”，向社会尤其是青少年传播与生态文明、环境保护相关的科技知识和科学精神。

党的十八大提出建设美丽中国，并强调要把生态文明建设放在突出地位，要纳入社会主义现代化建设总体布局。围绕生态文明建设与提升空间治理能力，2013年5月，厦门市启动空间规划改革工作，开展《美丽厦门战略规划》的编制工作，重新审视城市转型发展战略要求[①]。在广泛征求市各套班子、人大代表、政协委员、民主党派、各级各部门和上级有关单位意见的基础上，刊印近70万册通俗易懂的入户手册征求市民意见，并将征集的32000多条中的1510条意见建议吸纳进战略规划和配套的行动计划及各种计划。

厦门市民群众有着强烈的家园情怀，十分热爱自己生活的城市，对获得的城市荣誉精心呵护，并引以为豪。因此，在厦门市构建“一核多元”的社区治理架构中，把生态文明理念融入社区治理各领域和全过程，建立社区书院总部、区级社区书院指导中心、街（镇）社区书院指导站和村（居）社区书院教学点四级服务管理体系，形成“总部+教学点”组织架构，开设兴趣小组、特色讲堂，推动居民在衣食住行上向绿色低碳、文明健康的方式转变。

2017年9月，厦门市环境保护局原巡视员庄世坚任厦门市环境科学学会第六届理事会理事长后，多次在理事会会议上强调：要通过创新手段因势利导，全面提升市民节约意识、环保意识、生态意识和生态文明意识，倡导简约适度、绿色低碳的生活方式，持续探索共建共享机制，不断畅通渠道，切实调动起社会各方参与生态文明建设的积极性，真正形成全民参与、社会共治的绿色防控体系。

第六届理事会达成共识：在新时代，厦门市环境科学学会不仅要发动广大环境科

① 邓伟骥、陈志诚：厦门国土空间规划体系构建实践与思考，载于《规划师》2020年第18期，第45-51页。

技工作者积极投身生态环境宣传工作，在全社会营造生态文明氛围；而且应该创新生态环保科普模式，在倡导科学方法、弘扬科学精神上发挥作用，从侧重普及科学知识的第一重境界，向倡导科学方法的第二重境界和弘扬科学精神的第三重境界转变，从“扫盲”性的“教化”，向更加突出以人为本的“服务”转变，续写生态环境保护科技事业高质量发展新篇章。

为此，第六届理事会积极搭建政府与大众、科学家与大众之间交流的桥梁，广泛传播习近平生态文明思想和全国生态环境保护大会精神，落实国务院《全民科学素质行动计划纲要》，发挥生态环保科普牵头引领作用，深入社区和学校等进行环境科普，围绕群众关心的环境热点问题，将知识性、趣味性、实用性、参与性有机结合，推动市民共同参与建设美丽厦门，推动形成绿色发展方式和生活方式。

第六届理事会除每年参与“6・5世界环境日”外，还组织了不同的环境科普宣传活动。2018年1月，厦门市环境科学学会作为承办单位参加了滴滴公司“滴碳出行• 共筑蓝天活动”；2018年2月作为支持单位参加了“华夏摩范• 绿享鹭岛（绿色出行、智慧出行、快乐出行）—摩范出行厦门分时租赁项目启动仪式”活动。2018年3月，第六届理事会推荐厦门科技馆管理有限公司3名成员参加中国环境科学学会组织的“我是环境播报员”活动，并取得了1名一等奖，1名二等奖的好成绩。2019年，第六届理事会的理事单位福建青山绿水环保管家有限公司与中国环境新闻工作者协会合作，把福建省环境保护舆情中心设在厦门。

人有见贤思齐之心，2020年厦门活跃着81万多名的注册志愿者和5033支志愿服务团队，参与志愿服务的人数占常住人口的18.8%。《厦门经济特区志愿服务条例》规定，厦门市精神文明建设指导机构要引导志愿者、志愿服务组织参与生态环保等重点领域的志愿活动。因此，厦门时时处处都有人为生态环保在奉献光和热。

为了增强跨学科领域学会交流，第六届理事会开展了“2021年生态环境科技活动周”宣传活动。2021年5月21日，组织专家参加厦门市翔安生态环境局2021年国际生物多样性日宣传活动，现场参观了张埭桥水库，观赏野生保护动物紫水鸡，直观了解保护生物多样性的意义；会员刘尹博士作了题为“生物多样性及其价值评估”主题讲座。

为贯彻落实《厦门市生态环境局关于开展2021年厦门市科技活动周相关活动的通知》精神，第六届理事会结合厦门市环境科学学会自身优势与特色，聚焦应对气候变化热点问题和厦门市碳达峰碳中和目标，利用“环境科学讲坛”平台，于2021年5月25日开展“双碳”实施路径探析讲座，邀请全市生态环境科技工作者及企业代表参会，普及“双碳”实施路径相关知识。2021年5月27日，厦门市环境科学学会与厦门市环境科学研究院携手在翔安火炬高新区联合开展“倡导低碳技术，共建低碳园区”的主题活动。

2021年5月29日，厦门市环境科学学会作为协办单位和福建省厦门环境监测中心站共同举办主题为共建美好家园——环境监测设施公众开放活动。活动现场参观了中心实验室、空气自动监测站、辐射监测站等，观看环境监测、海洋监测工作的视频。前往厦门市环境能源投资发展有限公司海沧垃圾焚烧发电厂，参观垃圾分类、垃圾焚烧处置过程等。

2023年5月22日，厦门市生态环境局与自然资源部第三海洋研究所联合组织开展2023年国际生物多样性日（主题是“从协议到协力：复元生物多样性”）宣传活动（图4-4）。厦门市环境科学学会作为协办单位参加了主场活动，理事长庄世坚分享讲述了厦门在生物多样性保护方面的光荣历史，并指出要牢记习近平当年对厦门的嘱托，切实保护好白鹭、白海豚等珍稀物种。①

图 4-4　2023 年国际生物多样性日的科普宣传活动

2023年“6·5世界环境日”厦门主场活动在厦门市环境科学学会理事单位——嘉戎环保科技有限公司举办，厦门市政协相关领导，市生态环境局、市环境科学学会等部门相关领导，同安区4套班子领导，相关专家学者以及环保企业代表等参加本次活动。在“政协委员话环保”环节，与会政协委员围绕活动主题“建设人与自然和谐共生的现代化”，与来自政府部门、环保装备制造企业、环保装备使用企业及科研院校的代表进行了探讨和交流。其中，厦门市政协委员朱木兰和科研院校的代表陈能汪、

① 领略生物多样性魅力 促进人与自然和谐共生，载于《厦门日报》2023年5月23日，第3版。

金磊都是厦门市环境科学学会的理事和会员。

在集美区2023年“6·5世界环境日”的宣传活动中，理事长庄世坚深入灌口镇黄庄社区，现场解读了人与自然和谐共生的现代化理念与厦门实践，会员黄厔宣传讲解了绿色低碳生活的内容。

2023年7月20日，习近平总书记给“科学与中国”院士专家回信强调：“科学普及是实现创新发展的重要基础性工作。”“带动更多科技工作者支持和参与科普事业，以优质丰富的内容和喜闻乐见的形式，激发青少年崇尚科学、探索未知的兴趣，促进全民科学素质的提高，为实现高水平科技自立自强、推进中国式现代化不断作出新贡献。”第七届理事会组织学习后，决心在全面推进美丽中国建设的关键期，大力做好生态环境科普工作。

2023年8月15日，是首个全国生态日。习近平总书记希望：“全社会行动起来，做绿水青山就是金山银山理念的积极传播者和模范践行者，身体力行，久久为功，为共建清洁美丽中国作出更大贡献。”厦门市发展和改革委员会与厦门市生态环境局共同召开生态文明建设工作交流会，并举行了厦门市生态环境影像记录志愿服务队授牌仪式。厦门市环境科学学会与厦门市翔安生态环境局举办工业企业绿色低碳发展研讨会，主题为“聚焦绿色低碳，打造优美生态”。第七届理事会副理事长郑煜铭作了“半导体痕量气态污染物及其选择性吸附净化技术”的报告，理事长庄世坚和友达光电（厦门）有限公司等重点企业领导作为嘉宾参与了现场访谈与技术交流。研讨会无纸质资料、塑瓶回收、电子签到、电动巴士等细节浸润与会代表的绿色低碳理念，会议倡导人人行动起来，争做绿色低碳发展的倡导者、先行者和引领者，以最有力的行动、最有效的示范，让厦门天更蓝、地更绿、水更清、生态更美好。

2023年8月18日，同安区举办干部周末学堂2023年第三讲暨区委理论学习中心组（扩大）学习会，庄世坚以“厦门市生态环境治理的实践与创新”为题，讲述了习近平引领厦门构建生态文明的故事，也介绍了历届中共厦门市委、市政府坚定践行“绿水青山就是金山银山”理念，开启一系列“绿水青山”转化为“金山银山”的实践探索的事例[①]。

长期以来，厦门市环境科学学会不仅使生态环境科普宣传多样化，而且注重常态

① 上好生态文明课 书写绿色新答卷，载于《厦门日报》2023年8月21日，第2版。

化。像2023年10月，在理事单位厦门蝌蚪生态环保科技有限公司精心策划和缜密安排下，厦门市湖里区低碳社区（国贸阳光小区、国贸蓝海小区、五缘湾一号小区、嘉福花园小区）试点创建系列宣传活动轮番上演。

通过厦门市环境科学学会历届理事会薪火相传的不懈努力，厦门市多样化的生态环境科普宣传活动推动减污降碳协同增效获得了良好的社会效益，大大增强了市民的生态环境意识和科学素质。厦门也利用公众参与生态环境保护工作的广泛性、灵活性和及时性特点，逐步建立了公众参与环境监督管理的正常机制。广大厦门市民不仅知道生态环境保护人人受益，人人享有良好生活与环境的权利，能够及时了解关于环境问题的信息，有机会通过正常渠道表达自己的意见，而且明白为了改善家园环境，生态环境保护需要人人自觉参与，从身边做起、从小事做起。

如今，在加速推进中国式现代化的社会治理和美丽中国先行示范市建设中，厦门市环境科学学会与日益壮大的志愿者群体一起，一以贯之积极参与绿色低碳发展行动，健全以生态价值观念为准则的生态文化体系，培育生态文明主流价值观，加快形成全民生态自觉，共同谱写人与自然和谐共生的现代化篇章，为建设美丽中国贡献力量！

4.2 常态化的生态环境科普教育

环境教育是贯彻环境保护这一基本国策的一项基础工程，是中国可持续发展能力建设的一个主要内容，是发展环境保护事业的重要保证。中国第一任国家环境保护局局长曲格平曾多次强调，环境保护工作是靠宣传起家的；环境保护，教育为本。

1981年2月，国务院颁发的《关于在国民经济调整中加强环境保护工作的决定》指出：环境保护是一项新的事业，需要大量的专业知识的人才。要把培养环境保护人才纳入国家教育规划。中、小学要普及环境科学知识。大学和中等专业学校的理、工、农、医、经济、法律等专业要设置环境保护课程。有条件的院校，应设置环境保护专业。各地区、各部门在培训干部时，要把环境保护教育作为一项内容。各级环境保护部门要积极培训在职人员，努力提高他们的业务技术水平。要加强宣传环境保护法和环境科学知识，形成“保护环境，人人有责”的良好社会风尚。

环境教育是一项全民性全程性的教育，也是环境科学学会的重要社会职能之一。厦门市环境科学学会清楚地认识到，常态化的生态环境知识教育是推进厦门市环境保护事业不断发展的途径和动力。为此，历届理事会勇于担当，发挥厦门市环境科学学会会员在教育上的资源优势，积极开展常态化的环境教育，并取得明显成效。

4.2.1 面向成年人的环境教育

在厦门环境保护事业初创时期，厦门市环保行政主管部门及其事业单位的干部大多数是从其他部门转过来的，所有的环境科技工作人员也都是非环保专业人员，缺乏系统的环境科学的基本理论知识，不能适应生态环境保护工作和事业发展的需要。

厦门市环境科学学会是环境科技工作者自愿组织起来的学术性群众团体，会员大多是所在单位的科技人才和业务骨干。但是，每一个会员的教育背景、学历、学力和所学专业都千差万别，加上环境科学及其相关学科的快速发展，所有的会员自身也都有继续教育和更新知识及能力提升的需求。

20世纪80年代，随着我国环境教育体系的逐步建立和环境教育专业机构的形成，中国环境科学学会注重配合环境保护工作重点，适应基层工作的需要，针对环境科技人员和科技工作的需要组织了大量的专业培训和继续教育。1983—1990年，中国环境科学学会采取各种方式组织举办专题培训班、环境科学知识讲习班、专业讲座、学历培训等，针对不同的对象进行培训教育，为环境保护事业培养环境管理、环境监测和环境技术人才①。

在这样的历史背景下，厦门市环境科学学会组织会员培训和会员单位组织科技人员继续教育，就成为第一届和第二届理事会必须承担的任务。为此，第一届和第二届理事会经常会同厦门市环保行政主管部门尽其所能地寻找机会，让更多的厦门市环境保护系统的工作人员和厦门市环境科学学会会员参加国内一些生态环境保护专业培训或进修。

1982年起，厦门市环保办就请中国环境科学研究院的夏青博士、北京大学环境科学研究中心主任陈家宜教授、美国俄亥俄大学唐寅北教授、厦门大学和国家海洋局第三海洋研究所及省立医院等机构的专家，为厦门市环境保护系统的工作人员授课。

1984年开始，厦门市环境科学学会第一届理事会组织会员参加“环境影响评价训练班”“污染源调查培训班”等。第二届理事会则组织会员参加“电磁辐射、电磁污染及其测量培训班”“冷原子吸收测汞仪培训班”等。

厦门市环境科学学会的理事单位和会员单位自行组织的专题培训班、环境科学知识讲习班、专业讲座，数量之多、频次之高，更是数不胜数。

以理事单位——厦门市环境监测站的继续教育为例，厦门市环境监测站规定：学习进修采取在职学习、业余学习和半脱产、脱产进修3种基本途径，保证业务科技人员有机会得到业务上的学习和提高。厦门市环境监测站根据环境监测工作的需要和可能，每年都选派一些专业对口业务骨干外出参加各种培训进修班，包括生物监测技术、环境毒理监测技术、质量控制和数据处理技术、噪声监测技术、电磁污染调查技术、计算机应用技术、离子色谱技术和外语强化训练等。同时，积极鼓励业务人员在实践中学习提高和知识更新。通过培训学习，受培训人员提高了业务能力，掌握了新的监

① 杨经纬、王燕清：《中国环境科学学会：当代中国环境科技社团》，中国环境科学出版社1992年版，第68页。

测技术，也促使厦门市环境监测站增强了监测能力，开拓了许多新的监测领域（毒理监测、电磁辐射监测、放射性监测和污染事故应急监测）。

在社会层面，从20世纪80年代后期，厦门市环保行政主管部门就提出力求从儿童到老人，从普通群众到高级知识分子，全社会每一个有行为能力的人，都能接受生态环境教育。为此，厦门市环保行政主管部门经常会同厦门市环境科学学会，使环境教育活动社会化常态化。

为了务实提升厦门市各层面市民的生态环境保护意识，将环境保护内化为民众的一种习惯和品质，把建设美丽家园转化为全体市民的自觉行动，厦门市环境科学学会把开展环境教育作为理事会责无旁贷的任务，尽责尽力持续加强环境科学知识宣传教育，并通过自身的努力成为推动厦门环境教育发展的重要力量。

多年来，历届理事会在推动厦门环境教育事业的发展方面，做了大量卓有成效的工作。为调动各方面积极因素，特别注重配合环境保护工作重点和针对不同的对象来传授环境科学知识。通过环境教育形式和教育内容的变化，培养了不同教育对象的环境意识，增强了市民对环境质量变化的敏感性和责任感，激发其保护环境的自觉性，树立环境资源的价值观和道德观。例如，第二届理事会常务理事吴子琳在1990年“6•5世界环境日”，专门为全市各中学的医疗保健中心医务人员进行了一场“环境保护的基本知识与厦门环境质量状况”的讲座。

从20世纪90年代到21世纪初，在中共厦门市委党校、厦门市经委干校的干部培训中，几乎每一期都要请厦门市环境科学学会理事长吴子琳亲自授课。

1999年，受国家自然科学基金委和教育部委托，厦门大学举办首届“全国环境科学研究生暑期学校”。参与者来自全国18所高校、2个科研机构、9个环保部门，涵盖了包括环境科学、生命科学、海洋科学、大气科学等领域37个专业的121名学员。暑期学校开设了“海岸带可持续发展”“海洋污染监测与防治”“大气污染”等10门课程。

2000年9月，由联合国开发计划署（United Nations Development Programme，UNDP）和中国环境科学学会主办，福建省委组织部、福建省环保局、福建省妇联共同承办的UNDP“妇女与环境”第10期培训班暨福建省“县处级女干部、乡镇企业女管理人员可持续发展知识培训班”在厦门举行[①]。厦门市环境科学学会部分会员在协办中领悟到，

① UNDP“妇女与环境”培训班结束，载于《中国环境报》2000年9月26日。

环境教育也要不断探索和开拓新领域。

2001年开始，厦门市加大了对农村的环境宣教力度。参与此项工作的厦门市环境科学学会会员，在"宣传教育、示范推广"的原则下，把生态环境教育同提高农民素质和农村脱贫致富结合起来，引导农民树立科学和环保观念，走生态文明的可持续发展之路。因此，厦门市涌现出了锄山村等一大批通过生态脱贫致富的生态乡镇。

在开拓环境教育新领域上，厦门市环境科学学会及其会员单位还突破"岛民意识"而胸怀祖国、放眼全球。在参加中华环保世纪行宣传活动中，厦门市环境科学学会会员关琰珠连年受奖，2002年还荣获第六届"地球奖"。2009年12月11—12日，"环保嘉年华"厦门站在白鹭洲公园举行。这是全国首创的"环保互动教育主题乐园"，成千上万的厦门市民通过互动与体验游戏的方式，接受了最新形式的环保教育。

厦门市在开展面向成年人的环境教育方面，社会公众并不都是受环境教育的一方，社会管理者也是环境教育的对象。1998—2003年，加拿大的圣玛丽大学、纽布伦斯威客大学、新斯科舍省农业学院、戴尔豪斯大学和中国的厦门大学、福建农业大学及越南的越南国立大学共同开展"公众基础的环境保护管理（Community-Based Conservation Management，CBCM）"国际合作项目（图4-5）。厦门CBCM项目组由厦门大学（洪华生*、薛雄志*、张珞平*、黄金良、许晓春等）、厦门市思明区政府、厦门市妇联、厦门市科技中学、厦门岛东海岸的黄厝村民委员会和曾厝垵村民委员会等组成。通过项目实施，组织有各方村民代表及思明区政府官员参加的公众会议，加强了对决策者进行可持续发展与环境保护、重视公众参与等方面的教育，也加强了科学家与公众之间的联系，使科学家的科学知识与社区公众的经验知识有效结合。厦门市

图4-5　2003年中、加、越"公众参与环境管理"厦门项目总结会

有关部门采纳了项目组提交的《关于厦门岛东南海岸发展过程中存在的问题及建议》报告的某些建议，对环岛路二期防护林带的重新规划、环岛路三期工程路线及走向修改等①。

2005年，厦门大学成立海洋与海岸带发展研究院，旨在建立海洋科学、社会科学、管理科学交叉融合的跨学科海洋复合型人才培养基地。2007年设立海洋事务专业以来，将陆海统筹考虑，从流域监测、海洋观测出发，联系环境管理，发展海洋事务，强调海岸带协同发展。截至2019年11月，共招收学生219人（硕士生190人，博士生29人），其中包含国际生79人。

2009年起，厦门大学环境科学研究中心与国家海洋局、厦门市政府相关部门和相关国际机构共建"海岸带可持续发展国际培训中心"，为东亚海岸带可持续发展地方政府网络（PEMSEA Network of Local Governments，PNLG）秘书处等工作提供技术支持。每年都培训了许多批的国内外学员，邀请许多知名专家（如中国"环保第一人"曲格平先生等）来厦门讲课，很多管理官员也都来听课。至今共计上千名的东亚海洋管理官员通过培训，深刻了解了厦门市海洋综合管理模式的运用经验以及来自PEMSEA示范区的成功经验。厦门大学"海岸带可持续发展国际培训中心"14年的稳定运行，也促进了厦门市及国内外的海岸带综合管理能力的进一步增强，有利于厦门市在国内外海洋生态保护方面影响力和知名度的进一步提高。②

2011年11月，中国在亚太经合组织（Asia-Pacific Economic Cooperation，APEC）框架下设立APEC海洋可持续发展中心，依托单位为国家海洋局第三海洋研究所。国家海洋局第三海洋研究所与APEC海洋可持续发展中心经常联合行动，配合地方主管单位、企业等开展海洋科普活动。国家海洋局第三海洋研究所"鲸豚展馆"自2014年开馆一直坚持免费对公众开放，累计接待社会各界人士26000多人次。国家海洋局第三海洋研究所每年配合厦门市海洋发展局组织"水生野生动物保护科普宣传月活动"，在每年的"世界地球日""科技活动周""6·8全国海洋日"等主题日积极开展海洋科普活动，在"厦门国际海洋周"期间开展"海洋科学开放日"活动等。丰富多彩的环

① 黄水英、许晓春:《碧海生命乐章：首位归国海洋学女博士洪华生传》，厦门大学出版社2021年版，第249-251页。

② 黄水英、许晓春:《碧海生命乐章：首位归国海洋学女博士洪华生传》，厦门大学出版社2021年版，第233页。

境科普活动包括向公众开放鲸豚展馆、珊瑚培育馆、向阳红03科考船等科普场所，组织海域环保清理活动及海洋环保宣传活动，举办海洋保护科普讲座、直播等。

2011年12月，全国环保系统精神文明建设座谈会暨党务干部培训班在厦门举办。国家环境保护部副部长潘岳强调：环境问题最终是文化伦理问题。时代正在呼唤一种人与自然、人与社会、人与自我全面和谐的生态文明。环保系统要大力宣传生态文明建设的思想理念、理论观点、目标任务、指标体系、政策措施、法律法规，积极推进全社会牢固树立生态文明观念，真正使生态环保成为协调社会关系的重要杠杆，成为推动转方式调结构的思想动力，为推进绿色发展、全面发展、科学发展营造良好的文化氛围。

其实，2005—2008年，中共中央编译局和中共厦门市委、市政府就共同组织了“建设社会主义生态文明：厦门的实践与经验”重大课题。课题结题后，中共厦门市委、市政府和相关部门就要求把环境保护和生态文明建设宣传教育纳入全民教育与素质教育全过程。为此，厦门市坚持把环境保护的宣传教育作为生态文明建设的重要内容，将环境教育和生态文明理念贯穿于基础教育、专业教育和继续教育的全过程；强化领导干部的教育培训，将环境保护和生态文明建设知识列入党政干部教育培训计划，在党校和行政培训班定期开设环保课，在市委、区委中心组学习时邀请环保专家作演讲或专题报告。通过环境教育的纵深发展，进一步增强各级领导和机关干部的环境保护意识与建设生态文明的自觉性。

2015年4月，厦门大学环境与生态学院成立生态文明培训中心（后纳入厦门大学生态文明研究院管理），面向厦门市政府及相关管理部门的实际需求，开设“定制化”研修班，解读并培训国家相关政策、法律法规、环保技术等。

2015年5月，厦门大学环境与生态学院和福建省生态学会共同主办“自然讲堂”（由滨海湿地生态系统教育部重点实验室承办），讲坛主要邀请从事生态学、环境科学研究的高等院所、NGO等公益组织的专家学者以公益讲座形式面向公众开放，主题涉及生态文明、全球变化、自然保护区、水资源、海洋、湿地、森林、鸟类认知、垃圾分类、食品安全等，向公众倡导“尊重自然、顺应自然、保护自然”的理念。自创办以来，“自然讲堂”走进厦门市新翔小学、湖里中学、金鸡亭中学、科技中学等多所中小学以及厦门市对外图书交流中心等，获得了近3000名公众的喜爱，尤其有效激发了青少年对自然、生态环境和科学的好奇和热情，受到了公众的热烈欢迎和一致好评。

但是，厦门市环境科学学会在参与开展厦门环境教育工作中也出现过一些深层次的矛盾，存在着岛内外发展不平衡、行业间开展不同步、环境教育投入不够等问题。一方面，环境教育缺乏必要的分工与协作机制，政府部门内部，政府部门与企事业单位、社会团体等主体之间责任不清，合力有待增强；另一方面，环境教育人才匮乏、经费投入不足。同时，还存在着社会环境教育资源不足、参与热情不高、环境教育活动尚未实现常态化等问题。

为了解决上述问题，促使环境教育在合法性层面得到确立，环境教育从软指标发展到硬约束，厦门市环境科学学会会员关琰珠在2011年厦门市两会期间，提交了《关于制定〈环境教育条例〉推动对台交流合作的建议》的提案。随后，厦门市确立由多部门联合提案组开展调研，推动厦门市环境教育立法加快进程，并列入厦门市人大立法调研计划。通过调研宁夏、天津、台湾等地的环境教育立法经验，专题研讨、分析论证，形成了《厦门市环境教育立法调查研究报告》和《厦门市环境教育规定》初稿。

2016年8月，厦门市人民政府颁布了福建省首个环境教育规章——《厦门市环境教育规定》，标志着厦门市跨入了环境教育法治化的进程。《厦门市环境教育规定》将生态文明教育纳入各级党政干部培训体系，企事业单位都要定期开展环境教育活动。例如，在“社会环境教育”中规定：机关、事业单位负责本单位的环境教育工作，每年应当至少组织一次环境教育活动。行政学院等公务员培训机构应当将环境教育专题内容纳入教学培训计划。在组织事业单位工作人员的继续教育中，应当安排环境教育课程。有关行政管理部门在世界环境日、世界海洋日、世界水日、世界地球日、国际生物多样性日、全国节能宣传周、厦门国际海洋周等活动期间，应当开展环境教育主题活动。排污单位应当将环境教育纳入员工教育和培训计划，明确环境教育工作的责任部门和人员，采取多种形式对员工进行环境教育，员工每年应当接受不少于4学时的环境教育。排污单位应当建立环境教育台账，记录环境教育计划、培训过程、总结评估等内容。台账保存期限不得少于3年。《厦门市环境教育规定》还规范了责任类型、认定标准和流程，明确工会、共青团、妇联以及其他社会团体，应当协助人民政府开展环境教育。

为了有效地执行《厦门市环境教育规定》，厦门市环境宣传教育中心开发建设了环境教育网站，为排污单位及其员工开展环境教育。那些环境违法的企业及其相关负责人必须在规定时间内接受环境教育，并完成考核。

“厦门环境教育平台”与“厦门环保”微信公众号、“厦门环保”官方微博、“厦门环境保护”官方网站一道，构成了全方位的新媒体矩阵，成为向大众普及生态环保知识和宣传美丽中国建设生动实践的宣传教育阵地。

2017年1月，《厦门市环境教育规定》付诸实施后，厦门市环境科学学会作为社会团体积极参与，许多理事和会员不仅身体力行，而且以不同的方式为厦门市环境教育和大力弘扬生态文化尽力。像国家海洋局第三海洋研究所的研究人员编译著《南极小百科》《放射性的科学认知》《塑料海洋》《物种起源：现代注释版》《海面之下：海洋生物形态图鉴》等科普图书，其中《塑料海洋》入选2020年自然资源部优秀科普图书，《物种起源：现代注释版》和《放射性的科学认知》分别获2020年福建省优秀科普作品二等奖和三等奖。2019年，APEC海洋可持续发展中心为应对海洋垃圾问题发起蓝色市民倡议，并不断丰富倡议内涵，提升公众海洋素养。2020年4月，自然资源部第三海洋研究所在“世界地球日”进行线上科普直播活动《珊瑚的故事》。

2021年11月，海洋素养与蓝色市民研讨会在厦门顺利开幕，中外嘉宾在“云端”相聚。会议由APEC海洋可持续发展中心、自然资源部第三海洋研究所、厦门市海洋国际合作中心主办。来自中国、日本、泰国、美国等APEC经济体和世界经济论坛、永续全球环境研究所、世界自然基金会、野生救援等国际组织的专家代表，研究院校专家以及海洋环保、自然教育领域从业者百余人线上参会。本次研讨会就推动蓝色市民和提升海洋素养的议题方向需求与工作方式展开充分讨论。。

近几年，APEC海洋可持续发展中心、自然资源部第三海洋研究所连续主办多届“APEC海洋与海岸带空间规划培训研讨班”，来自智利、印度尼西亚、马来西亚、秘鲁、俄罗斯、泰国、美国、越南、加拿大和菲律宾等APEC经济体的代表参加了研讨班。培训研讨班通过参会代表的充分交流讨论，从陆海统筹、蓝色经济、生态保护与修复、应对气候变化等方面提出了推动亚太海洋空间规划发展的政策建议。

2022年6月，APEC海洋可持续发展中心、自然资源部第三海洋研究所、厦门市海洋发展局、厦门市海洋国际合作中心、泰国自然资源与环境部海洋与海岸带资源发展研究所在中国厦门和泰国哒叻同步举办中泰联合活动，来自自然资源部国际合作司、泰王国驻厦门总领事馆、泰国哒叻地方政府、自然资源部宣教中心、厦门大学、厦门航空、厦门市海沧区、红树林基金会、北京企业家环保基金会等单位的专家和代表，与300多位市民共同参加了此次公众活动。本次活动以“做蓝色市民亲海护海，助蓝色经济高质量发展”为主题，活动包括在厦门举办的蓝色市民工作推动交流会、厦门海沧湾举办的红树林探秘及净滩实践活动、泰国哒叻举办的“发挥地方政府机构作用，推动哒叻蓝色经济发展”研讨会、泰国哒叻莱姆格拉德沙滩举办的“蓝色市民促进蓝色经济发展”净滩活动。

第六届理事会也把加强厦门市环境科学学会会员的继续教育列入工作计划中。除了组织全体理事前往同安区汀溪镇参观五峰红色历史革命历史馆和考察德安古堡绿盈乡村建设与生态环境保护状况，还推荐学会理事参加流域治理专业技术转移转化能力提升高级研修班；征集“2021年福建东南科技论坛”学术论文等活动。

2022年，厦门市同安生态环境局、中共厦门市同安区委宣传部、厦门市同安区教育局联合开展“大生态、大环保”宣传教育活动。厦门理工学院环境科学与工程学院承揽了同安区“生态环保教育进机关、环保法规进企业、环保知识进学校、低碳生活进社区、环保科普进农村”的教学任务，第七届理事会理事长参与其中，以“厦门减碳增绿的创新之路”为题在同安区委党校讲授了第一课。

2022年7月，在福建省环境科学学会承办的2022年福建省“我是生态环境讲解员”活动中，厦门市选送的优秀讲解员（含讲解作品）获奖名单高居全省前列：《你不知道的“蓝”》（厦门市气象局田晶）获一等奖，《生态环境的护卫“菌”》（厦门科技馆管理有限公司刘正帅）、《我是环保讲解员——守护厦门青山绿水，美丽中国，我是行动者》（厦门市环境能源投资发展有限公司林鑫）、《假如海洋空荡荡》（厦门科技馆管理有限公司杨莹）、《碳中和局势下清洁能源的意义和发展》（厦门科技馆管理有限公司陈章良）获二等奖，《污水漂流记，小林带你来探秘》（厦门水务中环污水处理有限公司林文博）、《守护“厦门蓝”，监测在行动》（厦门市环境监测站张杰儒）、《看不见的星星》（厦门科技馆管理有限公司陈佳慧）、《解密城市矿产重生密码》（厦门绿洲环保产业有限公司庄全龙）获三等奖，《一台电视机的使命 》（厦门市环境宣传教育中心）、《茶事未了——生态产品价值实现初探》（厦门市环境科学研究院刘尹）获优秀剧本，厦门市生态环境局获优秀组织奖。

2023年8月，在福建省环境科学学会承办的2023年福建省“我是生态环境讲解员”活动中，厦门市选送的优秀讲解员（含讲解作品）获奖名单：《一起来开启污水净化的“秘密宝盒”》（厦门市政环境科技股份有限公司程彦雄）、《碧海银滩鹭岛美 乘风破浪共守护》(厦门市政环能股份有限公司林鑫)获三等奖，厦门市生态环境局获优秀组织奖。

2023年9月，由中央美术学院实验艺术与科技艺术学院、中央美术学院科技艺术研究院、近海海洋环境科学国家重点实验室、厦门大学海洋与地球学院、厦门大学环境与生态学院、厦门大学科考船运行管理中心、福建台湾海峡海洋生态系统国家野外科学观测研究站、70.8海洋媒体实验室联合主办的“海洋传感器丨海洋主题科普艺术展”在中央美术学院美术馆开幕(图4-6)。此次展览是中央美术学院美术馆作为全国科普教育基地的首次展示。厦门大学环境与生态学院副院长马剑在“海洋观测的末梢——海洋传感器”的科普讲座中，系统性地介绍海洋观测的意义与背景、不同类型的海洋观测平台(科考船、水下机器人、载人潜水器等)、海洋传感器的分类等内容；还带来了厦门大学海洋传感器最新的研究进展，阐述近年来海洋环境监测的重点工作，分析海洋观测的瓶颈与“卡脖子”问题。

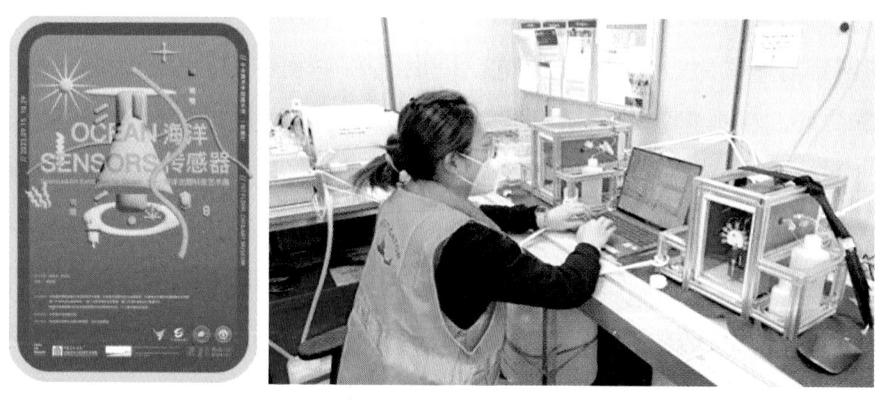

图4-6 “海洋传感器丨海洋主题科普艺术展”与科普讲座中有关海洋环境监测的内容

2023年9月，在以“提升全民科学素质，助力科技自立自强”为主题的2023年厦门市“全国科普日”启动仪式上，厦门科技馆、厦门市同安区科技馆、厦门市园林植物园、厦门大学海洋科技博物馆、厦门市青少年气象天文科普基地、厦门市青少年宫入选“2021—2025年第一批全国科普教育基地。这6家基地的科普教育都共同包含着丰富的生态环境科学内容。

4.2.2 面向青少年的环境教育

在厦门市环境科学学会成立初期，第一届理事会就根据邓小平关于“环境教育必须从娃娃抓起”指示精神，针对青少年的特点，与厦门市环境保护行政主管部门、厦门市教育学院配合，在全市中小学师生中开展环境科学知识宣传教育工作。

在无师资、无教材、无设备的情况下，1985年4月和10月，第一届理事会与厦门市教育学院联合在各中学化学老师中举办了两期环境保护基本理论和常识培训班，并自编了富有地方特色的乡土教材[①]。这两期环境教育师资培训班采取理论与实际操作相结合、课堂讲授与现场相结合的方式，持续进行近3个月的培训，提高了近百名厦门市各中学教师对下一代进行环境科学教育重要性的认识。

近百名中学化学教师受训后，转而向广大学生进行环境科学基本知识教育，并利用学生自由活动时间举办环境保护讲座、出墙报等。厦门第一中学、第二中学、第六中学、大同中学、第十中学等12所学校相继在学生中举办环境保护选修班，而更多的学校纷纷组织了环境保护兴趣小组。

1986年，由厦门市环境保护局、厦门市环境科学学会、厦门市第九中学联合创办了福建省第一个环保职业高中，学制3年。为了因应企业与社会之急需，第一届学生45人均提前毕业。因此，1988年又开办第二届环保职业高中。厦门市环境科学学会的欧寿铭、庄世坚等多名会员一直是环保职业高中的兼职教师。

第二届理事会积极探索环境教育的组织形式和方法。在中学的环境教育中，坚持独立开课与渗透结合的原则，制定《中学环境保护选修教学大纲》，在高一和高二年段开设“环境保护”选修课，并按授课计划进行教学，采取校内与校外、课堂与课余、理论与实践、教师与专家相结合的教学方法，增强学生对环境知识的兴趣。在小学的环境教育中，厦门市教委发文布置在小学的四、五年级开设环境教育课，运用环境教育与学科教学、科技活动、改善学校环境及群众宣传相结合的教学方法，开展环境教育。同时，小学的环境教育活动纳入学校工作议事日程，做到组织领导、活动对象、活动时间、活动内容、活动阵地五落实。在幼儿环境教育活动中，厦门采用渗透式非教育方法，寓教于乐，引导幼儿认识周围环境，从小养成爱护花草、保护周围环境的好习惯。

20世纪80年代后期，厦门市环境科学学会与厦门市教育委员会、厦门市环境保护局联合，每年都在中学（1986年起）和小学（1988年起）举办环境保护夏令营，

① 厦门市学校环境教育呈现立体格局，载于《中国环境报》1994年9月17日。

活动内容包括环境保护专题讲座、观看环境保护录像、组织环境保护知识演讲、举办环保智力竞赛、小论文宣讲评比、编排墙报、写心得体会、开展噪声监测和参观考察筼筜湖一期整治工程及环保优秀企业、环境治理工程等，还组织对北溪引水工程、汀溪水库进行调查。第二届理事会副理事长杨孙楷、副理事长林汉宗、秘书长刘震和一些会员都亲自为中小学生夏令营授课，并主持了夏令营环保知识竞赛和参观企业等活动。

在1988年的环境保护夏令营期间，适逢美国青年代表团一行来厦。在厦门市科协和厦门市化学会的倡议下，厦门市环境科学学会环保夏令营与美国青年代表团组织了一次联欢活动。

在1989年的第四届中学生夏令营中，理事会派出的会员以“警惕地球变暖”为题组织营员进行演讲比赛。这不仅在中学生幼小的心中播下了减污降碳的种子，而且为21世纪厦门市创建国家低碳城市厚植沃土。

在1991年的环境保护夏令营中，全体营员在参观考察厦门电化厂的污染治理情况后，许多学生直接参加了与厂长、技术人员的座谈会。其中，不少学生纷纷提出很有见地的意见和建议，促使厂长再三表态一定要加快污染治理进程、积极改善环境治理。

学校的环境教育和假期的环保夏令营活动把生态环保理念植入学生的心间，不仅增强了学生的环境意识，而且通过“小手拉大手”带动了家长、学校和社会也提升了对环境保护重要性的认识。在厦门，幼儿劝阻家长不要随手丢弃饮料瓶、小孩向家长了解环保问题、家长学习环保知识的场景随处可见。许多学生在学校或环保夏令营活动中纷纷表示，今后要把自己的一生奉献给环境保护事业。

由于厦门的环境教育收到了意想不到的社会效益，厦门市教委为加强环境教育队伍，也不失时机地利用假期出资派教师参加全国环境教育师资培训。为保证环境教育教师及时了解环境动态，厦门市环保局还免费为学校和教师增订环境报刊。

1994年3月，第三届理事会理事蒲宛兰通过对“化学教学与环境教育相结合”这一教改实践的总结，探讨了实行开放性的立体化教学，使环境教育成为德育的子系统，提高学生整体素质。论文《化学教学与环境教育相结合》在厦门市环境科学学会第六次学术交流会发表后，又获得厦门市化学会“化学教学与环境教育相结合”化学教学研究会第六届年会论文一等奖。

第三届理事会充分吸收前期环保第二课堂的经验，不断创新环境教育的组织形式和方法，在全市已形成中学、小学、幼儿园等多层次环境教育立体格局的基础上，组织编写了一部具有地方特色的《厦门市小学环境保护知识（试用）》教材。1996年春季，厦门市教委专门发出通知，要求小学的自然、社会及其他学科的教师结合有关教材选讲，并将这部教材作为全市小学的课外读物。此外，厦门市教委和厦门市环保局还积极帮助学校收集、订购全国各地编写的环境保护教材和音像资料。

1997年3月，厦门市环境宣传教育中心成立，并成为厦门市环境科学学会会员单位。在第三届理事会的指导下，厦门市环境科学学会与厦门市环境宣传教育中心联手，根据不同年龄阶段，开展形式多样、内容充实的环境教育，创造条件引导和组织青少年通过参加环境保护科普活动，培养青少年的环境意识及热爱自然、保护环境的良好习惯。

厦门市的环保夏令营一直是福建省环境教育的一个知名品牌。"九五"期间，厦门在组织环保夏令营的活动中，除了保持既往学生喜闻乐见的内容和形式，还组织学生到永安、东山、武夷山等地进行自然生态、海域保护、地质结构变化等考察；结合环保知识讲座，组织参观厦门市环境监测站实验室，进行噪声、降尘等环境监测项目的实测活动。这些活动的成效在社会上一再引起强烈反响，有力地推动了厦门各区教育局及区领导对环保宣传教育工作的重视，每年都受到厦门市教委的表扬。在福建省环境科学学会组织的历次环保作文竞赛中，厦门市环境科学学会通过数千篇作文的海选最后参评的作文获奖都在全省占据首位。每次参加全国环保作文、绘画竞赛也都硕果累累。1998年，在第五届全国青少年生物与环境科学探索活动中，厦门市有3项获全国一、二等奖，7项获省一、二等奖。

厦门与台湾一衣带水，第三届理事会和厦门市环境宣教中心利用地缘优势，从1997年开始就组织举办了"厦（门）台（湾）环保科技夏令营""海峡两岸青少年生态环保夏令营""厦门国际环境摄影比赛冬令营""厦门、台湾小学生交流营""厦门、香港环保科技夏令营""香港蚬壳有限公司举办的环保公益广告设计比赛""台商在厦子女生态环保夏令营""厦门、台湾中学生环保夏令营"等活动，为海峡两岸和港澳青少年提供沟通互动平台。其中，国台办、省台办领导和厦门市委的两位副书记等领导还出席了首次台（湾）厦（门）环保科技夏令营的开幕式活动。2004年8月，"海峡两岸青少年环保夏令营"按不同年龄段组织学生活动，令海峡两岸的学生印象深刻、终生难忘。

海峡两岸青少年环保夏令（交流）营的活动在孩子们心里种下了保护海峡两岸生态环境的种子。从那时候起，保护环境开始就成为两岸孩子们共同的话题、相同的使命。所以，厦门市环境科学学会的一些理事和会员在参与这些活动中深切地体会到，身在厦门就应发挥厦门市对台工作的优势，加强与台湾的环境教育交流和合作，实施环境教育先行先试，为海峡两岸各个城市的生态文明建设提供经验。

厦门是一个海港风景旅游城市，并以保护海洋环境为己任。1998年“6・5世界环境日”的系列活动就丰富多彩：厦门市幼儿园环境教育现场观摩及一批幼儿园环境教育先进个人受到表彰。以实验小学为代表的“热爱我们共有的家园”和“拯救我们的海洋”为主题的系列活动，通过五颜六色的百米现场水彩画和环保知识竞赛，将活动推向高潮。厦门大学校园开展了“海洋与环保知识竞赛”、专家咨询、现场书画、散发宣传传单、播放环保录像等活动。全市75个“我爱我家环境美”优胜户受到表彰。厦门市政府在新闻发布会发布“厦门市环境保护公报”。一台“绿色的歌谣”晚会在全市公演。①

2001年，第三届理事会召开理事会认真贯彻时任福建省省长的习近平同志在福建省环境保护工作座谈会上关于“要进一步加强环境宣传教育”的指示，理事长吴子琳明确要求：厦门市环境科学学会每年要配合厦门市教育局与各中小学开展环保夏令营，通过邀请专家授课、展板展示、发放宣传材料等方式宣传环保科普知识。

2001年，厦门市科协商请厦门市环境科学学会会员商少凌（厦门大学环境科学研究中心副教授）作为我国参加第九届国际环境科学奥林匹克竞赛的领队。厦门初中生庄彦在土耳其参赛获奖回国后，还获得时任全国人大常委会副委员长许嘉璐颁授的“明天小小科学家”称号（教育部、中国科协、周凯旋基金会主办的科技教育活动）。厦门高中生韩诗莹等3位同学合作的“中国厦门文昌鱼的保护”研究项目，在第52届英特尔国际科学与工程学大奖赛中获得中国唯一的集体项目奖。

按照中国科协的统一部署，全国青少年科技活动领导小组于2000年决定，原逢单数年举办的“全国青少年生物和环境科学实践活动”与逢双数年举办的“全国青少年科技创新大赛”进行合并，每年举办一届，届数合并计算。厦门市科协也与厦门市教育局合作，在原有科技发明创造、生物与环境科学实践活动、研究性学习等科技竞赛

① 厦门6・5世界环境日 爱我海洋”，载于《中国环境报》1998年6月7日。

的基础上，从2002年起举办第十七届厦门市青少年科技创新大赛。

从此，青少年科技创新大赛成为厦门市最具权威性、最有影响力的青少年科技盛会。厦门每年都有一大批中小学生参与“青少年科技创新大赛”，在参与和获奖的项目中，环境科技项目的比例最多。从2002年起，厦门市不仅在“青少年科技创新大赛”的奖项数量上力压全省其他地市，而且在国际英特尔、国际环境科学奥林匹克竞赛中频频夺得金、银、铜奖。第三届理事会理事曾国寿（厦门一中生物老师）也获得2002年第53届国际科学与工程学大奖赛集体三等奖指导教师和2003年“英特尔国际科学与工程学大奖赛”英特尔杰出教师第一名等称号。

2003年1月，厦门市环保局原局长吴子琳续任第四届理事长，在厦门市环境科学学会会员代表大会上强调：要充分利用社团优势，广泛运用NGO的形式开展如“鹭岛关爱日”“观鸟活动”等群众喜闻乐见又能身体力行的活动，同时积极开展培训活动，使学会活动有声有色。

因此，一场场以环保为主题的“亲子风筝赛”、雕塑展、电视知识大赛、绘画、板报、征文、灯谜等丰富多彩的活动，不断在厦门市上演，人们在参与中学习、感悟生态文明的真谛。值得一提的是，厦门各界各阶层的人士在这些活动中都是以普通市民的身份自觉参与。像2004年“6・5世界环境日”的“幼儿环保行——亲子风筝赛”活动中，时任厦门市人大常委会主任洪永世就在活动人群中被发现（图4-7）。

图 4-7　洪永世以普通市民身份跻身 2004 年世界环境日“幼儿环保行——亲子风筝赛”活动

从青少年生物与环境科学探索活动到青少年科技创新大赛，每个赛事厦门市科协都要邀请厦门市环境科学学会的专家担任评委。2005年，厦门市科技馆开辟“环保展厅”。在策展阶段，厦门市环境科学学会就积极参与，庄世坚、余进也被厦门市科技馆聘为“名誉顾问”。

2005年3月，在厦门海底世界和厦门市环境宣传教育中心联合举办的儿童绘画比赛中，精选了12幅画参加“绿色世界”第10届儿童与青年艺术创作国际比赛。厦门市翔安区新圩中心小学叶菁菁的作品《地球妈妈笑了》获“最佳外国作品奖”。

2006年，厦门市环境宣传教育中心获“十五”期间福建省环境教育先进集体称号和创建绿色学校活动优秀组织单位。自此，厦门市环境宣传教育中心根据“十一五”环保宣传教育规划，将宣传教育工作的重点转移到对企业、农村的专题环境教育工作上，通过举办“环保下乡”、免费播放环保电影、分发环保小册子等形式进行环境教育。2009年，又积极参与“安静居住小区”创建活动。

“十一五”期间，厦门市以创建“绿色学校”为主要载体的环境教育活动蓬勃发展，很多学校也把素质教育作为有效抓手，主动将环境教育的相关内容贯穿在学校的管理、教育教学和建设全过程，引导师生关注环境问题，让青少年在受教育学知识的同时，提升环境保护意识。有的学校还把“环保绿色”作为文明学校的标志，把创建绿色学校纳入学校的发展规划，建立健全以“校长—中层领导—教师—学生”为架构的绿色创建组织网络。

“十二五”期间，厦门市教育主管部门把课堂教学作为环境教育的主阵地，要求任课教师在教学的主渠道中渗透环境教育。有些学校组建了以语文、历史、地理、生物、化学等相关学科教师为成员的环境教育教研组。有些学校在研究性学习课程中，将环保兴趣活动纳入学习课程中，并配备专门的教师指导环保兴趣小组开展活动。

厦门市坚持环境教育从青少年抓起，把环境教育作为提高学生素养和改进校园环境管理的切入点，而环境教育的教材是十分重要的工作基础。为此，厦门市教育局与厦门市环保局组成《厦门市小学环境教育读本》《厦门市高中环境教育读本》编委会。编委会主任赖菡、王文杰，副主任郭献文、庄世坚*，委员李燕娜、陈伟民、余进*、关琰珠*、潘世锋、姜金灿、林蓓蕾*、张艳*、李依铭、李日芳。2013年3月，《厦门市小学环境教育读本》《厦门市高中环境教育读本》由福建教育出版社出版发行（图4-8）。

“十二五”期间，厦门市环境科学学会和厦门市环境宣传教育中心还积极地推动环境教育立法。厦门市人民政府2016年8月颁布的《厦门市环境教育规定》明文规定，市教育行政管理部门应当将环境教育列入对学校办学考核的内容，应当会同市环境保护行政管理部门组织编制环境教育读本。教育行政管理部门及学校应当做好学校环境

图 4-8　厦门小学生在思考《厦门市小学环境教育读本》中的问题

教育人员的选拔、培训和管理工作，加强学校环境教育师资力量建设。教育行政管理部门及学校可以引入符合条件的社会组织和个人参与学校的环境教育活动。中学、小学和幼儿园应当将环境教育内容纳入教学计划。小学和初级中学学生每学年接受环境教育不得少于12学时，高级中学学生每学年接受环境教育不得少于8学时，其中环境实践教育环节不得少于4学时。

2017年1月1日施行《厦门市环境教育规定》后，厦门市环境科学学会依然积极配合厦门市教育部门进行中小学的环境教育，除了课堂教学，还创新了主题班会、户外实践、基地体验多层次结合的教育形式（图4-9和图4-10）。2015—2017年，第五届理事会分别与东渡二小、诗坂中学和巷西中学共同举办环保夏令营，为学生宣贯垃圾分类、空气质量、大气污染来源和防治等环保相关知识。2019年7月，第六届理事会与厦门市实验小学联合开展“成长必修课 • 环保伴我行”环保夏令营，增进了孩子们对生态环境保护相关工作的了解。多年来，厦门大学附属科技中学的海洋生物学科课程

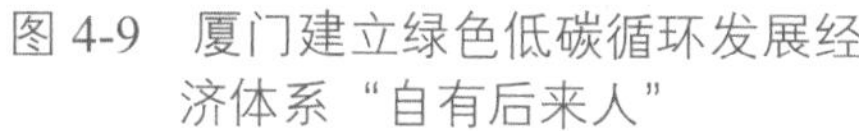
图 4-9　厦门建立绿色低碳循环发展经济体系“自有后来人”

图 4-10　2022 年“青春飞扬，筑梦海洋”科普夏令营活动

与研究性学习课程结合，初中生人手一册《认识海洋生物》的课本，开展的涉海课题数已接近学校课题总数的20%，50多个科技创新项目在全国、省、市青少年科技创新大赛中获奖，科技中学也获得“全国海洋意识教育基地”称号。

近十几年来，厦门市教育系统把环境教育、节约教育、国情教育等生态文明教育融入育人全过程中，为生态文明建设提供人才、智力和精神文化支撑。厦门全市中小学均对照《厦门市创建全国生态文明示范市指标体系》，因地制宜开展生态文明建设和环境保护宣传教育主题活动，均安排超过12课时的生态环境教育，全市环境教育的普及率100%，且结出累累硕果。厦门市通过中小学环境教育活动，不仅提高了中小学师生的环境素养与环保意识，而且通过“小手牵大手”活动，让孩子们成为一粒粒传播环保理念的“种子”，以此来带动影响身边的人，让更多的人参与到环保活动中，起到教育一个孩子，带动一个家庭，辐射社区、影响社会，推动了公众更广泛地参与保护环境的行动的效果。厦门市教育局局长陈珍认为，深入开展生态文明教育，把生态价值观融入立德树人全过程，是教育部门助力教育高质量发展的应有之义，不仅要优化生态文明教育的教学内容和方式，更要付诸实践，让绿色成为孩子们成长中最动人的色彩[①]。

① 厦门：让绿色成为孩子们成长中最动人的色彩，载于《福建日报》2023年10月27日，第11版。

第五章

党和政府环保决策服务平台

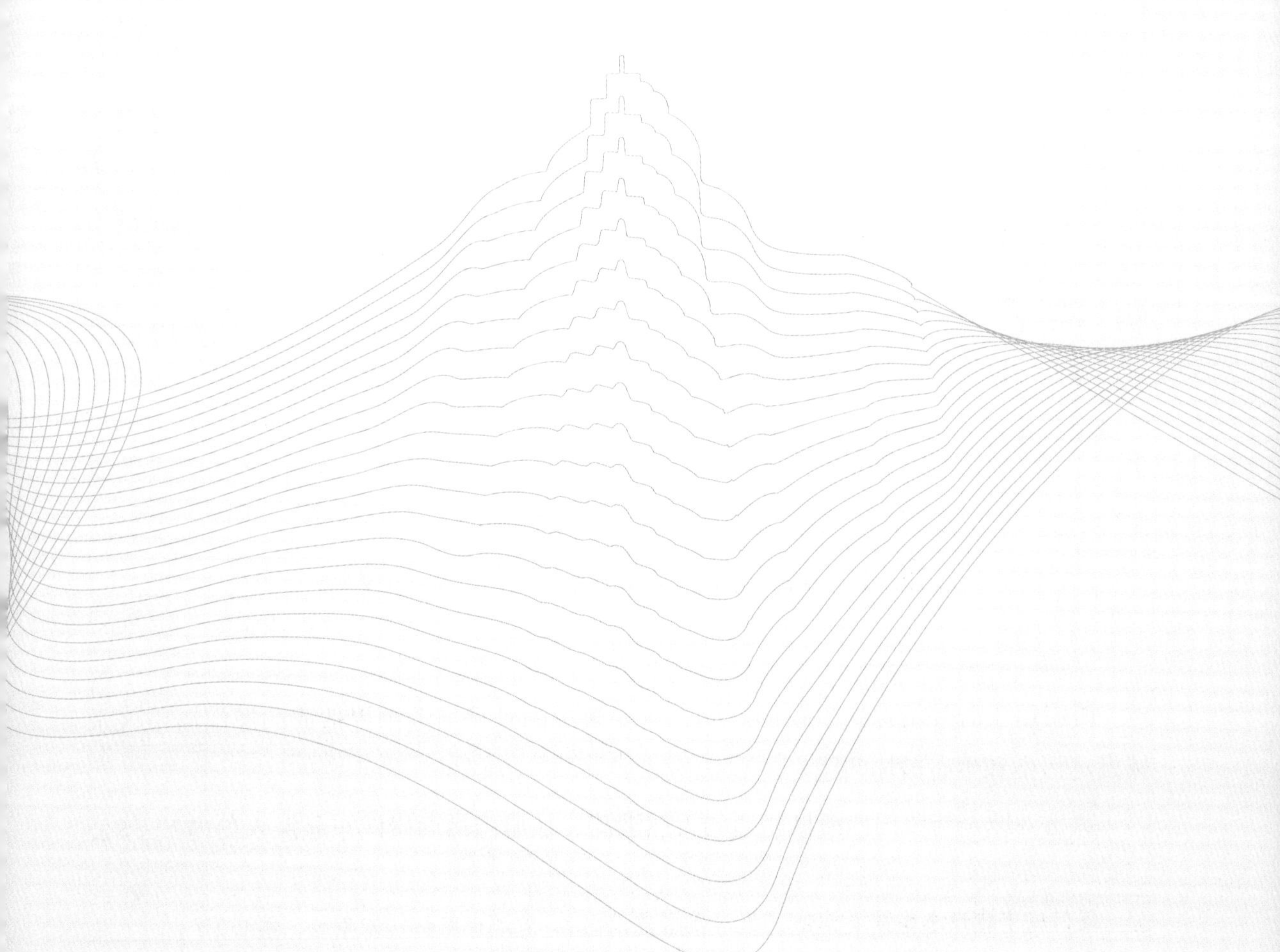

为党委和政府建言献策提供科学决策服务（包括开展科学论证和课题研究、提供决策咨询服务等），一直被视为是科技学会的重要使命所在。厦门市环境科学学会从诞生之日就利用跨行业、多学科、技术人才集中的优势，着力发挥学会环境科技思想库作用，敏锐地把握厦门市政府需求，找准切入点开展专题调查研究，围绕基于厦门市的环境保护科研成果和大数据分析，形成了许许多多有分量、有针对性、有科学依据和前瞻性的决策咨询意见建议，持续为中共厦门市委、市政府和有关部门在污染治理与规划布局等重大的综合的决策上，提供了创新思想和前瞻性建议[①]。

厦门市环境科学学会理事会直接联系着会员和一线环境科技工作者，可以将个人智慧上升为群体的共同智慧。长期以来，通过学会理事会这个集体智慧综合集成平台，或组织专家参加不同形式的科技咨询，或参加中共厦门市委、市政府召开的环保工作科技月谈会或专题会等，或向厦门市人大、政协提交建议或提案等，提出了许多环境保护工作咨询意见和政策建议，避免了重大环境问题决策上的失误。

厦门大学环境与生态学院院长吕永龙（“联合国可持续发展目标技术促进机制10人组”成员）在“科技创新促进联合国可持续发展目标”研讨会上说过：“科学家永远不可能替代决策者作决策，我们能做的就是通过对话交流了解决策者的需求，然后为他们提供科学的数据或证据。”40年来，厦门市环境科学学会的专家积极认真地建有用之言、献务实之策，其中相当一部分已被厦门市政府或相关部门采用，直接服务于厦门市的生态环境保护工作，确实发挥了作为党和政府环保决策服务平台的作用。

在此，从“厦门筼筜湖综合治理之故事”“海沧台商投资区环评之纪实”“厦门市海域生态修复之史迹”3个典型案例就可见一斑。

5.1 厦门筼筜湖综合治理之故事

厦门市生态环境保护事业的开创，首要解决的是筼筜港围堤造成的厦门新市区水域黑臭污染和生态破坏问题。

筼筜港原是与厦门西海域相通的天然港湾，从厦门岛西岸向东北深入岛内7～8公

① 厦门城市建设志编纂委员会：《厦门城市建设志》，鹭江出版社1992年版，第450页。

里，宽2～3公里，水面有20平方公里。100多年前，人们开始在筼筜港南岸填海造地。至1938年，港湾面积已剩不到9平方公里，但是依然是我国东南沿海良好的天然避风坞，盛产鱼虾（年产量3000万吨）。周边排入筼筜港的污水总量不大，在每天两次潮汐交换作用下，筼筜港没有出现污染问题。因此，千百年来筼筜港一直保持着清澈的水质（图5-1）。

“文革”期间，筼筜港遭遇了空前劫难。在全国“农业学大寨”“备战备荒”的大环境下，厦门市革命委员会提出围垦筼筜港向大海要粮食的目标。1970年7月29日，在“全民以农粮为纲，千军万马垦筼筜”“围垦筼筜港，建设新厦门”的口号声中，厦门开始了大规模填筑筼筜港口的围海造田工程，围垦工程共投入土石方59.77万立方米[①]。1971年5月5日，筼筜海堤（1700米长）合龙，筼筜港就此从地球上消失，取而代之的是水域缩小成2.2平方公里的“死海”——筼筜湖（图5-2）。

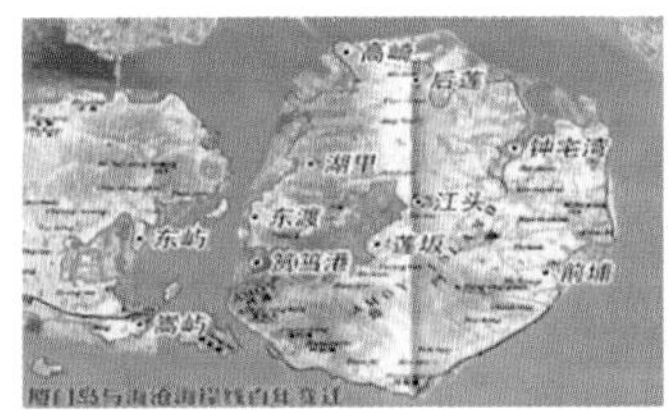

图 5-1　围垦前的筼筜港

图 5-2　围垦后的筼筜湖卫星影像图（1975 年，1980 年）

20世纪70年代，筼筜湖周围的盐碱地不适合种植粮食而辟为厦门新市区，因而工业区和居住区在筼筜湖南北两岸成片开发快速发展。1982年，厦门市启动第一轮城市总体规划，提出将筼筜湖周围规划为新市区。

筼筜湖的库容仅270万立方米，其汇水区面积却保持着围垦前的37.1平方公里。围垦后，汇水区内37万居民的生活污水和210家工厂的工业废水（废水量3.5万吨/日），未经处理长年累月直排入筼筜湖，仅靠西北角一座孔径3.5米的四孔闸门与西海域海水少量交换，导致筼筜湖水渐渐发黑变臭，水质急剧恶化。从筼筜湖中散发出的臭气严重影响沿湖居民的生活，湖边住户常年不敢开窗，路人经过无不掩鼻，百姓苦不堪言（图5-3）。

20世纪80年代初，治理筼筜湖污染成为厦门全社会的强烈呼声和共同期盼。厦门

① 《厦门市政志》编纂委员会:《厦门市政志》，厦门大学出版社1991年版，第150页。

图 5-3　20 世纪 80 年代筼筜湖水体重度污染、黑臭不堪、垃圾遍地

市革命委员会为“还城市一片明净的水域”殚精竭虑。1980年5月，厦门市革命委员会向全市批转厦门市环保办《关于对筼筜港水质污染进行调查实施方案的报告》。

1980年8月，全国人大常委会宣布，在深圳、珠海、汕头、厦门设立经济特区。1980年10月，国务院同意在厦门岛西北部的湖里地区划出2.5平方公里的土地，设置厦门经济特区。但是，令人望而生畏的筼筜湖环境污染不仅危害周围居民的身心健康，而且直接制约新设立的厦门经济特区投资环境和厦门经济社会的发展。

1981年，厦门市政府把制订筼筜湖污染综合治理方案作为厦门市环保办的首要任务。

1981年8月，国务院环境保护领导小组办公室召开经济特区环境影响评价工作座谈会，决定对厦门及其他特区进行环境本底调查和环境影响评价，并拨款10万元作为厦门特区环境影响预评价费用。

1981年10月，厦门市环境保护监测站完成《筼筜湖水质污染监测报告与初步评价》。

1981年11月，厦门市政府转发厦门市环保办《关于控制筼筜港主要污染源的意见》。

1982年3月，厦门市建委委派刘震等3人代表厦门市环保办、环保监测站和厦门筼筜港新区建设指挥部，向国务院环保办水处汇报“厦门筼筜港的污染已严重影响厦门经济特区建设的问题”。国务院环保办十分重视，先后4次召集在京的有关专家座谈筼筜湖污染的综合根治问题。

1982年5月，厦门市环保办及其监测站成立制订筼筜湖污染综合治理方案攻关组（由陈淑勉*、庄世坚*、叶丽娜*、陈连兴*、黄鹭滨*、李颖杰、洪建东、林汉宗*8人组成），对筼筜湖水质、底泥、生物和污染源进行监测与调查，开展一系列实验和研究。

在攻关期间，攻关组向厦门大学、国家海洋局第三海洋研究所等在厦门的科研机构和规划、城建部门及社会各界广泛征询意见；不同层次的厦门市民也积极主动参与。如1982年4月，中共厦门市委书记陆自奋对筼筜港内外湖水质功能座谈情况作出批示，提出外湖用海水、内湖用淡水交换的活水净化思路。1982年10月18日，厦门市政府召开筼筜湖治理专题会议，常务副市长向真和副市长林源分别提出了治理和控制污染源的组织、教育和规划措施，决定对113家主要污染源实行限期整治。1982年11月，厦门警备区副司令员提出引钟宅湾海水每天置换筼筜湖水的东水西调设想。1982年11月，东渡的农民写信提出利用潮汐作用引西海域海水进行水体交换的建议。

由于在厦门的高等院校和科研机构从事环保科技工作的人员大多数为理科人才①，因此厦门市政府及相关部门又指引攻关组于1982年10—12月到同济大学、中国科学院水生生物研究所、上海市政工程设计院、清华大学、轻工部环境保护研究所和北京环境保护科研所等单位，求教国内环境工程的权威专家、学者和工程技术人员。

1983年1月起，同济大学副校长高廷耀、给排水系主任胡家骏、赵俊英等教师数次到筼筜湖调研，为厦门市领导（向真、林源等）和相关部门授课与座谈，并在座谈中提出治理工程建议。在攻关组研究筼筜湖污染综合治理方案的过程中，围绕湖底是否清淤，污水处理厂是否建设，或是采用氧化塘曝气，或是用多种高等植物吸收污染物，利用潮汐作用引海水进行水体交换是否会导致西海域污染等意见攻关组都认真论证。例如，庄世坚认为筼筜湖区基岩埋藏较深，湖底覆盖于软土地基上的污染底泥必须清淤，并且运用模糊聚类法对筼筜湖底泥污染进行区划②，就可以确定要在哪个区域清挖污泥、要清挖多少量。同济大学胡家骏牵头编报了《筼筜湖雨洪问题分析》。1983年6—7月，厦门市环境科学学会理事长吴瑜端和厦门市水利学会的张宗旺也分别提出“纳潮排污”的建议。

1983年10月，厦门市环保办及其攻关组通过对数十个治理方案反复进行比选、实验和论证，基本完成《筼筜湖水体污染调查与评价及综合治理规划意见》的编制（陈淑勉*、林汉宗*、庄世坚*、叶丽娜*编写）；其主要内容和《厦门市环境质量综合调查与研究报告》一起被优先编入《厦门市环境影响报告书》（吴子琳*、洪赞音*、黄国和*、孙飒梅*、陈淑勉*、徐沧榕、吴瑜端*、陈泽夏*、许东楚、孔昭真、王少

① 厦门市环境保护专业组:《厦门市环境保护科技发展规划（1986年-2000年）》，第7页。
② 庄世坚：用模糊聚类法区划底泥污染，载于《环境科学丛刊》（现易名《环境工程学报》）1984年第9期，第38-43页。

泉、黄妙云、彭庆祥编写)，并向国务院环保办提交了全国第一份区域环境影响报告书（图5-4）。

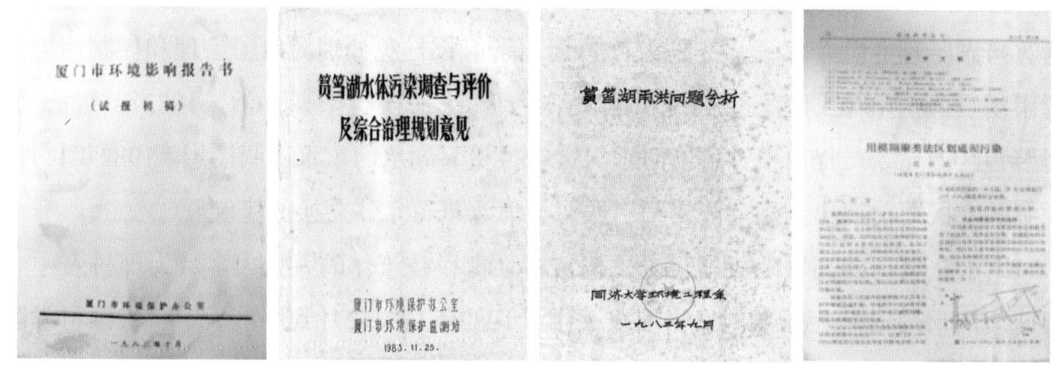

图 5-4 《篔筜湖水体污染调查与评价及综合治理规划意见》及相关研究报告

1983年11月，厦门市环保办及其攻关组编制完成《篔筜湖水体污染调查与评价及综合治理规划意见》报告，提出了篔筜湖污染综合治理的技术路线和规划意见。报告表明，篔筜湖臭气冲天，水质黑褐。内湖的溶解氧为零，呈厌氧分解状态；湖底墨黑的污泥巨量淤积，内外湖均无底栖生物；湖内的生态系统彻底崩溃，湖中游泳生物仅存1种耐低氧和抗不良环境的攀鲈鱼，其他浮游动物、浮游植物均无生命迹象；湖面飞禽避走，四周蚊蝇滋生；湖区杂草丛生、垃圾遍地。报告指出，“有机物对篔筜湖的污染已达到极其严重的程度”“篔筜湖已经完全失去自净的能力”“成为民愤极大的‘臭水湖’，人们称它为‘篔筜恼火’”。

1983年11月底到12月初，厦门市环境科学学会成立时召开的学术交流会以篔筜湖污染综合防治为主题，进一步征求全市环境科技工作者的意见。国务院环保办副主任、中国环境科学学会副理事长陈西平专程来厦门，并在厦门市环境科学学会成立大会作了主旨报告。陈淑勉代表攻关组作了“篔筜湖调查与初步评价及综合治理意见”的报告，赵俊英代表同济大学作了“关于近期改善厦门市篔筜湖区水质黑臭现状的建议方案”的报告。攻关组全体人员参加或旁听了有关篔筜湖治理的论文研讨。

1984年初，《篔筜湖水体污染调查与评价及综合治理规划意见》转化为篔筜湖污染综合治理总体方案和工程可行性研究及初步设计，并经过篔筜湖整治领导小组和专家组多次论证，1984年8月确定了技术路线：控制污染源、污水截流、湖底清淤、建设污水处理厂、利用潮汐作用引海水进行水体交换、防洪蓄洪和园林绿化（简称“截污处理、清淤筑岸、搞活水体、美化环境”16字整治方案）。

1984年底，厦门市污水治理筹建处*（隶属厦门市公用事业局）成立，负责筼筜湖环境综合整治工程的实施。从此，以整治筼筜湖为中心的厦门水污染整治工程开始启动，从而开启了长达30多年的筼筜湖综合整治艰巨历程。

1985年4月，福建省政府批复厦门筼筜湖南岸污水处理厂初步设计（工程概算4091.98万元）。8月，南岸截流工程动工。12月5日，筼筜湖内湖清淤工程竣工验收，清挖底泥230万立方米，扩大水面50公顷，增加库容约198万立方米。①

在筼筜湖整治一期工程艰难起步的前3年，资金投入很少，工程进度缓慢，而排入湖中的污水量随着新市区的开发而不断增加。1984—1987年，筼筜湖水越来越臭，湖区周围废渣垃圾成堆，杂草丛生，蚊蝇滋生，污泥发酵散发出恶臭，路人要掩鼻而行，汽车要提前关窗。湖区周围住宅窗户大都紧闭，而室内铜锁、铜把手受空气中硫化氢作用很快变黑。对于筼筜湖环境污染的影响，湖滨的居民怨声载道，厦门市人大代表、政协委员在组织对筼筜湖区调研后纷纷对市政府提出批评，厦门电视台和《厦门日报》也积极开展舆论监督（图5-5）。

厦门日报

治不好筼筜湖 何颜见“江东父老”

图 5-5　厦门市人大代表在筼筜湖区调研，《厦门日报》发表《治不好筼筜湖 何颜见“江东父老”》文章

1987年12月底，厦门市九届人大一次会议期间，张渐摩、陈隆海、吴子琳*等28名市人大代表提出“关于加快筼筜湖综合治理”议案。

对于筼筜湖的环境污染，时任中共厦门市委常委、副市长的习近平同志主编的《1985年—2000年厦门经济社会发展战略》明确提出：“位于市区的最大地表水面筼筜湖，水体变黑发臭，有机物污染严重……此环境问题必须引起高度重视，急速给予治

① 中共厦门市委党史研究室：《中共厦门地方志专题研究（社会主义时期Ⅲ）》，中共党史出版社2005年版，第318页。

理。”“集中一定的财力、物力、科研力量积极治理筼筜湖，采取工程措施和生物措施相结合的方法，使湖面变清，生物适度繁衍，变成市内优美风景区，利于人们的生活与健康。”①

1988年初，时任厦门市常务副市长的习近平同志分工主抓当时厦门市八大重点工程的筼筜湖污水治理工程、通讯信息和特区道路工程②。习近平同志对筼筜湖的污染水体和破坏的生态及排入湖中的污水量上升到5.5万吨/日进行了充分的调查，全面了解了筼筜湖综合整治现状、问题及近期治理打算，审阅了《筼筜湖水体污染调查与评价及综合治理规划意见》和总体方案，以其远见卓识、忧患意识和使命担当，全面深刻思考加快解决筼筜湖生态环境问题的举措。

为突破筼筜湖整治一期工程进展缓慢的瓶颈，习近平同志于1988年3月30日主持召开关于加快筼筜湖综合整治的专题会议。会议要求：

（1）统一思想，加强领导。

（2）依法治湖，制定管理规定。

（3）解决治湖资金，多渠道集资。

（4）同意筼筜湖综合治理总体方案。

（5）各部门全力支持筼筜湖治理工作。（图5-6）

针对前期资金不足问题，会议还明确1988年和1989年每年投入1000万元财政资金，占当时全市基本建设支出近10%。同时，多渠道筹措排污费、土地批租收入、借款和

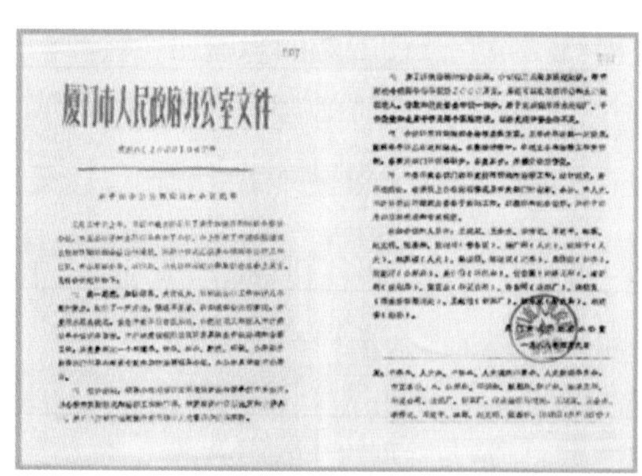

厦门市人民政府办公室文件

图 5-6　厦门市政府关于综合整治筼筜湖的会议纪要

① 习近平、罗季荣、郑金沐：《1985年—2000年厦门经济社会发展战略》，鹭江出版社1989年版，第345-347页。

② 中央党校采访实录编辑室：《习近平在厦门》，中共中央党校出版社2020年版，第90页。

技改资金，以空前力度加大投入。

习近平同志为加快筼筜湖综合治理决策的方略，归纳起来就是“依法治湖、截污处理、清淤筑岸、搞活水体、美化环境”20字方针。从此，筼筜湖综合整治工程按照20字方针指引突破了难关，而且建立了生态修复综合治理机制，多措并举，综合施策，全面展开。

1988年4月7日，厦门市人大常委会部分组成人员、部分人大代表、政协委员和市政府相关部门领导近百人视察筼筜湖污染状况，并提出建议。厦门市人大常委会主任王金水在厦门市环保局会议室发出告诫：要吸取教训，在今后的建设与发展中，宁可少上几个项目，也要保护环境；宁可少盖几栋房子，也要保证资金治理筼筜湖。1988年4月9日，厦门市建委召开“关于筼筜湖综合治理会议”，成立建委系统筼筜湖治理实施协调组。1989年7月，厦门市人大常委会通过《关于确保筼筜湖综合整治规划实施的决议》。从此，厦门市政府每年除从地方财政拿出1000万元，又从湖区土地批租中增拨1000万元。到1996年，用于筼筜湖治理的专项资金投入已达2.3亿元。

虽然在20世纪80年代初，厦门市环保办为筼筜湖污染源治理就对厦门市的造纸行业进行整治，并牵头进行氲氨法造纸试验。为落实习近平同志加快筼筜湖综合治理的部署，避免筼筜湖边治理边污染，1988年4月起，厦门市环保局依法对排入筼筜湖、负荷占60%的25家主要工厂污染源实行限期治理，并责令岛内3家造纸厂停止制浆。

为了评估利用潮汐作用引西海域海水与筼筜湖进行水体交换对西海域的影响，厦门市环境保护局受厦门市建委之托，于1988年7月，组织厦门市环境科学学会的理事单位（厦门大学、国家海洋局第三海洋研究所、鹭江大学、厦门市环境监测站、污水治理工程筹建处）成立筼筜湖纳潮排污试验协调小组，开展水质功能、西海域潮流、海流状况、水动力状况、自净能力和纳污容量的实验与研究，并分区评价厦门港海域环境质量，为治理筼筜湖提供了科学决策依据（图5-7）。

1989年4月14日，厦门市政府发文上报国家环境保护局，将筼筜湖列为第二批全国

图 5-7　学会理事单位关于筼筜湖水质功能、西海域潮流、海流状况等研究报告

污染限期整治的项目，并列为厦门市重点工程项目。1989年5月，厦门市实现了将原来排入筼筜湖的112家工厂的污水截流，排入污水管网由污水处理厂集中处理①。（图5-8）

图 5-8 筼筜湖整治工程施工现场

1990年6月，厦门市筼筜湖综合整治完成南岸污水截流、提升泵站和污水处理厂及搞活水体工程，1991年实现了“湖水基本不臭”的目标，湖水达到国家四类地表水水体的标准。

1991年8月，筼筜湖综合整治一期工程被国家环保局和国家建设部评为“全国城市环境综合整治优秀项目”（图5-9）。

证 书

厦门市筼筜湖综合整治一期工程 被评为全国城市环境综合整治优秀项目

此证

全国城市环境综合整治

优秀项目

国家环保局
建设部

一九九一年八月

图 5-9 厦门市筼筜湖综合整治一期工程被评为“全国城市环境综合整治优秀项目”

1992年6月，投资1.1亿元的筼筜湖一期整治工程完工。为了向厦门人民汇报筼筜湖治理成果，在原污染最严重的筼筜湖干渠举行了治理后第一次规模盛大的“1992年厦门筼筜湖龙舟邀请赛”。

1993年11月，“筼筜湖综合治理及开发利用”项目获得厦门市科学技术进步奖一等奖；郝松乔*、洪朝良*、张益河、吴子琳*、林汉宗*、陈淑勉*、高诚铁*、洪诗文、陈泽夏*、许溪滨*、吴瑜端*、王隆发*、高维真*、杨邦建*、谢开礼*成为厦门市政

① 福建省地方志编纂委员会:《福建省志·环境保护志》，福建人民出版社2008年版，第531页。

府重奖有突出贡献的科技人员。

随着厦门经济特区经济社会的高速发展，作为厦门新市区的筼筜湖区建设突飞猛进，随之而来的是排入筼筜湖的污水量不断增加（1994年达近30万吨/日），原有的截污处理设施又尚待完善。为此，厦门市筼筜湖管理处根据厦门市环境监测中心站每年对筼筜湖水质、底质的监测报告和福建省水产研究所编报的《筼筜湖水产资源调查报告》（1994年4月）及其他专项调研报告，并充分考虑和吸收专家和厦门市环境科学学会历次学术交流会中和学术刊物登载的关于筼筜湖综合整治的论文的一些观点和合理建议，于1994年8月起开展了筼筜湖二期综合整治工程。例如，张宗旺的论文《改建筼筜湖排洪挡潮闸进行纳潮排污试验的水环境效益》，载于《水资源保护》1988年第Z1期；陈砚的论文《筼筜湖纳潮排污对厦门西港水质的影响》，载于《台湾海峡》1990年第4期；洪朝良的论文《厦门市筼筜湖纳潮搞活水体的机制和效果》，载于《水利科技》1991年第2期；高维真、高诚铁的论文《厦门筼筜湖纳潮排污的试验与模拟研究》，载于《中国环境科学（学报）》1992年第6期；陈淑勉的论文《筼筜湖纳潮排污搞活水体及其对西海域影响试验研究》，载于《厦门科技》1992年第6期。

1994年10月，厦门筼筜湖污染综合整治项目被联合国开发计划署（UNDP）、全球环境基金（Global Environment Facility，GEF）和国际海事组织（International Maritime Organization，IMO）确定为东亚海域污染防治管理示范区的示范工程。

1995年2月，时任国务委员、国务院环境保护委员会主任、国家科委主任宋健对厦门经济特区进行高科技发展和环境保护进行考察。宋健在筼筜湖污水处理厂调研时，了解到经过厦门市多年的不懈努力，筼筜湖已改变过去黑臭面貌。（图5-10）宋健特别

图 5-10　时任国务院环委会主任宋健在筼筜湖污水处理厂调研

指出：筼筜湖综合整治被国家评为优秀项目当之无愧，并勉励厦门要巩固已取得的治理成果，要求继续做好筼筜湖二期污水处理厂工程的建设[①]。

1997年，吕孙续*等13位人大代表提出“再造筼筜‘渔火’，营造市民共享的休闲空间”的议案。厦门市十届人大常委会结合议案督办，于1997年7月审议通过《厦门经济特区筼筜湖区管理办法》，把筼筜湖定位为“厦门市的文化娱乐、游览休闲的风景区”，明确湖区范围和管理体制，设立专门管理机构。

1997年，世界F1方程式摩托艇比赛就在筼筜湖举行。2006—2010年，海峡两岸高校挑战赛暨北大-清华赛艇邀请赛每年在筼筜湖举行。

在筼筜湖开展二期、三期、四期大规模综合整治工程过程中，厦门市环境科学学会的会员和其他专家又发表了一系列学术论文，为厦门市筼筜湖管理处和相关部门提供了重要的参考。例如：

卢振彬*、杜琦*、黄毅坚*的论文《厦门筼筜湖游泳生物的生态》，载于《应用生态学报》1996年第s1期。

卢振彬*、杜琦*、黄毅坚*的论文《厦门筼筜湖综合治理的生态效果》，载于《台湾海峡》1997年第3期。

叶清的论文《筼筜港——筼筜湖地理环境变迁的影响》，载于《中国减灾》1999年第4期。

欧寿铭*、潘荔卿*、魏育*、郑金树*、黄美珍*的论文《厦门筼筜湖纳潮排污能力研究》，载于《台湾海峡》2002年第1期。

戴泉水、卢振彬*、蔡清海*的论文《厦门筼筜湖游泳生物种类组成和资源状况》，载于《海洋水产研究》2005年第1期。

姬厚德、潘伟然*、张国荣，骆智斌的论文《筼筜湖纳潮量与海水交换时间的计算》，载于《厦门大学学报（自然科学版）》2006年第5期。

谢小青*的论文《厦门市筼筜湖城市防汛排涝现状及其对策》，载于《福建建筑》2007年第7期。

蔡立哲*的论文《外来物种沙筛贝对厦门筼筜湖生态系统的影响》，载于第13届世界湖泊大会2009年。

① 宋健同志在厦门考察时指出要为后代留个大自然本底，载于《中国环境报》1995年2月11日。

林和山、蔡立哲*、周细平、傅素晶、叶洁琼、黄睿婧的论文《厦门筼筜湖外来物种沙筛贝对污损生物群落的影响》，载于中国动物学会、中国海洋湖沼学会贝类学会分会第14次学会研讨会论文摘要汇编2009年。

林静毅、朱小明、黄凌风的论文《筼筜湖悬浮物及颗粒有机碳、氮、磷的时空分布》，载于《厦门大学学报（自然科学版）》2011年第3期。

刘建斌、黄邦钦*、徐夙侠的论文《筼筜湖浮游植物细胞裂解率的时空变化》，载于《生态科学》2011年第6期。

陈韬的论文《筼筜湖藻类与氮磷营养盐相关性研究》，载于《海峡科学》2012年第6期。

郑新庆、黄凌风、王蕾、谢天宏*、洪清波、黄邦钦*的论文《筼筜湖大型海藻群落的几种藻栖端足类的种群动态研究》，载于《厦门大学学报（自然科学版）》2011年第6期。

傅海燕*、于淑杰、黄国和*、谢巧燕、陈韬、高攀峰的论文《筼筜湖无机氮分布特征与赤潮灾害防治研究》，载于《自然灾害学报》2015年第4期。

2009年，筼筜湖整治完成了“清淤整治、截流新增污水、改善筼筜湖生态环境”的三期工程目标。香港《文汇报》以“还市民碧水蓝天 厦门治理筼筜湖20载不遗余力”为题，在海内外进行宣传。文章指出：“‘碧空如洗，绿水如玉’，筼筜湖和湖泊中央的白鹭洲的美丽景致交相辉映，被称作是厦门亮丽的城市名片。”“据厦门市环保局副局长庄世坚介绍‘环保局在筼筜湖的这几十年的整治中从未缺席，一直都在为筼筜湖改造出谋划策。我们有理由相信筼筜湖最后能够完全治理好’。”①

在筼筜湖前四期大规模综合整治过程中，利用大规模清淤的淤泥在筼筜湖中央营造绿地，建设了36.4公顷的白鹭洲公园，2010年成为厦门首座开放式国家重点公园。2014年打通环湖健康步道后，这座靓丽的城市中央大公园更是成为无数市民日常休闲、健身的乐园。在白鹭洲中屹立的白鹭女神、音乐广场和筼筜书院，早就成为厦门地标式景观。许多市民在怡然自得地享用白鹭洲公园与筼筜湖区美景的同时，也以其家园情结自觉自愿地参与了湖区的治理与管理；而且通过海选方式选出了湖区公园的“市民园长”“市民湖长”，实现了共治、共管、共享。2017年，国家公园协会将筼筜湖区

① 还市民碧水蓝天 厦门治理筼筜湖20载不遗余力，载于香港《文汇报》2009年7月22日，A23版。

创新管理方式在全国进行推广。2020年中国电影金鸡奖颁奖盛典开幕式在筼筜湖白鹭洲水上广场举行。

30多年来，历届中共厦门市委、市政府按照习近平同志加快筼筜湖综合整治指引的20字方略，锲而不舍，久久为功，一张蓝图绘到底，持续推进筼筜湖生态治理，不断与时俱进完善治理机制，形成了筼筜湖综合治理模式。昔日藏污纳垢的臭水湖、大染缸——筼筜湖“起死回生”，湖水水质持续改善。实现晴天污水不入湖后，湖区生态环境进一步恢复和改善。

筼筜湖在厦门人民的悉心呵护与精雕细刻下，已然蝶变为盈盈脉脉、水清岸绿、鹭鸟翩跹、风光旖旎的水域，打造成一张“城在海上，海在城中”的烫金名片（图5-11）。2.8平方公里的筼筜湖区作为繁花似锦的“城市绿肺”和“城市会客厅”，在厦门中心城区中俨然一颗美丽的翡翠，其良好生态更是厦门这座城市发展理念革故鼎新的精彩缩影。

2017年9月3—5日金砖国家领导人第九次会晤在厦门举行，厦门向世界展示了生态之美和生态文明建设的成果。9月3日傍晚，国家主席习近平在筼筜湖白鹭洲的筼筜书院会见俄罗斯总统普京。

图 5-11　筼筜湖整治后已蝶变为盈盈脉脉、水清岸绿、风光旖旎的水域

筼筜湖治理经验和模式得到了国家乃至国际的认可和推广。2020年11月，国家发展和改革委员会印发《国家生态文明试验区改革举措和经验做法推广清单》，向全国推广了“筼筜湖综合治理模式”。2020年1月，中共中央党校出版社出版《习近平在厦门》一书反映了习近平同志20世纪80年代在厦门的从政轨迹和领导风范，于厦门萌发生态文明思想“有如时雨之化者”（图5-12）。2021年6月5日（第50个世界环境日），《人民日报》头版刊发报道聚焦《筼筜湖治理的生态文明实践》（图5-13），指出：“事非经过不知难。厦门人深知‘高颜值’来之不易，谈起生态环境之变，总要从33年前的筼筜

图 5-12 《习近平在厦门》出版

人民日报

筼筜湖治理的生态文明实践

建设人与自然和谐共生的美丽中国

——以习近平同志为核心的党中央推进生态文明建设纪实

李克强同越南总理范明政通电话

持续深推进药品和耗材集中带量采购改革 持续加大医保基金监管力度

全国森林面积达2.2亿公顷

高产田里望丰收

图 5-13 《人民日报》点赞厦门筼筜湖生态文明建设

湖治理说起。1988年3月，时任厦门市委常委、常务副市长的习近平同志主持专题会议，确定治湖方略，开启了筼筜湖的蝶变。”“一湖碧水，浓缩着厦门的发展理念之变、发展方式之变，见证了生态文明建设的生动实践。”[①]

2021年10月，筼筜湖生态修复作为我国国土空间生态修复典型案例入选联合国《生物多样性公约》缔约方大会第十五次会议（COP15）生态文明论坛主题四——“基于自然解决方案的生态保护修复”论坛。2023年2月20日《经济日报》头版头条重磅推出《鹭岛妆成》并发布《大美筼筜湖》视频，吸引全国目光。2023年10月，厦门筼筜湖入选生态环境部第二批美丽河湖优秀案例。

习近平同志在厦门工作期间高度重视环境保护和生态修复工作，亲自组织推动厦门筼筜湖治理工作，为厦门人民创造了宝贵的思想财富、精神财富和实践成果。筼筜湖的变化是习近平生态文明思想在厦门萌发的证明，体现的是从“人定胜天”到“人与自然和谐共生”的转变，充分展现了“绿水青山就是金山银山”的真谛。[②] 2020年，中共厦门市委决定追寻习近平生态文明思想在厦门孕育、萌发和实践的轨迹，建设一个讲述生态文明的地方。在中共厦门市委副书记陈秋雄的策划指导下，庄世坚以厦门市环境科学学会之名执笔撰写了《筼筜故事：生态文明建设厦门实录》。中共厦门市委据此建设了“筼筜故事”厦门生态文明建设展示馆，宣传厦门是习近平生态文明思想

① 筼筜湖治理的生态文明实践，载于《人民日报》，2021年6月5日，第1版。

② 庄世坚：从“人定胜天”到“人与自然和谐共生”，载于《厦门日报》2009年9月30日（特D09、D16）。

的重要孕育地和率先实践地（图5-14）。2021年9月，“筼筜故事”厦门生态文明建设展示馆列入第三批福建省党史学习教育参观学习点名单。

图5-14 《筼筜故事：生态文明建设厦门实录》与“筼筜故事”生态文明展陈馆

5.2 海沧台商投资区环评之纪实

1989年5月20日，经国务院批准，厦门的杏林、海沧地区规划为台商投资区，杏林主要发展技术密集型工业，海沧主要发展石油化工、地产、原材料加工等工业。海沧台商投资区规划开发面积100平方公里，为当时全国最大的台商投资区。

海沧台商投资区人口将增加到80万人，交通、供水、供电等问题相继出现；海沧台商投资区和杏林台商投资区产生的工业废水和生活污水又都排往西海域。在这种情况下，如何从整体规划上作出超前性的预测并着手考虑西海域保护与东咀港开发，成为厦门市政府决策的难题。中共厦门市委、市政府要求厦门市科协组织有关学会，为海沧台商投资区的开发、兴建多作贡献。因此，厦门市环境科学学会应需发挥党和政府环保决策服务平台的作用。

1989年8月15日，第二届理事会召开会议，传达了中共厦门市委、市政府关于在海沧兴办台商投资区的初步设想及今后发展方向、开发何种工业、初步规划等意见。理事会不失时机地讨论了厦门市环境科学学会在兴办台商投资区中可以开展哪些工作，提出应把工作做在前面，并根据各会员单位的特长提出了一些具体分工要求。理事会还讨论了厦门市环境科学学会第四次学术交流会要以海沧台商投资区开发区及其有关的环境问题作为重点议题：

（1）西海域的环境容量及沿岸工业布局关系。

（2）西海域的水质状况与如何保护和利用。

（3）赤潮的成因、危害与防治措施。

（4）工农业发展与西海域的生态变化。

（5）东咀港的规划、开发、利用和保护。

（6）厦门城市规划与环境规划。

（7）区域环境规划确定的原则和因子。

（8）滩涂的综合利用与保护。

（9）污水处理系统的合理设置和提高处理效率与改善环境的关系。

（10）特区建设中地方环保法规建设的特点、原则与具体做法。

（11）特区建设中实行“三同时”“三同步”的特点。

（12）厦门城市综合整治的重点与总体构思。

（13）怎样强化环境管理。

（14）乡镇、街道企业的污染控制与管理。

（15）厦门生态系统方面的论文。

（16）环境医学方面的论文。

（17）环境监测方法的改进以及新开辟项目监测方法的探讨。

（18）其他。

根据理事会分工的具体要求，理事单位必须对海沧台商投资区的总体布局、工业结构、对资源的合理开发与保护、开发后的利弊、如何解决海沧开发过程中存在的环境问题、海洋和海洋生物的保护、工业废水排放点的选择等关键性问题进行深入的调查和开展研究工作。为此，厦门大学、国家海洋局第三海洋研究所、厦门市环境监测站在广泛收集已有资料的基础上，分别到海沧进行实地踏勘和初步调查与监测，写出了关于“海沧环境现状”“海沧开发对西海域的影响”“开发海沧如何保护好滩涂养殖及稀有植物——红树林”“海沧开发后污水排海点的选择”“海沧的工业结构与社会、经济、环境损益关系”“石化工业的选择”等一系列报告。

在厦门市科协的倡导和重视下，厦门市环境科学学会在上述调查、监测与研究的基础上，于1989年10月17日召开海沧台商投资区开发有关环境问题专题研讨会。会上，部分专家、学者就海沧开发建设规划，海沧开发后的生态变化、影响与预防措施，对海域与水产资源的影响与保护，工业结构与布局，排污口选择等诸多问题作了比较系统深入的研讨，并提供了许多富有科学依据的建议方案。

厦门市人大常委会、市计划委员会、市建设委员会等有关部门的领导到会，听取厦门市环境科学学会专业技术人员所作的“海沧经济开发的生态效应和海域环境质量变化及其对策”“杏林、海沧开发同海洋环境保护关系的初步探讨”等报告和研讨。会后，厦门市环境科学学会形成《关于海沧开发区在建设开发中如何搞好环境保护专题研讨会会议纪要》，为中共厦门市委、市政府在海沧开发问题的决策中提供了重要的科学依据。

关于海沧开发区在建设开发中如何搞好环境保护专题研讨会会议纪要

国家批准海沧作为新的经济开发区后，不少部门都在积极进行调查、勘探和规划，在诸多方案中都提到水资源、能源和环境保护这三个问题是关系海沧开发区能否快速开发的制约因素。为了找到一条符合我市市情，又能使海沧在开发过程中保护良好生态环境的新路子，市环科会于近日召集有关专家、教授，就海沧开发区的背景调查、工业结构、合理布局，石化工业、机械加工、建材开发、码头建设等可能带来的生态变化与环境效应等重要问题进行了热烈的讨论，并提出了许多宝贵的建议和设想，无疑对海沧的开发是大有裨益的。

与会人员一致认为，市政府确定海沧开发区的性质和根据地质地貌、气象条件等多种因素所作的建设规划基本是可行的，就如何在建设中保护环境、保护自然资源，以及一些具体建设项目的利弊关系等进行了认真的研讨并提出了一些建议和应该注意的问题。

由于海沧是待开发地，从已掌握的各种资料表明，大气、噪声、海域均符合国家规定的一类或一级标准。在开发建设中无疑会带来一些污染，在某些局部环境会作出一些牺牲，如滩涂养殖、地表植被、底栖生物等都会不同程度地受到污染或破坏。但是，如何减少污染与破坏，采用什么措施去补救这些被污染和破坏的环境，以保持良好的生态平衡，这不仅关系到经济的持久发展，也关系到子孙后代生存环境的优劣。为了避免不可逆转环境问题的发生，不论何种性质和类别的建设项目均应从全市和整个海沧开发区的全局与规划通盘考虑，这是总的前提，不能过分地强调某一项目的投资多少、效益多高而影响或打乱全局的部署和规划。海沧开发区有81平方公里，开发周期相对也较长，因此应吸取湖里的经验，开发一片、建设一片、完善一片。这样资金、人力、物力可以集中使用，效果好坏可以及时发现和总结改进，尽量避免由于项目建设先后不一而造成布局上的不合理。如深圳开始建设速度较快，因而在不少布局上出现了一些不合理的问题。这两年来，深圳只好再进行总体规划的调整，而调整一个工厂企业比新建一个工厂企业更困难，投资也更多。这就告诉我们，任何建设规划的构思都必须与环境规划相融合，否则就会受到自然规律的惩罚，这是不以人们的意志为转移的。历史的教训是应该吸取的。

产业结构和发展规模要有周密的安排。我市实行改革开放十年来经济上虽有较大的发展，但是出口产品结构仍以初级产品和劳动密集产品为主，资金密集型产品还不多，加工程度高、附加价值大的技术密集型产品基本上还没有，这就是我市经济发展的现状。因此，海沧开发区在一、二、三产业结构中，应重点发展第二产业，主要引进和发展先进而适用的技术装备完善的项目，并有重点有选择地发展一批技术、知识密集型和高科技的项目。同时，适当辅以劳动密集型的项目。第一产业主要应发展畜禽、蔬菜、水产、水果四大鲜活生产基地，同时应引进先进设备和农副产品进行深、精、细加工。创高档优质产品，建立外向型农业经济。有了这些条件，第三产业的建设就有了基础，从而使一、二、三产业均能相应地发展。

产业结构的总体原则应建立在自有资源（包括本市、本省及邻近地区）能保证其发展的优势产业上。初期应优先发展投资小、效益大、需要基础设施不高的产业。而后，再随着经济发展的程度和需要、基础设施的逐渐完善，再发展其他产业。

应尽早确定石油化工的性质。不同的石化工业污染物种类差异很大，治理方法也不同，这既涉及总体战略问题，也涉及具体战术问题。根据现行国际市场价格，一吨石油加工成塑料或橡胶制品可增值6～7倍，加工成化纤产品可增值20倍以上，加工成药品可增值50～100倍。因此，扩大石油加工工业的深度是非常重要和有吸引力的。但是，各国对此情况均了解，如何瞄准市场，抓住机遇，则是关系到厦门经济发展速度的重要决策问题。与此同时，保护环境的措施也应根据不同的石化工业的性质采取不同的防治对策，才能更好地贯彻同时设计、同时施工、同时投产的“三同时”措施。

保护和利用各种自然资源。需要保护和可资利用的自然资源种类繁多，既要利用又要保护，而保护则是为了更好地利用。如红树林在九龙江两岸滩涂有数万亩，主要种类是秋茄。世界上这个种的纯林生长最好的是福建的九龙江和台湾的淡水竹围地区，可称为全球最完整的秋茄姐妹林，受到国内外专家的注目。1988年5月经福建省政府批准九龙江一带红树林为保护区，保护面积1300多亩，而海沧正处于该保护区的咽喉地带，随着一天两潮的涨落，海沧的工业污染物必将会扩散到保护区林内，影响红树林的生态环境。当然，红树林也具有一定的耐污能力，并具有较大的净化能力。在排污总量控制和进行治理的基础上，适度利用红树林的净化作用，既可以减轻对海域的污染，又可以很好地保护红树林。但是，必须对红树林的变化情况进行经常性的监测，以调整和控制排污数量。

海沧地处九龙江河口区，该区水体交换能力强，具有较大的环境容量。因此，只要各种功能布局合理，污染治理措施得当，严格把好引进项目的统筹安排，将可以充分发挥和利用这一环境优势。但是，近两三年西海域多次出现赤潮；海沧开发后，工业污染将不可避免地会增加。在海水污染物中营养盐的成分和适宜的气候条件出现时，某些种类的浮游生物便会大量繁殖，形成赤潮的次数可能增多，范围可能扩大。特别应当引起重视的是九龙江河口湾，由于九龙江带入较丰富的营养物质是咸淡水交汇区，这一优越的地理位置和环境，为这一带水产业的发展提供了良好条件。目前，海沧养殖的对虾有5000亩，淡水鱼3000亩，2万亩的滩涂已开发一半，蛏、蚵、花蛤、紫菜、石斑鱼、红鲟等养殖十分发达，已成为海沧农民致富的基地。而九龙江河口湾又是各种鱼类在此产卵和幼苗生长的良好区域，因此在海沧开发的同时如何保护这一天然鱼类产卵、哺育幼苗的口湾，并合理调整滩涂养殖区是极为重要的。这就涉及码头建设位置的选择，建设规模的控制及工业废水排放位置、排放方法的确定等一系列问题。所以，既要充分利用自然界提供的可以利用的资源与良好的条件，也要充分考虑自然界所能承受的能力。此外，在石料开采上，也同样应注意到地点的选择、开采量的控制与开采后的补救办法。否则，过量开采这些不可再生资源，将会对风向、风速、地表等带来许多无法挽回的环境问题和自然灾害。

为使海沧开发区在开发前就做些前期预测和影响分析等工作，避免开发时可能产生的不可逆转的生态破坏。环科会理事长、厦门大学海洋系教授吴瑜端提出如下问题，希望市政府尽快定题开展工作。

1. 经济开发了，环境问题怎么办，一定要从损益分析来看。经济、社会、生态效益同时考虑，如怎样搞产业结构或者先要搞联合企业线，按市政府的考虑精神，实际上有两条联合企业线，一条是炼油与石油化工企业线，石油化工走什么路？有哪些污染？现在还没有确定。但炼油是确定了，这是拳头工业。石油化工的加工深度不同，其产值高低和经济效益差别很大，有的产值高出十几倍和上百倍。既然炼油作为拳头产业一定要上，那么上了以后原料怎样来，产品到什么地方去，这些问题都要考虑，实际上这些都是联合企业。如上海金山石化工业在上的时候，他们有整个上海作后盾，虽然实效较强，但是由于当时缺乏经验，浪费很大，76年整顿后才好了。我们有金山的经验，相信上石化工业时就会好一些。另一条线就是建材企业，厦门有高质量的高岭土，加上厦门的石英石，完全可以搞黏土硅酸盐的联合企业，用于厦门新华玻璃厂。这两条线可上，使我们的原材料进行深加工、精加工，这样使经济效益充分提高，受益也快。

2. 对海沧开发区有前期工程的评价，有现状评价和预评价，但是应考虑搞中长期的预测评价。因为这里有许多问题，如大气污染，由于上海金山石化工业的大气污染，使浙江许多水果、稻子、棉花出现不孕症，造成不结果或结果了又脱落；还有海洋的污染，这些都给经济带来很大损失。以致引起上海与浙江关系的紧张，原浙江向上海提供粮食、水果等，后由于污染打官司，浙江就不向上海提供粮食和水果等物资了。这一问题就提示我们应开展中长期的环境预测评价：包括生态弹性限度。因为生态受到脉冲影响以后，可能耐受得了，过一段时间又有所恢复，它有一个弹性限度。到底海沧生态弹性限度有多大，应该做一下这个课题。另外，环境容量有多大，即可能有多大的容量，这方面的问题厦大、三所、监测站已做了一些工作，还要坚持下去。另外，还有海陆交界的问题、陆域上的问题，如红树林问题、植被问题，还有花岗岩，花岗岩开采后粗加工就出口，还是要深加工。我们福建的武夷山有黑石头，如果把黑石头都采掉了，风景破坏了，不但植被破坏了还会造成水土流失，因此海沧的石头要开采多少？要保证海沧植被百分之多少的覆盖率，这都要有一个研究过程，提出定量的数据。因此，对海沧应作中长期的环境预测评价，内容包括生态弹性限度和环境容量(陆地上、岸边的及水体里的等)。

3. 海沧开发不是独立的开发，是厦门一环数片的一部分。海沧与厦门是远亲近邻，将来与龙海关系很密切，许多蔬菜、海产品还要靠其提供，因此海沧的开发不仅应考虑厦门一环数片的关系，还要考虑整个闽南金三角的相互关系，这些问题都应该作为环境保护的课题分期分段进行研究。

4. 应考虑监测问题。首先应考虑前期如何监测大气、水、生态。虽然现在大气、水都是符合一、二类标准，但是底质情况就不一样，因为许多物质都向海底迁移。因此，前期的监测除了大气、水质还应进行生物监测，生物监测应包括陆生生物、水生生物和底栖生物监测，要定位、定期监测，这是前期。开工后还应进行期间监测，如上海金山石化工业一期结束后就进行监测，把问题都摆出来，再研究第二期工程如何搞。所以，厦门一期工程上去后就应考虑热污染对生物、底栖生物、藻类的污染影响，然后再对二期工程进行预评价，这些工作是十分重要的。

总之，建议市科协应将这些问题，综合后向市政府提出意见，就上述问题立题进行深入的研究，以促进海沧开发区的顺利进行。

厦门市环境科学学会

一九八九年十月

1989年10月，台湾台塑企业集团董事长王永庆赴大陆考察，了解了厦门海沧地区具备深水大港和人口少的优势，遂向中央最高领导层表示要在海沧投资兴建一个大型乙烯项目，并带动一批台湾石油化工深加工工业到大陆投资，推动大陆的石油化工业发展。

1989年11月30日—12月5日，邓小平、江泽民、李鹏等中央领导在京分别接见王先生，对他投资大陆的构想给予高度评价，并表示全力支持。1990年1月，王永庆密访厦门海沧台商投资区，计划在海沧等地投资70亿美元建设石化城。因此，此工程取名

“901”工程。

1990年4月20—21日，厦门市第四次环境科学学术交流会召开。与会会员对海沧台商投资区开发过程中如何保护生态平衡、提高工业合理布局、规划合理结构以及可能产生的环境问题的防治措施、厦门环境现状与未来等进行了充分而热烈的学术交流。例如，王隆发*、陈于望*、陈慈美*、张珞平*、吴瑜端*合著的论文《海沧开发区的水环境基本特征及经济开发的环境影响预测和环保对策》，着重从火电厂、炼油厂、石油化工和建材工业以及城市人口增长可能带来的环境污染问题进行预测，并从环境规划、工业布局、工业内部结构、能源利用和水产资源的保护等方面提出了环保对策。卢昌义*、林鹏*的论文《积极保护 合理利用：论在海沧投资区建设中如何发挥红树林等自然资源的作用》，阐述了海沧投资区周围的红树林并不是阻碍经济开发和工业建设步伐的屏障，而是可以利用来净化污染、保护生态环境的可再生的珍贵的自然资源。在投资区规划、建设中必须采取积极的措施来保护，保护的目的在于更好地利用。

在第四次学术交流会上，吴瑜端理事长在会上强调：“学会一定要注意在加强国内外环境管理和技术市场信息的交流方面做文章，就厦门市重大的综合性环境问题搞好选题，拿出成果为政府决策提供参考信息。”厦门市环保局局长吴子琳坦陈：厦门市环境科学学会成立近6年的时间里，就厦门市的环境综合整治、环境科研、环境咨询、环境科普宣传教育及对外的环境科技交流各方面做了大量的工作，为市政府和环保主管部门在重大环境决策上发挥了学会的智囊团作用和重要的桥梁纽带作用，提出许多有益的咨询意见并被采纳或付诸实施，对保护和改善厦门的环境、对在特区建设中提高领导和全市人民的环境意识，使环境保护与经济建设、城市建设同步协调发展起着巨大的促进作用。事实已经证明并将继续证明，厦门市环境科学学会不愧为厦门市环保工作中一支重要的方面军，是厦门市政府、市环境保护局和市环境保护工作必不可少的参谋和助手。它必将为厦门市人民和子孙后代创造一个良好的生活环境和生态环境作出新的贡献！希望厦门市环境科学学会继续开展环境保护科学研究，在当前着重进行以下课题的研究：

（1）在对外开放中，如何创造一个适应特区经济、城市高速发展需要的高效率的科学的环境保护决策体系和决策程序。

（2）在对外开放中，如何既促进经济社会的高度发展又切实有效地控制污染加剧、防止污染转移、保护和改善厦门市这个美丽的海港风景城市。

（3）在发展大型石化工业的情况下，如何密切监视其对生活环境和生态环境的污染和破坏，如何采取措施将这些污染损害降到最低限度，达到足以保证厦门良好的环境条件得到保持和改善的环境目标。

（4）如何集中全市环境科学优势，以最快的速度、最少的投入、最好的质量搞好厦门市环境规划、产业结构、工业布局、功能区划、污染源控制、排污总量控制及城市环境综合整治计划等。

会后，厦门市环境科学学会第二届理事会将第四次学术交流会的会议纪要上报中共厦门市委、市政府，为厦门市领导在海沧台商投资区等重大环境问题上的决策提供了重要的参考。

厦门市环境科学学会第四届学术交流会
会议纪要

厦门市环境科学学会第四届学术交流会经过较长时间的酝酿筹备，于1990年4月20—21日上午顺利召开。参加这次交流会的除会员外，应邀参加的有市人大财经委员会林秀德副主任，城建委员会的傅子仪同志，市科协邱元龙副主席，漳州市经委、环境监测站和泉州市环境监测站也应邀出席了交流会。省环科会及宣教中心因公务繁忙未出席交流会，但致电表示祝贺“望贵会为繁荣环境科学，振兴特区经济作出更大贡献”。这对全体会员是极大的鼓舞和鞭策。

这次学术交流会共收到论文42篇，大会交流14篇，专题报告3个。论文内容涉及环境规划与管理、环境质量与调查、生物生态、环境化学、环境监测分析、海沧开发区有关环境问题等。交流中就大家共同关心的海沧开发区问题进行了多方面的热烈讨论，并就如下问题取得一致认识。

国家将海沧开辟为台商投资区的决定是正确的，是有远见卓识之举，它不仅对繁荣我市、我省以及我国经济发展有着十分重要的现实意义，而且在统一祖国大业上也有着深远的政治影响。当今世界许多政治家都深刻地认识到：要改变落后状况，就必须发展经济，并在经济发展的同时解决和改善环境状况。如果怕污染而不顾发展经济，以保持其良好的环境状况，这实际上是对现代高速发展的科学技术（包括环境治理与预防技术）也同步在发展认识不足的悲观观点，是一种维护原始社会的环境观。当然片面地只顾发展经济，不考虑或没有把环境保护摆上重要议事日程并与经济的发展同时进行，也是不全面的错误的观念。

海沧依山傍海，有天然的深水海岸线和方便的交通条件，自然资源丰富，并与内陆相连，有广阔的内陆腹地，这些都是开发海沧得天独厚的有利条件；与金门、台湾仅一水之隔，是台商投资难得的理想宝地。因此，开发海沧是推动内陆经济发展，带动其他行业和第三产业全面开发的前提条件。所以，如何更好地合理地开发海沧，这是一项具有重要战略意义的大课题。

海沧从工业、建材业、机械工业以及第三产业的开发来说，它还是一块处女地，在开发过程中必须尽最大努力审慎地按总体规划要求进行。建设项目的布局必须服从整体城市规划要求，合理布局，尤其在开发初期，必须从长远影响、远期效益周密安排。不应因项目上得急，要尽快见到经济效益而就仅从眼前的交通方便、项目上起来快而忽略或迁就一些不符合城市规划与环境容量的项目准入大前提。筼筜港、马銮湾等一些地方的围堤教训，厦港避风坞周围工厂建设，污水排放没有周密科学地按客观规律办事，忽视生态破坏的教训是应当吸取的。

1. 为了保护厦门这个美丽的“海上花园”，使这颗海上明珠永远发出灿烂之光，不论是从哪里来的建设项目都必须坚定不移地贯彻执行国家规定的“在建设项目中，环境保护设施必须与主体工程同时设计、同时施工、同时投产使用”的“三同时”制度，在正常生产情况下各工业企业必须定期向当地环境保护部门报告生产情况、排污情况，以便接受环境保护部门的监督，如生产中发生意外事故应立即报告。总之，在环境保护问题上不能实行优惠政策。

2. 重点的保护地带和稀有动植物必须划出界线，采取有效措施予以保护。海沧一带有经省政府批准的一片红树林保护区，其中秋茄属种除台湾有一部分外，其他各国均无，因此系为名贵树种。九龙江入海河口为鱼类产卵和孵化的重要地带，而海沧沿海的养殖业也较发达，是我市水产养殖的主要基地之一。因此，码头建设、排污口具体位置的选择均应持十分慎重的态度，并应做必要的环境影响评价。

3. 石化工业是我国十分需要的工业，但炼油及其副产品加工生产的石油化工产品，既有经济价值较高的一面，又有污染种类之多、污染危害大、治理技术复杂和投资较多的一面。如炼油及石化工业中一些废气的燃烧（俗称长明灯、火炬）和无组织物排放，目前还没有很满意的解决方法。这些污染物对大气的污染和在雨季转化为降落在地面对植物、地表水和海域的污染，对此是应当引起足够认识的。尤其值得重视的是，炼油和石化工业及其生产过程中的各环节，最难治理的有两大问题：一是跑、冒、滴、漏（因这些生产过程中管线长、阀门多、接头多）是难以避免的；二是事故性灾难，如设备损坏、停电而造成的生产不平衡产生的污染，自然灾害的破坏所造成的污染。这些都是十分麻烦而又危害极为严重的，必须采取严格的防范措施。因此，与会人员均认为，这些项目的建设既有促进经济发展带动各行各业同步发展和扩大就业率的一面，又有在现代科学技术还无法解决而影响环境质量、危害子孙后代健康成长的一面。所以，与会人员对海沧建设的石化为主的工业基地的环境保护问题是有忧虑的，发展的前景是喜忧兼半的。

4. 必须强化环境管理和环境监测，在海沧开发区起步时就应把环境管理和环境监测工作放在重要位置上，尤其是海沧的环境本底调查与监测工作应立即着手进行，将海沧当前的大气、地表水、噪声、土壤、植被及附近海域水质等背景状况的第一手资料掌握在手。在此资料的基础上，作出各环境要素的环境容量估算与预测，从而对今后的工业布局、工业结构、排污量控制等做到心中有数，使环境污染与治理要求均能按总量控制与分配落实到各个工厂企业。因此，立即建立海沧环保管理机构，充实市环境监测站的测试手段（石化工业的测试手段现在监测站还没有）已是刻不容缓的问题了。在会人员一致呼吁市政府应就这些问题，早做打算和经费上的安排。

交流会期间，学会常务理事、市卫生防疫站高振华站长就厦门特别是海沧地区作了题为“厦门市流行病学回顾”的专题报告。报告中特别指出，海沧在历史上是鼠疫的重要发病区，并有霍乱、钩端螺旋体等疾病。随着海沧的开发，必然会吸引一些国外和外地前来的投资者及科技人员。由于不同地区人体对疾病的免疫能力差异较大加上性病的蔓延，非甲非乙型肝的发生等，因此在开发海沧过程中，加强对外来人口的控制、体检以及工人的劳动保护工作是应引起高度重视的，这与厦门的自然环境有着密切的联系。厦门市环科会副理事长、市环保局副局长林汉宗作了题为“经济发展与环境保护的关系”的报告，报告强调指出厦门的环境状况与全国省市一样，“总体上有所控制，局部有所恶化，前景令人担忧”。1989年厦门的地表水、大气、噪声质量均出现下降趋势，如今后大中型项目建设投产而环保工作没跟上，厦门的环境状况还会恶化。市环科会理事长吴瑜端教授传达了在意大利召开的海洋污染（主要是富营化问题）会议的情况，指出由于大量的有机废水排放而造成海洋出现赤潮的问题，已是世界上十分关注的问题之一。随着工业的发展，全世界各国的海域70%左右均出现过赤潮，造成大量海洋生物之鱼类的死亡。如果石化现在还不立即引起重视和控制向海洋的倾废与排污，人类就面临着无鱼可吃的危险。厦门连续两年发生大面积赤潮，近期海南岛的开发也出现5000平方米的赤潮，这是不容忽视的问题。吴瑜端教授并结合联合国“4. 22”地球日的来源与重要意义作了介绍。

学会副理事长杨孙楷教授作了交流会总结，总结首先肯定了这次交流会圆满地完成了预期的要求。交流内容重点突出、内外结合（部分未参加交流的会员正在海沧进行调查工作）、形式活跃（大会宣读与小组交流和结合实际边交流边讨论）、气氛浓厚（学术气氛与讨论气氛），因此充分显示出环科会多学科人才荟萃的优势及乐于为厦门经济起飞当好参谋和助手的信心与态度。迫切希望市政府充分发挥本地市各学会的优势，调动起各个方面知识界的积极性，为我市高速度的经济发展贡献自己的聪明才智。作为厦门市的一员，全体会员都期望着奉献自己的一切。

为了海沧台商投资区开发和“901”工程建设，厦门市环境科学学会先后召开了3次研讨会与专题座谈会。厦门市环境科学学会中的海洋、生物、水产、环保、规划等方面的理事、专家、学者根据日常工作中掌握的资料与研究提出了许多建设性的意见，认为海沧的开发既关系到厦门特区经济建设的腾飞，也关系到整个厦门的生态环境变化和子孙后代的健康。海沧的开发有利有弊，如何兴利防弊，尽最大能力减少开发过程中和今后可能产生的环境破坏及不可再生资源的损失是亟待解决和重视的问题。通过认真而热烈的研讨，厦门市环境科学学会取得了较为一致的共识：开发海沧必须同时做好环境保护工作，这是“环境保护是我国的基本国策”的要求，也是保护厦门这个美丽的海上花园的要求，同时也是海沧在开发过程中的自身要求。

1990年5月，中共中央要求将“901”工程作为当前改革开放的一件大事来抓，海沧台商投资区开发成为备受全国关注的焦点。为了支持台塑的关系企业在海沧台商投资区20平方公里土地上进行大规模石化工程开发和建设，大陆特许台湾南亚塑胶公司属下的中国寰球化学工程公司进行环境影响评价工作。为了配合做好评估工作，厦门市环境监测站、国家海洋局第三海洋研究所和厦门大学环境科学研究所都派出大批人员进行现场监测。

1990年6月，厦门市环境监测站组织开展了对海沧区大量资料的调查、收集和现场实测，由欧寿铭*、周玉琴*、黄道营*编写了《厦门市海沧台商投资区环境现状调查报告》。

1991年10—11月，厦门市环境监测站与厦门大学环境科学研究所联合开展了对海沧区植物区系成分、植被的外貌和结构、植被类型、有关植被的保护和利用问题的调查研究，由吴建河*、陈连兴*、邱喜昭*、郑元球*、林鹏*编写了《厦门市郊海沧地区植被考察报告》。

1992年12月，台湾李登辉当局阻止王永庆与大陆签约投资。1993年4月，福建省委、省政府在厦门召开现场办公会议，对海沧的区域规划进行了战略调整，确定南部临海20平方公里为石化预留地，其余80平方公里由厦门市政府组织全面开发。

1993年7月，海沧台商投资区管委会专门制定和颁发《海沧台商投资区暂行管理办法》，规定投资区内不兴办中国政策禁止的技术落后或设备陈旧、污染环境而又无切实治理措施，耗水量大且附加值较低，不符合产业规划或产业政策的项目。在行政管理方面，厦门市人民政府要求管委会对投资区进行总体环境影响评价，实行总量控制，定时监测，并对消防、劳动安全保护、防震、防火、绿化实行区域总体控制，在总体规划中实行一次性审批。海沧管委会也据此制定投资区产业政策导向：在区域布局内，规定海沧新市区为第三产业集中区域，相应安排高新技术产业和无污染的加工业。鼓励发展的主要产业方面包括城市基础设施、城市公益设施和少污染工业，在工业导向方面包括少污染的精细化工行业。同时规定限制“三废”量多、严重污染的行业和耗水、耗电、耗油大且占地面积大的行业以及达不到一定规模和经济效益的行业，包括技术水平低、产品性能低下的行业不在投资区兴建。

在“901”工程的促进下，海沧开发初期的基础设施建设快速大规模推进。1993年11月，厦门海沧杏林台商投资区管委会委托厦门市环境保护科研所、厦门大学环境科学研究中心、国家海洋局第三海洋研究所编制《厦门海沧投资区环境规划》。课题负责人（欧寿铭*、张珞平*、陈泽夏*）和各个专题负责人几乎全部由厦门市环境科学学会的骨干承担：总报告执笔（张珞平*），社会经济现状（陈伟琪*），地形地貌、土地利用和石材开发（×××），水资源与陆域水环境（郑爱榕），植被和绿化（丘喜昭），旅游资源和自然景观（陈志鸿*），污染源现状调查报告（潘荔卿*），大气环境规划（吴耀建*），环境噪声控制规划（陈文田*），固体废物现状与评价（欧寿铭*），岸线、滩涂和岛屿利用（余兴光*），海洋环境（陈泽夏*），污水系统及排污口（陈泽夏*），环境经济系统规划（郭怀成），城市环境功能区划（张珞平*），污染综合防治措施（庄世坚*），环境经济损益分析（陈伟琪*），环境规划信息系统（曹文志*）。1997年6月，国家海洋局第三海洋研究所（陈泽夏*、王文辉*、陈彬*、詹兴旺*、王金坑*、杜华晖*）完成了《厦门市海沧投资区嵩屿污水处理厂工程》环境影响评价报告书的编制。

1994年7月，国务院对海沧南部临海20平方公里的区域发展作出了新的部署，不再保留“901”工程用地，明确由厦门市人民政府组织开发建设，对外招商。同年，国家计委投资研究所制定的《海沧开发战略研究总报告》提出，海沧的战略地位在于“作为大厦门经济发展的支撑点，闽南金三角的龙头，华东南地区的重要出海通道，沟通海峡两岸关系的契合点”。

“901”工程宣告结束后，前期海沧“四通一平”和大规模基础设施建设已为全面开发招商引资创造条件，并在台湾掀起第一波台商到大陆投资的热潮。1995年2月，翔鹭化纤股份有限公司投产，海沧规模工业实现零突破。此后，林德气体、翔鹭石化、腾龙特种树脂、明达玻璃、厦门钨业等大型企业相继入驻。

由于海沧的开发战略几经修改，1996年4月中国城市规划设计院厦门分院编制的《海沧投资区总体规划》也随之修改。1997年10月，厦门市政府批复通过《厦门市海沧台商投资区总体规划》。因此，《厦门海沧投资区环境规划》就在此基础上编制，1999年5月完成。

1998年12月，庄世坚在“厦门市纪念党的十一届三中全会二十周年暨厦门经济特区二十一世纪发展理论研讨会”发表论文《海沧投资区污染综合防治战略对策》。2001年9月，庄世坚编写了《厦门海沧投资区可持续发展的环境保护对策》。

2002年12月，中国寰球化学工程公司编制了《厦门海沧南部工业区石化项目及配套工程规划》。

2003年4月，国务院同意福建省调整厦门市部分行政区划，设立海沧区（面积173.6平方公里），保留台商投资区继续履行开发建设职能。2004年8月，中共海沧区委提出“新工业区、新港区、新市区”建设目标。2004年12月，厦门市城市规划委员会通过海沧分区规划及海沧投资区总体规划。

2005年7月,《腾龙芳烃（厦门）有限公司80万吨对二甲苯（PX）工程环境影响报告书》通过了国家环保总局审查。2006年11月，海沧PX项目正式开工。然而，许多人担心该项目建成后危及民众健康。2007年3月，105名全国政协委员联名签署提案，建议海沧PX项目迁址。2007年5月，厦门市市长刘赐贵主持第五次市长常务会，宣布将缓建总投资额达108亿元的腾龙芳烃（PX）项目。

2007年7月，厦门市人民政府成立厦门市城市总体规划环境影响评价领导小组和专家顾问组，并委托中国环境科学研究院承担“厦门市城市总体规划环境影响评价”。中国环境科学研究院在厦门市环境科学学会理事单位的协助下，突出重点，于2007年11月编制完成《厦门市重点区域（海沧南部地区）功能定位与空间布局环境影响评价》。评价结论:《城市总体规划（2004—2020）》中有关海沧南部的规划应该在“石化工业区”和“城市次中心”之间确定一个首要的发展方向，规划方案应作出必要的调整。如果选择继续加强发展石化工业，必须弱化海沧新市区的定位；如果选择以发展海沧新市区为主导，则不宜以石化产业为主导发展海沧南部工业区。2007年12月，厦门市政府开启了2场公众参与的市民座谈会，会上厦门市环境科学学会副理事长袁东星表达了个人的反对意见。2007年12月16日，福建省政府针对厦门海沧PX项目问题召开专项会议，决定迁建PX项目；该项目最终落户漳州漳浦的古雷港开发区。

2008年6月，厦门海沧保税港区获国务院批准设立，面积9.5平方公里，成为全国第七个保税港。厦门海沧保税港区是东南国际航运中心核心港区，具备出口加工、保税物流、现代港区“三位一体”的功能。2011年底，国务院明确“支持厦门加快东南国际航运中心建设”；东南国际航运中心总部落户海沧，海沧港上升为厦门核心港区；厦门东南国际航运中心成为全国第四个国际性航运中心，跻身国家五大港口群建设。

2003年海沧行政区设立后，海沧台商投资区就与行政区共同推进，社会民生事业奋力补短板，商贸等第三产业快速发展，海沧迎来经济社会全面发展。海沧城区经过多年的建设发生了翻天覆地的变化。海沧现代化新城区崛起的过程，也是生态环境明显改善的过程。

2010年11月，海沧区启动海沧湾4.17平方公里的清淤工作，完成清淤量约2213万方，并将山海湖岛有机结合，整治后的海沧湾建成全长5.8公里、面积超过26万平方米的海湾公园。

“十一五”期间，海沧区凝聚合力，坚持环保优先，推进污染减排，实现跨越发展①。海沧GDP从2005年的153亿元提高到2010年的307亿元，人均GDP超过1.6万美元；建成区面积增加15平方公里，城乡环境大变样；人民生活节节升高。通过转变发展方式，三次产业结构由4.3 ： 81.4 ： 14.3优化为0.5 ： 73.6 ： 25.9，二氧化硫年排污量从5.07万吨下降到2.9万吨，圆满完成节能减排目标任务。

2011年7月，海沧区第三次党代会提出海沧的“四个定位”，即把海沧建设成为“海西国际航运物流中心、海西先进制造业基地、厦门健康生态新城区和对台交流合作先行区”。此后，集成电路、生物医药和新材料三大产业逐渐形成规模。

“十二五”期间，海沧区致力打造工业化和城市化的示范区、人与自然和谐共生的生态区。2014年，中共厦门市委、市政府以实现“水清、岸绿、景美、民富”和促进“五位一体”全面发展为目标，开展岛外9条溪流生态修复工程为核心的小流域综合整治，办公室设在厦门市环保局。2014年12月，海沧区过芸溪成为厦门市开展小流域综合治理试点，对山、水、林、田、路、村庄等进行系统综合治理，探索形成了“山水林田湖生命共同体”善治新范本，并于2015年9月将工作范围推广到全市9条溪流的小流域综合整治（图5-15和图5-16）。海沧区过芸溪小流域综合治理经验列入国家生态文明试验区福建经验做法，被总结推广。

2016年8月，海沧区第四次党代会提出，着力将海沧建设成为现代化国际性创新型重要城区，打造环境一流的开放之城、高端引领的创新之城、文兴景秀的精致之城、共建共享的幸福之城，全面建成更高水平的小康社会，谱写活力海沧建设的崭新篇章。

2016年以来，海沧进一步按照“陆海统筹、河海共治”思路，开展小流域、新阳

① 海沧凝聚合力 实现跨越发展，载于《中国环境报》2011年4月19日。

图 5-15 过芸溪整治前，养鸭场、养牛场、养鳗场密布，水质为劣Ⅴ类

图 5-16 过芸溪整治后，恢复水域和湿地生态，水清、岸绿、景美

主排洪渠综合整治、黑臭水体治理、海域养殖整治、修复保护海岛和海沧湾清淤，全面实施海沧湾岸线修复及提升（图5-17和图5-18）。同时，在海沧区开展九龙江入海口垃圾拦截、港区保洁、无居民海岛垃圾转运和海漂垃圾防治。因此，2017年海沧湾综合整治工程被财政部、国家海洋局列为“国家蓝色海湾综合整治示范工程”（图5-19）；海沧区也成为中美海洋垃圾防治“伙伴城市”合作试点单位。

图 5-17 新阳排洪渠治理前似“龙须沟”

图 5-18 新阳排洪渠治理后水清如许

2015年，海沧区率先全市获评“国家生态区”。2017年，海沧区率先全市获评首批国家生态文明建设示范县（区）市（图5-20），37项考核指标全部达标，公众对生态文明建设的满意度达96.2%。

近年来，海沧区每年都要聘请厦门市环境科学学会专家，开展区对街道、主要部门及区属国有企业党政领导生态环保目标责任制和生态文明建设考核。同时，认真总结和推广国家生态文明建设示范区创建工作取得的经验和启示，全方位宣传学习习近平生态文明思想的实践成果，在改善生态环境质量、推动绿色发展转型以及落实生态文明体制改革方面继续走在区域和全国的前列。海沧区先后获“全国绿化模范单位”“国

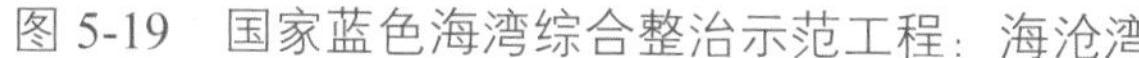

图 5-19　国家蓝色海湾综合整治示范工程：海沧湾

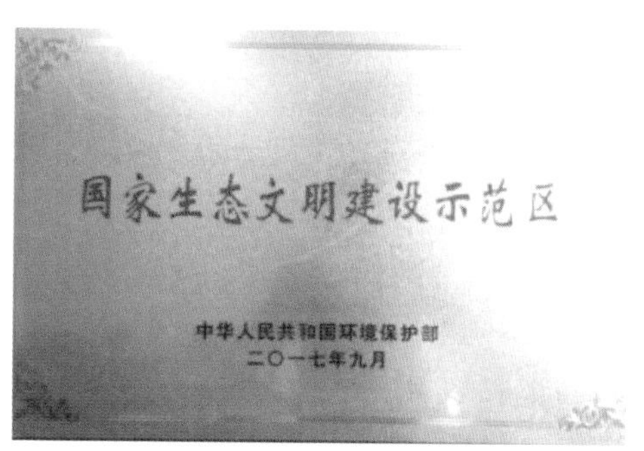

图 5-20　海沧区获评首批国家生态文明建设示范区

土资源集约节约模范”“国家农村社区治理试验区”等荣誉。

不断改善的环境质量和已经形成的生态比较优势，正在成为海沧区打造发展新动能、培育经济社会发展新增长点的优势所在。因此，海沧区积极打造“绿水青山就是金山银山”的实践创新基地，通过“山海城乡+”模式的创新和“两山转化”途径的积极实践，有效探索临海较发达区域生态产品价值实现体制机制。目前，海沧区已形成了“市—区—街道—村”四级联动共治机制、“化整为零”的共同缔造机制、“可持续内生动力”的扶持机制、“建管结合”的管护机制、“目标引领”的考核保障机制。海沧区生态文明建设经验已入选生态环境部《国家生态文明建设示范市县案例选编》。2023年10月，厦门海沧港区“以绿色智慧港口建设打造减污降碳协同增效‘海沧样板’”收录于生态环境部第二批减污降碳协同创新实践案例。如今，厦门海沧台商投资区入选生态环境部第一批减污降碳协同创新试点产业园区。

5.3 厦门市海域生态修复之史迹

厦门依海而生、向海而兴。厦门港湾在福建省东南部金门湾内，厦门本岛等24个岛屿就分布在海岸基线内的厦门湾中，三面被大陆环抱。厦门岛周围强大的海流原可自由环流，基本可以把九龙江及陆地来的泥沙带出港区，所以厦门港历来是不冻不淤的天然良港。

1949年10月，厦门获得解放即成为海防前线，面临着海防战备和经济发展双重任务，必须尽快打通厦门出岛陆路交通。经毛泽东主席亲自批准，高集海堤建设成为国家特殊工程项目。1953年6月—1955年10月，厦门人民移山填海建成了高集海堤，厦门岛也从此成为人工半岛。高集海堤的填筑人为地造成西海域和同安湾两个单口半封闭型的海湾，阻碍了海堤两边海域水体的交换和流通，海流在湾区内受阻滞与部分回流。

此后，集杏海堤（长2820米）、马銮海堤（长1655米）、东坑海堤（长2063米）和筼筜海堤（长1700米）分别于1957年、1960年、1966年和1971年相继建成；加上大量沿海围垦填海工程与海岸线形态的显著改变，局部改变厦门港及周边的海洋动力条件，厦门湾东、西海域的纳潮量、水动力和稀释扩散能力及环境容量大为减少，直接影响了海底的冲淤能力，导致西海域浅滩的淤积和局部航道的严重游离与缩窄。以宝珠屿为中心形成逆时针环流，泥沙沉积速率达7.3厘米/年，石湖山-高崎一带沉积速率达15.8厘米/年，淤高6米。同安刘五店文昌鱼渔场（全球唯一）就因高集海堤和东坑、策槽、赵厝等围垦工程的兴建，同安湾海域的水文状况发生了巨大的改变，覆盖了30厘米的淤泥，致使文昌鱼的沙地生境破坏而跑到外海①。

1983年10月，福建省人民政府批准厦门市城建总体规划，将厦门定位为“海港风

① 王春生：《踏浪飞歌：1996—2016厦门海岸带综合管理二十年关键人物口述实录》，厦门大学出版社2018年版，第216-218页.

景城市”。然而，从20世纪80年代中期开始，厦门经济特区高速发展和人口剧增，排污量相应增加，加上污水直排、围占岸线、填海造地、海上养殖、港湾航道局部淤浅和九龙江每年带下250万立方米泥沙及其他污染物等原因，位于九龙江入海口、新老城区、港区、开发区和工业区环抱的西海域污染不断加重。厦门湾内港区淤积、水质下降、生态破坏、流场改变，特别是，西海域马銮湾和宝珠屿附近海域污染严重，1986年起还屡现赤潮。为此，厦门市人大常委会于1985年4月作出《关于西部海域环境保护的决议》，厦门市政府根据决议精神，采取环境保护措施整顿海岸线①。1985年8月，福建省人大常委会颁布《厦门市环境保护管理规定》，为厦门市环境保护工作提供了法律依据。

1985年6月15日，习近平同志到厦门市担任副市长，面对的就是厦门经济特区在初创时期出现挖沙取土、开山采石的行为和破坏风景资源以及沿海大量的红树林遭受毁灭性破坏的乱象。

1985年12月5日，时任中共厦门市委常委、副市长的习近平同志与厦门市其他党政领导一起走进万石山风景区、登上鼓浪屿、来到海滩边实地察看厦门山海风景资源遭受破坏的状况②。12月9日，厦门市人大常委会组织人大代表和专家进行专题调查，并提出议案。当时没有分管环保工作的习近平同志承担起带领厦门人民打响自然资源环境保卫战的重任，迅速作出部署，并亲自抓红树林保护③。在12月16日中共厦门市委常委、副市长联席会上，习近平同志发言指出：“人大监督，让我们看到政府工作中的疏漏，我们要以此作为开创厦门城建、环保工作新局面的一个新起点，作为理顺关系开展工作的新起点，统一领导，层层建立责任制。”12月19日，厦门市政府发布《关于立即制止违章开采沙、石，切实保护好风景资源的紧急通知》④。

1986年1月10日，习近平同志在厦门市八届人大常委会第十八次会议上代表市政府发言，提出许多站位非常高、指导性非常强的工作思路，对沙石土管理和风景资源

① 福建省地方志编纂委员会：《福建省志·环境保护志》，福建人民出版社2008年版，第525页。

② 中共厦门市委党史研究室：《中共厦门地方史专题研究(社会主义时期Ⅲ)》，中共党史出版社2005年版，第320页。

③ 努力建设人与自然和谐共生的现代化——习近平总书记引领生态文明建设纪实，载于《人民网-人民日报》2023年7月17日。

④ 厦门城市建设志编纂委员会：《厦门城市建设志》，鹭江出版社1992年版，第393-394页。

保护及红树林保护阐述了他萌发的生态文明思想理念，强调“能不能以局部的破坏来进行另一方面的建设？我自己认为是很清楚的，厦门是不能以这种代价来换取其他方面的发展”[①]。

习近平同志在人大的表态一过，厦门市政府即颁布执行《厦门市沙、石、土资源保护管理暂行规定》。1986年4月30日，厦门市人大常委会第二十次会议通过《关于保护厦门海域环境的决议》。从此，厦门市依法治理山海环境，刹住了乱砍滥伐乱采之风。

1986年10月，国家海洋局第三海洋研究所编制完成《厦门港海洋环境综合调查报告》，对厦门市海域环境状况有了全面客观的认识。

1986年12月，厦门市环境科学学会召开第三次学术交流会，主题是“西海域出现赤潮的原因探讨与如何防治”。在学术交流会上的“环境与发展的新形势和我国的对策及厦门当前环境问题”“厦门市城市污水排放现况与综合治理规划”“厦门海域开发利用中的保护问题”3个主题报告和大会交流、自由发言中，所有的理事和会员都强调指出：厦门在经济建设中必须强化各项环保法规建设和严格执法。要严格控制在西海域滩涂围海造地筑堤，并列举了大量事实和调查结果说明厦门西海域深水面积正在逐年缩小，局部区域存在污染加剧和淤浅趋势。大量围海造地筑堤，不仅会影响水动力和水质及港道，而且还将影响厦门“港口风景城市”的性质。围海填海所造成的社会、经济、环境等不良后果，不是多造几块地所能补偿的；如不采取有效的强有力的措施，厦门西海域将步海上丝绸之路——泉州后渚港的老路，有成为“西海沟”的危险。

在厦门市环境科学学会第三次学术交流会上，部分理事和会员联名，向厦门市人大、市政府发出“保护西海域的呼吁书”，并提出“马銮湾污染亟须治理”“厦大海滨浴场治理方案”等建议和措施。

厦门市政府充分尊重厦门市环境科学学会专家和学者的意见和建议，深刻认识到西海域是资源富集的“聚宝盆”，也是厦门经济特区的生命线。因此，厦门市政府组织厦门市环保局、公用事业局、规划局、城管办、城管大队、监察大队等联合作战。厦门市环保局调查了沿岸违章填海单位64个、填海面积165.2公顷，并向厦门市人大常委会和市政府呈送海域污染及违章海岸工程破坏情况的报告，提出了保护措施。厦门

① 习近平同志推动厦门经济特区建设发展的探索与实践，载于《人民日报》2018年6月23日，第1版。

市环保局还及时协调兄弟部门调查赤潮问题，为解决赤潮问题采取了积极措施；协助厦门市公用事业局解决多年的垃圾填海污染问题，对海岸工程“三同时”严格把关。

从此，厦门市政府加强了海域管理部门（港监、渔监、军港监、厦门海洋管区等）对海域的分工和协调管理。国务院环委会海洋法执行情况检查组来厦门检查时，对于厦门各有关部门较好地协调管理海洋以及对海域保护的高度重视给予好评，要求厦门写成文专题汇报[①]。

1987年，厦门市成立海洋管理协调小组，由厦门市环境保护局牵头，海洋管区、港监、渔监、军监参加；建立厦门海域管理制度，修订《海洋环保管理办法》，着手解决赤潮和海岸带管理问题，并对筼筜湖、避风坞、厦大浴场、鼓浪屿浴场开展整顿。

1988年7月，厦门市环境保护局组织厦门市环境科学学会评估利用潮汐作用引西海域海水与筼筜湖举行水体交换对西海域的影响，理事单位厦门大学、国家海洋局第三海洋研究所、鹭江大学、厦门市环境监测站、污水治理工程筹建处均积极响应。像国家海洋局第三海洋研究所陈泽夏、王文辉负责完成“筼筜湖纳潮排污试验”后就组织论证，并对“筼筜湖区域污水处理后排海COD浓度场数值模拟”和“筼筜湖北岸排海污水COD对西海域影响的预测”（阶段成果）认真进行了评议。

1989年5月，国务院批准厦门杏林、海沧为台商投资区。由于这两个台商投资区的工业废水和生活污水均排往西海域，为此厦门市环境科学学会发出“关于召开第四次学术交流会内容参考提纲”，指出：“环科会如何在这种情况下从整体规划上做些超前性的预测和从现在起就考虑西海域的保护与东咀港开发是十分有意义的。”1990年4月，厦门市环境科学学会第四次学术交流会召开，与会会员就西海域的环境容量及沿岸工业布局关系，西海域的水质状况与如何保护和利用，赤潮的成因、危害与防治措施，工农业发展与西海域的生态变化等展开热烈的研讨，并提出了许多对策建议供市政府决策参考。

1991年7月，国家海洋局第三海洋研究所、厦门大学海洋系和环境科学研究所，厦门市环境保护研究所编制完成《厦门西海域环境容量和水质控制规划研究》报告。陈泽夏*、王文辉*、温生辉*编写了总报告；孙飒梅*、吴建河*、林文生*、黄道营*、高捷达*、陈丽玉*、陈连兴*、许特*、黄国和*完成了子课题 1“厦门西海域水体污染源

① 厦门市环境保护局：《厦门市环境保护局1986年工作总结》。

分布状况调查与预测研究”；陈砚*、黄尚高、吕荣辉*等完成了子课题 2“厦门西海域水体COD和磷污染状况调查报告”；陈于望*、王隆发*等完成了子课题 3“厦门西海域底质有机质和硫化物污染状况调查报告”；林金美、戴燕玉等完成了子课题 4“厦门西海域浮游生物生态”；江锦祥、宋建山、黄宗国完成了子课题 5“厦门西海域底栖生物生态”；倪纯治*、周宗澄*、姚瑞梅*、叶德赞*等完成了子课题 6“厦门西海域大肠菌群调查和海水中大肠菌群T90的测定”；叶德赞*等完成了子课题 7“厦门西海域细菌生长与耗氧动力学研究和环境容量评价”；陈伟*等完成了子课题 8“厦门西海域潮流场和浓度场的数值模拟”；温生辉*等完成了子课题 9“厦门港水质点运动的数值模拟”；陈松*等完成了子课题 10“厦门污水排海COD的降解动力学”；陈松*等完成了子课题 11“厦门污水与海水混合过程有机物和磷的转移及其应用”；陈慈美*等完成了子课题 12“厦门西海域磷的分布、迁移、转化与容量”；吴瑜端*、陈慈美*等完成了子课题 13“纳污海域生物营养物的存在形态、释放、转化及其与浮游植物生长的关系”；陈峰*等完成了子课题 14“排海污水的悬浮物质对西海域的影响预测”。

1991年，厦门市科委成立海洋管理处负责协调各有关部门，实施所管辖海域的综合管理；承担维护海洋权益、开发海洋资源、保护海洋生态环境和减轻海洋灾害等方面的工作任务。

1993年，厦门市环境科学学会理事长吴子琳、副理事长林汉宗、副理事长陈泽夏等数十位专家学者联名向社会呼吁，希望各部门从西海域的港口、旅游、生态等多种角度出发，制止围海造地行为，制定西海域环境管理条例，组建由环保部门实施统一监督管理的机构；合理开发、利用、保护海洋资源[①]。

1994年3月，厦门市人大城建委员会在厦门市十届二次会议上提出《关于加强沙滩岸带自然资源保护的议案》。

1994年6月，国家海洋局第三海洋研究所陈泽夏*、余兴光*、王文辉*、王金坑*、姚瑞梅*、周定成*编制完成《厦门海域环境规划研究》。温生辉*、陈季良*、陈砚*、陈松*等编制完成02-1至02-7专题报告。厦门大学吴瑜端*、陈慈美*编制完成《污水排海对厦门海域环境影响的综合预测研究》。陈于望*、林树西*、杨逸萍、胡明辉、曾定、林鹏*等完成03-1至03-4专题报告。厦门市环境科学学会的一些会员也在各自的单

① 围之惑，载于《中国环境报》1994年10月15日。

位对西海域环境综合整治进行研究，并在国内一些学术刊物发表论文。例如，刘石玉、潘皆再、何明海*的论文《厦门西港筼筜湖排污口区底质环境要素的分布》，载于《台湾海峡》1997年第2期。周玉琴*的论文《厦门西港海域水质污染状况分析》，载于《海洋环境科学》1998年第4期。

1992年世界环境与发展大会通过的《21世纪议程》，把海洋列为实施可持续发展战略的重要领域。1993年11月，东亚海域海洋污染预防与管理项目政府间协调会议在厦门举行，会议确定中国厦门市、菲律宾八打雁省、马六甲海峡作为项目示范区。

1994—1998年，在全球环境基金（GEF）、联合国开发计划署（UNDP）、国际海事组织（IMO）、东亚海域海洋污染预防与管理项目的支持和帮助下，厦门开始实施海岸带综合管理，并成为东亚海域海洋污染预防与管理示范区[①]（图5-21）。厦门市环境科学学会理事长、副理事长、理事和会员（包括洪华生*、吴瑜端*、吴子琳*、林汉宗*、袁东星*，林鹏*、郝松乔*、阮五崎*、周秋麟*、庄世坚*、许昆灿*、薛雄志*、卢昌义*、张珞平*、李贤民*、高诚铁*、李秀珠*、洪丽娟*、孙飒梅*、叶丽娜*、杜琦*、彭本荣*、何明海*等）大量骨干或参加厦门示范计划执行委员会，或参加专家委员会，或参与18个子计划课题组。

图 5-21 《厦门海岸带综合管理（1994—1998）》上册、中册、下册

厦门示范计划的实践和探索，主要以加强海域的污染防治和解决资源利用冲突为目标，着重引进海岸带综合管理这一崭新理念并结合厦门的实际，推进海岸带综合管理体制在厦门的建立。厦门市政府及时采纳了一些子计划课题组提出的意见。1995年成立厦门市海洋管理协调领导小组，由常务副市长朱亚衍担任组长、各涉海部门领导

① 东亚海域海洋污染预防与管理厦门示范区执行委员会办公室:《厦门海岸带综合管理（1994—1998）》，海洋出版社1998年版。

任成员，协调解决海洋管理中的重大问题。1996年底成立厦门市政府海洋管理办公室，作为海洋事务综合管理的职能部门，并成立海洋专家组。1997年建立厦门市海洋管理监察大队，负责海洋管理监察工作，并统一组织协调9家涉海执法部门共同参与海上联合执法活动。在实施这一中国规模最大、级别最高的海岸带综合管理项目的历程中，厦门摸索出了一套符合本市情况的"立法先行、集中协调、科技支撑、综合执法、公众参与"的海岸带综合管理模式，在全国率先建立了一系列机制。"厦门海岸带综合管理模式"为国际社会实施海岸带综合管理提供了经验和示范，被盛誉为世界治海史上划时代的一步。1998年中国政府发表的《中国海洋事业的发展》白皮书提到："在厦门市建立海岸带综合管理示范区取得了良好效果，受到国际组织的好评，为中国和其他国家进行海岸带综合管理提供了经验。"

海洋是厦门的生命线，而白鹭、中华白海豚和文昌鱼则是厦门海洋生态系统价值量的重要指示生物。在厦门市环境科学学会积极推动下，厦门市政府于1991年10月批准建立"厦门市文昌鱼自然保护区"。

1995年2月，时任国务委员、国务院环境保护委员会主任宋健在考察厦门经济特区环境保护工作时反复强调：厦门应尽快抢出一块净土，建立起自然保护区，让子孙后代了解大自然的本底状况。他还提醒厦门市主要领导，要加强对厦门海湾的管理，不要使其变成臭水港。①

1995年10月，福建省政府同意设立"厦门白鹭省级自然保护区"（总面积217公顷）；厦门市政府为保护白鹭，专门保留大屿岛和鸡屿岛作为自然保护区。

1995年4月，《"闽港台鲸豚保育研讨会"会议纪要》建议："分别在厦门-金门海域和珠江口水域建立中华白海豚自然保护区。"同年，国家海洋局第三海洋研究所黄宗国等完成了《厦门中华白海豚自然保护区建区论证报告》②。1997年8月，福建省政府批准建立"厦门中华白海豚自然保护区"，实行非封闭管理。厦门为了保护中华白海豚，不惜将跨海通道方案由大桥改为隧道。

2000年4月4日，经国务院批准厦门将中华白海豚和白鹭省级自然保护区与文昌鱼市级自然保护区组建成"厦门珍稀海洋物种国家级自然保护区"；保护区面积75.88平

① 宋健同志在厦门考察时指出要为后代留个大自然本底，载于《中国环境报》1995年2月11日。
② 黄宗国、刘文华：《中华白海豚及其它鲸豚》，厦门大学出版社2000年版，序。

方公里，外围保护地带255平方公里。

2000年6月20日，时任福建省省长的习近平同志签发第56号福建省人民政府令，发布实施《福建省自然保护区管理办法》。2000年6月22日，时任福建省省长的习近平同志在福建省海洋与渔业局调研时指出：“要合理有效地保护资源环境，海洋开发切不可以牺牲海洋环境为代价，切不可为追求近期经济效益而损害整个自然界的生态效益。”

2000年7月，时任福建省省长的习近平同志在《国内动态清样》看到黄宗国建议建立厦门中华白海豚驯养基地，就指示中共厦门市委书记洪永世和市长朱亚衍积极促成（图5-22）。厦门市环保局会同厦门市海洋与渔业局提出落实方案，并在五缘湾水域建成中华白海豚救护基地。2013年，中华白海豚救护基地迁到西海域火烧屿，改名为中华白海豚救护繁育基地（现为省级自然教育基地）。

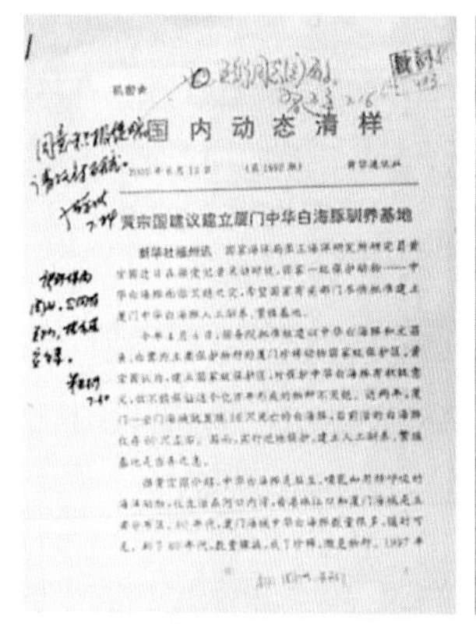
国内动态清样

黄宗国建议建立厦门中华白海豚驯养基地

图 5-22　时任福建省省长的习近平同志促成厦门建立中华白海豚救护繁育基地

值得一提的是，厦门市环境科学学会会员在积极推进厦门海岸带综合管理的过程中目光远大，胸襟似海。2001年初，洪华生利用参加福建省人大的会议期间，专门向时任福建省省长的习近平同志提交了一份书面报告，提出：福建省可利用“863计划”的契机，以省政府的名义向科技部提出建议，将“近海地区动态监测综合管理信息系统”列为国家重大科技项目，并且重点发展台湾海峡海洋资源与环境的动态监测综合管理信息系统。

2001年3月，时任福建省省长的习近平同志亲自给科技部部长徐冠华写信，并于4月收到回信。2002年3月，福建省人民政府正式向科技部请求在福建省建立“台湾海峡及毗邻海域海洋动力环境实时立体监测系统”项目示范区（图5-23）。当年5月科技部复函同意该项目列入国家“十五”863计划资源环境领域重大专项，在福建省建立

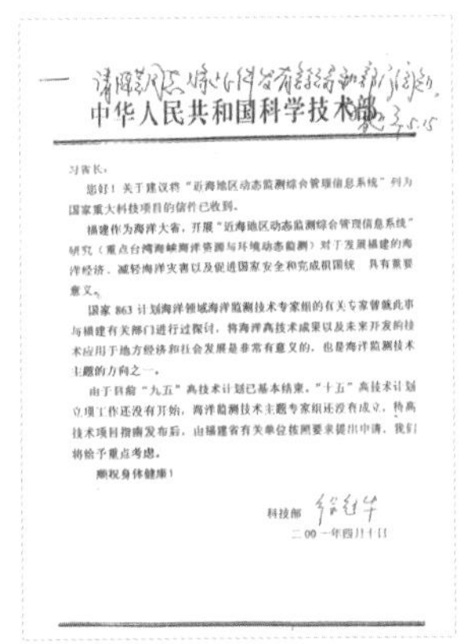

中华人民共和国科学技术部

习省长：

您好！关于建议将"近海地区动态监测综合管理信息系统"列为国家重大科技项目的信件已收到。

福建作为海洋大省，开展"近海地区动态监测综合管理信息系统"研究（重点台湾海峡海洋资源与环境动态监测）对于发展福建的海洋经济、减轻海洋灾害以及促进国家安全和完成祖国统一具有重要意义。

国家863计划海洋领域海洋监测技术专家组的有关专家曾就此事与福建有关部门进行过探讨，将海洋高技术成果以及未来开发的技术应用于地方经济和社会发展是非常有意义的，也是海洋监测技术主题的方向之一。

由于目前"九五"高技术计划已基本结束，"十五"高技术计划立项工作还没有开始，海洋监测技术主题专家组还没有成立，待高技术项目指南发布后，由福建省有关单位按照要求提出申请，我们将给予重点考虑。

顺祝身体健康！

科技部

二00一年四月十日

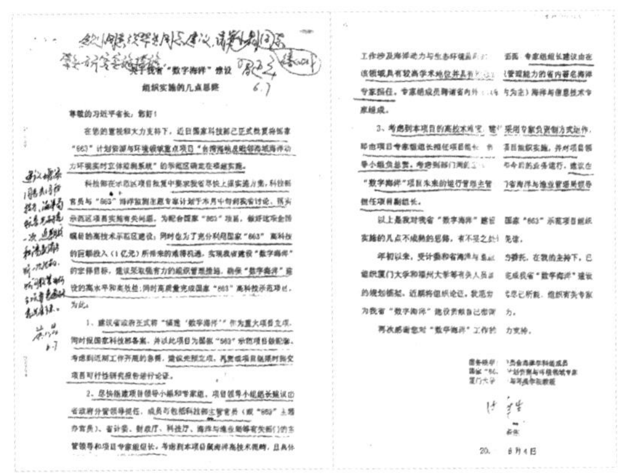

关于我省"数字海洋"建设组织实施的几点思路

尊敬的习近平省长：您好！

……

再次感谢您对"数字海洋"工作的大力支持。

图 5-23　习近平同志支持"台湾海峡及毗邻海域海洋动力环境实时立体监测系统"立项

示范区并纳入"数字福建"范畴，进行业务化管理。同年6月，洪华生又给习近平省长写信，提出3点更加切实的建议；习近平省长很快就作了批示。从2002年12月项目正式启动，到科技部863项目2009年年度报告，此重大专项取得了一系列先进技术的突破，实现了技术综合集成与整体系统的示范应用。在台湾海峡及其毗邻海域建成国内领先、国际先进、国内持续业务化运行时间最长的海洋立体实时观测网；率先在全国建设一个具有高科技含量的一流的区域性海洋环境实时立体监测和信息服务的业务化运行体系。①

进入21世纪，厦门的海岸带综合管理模式得到国际认可，并开始在国际上起着领头示范作用。2001年，东亚海域环境管理伙伴关系区域组织（PEMSEA）发起成立海岸带综合管理平行示范点地方政府网络，2002年后形成东亚海岸带可持续发展地方政府网络（PNLG），秘书处就设在厦门。

厦门海岸带综合管理最具示范效应的还是西海域环境综合整治。从20世纪80年代开始，厦门市经济以GDP年均增长率接近20%的速度发展，厦门港也逐渐发展成为东南沿海主枢纽港，跻身于中国大陆十大港口之一。然而，随着岸线和海域开发力度的加大，厦门海域的生态环境面临着愈来愈大的压力。特别是，厦门的海域已逐渐被大规模、高密度、杂乱无章的海面和滩涂养殖折磨得不堪重负。

2002年初，中共厦门市委、市政府针对厦门西海域生态环境质量每况愈下，海运航道被水产养殖挤占等问题，果断作出综合整治厦门市西海域的决定，发布了《厦门

① 黄水英、许晓春：《碧海生命乐章：首位归国海洋学女博士洪华生传》，厦门大学出版社2021年版，第204-217页。

西海域禁止水产养殖综合整治的通告》，组织海域所辖的杏林、集美、湖里3个行政区和海沧投资区领导与市政府签订责任状。

2002年6月14日，时任福建省省长的习近平同志在厦门市调研时强调："当前要重点抓好西海域综合整治。西海域综合整治是厦门市未来经济发展、海湾型城市建设的重要一环。西海域如果不尽早加以综合整治，将阻碍沿岸农村工业化、城市化和生态型海湾城市建设。因此，要下大决心，迎难而上，加快启动西海域的综合整治工程。目前市委、市政府已提出了综合整治方案，这个方案比较深入、细致，希望你们进一步抓好落实。要重视自然生态保护区的建设，切实保护好白鹭、白海豚等珍稀濒危物种。"

因此，2002年下半年开始，厦门实施西海域养殖退出整治，投入资金2.3亿元，全面拆除了70平方公里范围内养殖网箱5.5万多个、浅滩吊养4595亩和滩涂围网养殖2.3万多亩。2006年起，厦门又开展77.2平方公里的东海域综合整治，退出养殖网箱30499箱，滩涂养殖90097亩，吊养25724亩。退垦还海约4.5平方公里，滩涂清淤2.2亿立方米，建造人造沙滩5公里，恢复湿地1.5平方公里。

西海域与环东海域综合整治与海水养殖全面退养攻坚战的决胜，不仅改善了海域水质和生态环境，而且营造了健康、高生产力的生态系统，形成了优美的滨海生活岸线和海洋生态景观。

钟宅湾生态环境整治及环湾道路工程是厦门市陆海统筹与海域生态修复的一个案例。位于厦门岛东北部的钟宅湾是与筼筜港相对的嵌入式海湾，在"大跃进"年代修了一条堤坝改造为晒盐场，但受制于海防前线的战略原因无法发展而变成了一片水环境污染严重的烂潮滩。21世纪初，厦门市筹划将钟宅海堤划入环岛路三期以通达高崎机场。在项目前期，厦门市政府组织召开许多场论证会，厦门市环保局副局长庄世坚*和一些海洋、规划专家一再坚持必须打开钟宅海堤和保护通屿湿地的意见。2003年，项目最后确定了"生态保护，最好的资源全部留给公众"，构建人与水亲密的和谐空间的基调，并形成了"环岛路跨海架桥，原有海湾清淤两岸造地，拓展海湾；内湾退塘还海，打开海堤，引水入湾"的片区总体开发思路（图5-24）。

2003年，厦门市政府启动钟宅湾整治工程。国家海洋局第三海洋研究所刘正华*、陈彬*、曾敏玲*、孙琪*、杜华晖*等承担了钟宅湾生态环境整治及环湾道路工程环境影响评价报告书的编制；提出海陆交错带自然生态保护、海湾水质保持、滨海湿地生态修复及生态景观重构等一系列针对性的生态保护措施与减缓生态影响的有效措施。2004年

图 5-24　钟宅湾生态环境整治及环湾道路工程形成生态保护的片区开发思路

10月，厦门市海洋与渔业局出具了审核意见。2005年2月，厦门市环保局在《关于钟宅湾生态环境整治及环湾道路工程环境影响报告书的批复》中明确指出："本项目建设符合厦门市生态城市发展战略，与城市总体规划一致，将为钟宅湾片区综合开发构筑良好的生态基础设施，有利于提高钟宅湾地区生态环境整体质量。在确实采取替代方案保护通屿淡水湿地和钟宅、下忠、金山自然林生境，保护该地区丰富的植物资源与鸟类觅食栖息地的条件下，在认真落实本报告书提出的生态环境保护措施的基础上，项目实施将有助于提升钟宅湾的生态环境质量。从环境保护角度分析，同意该项目建设。"

2005年9月17日，中共厦门市委召开专题会议，听取厦门市路桥建设投资总公司（建设单位）关于钟宅湾项目规划调整情况汇报。时任中共厦门市委书记何立峰在会上表示：钟宅湾项目规划可以批了，但是公用设施要同步开建。自此，钟宅湾整治工程正式启动。在保留湾内89公顷自然湿地的基础上，通过清淤、拆除钟宅海堤、环湾岸线整治、生态小岛建设等生态修复与综合开发，重构和提升湾区生态环境，形成了"生态高颜值，城在花园中"的五缘湾自然海湾与新兴海湾城区格局，实现了海岸带城市化背景下的经济发展、生态保护与生态人居的有机结合（图5-25）。

图 5-25　五缘湾内碧水盈盈，中华白海豚嬉戏，湾区建立栗侯峰虎保护区

2005年，厦门市民发现栗喉蜂虎（国家二级保护鸟类）在五缘湾西侧的骑马山筑巢繁殖。为此，厦门市政府不惜重金置换用地为栗侯峰虎提供适宜的栖息场所，并于2011年建立40公顷的市级栗喉蜂虎自然保护区。

厦门五缘湾从烂潮滩到“新客厅”优雅转身是厦门坚持“人与自然和谐共生”理念的典型案例。湾区之名是时任厦门市副市长潘世建汲取中华文明的生态智慧，按照“天地日月人”来命名。湾内5座圆拱桥分别取名“天圆”“地圆”“日圆”“月圆”“人圆”，寓意“人活天地日月之间”“天人合一”。2006年，中共福建省委主要领导人基于发展闽台关系的考量，以海峡两岸的地缘、血缘、文缘、商缘、法缘的关系将“五圆”改名“五缘”。但是，“人与自然和谐共生”始终是五缘湾从烂潮滩整治到“新客厅”开发利用的真谛。因此，“五缘湾片区生态修复与综合开发”也入选国家发展和改革委员会印发《国家生态文明试验区改革举措和经验做法推广清单》。①

如今，五缘湾区和筼筜湖区成了厦门岛上美丽的东客厅和西客厅。筼筜湖区是“文革”后湖水严重污染被迫治理，按照时任厦门市副市长的习近平同志指引的治湖方针，久久为功，打造而成的靓丽客厅。五缘湾区是落实时任福建省省长的习近平同志嘱托厦门当“生态省”建设排头兵的指示，生态优先，主动作为，生态产品价值实现的新客厅。

马銮湾和杏林湾的生态环境整治又是厦门争当“生态省”建设排头兵的案例。为了守护“蓝色家园”，加强海洋生态保护修复，厦门市政府委托RTKL国际有限公司和上海同济城市规划设计研究院编制《马銮湾开发建设总体规划》。2002年11月16日厦门市政府主办了“马銮湾生态湿地保护与建设研讨会”，认真听取了厦门市生态环境科学专家（林鹏*、陈泽夏*、周定成*、傅子琅、陈小麟、庄世坚*、卢昌义*等）和复旦大学王祥荣教授及华东师范大学陆健健教授的意见。时任厦门市副市长潘世建强调：要从生态保护先行来建设海湾城市，要依托科研单位做深做透“三区两湾”的生态保护综合规划，必要时请专家给市政府及相关部门上课。

2003年，厦门市环保局完成了《厦门马銮湾生态概念规划》《集美区马銮湾生态示范区规划》的编制与编审工作，确定了海堤开口、退垦还海、流域治理、生态补水等

① 本书编写组：《蝶变：“绿水青山就是金山银山”案例精选》，中共中央党校出版社2022年版，第101-109页。

系统性的综合治理措施。2003年11月，厦门市政府组织了“马銮湾地区综合整治与开发工程方案研究”并编制了《马銮湾生态专项规划》，提出生态绿楔、生态海湾、淡水湿地等重点区域的整体生境营造要求和建设指引。2008年开始，厦门市马銮湾湿地生态恢复与重构示范区经历3期工程建设，如今已完成城市转型与湾区经济转型的美丽蜕变，构建了人与自然和谐共生的新马銮湾。

杏林湾水域和集美中洲岛是20世纪50年代围湾造地形成的，长期以来，养殖密布，水质恶化，环境污染严重。2005年6月，厦门市环境科学学会副理事长余兴光牵头国家海洋局第三海洋研究所环境科技人员负责“厦门杏林湾生态环境保护与建设”课题。课题组陆续提交《“关于园博园重要植被生境及生态景观保护的重要问题”的对策建议》《厦门杏林湾生态环境现状调查报告》《园博园规划区开发建设过程中的生态环境问题与初步对策》《厦门园博园北溪饮水干渠盖板工程施工期水质状况监测与跟踪评价报告》，供园博园建设指挥部决策参考；并向厦门市环保局提交《厦门杏林湾区域重要生境保护区位图》，向厦门市规划局提交《厦门杏林湾园博园区域开发建设前后生态系统服务功能价值损失评估》《关于杏林湾重要湿地生态保护的建议》。2006年2月—2007年6月，余兴光还通过人大监督、媒体等多种方式和途径，开展呼吁和协调工作，促成开发规划与生态保护的协调和生态保护规划的实施，抢救性地保护杏林湾重要生境。

2005年起，厦门市对杏林湾水域，通过养殖清退、清淤筑岸、流域整治、生态重构，攻坚克难解决了杏林湾湿地片区防洪、排涝、生态环保等问题，形成自然和谐的生态环境；并建造了一个世界上独一无二的众星拱月的水上园博园，于2007年在杏林湾举办了第六届中国（厦门）国际园林花卉博览会。厦门园博园园区面积6.76平方公里，其中陆域面积3.03平方公里，生态岸线26公里（图5-26）。

厦门园博园在建设中，按生态地形地貌合理规划，形成“园在水上，水在园中”

图 5-26　杏林湾国家城市湿地公园

独特的现代园林园景，打破了集中建园的传统，凸显了开放与创新的理念，体现了现代城市在建设过程中人与自然和谐共生的理念。为了传承人与自然和谐统一、改善人居环境、推进城市可持续发展的精神，这座融生态、景观、休闲、文化、艺术为一体的“水上大观园”在园博会谢幕后成为园博苑，绿地得以永久性保护和利用。

2007年4月，厦门园博苑规划获美国风景园林师协会（American Society of Landscape Architects，ASLA）2007年度分析与规划类荣誉奖。2008年，厦门园博苑因其自然和谐的生态环境被国家住建部列入“国家重点公园”名录。厦门继续扩大范围，将园博苑与杏林湾区域一并建立国家城市湿地公园。通过上游流域整治、排污口截污、污水再生处理，湿地景观以及滨水休闲景观建设等生态修复工程的实施，在杏林湾大桥以北、后溪水闸口附近，建成了面积772.14公顷的杏林湾湿地公园。2010年，国家住建部授予“杏林湾国家城市湿地公园”称号（图5-26）。杏林湾湿地公园建成后，不仅发挥了城市肺和肾的作用，成为厦门重要生物资源库和鸟类栖息地与候鸟越冬地，而且促进了环湾区域经济发展。2012年，在杏林湾重新发现已消失144年的紫水鸡，在园博苑主展岛东南侧就建起了国家一级保护鸟类生态保护基地。

下潭尾片区用地及规划也是厦门争当“生态省”建设排头兵的一个案例。下潭尾滨海湿地的用地规划原来也存在着填与不填两种意见。2006年10月，厦门市政府召开“下潭尾片区用地及规划”专题会议。从环保角度看，这是陆域与海域交界处，必须保留其交换缓冲功能；从规划角度看，原先就规划作为湿地公园，填了不仅增加成本、难以排水，还得另选绿地；从海洋角度看，这是生态修复链不可或缺的重要环节。因此，会议形成共识：不填！

下潭尾滨海湿地公园于2010年开始建设，包括岸线整治、红树林生态修复、清淤、科普基地、休闲栈道。该项目建设依托滨海区域景观的优势，在保护和恢复湿地生态系统的基础上，适度增设旅游休闲设施，打造福建省最大人工重构红树林生态公园。2017年，下潭尾滨海湿地已完成红树林种植面积78.8公顷。为实现金砖国家领导人厦门会晤“零排放”目标，厦门市政府又加种了红树林，使下潭尾滨海湿地公园红树林面积达85公顷，并建设一条4.2公里的海水健康步道，成为福建省最大的人工红树林公园。厦门大学卢昌义教授因地制宜，设计用红树林勾勒出“我爱中国”的地标景观（图5-27）。

在争当“生态省”建设排头兵的过程中，2004年厦门市继续与PEMSEA合作实施

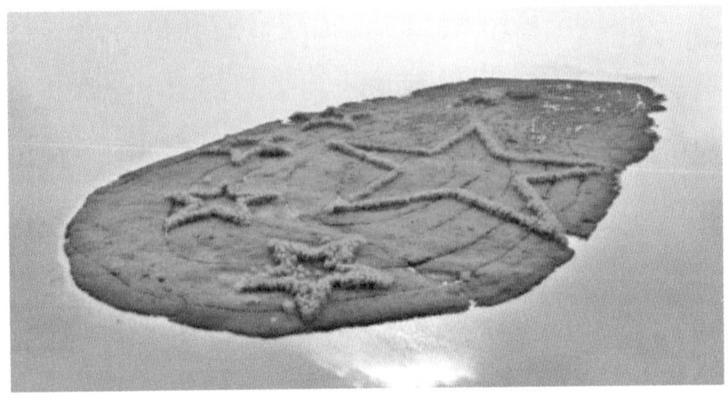

图 5-27　下潭尾滨海湿地用红树林勾勒“我爱祖国”的地标景观

“厦门第二轮海岸带综合管理示范项目”，从污染防治到基于生态系统的海洋环境管理及流域综合整治，再到政府与社会资本合作项目融资模式，直到发展蓝色经济。同时，开展海岸带综合管理ISO14001环境质量管理认证，促进西海域环境投资项目，开展海岸带综合管理培训，建立九龙江河口海域环境管理框架。

2004年12月，“厦门市西海域综合整治环境质量变化跟踪研究”课题组成立。洪华生*为组长，高诚铁*、黄全佳*等为副组长；黄邦钦*负责子课题 1“厦门西海域海洋生态系统的动态研究——网箱养殖整治前后的变化”，王新红*负责子课题 2“环境雌激素在各介质中的变化特征”，薛雄志*负责子课题 3“厦门西海域综合整治的生态环境效益”。

厦门西海域与九龙江入海口和金门湾相连通，九龙江每年约有250万吨泥沙悬浮物和垃圾及污染物随着水流进入厦门西海域①，西海域的水质与九龙江流域环境整治息息相关。因此，厦门市环境科学学会于20世纪80年代末期就组织了课题组开展九龙江流域水质调查和污染防治对策研究，并于1989年5月完成《九龙江河口污染物对西部海域水质影响评价研究》报告。1998—1999年，瑞典驻华大使馆与瑞典国际开发合作署（Swedish International Development Cooperation Agency，SIDA）积极促成制订和实施九龙江流域污染防治综合行动计划，为中国的中小河流环境综合整治提供示范。

2000年9月，福建省环保局组织编制完成《九龙江流域水环境与生态保护规划》，厦门市环境科学学会会员13人编制了《九龙江流域（厦门段）水环境与生态保护规划》。

① 中共厦门市委党史研究室:《中共厦门地方史专题研究（社会主义时期Ⅲ）》，中共党史出版社2005年版，第315页。

2001年6月18日，时任福建省省长的习近平同志签发第65号福建省人民政府令，宣布《福建省九龙江流域水污染防治与生态保护办法》发布实施。习近平省长深知厦门市的供水80%来自九龙江北溪。在九龙江整治中，习近平省长倡导流域整体性保护并探索上下游流域补偿机制[①]。2001年7月，习近平省长深入漳州调研，肯定了九龙江流域（漳州段）水环境综合整治工作已取得阶段性成效，强调下一步要按照《福建省九龙江流域水污染防治与生态保护办法》的规定，加强协调，严格执法，巩固和扩大成果。

2001年，厦门市市长朱亚衍在《政府工作报告》中提出，把“积极参与九龙江治理”作为“十五”计划的任务。因此，从2001年开始，厦门就牵头探索九龙江流域保护区域协作机制，并于2003年开始逐步增加向省财政上解的九龙江流域综合整治年度专项资金，率先在全国建立下游对上游的生态补偿机制。厦门市环保局每月都与漳州龙海市和长泰县环保局开展“三联合”（联合巡查、联合监测、联合治理）行动。

2008年，余兴光*带领国家海洋局第三海洋研究所环境科技人员（刘正华*、陈彬*、张丰收、马志远、郑森林*、黄浩、陈坚*、林辉等），开展了“流域-河口区生态安全评价与调控技术研究”和“九龙江流域—厦门湾生态管理战略行动计划”项目。项目部分成果纳入了地方社会经济发展规划、行业发展规划与管理计划当中，推动了示范区人大和政府的决策，为海西经济区乃至我国其他河口区域的生态安全保障、综合管理提高和社会经济发展起到良好的科学借鉴和示范作用。项目主要成果及建议纳入了中国工程院关于“海西经济区生态环境安全与可持续发展研究”重大科技咨询报告和《关于支持福建省深入实施生态省战略加快生态文明先行示范区建设的若干意见》。其中，《九龙江-厦门湾生态系统管理战略行动计划》得到东亚海环境管理合作伙伴关系（PEMSEA）的高度重视，英文出版物供东亚海与其他区域分享借鉴（图5-28）。

2010年，环境保护部和国家海洋局环保司选择“九龙江-厦门湾海域”为示范区域，中国环境科学研究院和国家海洋局第三海洋研究所共同开展实施“九龙江-厦门湾海域环境容量评估与总量控制分配示范研究”。该项目对改善厦门湾海洋环境质量现状，

① 本书编写组：《闽山闽水物华新：习近平福建足迹（下）》，福建人民出版社2022年版，第627-639页。

图 5-28　《九龙江流域－厦门湾生态管理战略行动计划》（英文版）

控制厦门湾入海污染物总量输入起到了积极的推进作用，为厦门市入海污染物总量控制指标及减排实施办法的出台提供了科学决策支持，为污染物排海总量控制制度的建立提供试点应用示范。项目提出的《厦门海域污染物排海总量控制规划方案》对九龙江-厦门湾海域污染物排污总量控制制度的建立起到良好的促进作用，为厦门市政府印发实施《九龙江-厦门湾污染物排海总量控制试点工作实施方案》（包括清淤整治、排污口选址与养殖清退工作）提供了有力依据，成果纳入《美丽厦门战略规划》以及《国家生态文明试验区（福建）实施方案》中，推动福建省海洋环境保护与污染防治相关规划的出台与实施，推动《福建省排污许可证管理办法》的出台与海上排污许可证制度的建立，推动福建省沿海产业结构调整与布局优化，推动福建省“河长制”管理模式的实施与落实。

多年来，厦门市人大常委会牵头，与漳州、龙岩人大常委会就加强九龙江流域水环境保护召开多次座谈会（图5-29）。2012年6月，厦门市人大携手漳州、龙岩人大出台《关于加强九龙江流域水环境保护的共同决定》。2021年1月，福建省人大常委会批准厦门、漳州、龙岩人大常委会《关于加强九龙江流域水生态环境协同保护的决定》，并公布实施。

厦门西海域的水质受来自九龙江污染物的影响占比达70%以上，而且海漂垃圾绝大多数也来自九龙江西溪和南溪。每逢下大雨厦门的海域和沙滩就会布满来自九龙江的水浮莲等海漂垃圾，因此西海域综合整治不仅要面对厦门辖区的污染源，而且要面对域外的污染源。为此，厦门于1994年就在全国率先组建专门负责海上及岸线、沙滩

图 5-29　厦门市、漳州市、龙岩市人大常委会召开
加强九龙江流域水环境保护座谈会

保洁的队伍，并成立海上环境卫生管理站，配备清扫船、专用码头等设备设施。国家海洋局第三海洋研究所成立课题组，在九龙江西溪的白水镇、紫泥镇等地试验将水浮莲区沤制为沼气。

进入21世纪，厦门进一步完善海上漂浮垃圾清理、回收、转运装备和设施，创新建立了制度化、常态化、系统化、信息化的海漂垃圾治理机制。此后，在对九龙江上游的漳州和厦门产生的垃圾进行“拉网式”调查的基础上，进一步完善和建立市级、九龙江入海口、各区海漂垃圾保洁队伍，实现“海上垃圾打捞清理装船—船上垃圾吊装上岸—及时分拣装袋—分类回收资源化无害化处置”链条化无缝衔接，湾内、沿岸全覆盖打捞收集，海漂垃圾治理逐渐做到“零疏漏”。

厦门市环境科学学会历届理事及其会员薪火相传，对改善厦门市海域环境状况进行研究，并以不同的方式向厦门市人大、市政府提出海域综合整治的对策建议；厦门市人大、市政府和相关部门也认真采纳，并选择适宜的时机付诸实施。例如，2002年3月，厦门市人大审议通过了余兴光“下大决心依法整治西海域，大力推进生态型海湾城市建设议案”。2006年12月，《厦门市海洋环境保护规划》开始实施。2007年6月，余兴光“关于加大监督，确保环东海域综合整治与生态修复目标实现的议案”列入厦门市第十三届人大常委会议程，被认为是市民最关注的问题之一。

由于厦门市海域环境整治取得巨大成效，因此厦门市于2006年12月在东亚海洋大会暨部长会议上被东亚海域环境管理区域项目组织（PEMSEA）授予东亚海岸带管理领域的最高奖项——“东亚海岸带综合管理政府管理杰出成就金奖”。2009年11月，PEMSEA再次授予厦门市政府“海岸带可持续发展地方政府杰出成就奖”。

2011年5月，厦门被国家海洋局批准建设国家海洋公园，规划总面积24.87平方公里（包括厦大海滨浴场、胡里山炮台、书法家广场、音乐家广场、黄厝沙滩、香山游艇俱乐部、观音山沙滩、五缘湾、五缘湾湿地公园、上屿等）。

2013年2月，厦门市被国家海洋局确定为首批国家级海洋生态文明建设示范区。2013年9月，中央电视台《焦点访谈》以“把清澈还给海洋”为题，对厦门生态文明建设作了专题报道。

2008—2011年，国家海洋局第三海洋研究所、厦门大学、福建省海洋环境与渔业资源监测中心等单位还取得了“入海污染物总量控制和减排技术集成与示范”项目的研究成果，包括：①建立了系统的入海污染物总量控制的技术方法；②开展污染物排海总量控制标准体系建设研究，完成《入海污染物总量控制指标筛选和控制量确定的技术规程》《海洋环境容量计算模式和控制条件选取细则》《污染物入海总量控制管理信息系统建设技术规程》标准草案和《海域排污总量分配技术规程》《入海污染物总量控制规划编制技术指南》立项；③开发完成入海污染物总量控制支持系统平台；④形成了6个示范区总量控制与减排方案。

自20世纪80年代起，厦门市环境科学学会的一些理事和会员就一直在呼吁，要对历史上厦门不同湾区填筑的各大海堤进行开口改造。20世纪末，如庄世坚发表论文《厦门马銮湾环境综合整治》(《福建环境》1998年第5期)、《搞活水体 改善生态环境》(《厦门科技》1999年第2期)、《扩大厦门高集海堤过水断面刻不容缓》(《厦门科技》1999年第6期，《福建环境》2000年第2期)。但是，由于种种条件的制约，直到2010年厦门市政府才启动以海堤开口改造为主要工程的水动力恢复措施。

为了构建结构合理、功能协调的海洋生态系统，增强东、西海域水体交换，改善水质环境和水动力条件，恢复海域的有机联系，厦门市政府依托国内外科研力量，系统地研究厦门海洋的动力条件、生态环境，提出清淤整治和海堤开口改造及海洋生态修复工程方案。

近十几年来，厦门投入巨资陆续拆除了大嶝海堤（931米）和钟宅海堤（530米）；完成高集海堤开口1060米、集杏海堤开口264米及马銮海堤开口240米改造；东坑海堤开口改造前期工作正在进行中。在高集海堤开口两侧14平方公里的区域清淤5506万方，产生自东海域向西海域日均输水7100万方，改善东西海域的水动力条件和提升了水质，也拓展了珍稀海洋物种的生存空间（图5-30）。

图 5-30 高集海堤开口与集美海域清淤

通过海水养殖全面清退、海堤开口改造、海域清淤、岛礁生态保护、无居民海岛生态修复、海滩和岸线整治和护岸建设、沙滩保护与恢复、湿地公园建设、生态重构及景观建设、生物资源恢复、珍稀海洋物种保护及修复等一系列湾区综合整治工程，清淤量约1.7亿立方米，增加了海岸线14公里，海水交换能力改善了30%。厦门在持续取得国家海洋生态文明示范区的一系列硕果后，在2015年还划定了海洋生态保护红线，为绿水青山筑牢法治屏障。

2016年，为贯彻落实习近平主席访美重要成果清单，厦门市与美国旧金山市建立了良好的交流合作机制，并落实了目标任务。完成厦门海洋垃圾基线调查和数据库建立，掌握了厦门海洋垃圾的来源、种类和数量。在全国率先推出每日垃圾漂移轨迹和区域的预测预报，并据此通过智慧环卫平台海漂app实现海上垃圾打捞船只、机械设备和人员部署的实时调度和海漂垃圾吊装、运输、处置的全过程追踪与数据统计。健全厦门海漂垃圾处置的长效管理机制，明确了海漂垃圾处置实行日常保洁和应急处置两种方式。在海沧区开展九龙江入海口垃圾拦截、港区保洁、无居民海岛垃圾转运。把好“九龙江源头、海沧入海口、近岸海域、陆域岸线”四道关口，保障了厦门海域、岸线的干净整洁。如今，厦门海域保洁范围达180平方公里，实现本岛及周边内湾全覆盖。2020年11月，厦门市生态环境局归纳了厦门形成的海上环卫“四化”机制，并被国家发改委列入《国家生态文明试验区改革举措和经验做法推广清单》中。

2016年12月，中国工程院开展“生态文明建设若干战略问题研究（二期）”重点咨询研究，由中国工程院副院长刘旭带队开展“福建省九龙江流域综合治理与生态补偿制度设计”专题调研，并考察了九龙江入海口。时任厦门市副市长李辉跃和厦门市环境保护局巡视员庄世坚作了系统汇报。刘旭表示，中共中央全面深化改革领导小组专门开会讨论了福建省生态文明试验区实施方案的问题，要求福建省在生态文明建设上尽快地拿出经验来。中国工程院愿意和福建省（包括厦门、漳州、龙岩）一起系统地整理九龙江流域可复制、可推广、可操作的经验，向全国推广，进一步引领全国生态文明建设。希望福建省科协做好上下连接的工作。

2016年，厦门成为全国首批开展蓝色海湾整治行动试点城市。厦门市按照国家“蓝色海湾”生态工程的要求，在实施西海域和东海域综合整治与161平方公里厦门湾区的海洋生态修复工程的过程中，重点实施“五大”海湾（海沧湾、马銮湾、杏林湾、同安湾和五缘湾）综合整治及红树林湿地修复工程。

2016年以来，厦门市又积极实施国家“南红北柳”生态工程，大力开展红树林生态修复，先后在九龙江河口、筼筜湖、同安湾下潭尾、海沧湾、环东海域等27处种植红树林，全市种植红树林总面积约200公顷，为滨海湿地的保护修复积累了丰富经验。

如今，海沧湾、马銮湾、杏林湾、同安湾和五缘湾不仅成为海洋与城区景色相协调的秀美海湾，而且生态休闲、滨海旅游与港口航运、临海工业及海洋新兴产业和谐竞生、蓬勃发展，同安湾水质由劣四类提升为二类。

在坚持海陆一体化的海岸带综合管理过程中，厦门坚持源头治理、系统治理、依法治理、根本治理，坚持以海定陆、协同共治；严格涉海建设项目准入，依法办理海洋工程环评审批。近年来，为构建“水清滩净”美丽海湾，厦门不断强化海洋污染协同治理，完善全方位、全过程、全天候的海洋监测监管体系，不遗余力推进入海排污口规范化整治，实施污水处理“三个一百”行动，推进排水管网混错接改造、雨污分流、清污分流和破损管网修复，全面完成入海排放口分类整治。因此，入海排放口整治经验被生态环境部宣传推广。

在陆海统筹中，厦门市还认真做好湿地保护。厦门市湿地总面积32243公顷，其中近海与海岸湿地26550公顷、河流湿地1196公顷、沼泽湿地14公顷、人工湿地4483公顷。厦门市湿地保护中心设立后，已编制并发布第一批一般湿地名录（17个），共1284.53公顷。

碧海银滩也是金山银山。陆海统筹的海域综合整治与生态修复工程及海岸带综合管理的一系列举措，从根本上改善了厦门湾区海域生态环境质量，扩大了环境容量，维护了海洋生态系统健康，厦门海域种群数量稳定并逐步上升（现有海洋生物2000多种，其中中华白海豚80多头，文昌鱼每平方米45尾以上），厦门成为唯一在城区就能看见中华白海豚的城市。厦门海域生境改善的同时，也提高了海洋生态服务价值（2019年厦门清洁海洋价值8.69亿元、海洋休憩服务价值718.82亿元；2021年仅厦门岛东南部海域生态系统生产价值就达232.44亿元），推动了厦门的海洋经济科学发展和跨越发展，使厦门海域的生态平衡向着良性循环的方向发展，取得了良好的生态效益和经济效益，形成了人与自然和谐发展的新局面。

2019年11月，厦门市政府获得东亚海岸带可持续发展地方政府网络授予的“PEMSEA领导力奖”。2020年6月，可持续海洋经济高级别小组发布《海洋综合管理》蓝皮书，厦门市是国际唯一的城市案例。2023年8月，生态环境部公布全国第二批美丽海湾优秀案例，厦门东南部海域荣登榜首。

2023年11月，在2023厦门国际海洋周暨厦门国际海洋论坛以及东亚海岸带可持续发展地方政府网络（PNLG）年会召开期间，许多国家部级官员、驻华使节和国际组织代表在参会中认识了厦门持续关注海洋环境的健康，创新海洋环境治理和生态保护，并实地感受厦门海岸带综合管理的实施成效。

厦门作为一座得海洋风气为先的城市，在经略海洋的强国战略中勇当冲锋舰。通过海岸带社会-生态系统的健康韧性管理，走出了一条陆海共治、“三生”融合发展的建设道路，推动生态环境治理体系和治理能力现代化建设。厦门像对待生命一样关爱海洋，守护蓝色家园，守护厦门未来，严守生态功能基线和环境安全底线，推广低碳、循环、可持续的海洋经济发展模式。“一湾一策”加强海洋环境污染防治和生态保护修复，保护海洋生物多样性，实现海洋资源有序开发利用，为探索“人海和谐”的可持续发展之路贡献“厦门智慧”“厦门力量”，为子孙后代留下了一片碧海，也为美丽中国建设提供了一系列可复制可推广的厦门方案、厦门样板。

第六章

对外对台环保交流合作平台

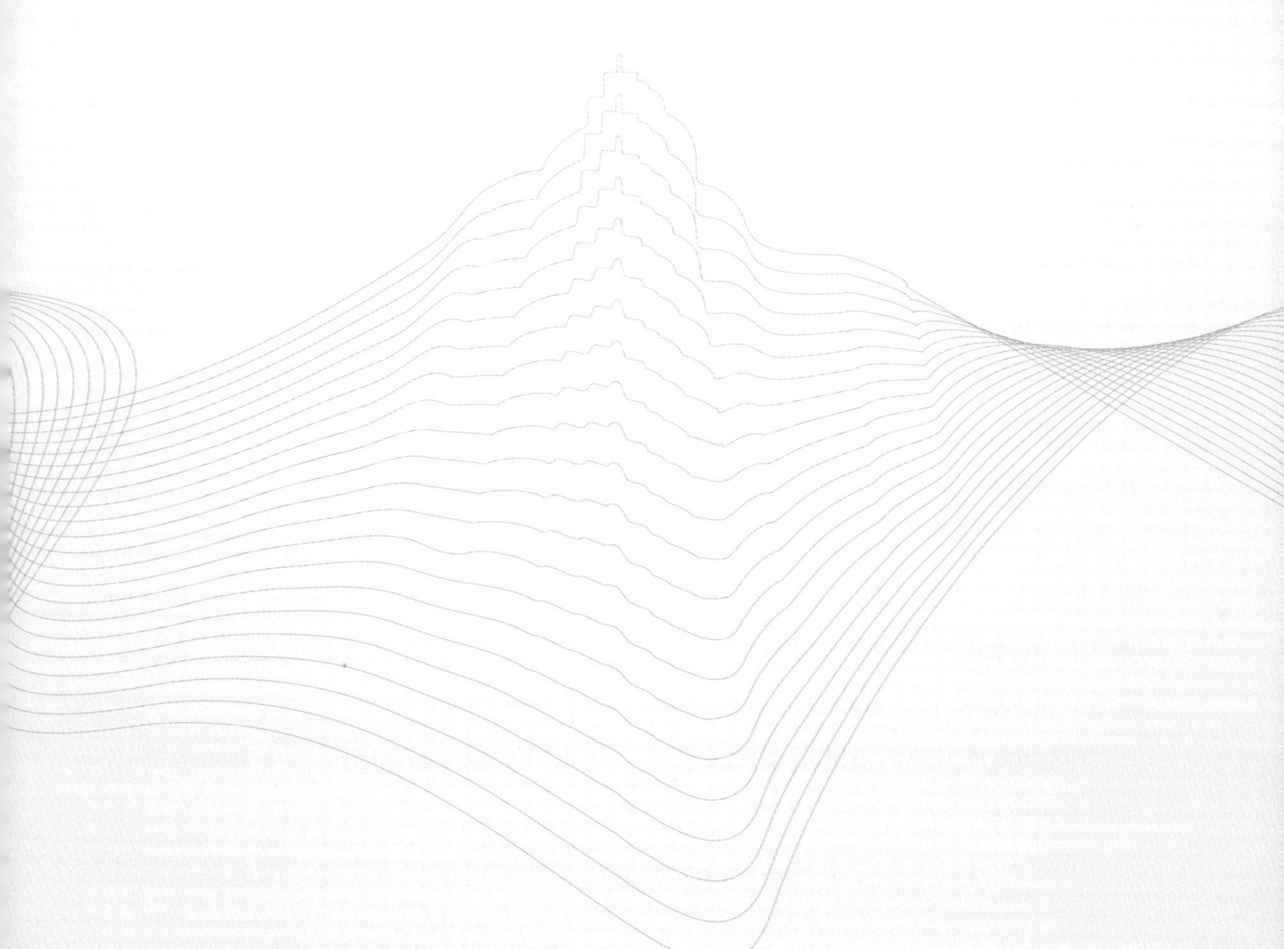

随着我国对外开放国策的贯彻实施，厦门市与境外在环境保护方面的交流与合作也日益活跃。厦门市环境科学学会及其会员单位虽然地处厦门，却长期坚持人类命运共同体理念，共建清洁美丽世界，在深化应对气候变化、生物多样性保护、海洋污染治理等领域开展了许多国际交流与合作。

厦门市环境科学学会历届理事会通过组织承办或参加国际及区域学术交流会议、出国出境参观考察、接待外国和港台代表团及专家来访等活动，构成了持续推动国内外及海峡两岸环境科技学术交流与合作的编年史，诠释了厦门市环境科学学会是民间开展对外对台环保科技交流与合作的重要平台。

6.1 积极开展环境保护国际交往

厦门市环境科学学会的诞生和成长与厦门经济特区的建设和发展基本同步。40年来，历届理事会都积极为厦门市环境科学学会会员和厦门市环境科技工作者创造机会，让他们与国际环境保护组织、国外环境保护机构和国外环境保护民间团体及知名学者进行广泛而频繁的接触，在环境保护的国际学术交流与合作中发挥了积极作用，取得了很好的成果。

厦门市环境保护局及其下辖事业单位的大部分干部都是厦门市环境科学学会的会员或理事，因此开展国际与区域的环境保护交往和环保科技交流活动基本上都以厦门市环境科学学会的名义与联系渠道进行。厦门市环境科学学会的理事单位（厦门大学、自然资源部第三海洋研究所和中国科学院城市环境研究所及在厦门的省、市科研院所等）或会员单位更是积极开展国际及区域间的环境保护学术交流与合作。这些活动为厦门市建设国际及区域间环保科技交流与合作平台起到了积沙成塔的作用。在此，只能做一些不完整的纪实回顾，并对一些重要的活动略作评述。

1985年7月，厦门市环境科学学会第一届理事会派员赴西德、意大利考察合成洗涤剂工艺设备。

1986年9月，中国环境科学学会支持福建省环境科学学会举办“沿海城市发展与海洋环境保护国际学术讨论会”①。来自日本、泰国、英国、美国及中国代表100多人出席了福建省环境科学学会首次举办的国际会议。曾任联合国会议同传的周秋麟*（国家海洋局第三海洋研究所科技处处长）几乎承担了全场翻译工作，其工作量和记忆力令人叹为观止。在大会发表的68篇国内外学者的论文中，厦门市环境科学学会选送的论文占19篇。

1.福建港湾污染物浓度分布计算 ……………………………………潘伟然　陈金泉
2.杭州湾北岸潮间带生态研究Ⅱ.软相底栖动物群落的变化（1975—1980）
……………………………………………………………………张水浸　林双淡等
3.纳污港湾污染物质的有限水体混合迁移模式Ⅱ.Cu、Pb在厦门港的迁移模式
……………………………………………………………………曾继业　雷路红等
4.九龙江口溶解态痕量金属的化学行为 ……………………张功勋　陈泽夏等
5.海洋环境保护研究中的厦门海洋围隔生态系实验 ……………………吴晋平
6．核素在人工小生境中的迁移过程 ……………………………………蔡福龙
7.天然放射性示踪剂的应用 ………………………………陈进兴　林绍盟等
8.厦门港石油降解微生物的研究 ……………………………倪纯治　周宗澄等
9.重金属对海洋贝类酶系的毒性效益 ………………………林岳夫　陈莱忠等
10.极谱催化法测定海水中的硒 …………………………………苏循荣　杨孙楷
11.催化极谱法测定海水中的锡 …………………………………袁文霞　杨孙楷
12.厦门港沉积物重金属的富集和来源探讨 ……………………陈　松　许爱玉等
13.中国四大海区沉积物中^{226}Ra含量的比较 ………………………………陈进兴
14.纳污港湾污染物质的有限水体混合迁移模式Ⅰ ………………曾继业　吴瑜端
15.港口工程选址的多目标灰色局势决策 ………………………………庄世坚
16.天然放射性示踪剂的应用 ……………………………………………陈进兴
17.海洋生物积累^{60}Co、^{137}Cs的研究 ……………………………………蔡福龙
18.关于厦门港污水排放海水中微生物污染的影响研究 ……………………林燕顺
19.金属污染物迁移中化学形态的重要性 ………………………………洪华生

① 中国环境科学学会:《中国环境科学学会史》，上海交通大学出版社2008年版，第124页。

1987年5月，联合国教科文政府间海洋学委员会污染效应专家组成员、挪威奥斯陆大学格雷教授代表联合国海委会，就1988年和1990年在厦门举办国际海洋污染生物效应学术研讨会事宜，与国家海洋局第三海洋研究所进行了学术交流并作了海洋方面的学术报告。

1987年5月，国家海洋局第三海洋研究所和加拿大合作在厦门建成我国第一个海洋生态系围隔实验基地。这是世界上第一个在亚热带地区进行这种实验的尝试，也是我国海洋实验生态系研究的一个良好开端。

1988年2月，厦门市环境科学学会第二届理事会派员参加北欧四国（瑞典、挪威、芬兰、丹麦）在北京召开的环保工作交流会。

1988年2月，厦门市环境科学学会第二届理事会派员参加在香港召开的“亚太地区水管理技术交流会”。

1988年3月，联合国教科文政府间海洋学委员会顾问及全球污染监测方法、标准、互校专家组主席威顿博士、道森博士、杜伊博士来厦门考察。

1988年10月，中国环境科学学会组织北京有关部门和个别地区环境法规制定较好的环境科学学会前往美国科罗娜州大学举办的中美环境保护法学术交流。厦门市环境科学学会理事吴子琳应邀前往，进行了有关环保法规的交流与考察。

1988年10月，应国家海洋局邀请，参加中日黑潮调查研究的日本海洋科技中心“海洋”号考察船访问厦门。

1988年11月，厦门市环境科学学会第二届理事会派员参加在香港召开的“都市环境污染国际学术会议”；理事长吴瑜端作了“生活污水的肥度和河口港湾的富营养化”论文报告。

1989年5月，厦门市环境科学学会第二届理事会派员参加在香港召开的“全球与区域环境大气化学国际会议”。

1983—1990年，厦门市环境科学学会先后接待了来自英国、美国、日本、丹麦、加拿大、芬兰、瑞典等国和联合国环境规划署的许多学者、专家和仪器推销人员；1990年，还邀请美籍华人林汝常教授在厦门就污水处理作了专题讲座。[①]

1990年3月，吴瑜端在意大利波洛尼亚举办“海洋沿岸富营养化”国际学术会议上，

① 厦门城市建设志编纂委员会:《厦门城市建设志》，鹭江出版社1992年版，第450页。

宣读“Mechanism of Phosphorus Released From the Sediment Water Interface in Xiamen Bay，Fujian，China”论文报告。

1991年6月，吴瑜端*、陈慈美*、林月玲*在“A New Age For Impact Assessment”国际学术讨论会上，宣读“The Prediction Model of Phosphorus Environmental Capacity in Harbor Water”论文报告。

1992年4月，吴瑜端*、徐立*参加“环境与经济协调发展”国际会议，宣读了《全球合作共同提高地球的承载力》论文报告。

1992年5月，国际气象学会在加拿大举办“第11届国际云与降水会议”，俞绍才*参会宣读了有关厦门地区酸雨方面的论文。

1992年5月，国家环境保护局与联合国环境规划署巴黎工业和环境办公室联合在厦门召开“清洁工艺国际会议”，来自荷兰、挪威、美国、法国、澳大利亚和中国的专家以及联合国的官员出席了会议，厦门市环境科学学会数十名会员参会旁听并承担生活翻译。

1992年5月，吴瑜端*赴美国夏威夷参加“投资与环境”国际学术讨论会，宣读了《厦门经济特区外国投资与生态环境保护》论文报告。

1993年10月，第三届理事会邀请新加坡学者介绍新加坡城市规划及污染防治，厦门市环境科学学会30多人参加座谈会。

1992—1994年，厦门大学与香港科技大学合作开展“香港和厦门港湾污染沉积物的来源及变化过程研究”课题。该课题成果获1998年教育部科学技术进步奖三等奖，并在SCI源刊物和国内核心刊物发表论文16篇，论文集1本。主要参加人员：厦门大学洪华生*、徐立*、张珞平*等和香港科技大学陈介中等。

1992年世界环境与发展大会通过的《21世纪议程》，把海洋列为实施可持续发展战略的重要领域。1993年，联合国开发计划署（UNDP）海洋环境保护调查团和UNDP咨询专家分别到厦门了解厦门市海洋环境保护工作情况，厦门市政府邀请厦门市环境科学学会派员参与向UNDP官员和专家介绍。

1994—1998年，全球环境基金（GEF）、UNDP和国际海事组织（IMO）共同资助的五年区域计划——“东亚海域海洋污染预防和管理区域计划”，选择中国厦门和菲律宾Batangas湾作为海岸带综合管理（ICM）的示范区。厦门在实施这一中国规模最大、级别最高的海岸带综合管理项目（含23个子项目）过程中，厦门市环境科学学会大量骨干或参加厦门示范计划执行委员会或参加专家委员会或参与18个子计划课题组①；项目取得了丰富而宝贵的成果，建立了一系列海岸带综合管理机制，并且及时提交政府及有关部门实施。联合国环境规划署海洋污染科学研究专家组第66号报告指出："在英国泰晤士河、美国波士顿港口和中国厦门港环境质量的改善，说明综合决策和行动可以产生效益，即使在人口增长和经济发展压力集中的城市化地区。"②

1995年6月，厦门商品检验检疫局与厦门市环境保护局联合举办"ISO14000环境管理体系国际标准研讨会"，挪威船级社工业服务部等参加。

1995年7月，中国膜工业学会、厦门大学、厦门市计划委员会在厦门举办"膜科技与厦门经济可持续发展研讨会"，来自美国、日本、德国等海内外膜技术生产经营的跨国公司及国内膜技术生产应用企业代表参加研讨。厦门市环境科学学会名誉理事长杨孙楷、会员蓝伟光作了主旨发言。

1995年10月，厦门市科委与国家海洋局第三海洋研究所联合接待日本水产厅"开洋丸"海洋调查船。

1995年、1998年、2001年、2004年，厦门大学环境科学研究中心与香港城市大学在香港联合举办"海洋污染与生态毒理国际大会"，厦门大学环境科学研究中心王新红*团队作大会特邀报告4次。

1996年4月，厦门市环境科学学会派员赴美国佛罗里达州西棕榈滩市，参加"'96地理信息系统协会年会"。

1996年5月，UNDP/IMO/丹麦环境与发展合作局、瑞典国际发展局、菲律宾海岸管理中心、罗德岛大学海岸资源中心和中国国家海洋局支持/资助的"热带地区发展中国家海岸带综合管理国际会议：从成功和失败中学到的经验和教训"在厦门召开，来自19个国家和11个国际与区域组织的大约130名与会者交流了各自的观点和经验。"厦门海洋污染预防和管理战略计划""COASTAL ENVIRONMENTAL PROFILE OF XIAMEN:by the Integrated Task Tesm of the Xiamen Demonstration Project"的报告引起了较大的反响。会后，东亚海域海洋污染预防和管理区域计划项目主任蔡程瑛博士领

① 东亚海域海洋污染预防和管理厦门示范区执行委员会办公室：《厦门海岸带综合管理》，海洋出版社1998年版。

② 黄水英、许晓春：《碧海生命乐章：首位归国海洋学女博士洪华生传》，厦门大学出版社2021年版，第247页。

衔出版了《提高海岸带综合管理成效：规划、设计和实施海岸带综合管理的成功经验》一书。

1996年6月，香港科技大学主办、厦门大学环境科学研究中心协办的“亚太区沿岸环境科技及管理学术会议”在香港举行。亚太区各国和地区的学者在会议上发表了263篇论文，厦门市环境科技工作者洪华生*、袁东星*、焦念志*、黄自强*、黄宗国、张水浸*、林鹏*、李复雪、黄邦钦*、卢昌义*、徐立*、陈伟琪*、张珞平*、王新红*、黄建东*、薛雄志*、郑天凌*、郑微云*、连玉武*、叶勇*、陈松*、温生辉*、叶丽娜*、曾子建*、庄世坚*等发表了36篇论文。

1996—2005年，厦门大学环境科学研究中心与香港城市大学合作开展“港湾持久性有机污染物（POPs）研究”和“红树林生态学及其对污染物的净化研究”。王新红*、卢昌义*、叶勇*等为主要参加人员。

1996年11月，第三届理事会派出理事高诚铁参加国家科委科技交流中心组织的中国赴美环保工作考察团，对美国环保机构和立法执法情况、环境污染治理和控制的对策、环保产业和监测科研及存在问题进行了较全面的考察。

1997年11月12—14日，GEF/UNDP/IMO东亚海域海洋污染预防与管理区域项目在泰国Chonburi Bangsaen的Burapha University举办REGIONAL WORKSHOP ON PARTNERSHIP IN THE APPLICATION OF INTEGRATED COASTAL MANAGEMENT，厦门市常务副市长朱亚衍带队，洪华生*、阮五崎*、张仁松、庄世坚*、许昆灿*、卢振彬*、戴松若、洪丽娟*等在会上发表了论文，展示和交流了“东亚海域海洋污染预防与管理厦门示范项目”的成果和经验（图6-1）。

1997—1998年，在厦门市先后举办3次国际交通污染控制与发展规划研讨会。

1998年，瑞典驻华大使馆一等秘书Karl Hallding偕同瑞典国际开发合作署（SIDA）Marie-Louist Bergstrom一行，对九龙江流域的厦门市和漳州市进行访问。1999年2月，SIDA支持的“逻辑框架法研讨会”在厦门召开，厦门市、漳州市、龙岩市有关部门的代表参加了为期4天的研讨会。Karl Hallding和2位瑞典咨询专家沿九龙江溯源对厦门、漳州、龙岩进行了10天的实地考察，厦门市环境科学学会派员全程陪同。

1998—2003年，厦门大学海洋与环境学院通过加拿大国际发展署资助的“公众基础的环境保护管理”项目，在厦门率先引入以公众为基础的环境管理新理念，开创多学科交叉研究；组织学生协会、妇女协会和村民参加一系列活动，并向厦门市政府提

图6-1　1997年11月14日，“东亚海域海洋污染预防与管理厦门示范项目”代表团部分成员在泰国合影（第一排左起为戴松若、洪华生*、朱亚衍、庄世坚*，第二排左起张仁松、许昆灿*、阮五崎*、卢振彬*）

交了关于发展厦门岛东部沿海地区的问题和建议。

1999年3月，UNDP官员Hugh Kirkman等在环境保护部科技标准司陪同下，来厦门了解海洋环境保护工作和海岸带综合管理示范区情况。

1999年6月，厦门市环保局派员参加在美国达拉斯举办的“国际固体废物研讨会”。

2000年3月，中日酸沉降监测技术研讨会在厦门举行。日本环境厅、日本环境技术协会和岛津公司等专家组成代表团，与中国环境监测总站和厦门市环境监测中心站技术人员进行了深入的研讨。

2000年7月，由中国人类学学会与厦门市社会科学联合会联合主办的“21世纪人类的生存与发展”国际学术研讨会在厦门举行，庄世坚、倪奕祥在会上发表论文《21世纪厦门市生态城市建设与持续发展的战略构想》。

2001年6月，日本NTT DATA公司与厦门市环境信息中心商谈合作意向，介绍了高分辨遥感技术等。

2001年11月，由全国人大环境与资源保护委员会、建设部、国家环保总局、厦门市人民政府主办的首届中国国际城市绿色环保博览会在厦门举行。联合国开发计划署驻华办事处、中国市长协会作为支持单位，包括20多个国家和地区的40多个城市、300多家中外企业的2万多人参加了会议，300多名市长在《中国市长绿色宣言》上签字。时任福建省省长的习近平同志发来贺信。

曲格平（全国人大环境与资源保护委员会主任委员）、俞正声（建设部部长、2013年任第十二届全国政协主席）、解振华（国家环保总局局长）、郑一军、宋瑞祥、朱亚衍、牛文元、吴良镛、张坤民等政要和国内外专家、学者发表了67篇特约文章和学术论文[①]。其中，厦门市环境科学学会会员（洪华生*、崔胜辉*、卢昌义*、薛雄志*、周鲁闽*、谢小青*、陈伟琪*、张珞平*、庄世坚*、陈志鸿*、薛东辉*、纪任旺*、孙飒梅*、王伟军*、袁东星*、林玉美*、郑逢中*、黄全佳*、郁昂*等）发表了23篇论文。卢昌义作为主编、王伟军等作为编委为这场高规格、大规模的国际性绿色环保盛会编辑出版了《呼唤绿色新世纪》《21世纪绿色城市论坛论文汇编》两本书（图6-2）。

图 6-2　《呼唤绿色新世纪》《21 世纪绿色城市论坛论文汇编》

2002年9月，福建省环保代表团访问德国莱法州，签订了《中国福建省与德国莱法州环境保护合作宣言》，并举办了莱法州-福建省第一届环境与发展学术研讨会，交流了各自的环境保护经验。其中，庄世坚作了“Acid Rain Situation and Pollution Wastage and Its Control Strategy in Fujian Province”的演讲。访问结束后，福建省代表团就如何借鉴莱法州环境保护经验推动福建省生态省建设进行了认真的思考，由代表团团长丛澜和庄世坚执笔写下了《沟通 借鉴 思考：赴德国莱法州环境考察纪实》，在福建《环境与发展报》（第590期第6版、第7版）发表（图6-3）。

2003年1月9日，英国商务领事钟嘉莉访问厦门市环境保护局，了解与厦门市进行环境保护合作的事宜。

① 中国（厦门）国际城市绿色环保博览会组委会：《呼唤绿色新世纪》，厦门大学出版社2002年版。

图 6-3　借鉴德国莱法州环境保护经验推动福建省生态省建设

2004年10月，以“全球共享健康环境”为主题，在厦门召开了“第二次技术创新与管理抉择国际环境会议”。会议由联合国环境规划署、国家环境保护总局和厦门市人民政府联合主办，中国国家自然科学基金委、荷兰应用科学研究院、中国科学院、福建省环境保护局、欧中技术促进中心、厦门大学等11个单位协办。来自23个国家和地区的354名国内外不同领域的知名专家学者和政府机构专业人士，从环境科学与健康、环境问题的经济和社会影响、污染物削减对策和环境政策的运用等方面进行了广泛而深入的探讨与交流。会后334篇论文编辑为两本论文集。

2004年，厦门市政府与国际海事组织签署第二轮厦门海岸带综合管理示范项目合作协议，在海洋综合管理、九龙江口环境综合整治、ISO14000环境管理体系认证、海洋管理人员培训等领域开展合作。

2005年10月，由联合国开发计划署、国家环境保护总局和厦门市政府联合主办的“2005年国际海洋城市论坛”在厦门市举办。与会的世界43个沿海城市市长及代表共同签署了旨在实现海洋城市可持续发展的《厦门宣言》，并一致提议在厦门定期举办“国际海洋周”活动，共同探讨世界海洋城市的可持续发展途径。

2006年1月，非洲国家考察团考察厦门市生态和饮用水源的保护情况。

2006年2月，第三期中日技术合作面向循环经济社会政策改革与体制创新培训班在厦门举行。庄世坚讲授了“厦门市循环经济发展模式”。

2006年5月，国家环境保护总局履约办公室在厦门召开“第二次《中国履行斯德哥尔摩公约国家实施计划》”区域座谈会。

2006年9月，福建省环保局与德国莱法州环境部合作项目之一——厦门鼓浪屿循环经济试验区全面启动。

2006年9月，庄世坚向国际友城墨西哥瓜达拉哈市政府代表团（法制局局长、经济发展局局长3名议员和旅游局办公室主任）介绍了厦门在城市环境保护方面的经验。

2006年10月，联合国环境规划署、国家环境保护总局和厦门市政府联合主办“2006厦门国际海洋城市论坛”，30多个国内外沿海城市市长及代表、13个国际组织和国外政府部门代表就水资源利用等问题展开交流。

2006年11月，联合国环境规划署官员参观考察厦门市生态养殖基地情况，岛外39家规模化生猪养殖场通过生态型零排放验收。

2006年11月，庄世坚*、薛东辉*、郑建华*在参与研制生态文明（城镇）指标体系（含30项指标）和编撰《生态文明构建：理论与实践》论著期间，被中共中央编译局推荐到以色列加利利学院接受可持续发展与环境管理培训。

2006年中国科学院城市环境研究所成立后致力于实施国际化发展战略。2007年6月，应亚太经合组织环境与可持续发展司的邀请，中国科学院城市环境研究所崔胜辉博士代表赵景柱所长参加了亚太地区基础设施的可持续发展专家组会议。

2007年11月，首届“厦门国际海洋周”开幕，活动主要由国际海洋论坛和海洋文化活动两部分组成。从此，中共厦门市委、市政府每年都与国家海洋局（2018年起为“自然资源部”）、联合国开发计划署驻华代表处、东亚海域环境管理区域项目组织和厦门大学共同举办一年一度的“厦门国际海洋周”。截至2020年，“厦门国际海洋周”吸引了127国家和18个重要国际组织的近千名官员和专家及超过200万人次参会，已经成为颇有国际影响的促进海洋经济绿色发展和生态文明建设的重要平台。

2008年4月，中国科学院城市环境研究所与英国阿伯丁大学（University of Aberdeen）在英国驻华大使欧威廉（William Ehrman）爵士和苏格兰教育大臣希斯罗普（Fiona Hyslop）的见证下签署了双方共建“中英联合环境技术研究所”的谅解备忘录。11月在中国科学院城市环境研究所举行“中英联合环境技术研究所”揭牌仪式。

2008年7月，加拿大驻广州总领事馆访问厦门市环境保护局，庄世坚*、孙飒梅*、薛东辉*在座谈会上介绍了厦门市环保产业的发展状况。

2009年1月，中国科学院城市环境研究所与香港理工大学签署科技合作协议。9月，中国科学院城市环境研究所与德国特里尔应用技术大学签订合作备忘录。

2010年3月，中国科学院城市环境研究所与香港浸会大学签署合作备忘录。

2010年11月，厦门国际海洋论坛在厦门国际会展中心举办。

2011年，中国成立APEC海洋可持续发展中心，并因依托国家海洋局第三海洋研究所而永久落户厦门。

2011年，厦门大学环境与生态学院在建院之初，就与美国圣地亚哥州立大学、瑞典隆德大学合作，分别举办暑期学校与凌峰暑期科研训练。截至2020年4月，学院与境外13所高校科研院所签订合作协议并开展实质性合作交流；举办8届暑期学校并拓展了多项国际化特色办学项目；举办13场国际（地区）会议；成立国际咨询委员会并定期召开会议；联合海外知名专家学者获批“滨海湿地生态系统与全球变化创新引智基地（厦门大学）”。①

2012年9月，由联合国环境计划署、中国科学院与厦门市政府共同主办的“生态系统管理与绿色经济厦门论坛”在厦门国际会议中心举行。全国人大常委会副委员长路甬祥、前联合国秘书长沙祖康、联合国环境署早期预警与评估司司长Peter Gilruth、中共厦门市委书记于伟国等发表了演讲。中国科学院城市环境研究所所长朱永官、厦门环保局局长王文杰等厦门市环境科技工作者参加了论坛。

2013年3月，美国驻广州总领事馆的领事来厦门市环境保护局了解厦门市生态环境保护工作，庄世坚等作了介绍。

2014年1月，由近海海洋环境科学国家重点实验室（厦门大学）主办的“首届厦门海洋环境开放科学大会”在厦门举行，来自美国、澳大利亚、加拿大等国家和地区的280位学者围绕“海洋环境多学科交叉研究”主题进行讨论。

2014年12月，由国际科学理事会牵头，国际医学科学院组织和联合国大学联合赞助的“城市健康与福祉计划”厦门专家会议在中国科学院城市环境研究所举行。会议召集了国内外城市健康与福祉领域的顶尖科学家为该计划的中长期目标、研究重点和实施战略出谋划策。国际科学理事会主席Gordon McBean教授和联合国大学全球健康国际研究所所长Anthony Capon教授等来自20多个国家和地区从事相关研究领域的60余位科学家代表参加会议。经过中国科协、中国科学院和厦门市政府的共同努力，该计划国际项目办公室落户中国科学院城市环境研究所。中国科协副主席、中国科学院院

① 张明智、李庆顺：《厦门大学环境与生态学院院史》，厦门大学出版社2021年版，第34页。

士李静海出席会议，并为该计划国际项目办公室揭牌。

仅2014年，中国科学院城市环境研究所因公出访共81人次，涉及20个国家和地区。其中，参加国际学术会议62人次，考察访问4人次，开展合作研究18人次；接待了来自美国、日本和英国等29个国家和地区的科研人员共185人次；共举办国际会议6次。

到2016年9月，中国科学院城市环境研究所与美国、英国、德国、法国、日本、加拿大、澳大利亚、荷兰、韩国等10多个国家及中国香港、台湾地区的高水平研究机构保持着交流和合作关系，并与英国阿伯丁大学、美国佛罗里达大学、美国新泽西州立大学等单位签署了全面合作协议。

2017年11月，厦门市环境保护局、日本环境卫生中心、亚洲大气污染研究中心在厦门召开“2017年度中日改善大气环境城市间协作项目厦门技术交流会”。亚洲大气污染研究中心所长坂本和彦、厦门市环境保护局污染防治处处长陈秋茹*、茨城大学工学部机械工学科副教授田中光太郎、厦门市环境监测站高级工程师欧健* 、神户大学大学院海事科学部海洋安全系统科学科副教授山地一代和来自重庆市、西安市、珠海市的代表分别作了学术报告。

2018年3月，由厦门理工学院环境科学与工程学院、国际环境信息科学学会和亚太科学与工程研究所主办的“2018第二届环境与能源工程国际会议”在厦门举行，来自美国、英国、加拿大、新加坡、马来西亚、泰国、伊朗、缅甸等十几个国家以及中国港澳台地区和内地高等院校的专家参加会议。国际环境信息科学学会主席黄国和*作了主旨报告。

2018年9月—2020年5月，可持续海洋经济高级别小组委托来自47个国家的160多名世界顶尖专家学者撰写一系列“蓝皮书”，为其最终发布的关于海洋经济对可持续发展重要性核心报告提供重要支撑。中国科学院院士戴民汉*领衔，李杨帆*参与了《海洋综合治理》蓝皮书的编写。作为蓝皮书中唯一的地方实践案例，作者分享了厦门25年的海岸带综合管理实践经验，梳理了相关背景及演变历程，详细介绍了“立法先行、集中协调、科技支撑、综合执法、公众参与”的海岸带综合管理模式（图6-4）。

2019年11月，由自然资源部第三海洋研究所主办的“中国东南亚海洋生态系统监测与保护研讨会”在厦门召开，来自中国、新加坡、泰国、马来西亚、印度尼西亚5个国家的代表、专家和学者共30多人参会。研讨会围绕区域海洋生态系统认知和海洋环境监测两个议题，就海洋生态恶化和海洋污染等方面展开讨论。

图 6-4 《海洋综合治理》蓝皮书

2020年2月，APEC海洋垃圾与微塑料研讨会暨海洋资源可持续利用研讨会在厦门开幕。本次研讨会由APEC海洋可持续发展中心、自然资源部第三海洋研究所主办，智利、泰国为共同经济体。来自智利、中国、中国香港、印度尼西亚、马来西亚、秘鲁、菲律宾、俄罗斯、中国台北、泰国和越南11个APEC经济体共120余位代表参会。本次研讨会着力聚焦APEC海洋垃圾与微塑料治理、海藻碳汇与低值海藻高值化利用、渔业减损与水产加工废弃物高值化利用3个领域。

2020年5月，厦门市环境科学学会作为协办单位参加了2020厦门国际环保产业创新技术展览会。

2021年11月，第六届APEC蓝色经济论坛暨2021中国蓝色经济论坛在厦门市举办，来自澳大利亚、加拿大、智利、中国、印度尼西亚、日本、墨西哥、菲律宾、俄罗斯、新加坡、中国台北、泰国和美国13个APEC经济体的代表，世界自然保护联盟（International Union for Conservation of Nature，IUCN）、大自然保护协会（The Nature Conservancy，TNC）、美国蓝色经济研究中心等国际组织代表，国家部委、沿海省市海洋相关单位的代表，以及海洋相关领域的专家线上参与此次会议。本次论坛由APEC海洋可持续发展中心、国家海洋信息中心和自然资源部第三海洋研究所共同主办。本届论坛以“蓝色经济发展与生态价值实现”为主题，与会专家和代表围绕主题，开展了积极讨论与交流。

2021年11月，2021蓝碳国际论坛在厦门召开。本次会议由自然资源部第三海洋研究所和“蓝碳倡议”工作组联合主办。本次会议采用线上形式，来自中国、美国、澳大利亚、英国、加拿大、墨西哥、法国、西班牙、马来西亚等21个国家和地区的官员、学者与非政府组织机构代表参会。参会专家分享了全球蓝碳科学和政策最新进展，探索蓝碳发展的机遇，并交流了东亚海国家在蓝碳生态系统研究和管理方面的经验，为全球和区域尺度下蓝碳生态系统提升应对气候变化能力的创新发展出谋划策。

2021年12月，“中国-东盟海洋保护地网络研讨会”在厦门召开。本次研讨会由自然资源部第三海洋研究所主办，来自中国、柬埔寨、印度尼西亚、马来西亚、缅甸、菲律宾、泰国7个国家的专家代表以及世界自然保护联盟、东盟生物多样性中心等国际组织的专家代表以视频方式参加会议。本次研讨会以“中国-东盟海洋保护地网络建设研究——推进蓝色经济中的保护”为主题，交流了中国-东盟国家海洋生态环境面临的问题，讨论了在蓝色经济背景下通过海洋保护地网络，以减少生物多样性损失、维持海洋与海岸生态系统健康、提升海洋保护地生态系统服务、促进粮食安全和沿海社区生计的途径。

2022年12月，南海周边海滩保护与修复研讨会在厦门举办。本次会议由中国海洋研究委员会主办，自然资源部第三海洋研究所、海岸灾害及防护教育部重点实验室（河海大学）和APEC海洋可持续发展中心共同承办。会议采用线上和线下相结合的方式，来自泰国、越南、马来西亚、印度尼西亚、斯里兰卡、美国和国内的30多家相关机构的专家学者百余人参加。本次学术研讨会就南海周边地区海岸侵蚀灾害现状、海滩资源状况及其开发利用和海滩资源保护修复技术研究与应用等方面，分享各国的经验和做法，探讨各国海滩资源开发利用和保护策略，结合“一带一路”国际合作倡议，提出南中海周边海滩资源保护修复的实现路径，以及科学研究合作框架。

2023年10月，厦门理工学院主办第三届环境污染与治理国际学术会议，来自日本、马来西亚和科技部、同济大学、南京大学、厦门大学、中国科学技术大学、西安工程大学、浙江海洋大学、兰州城市学院、有研稀土新材料股份有限公司等100多位代表参加了会议。

2023年11月，以“落实海洋负排放方案，推动全球可持续发展”为主题的海洋负排放国际大科学（ONCE）计划第二届开放科学大会在厦门举办，并发布了ONCE计划系列成果。国家自然科学基金委员会党组书记、主任，中国科学院院士窦贤康和联合国秘书长海洋事务特使Peter Thomson在厦门大学主讲。ONCE计划首席科学家焦念志院士等13位中外院士和几百名国内外海洋专家共同讨论如何通过海洋负排放来解决人类的“碳焦虑”。ONCE计划由焦念志领衔发起，基于其“海洋微生物碳泵”原创理论框架，通过多学科交叉融合认知海洋负排放过程机制，创建“微型生物碳泵—生物碳泵—碳酸盐泵”综合储碳理论体系；这一为全球海洋碳负排放提供智慧方案已汇聚了全球33个国家78所科研院校数百名专家学者。2023年3月，ONCE计划被列为联合国十年倡议计划框架下的大科学计划之一。

截至2023年9月，中国科学院城市环境研究所与美国、英国、法国、德国、日本、韩国、俄罗斯等40余个国家和地区的国家级科研机构、著名大学等建立了长期稳定的合作关系，开展国际项目合作、学术交流、人才培养，建立联合研究中心等；拥有科技部国际科技合作基地、科技部对台科技合作交流基地、中国科学院对台科技合作交流基地；有10余人次在国际组织任职，20余人次在国际期刊任职；在学外籍留学生77名。中国科学院城市环境研究所主办的Soil Ecology Letters（英文版）被SCI收录。国际科联“城市健康与福祉计划”国际项目办公室、ANSO框架下“一带一路”城市环境健康专题联盟等国际组织挂靠中国科学院城市环境研究所。

6.2 推动两岸环境科技交流合作

厦门位于台湾海峡西岸，与台湾具有深厚的地缘、血缘、文缘、商缘、法缘。但是，从1949年到1980年，海峡两岸处于军事和政治对峙状态，闽台人民在各方面的交流只能处于“鸡犬之声相闻，老死不相往来”的状态。1980年中国实行改革开放，厦门成为经济特区，并向全世界敞开大门。1981年9月，全国人大常委会委员长叶剑英呼吁“双方共同为通邮、通商、通航、探亲、旅游以及开展学术、文化、体育交流提供方便，达成有关协议”。1987年，台湾当局政治上取消戒严，开放党禁，准许民众赴大陆探亲、旅游；经济上推行自由化、国际化、制度化，以加快产业结构调整步伐，实行“工业升级”。1992年3月，福建省提出“两门对开，两马先行”的“小三通”构想。1993年，海峡两岸开启通邮，大陆成为台商投资的首选地区。2001年1月，从金门开出第一班前往厦门的客轮，“小三通”正式启动。2008年12月，两岸海空直航及通邮全面启动。

随着两岸人员频繁往来，两岸环境科技交流与合作也开启了新时期。在海峡两岸“小三通”启动后，大陆政策层面就陆续出台了一系列措施积极推动闽台环境保护交流合作。2007年，国家环境保护总局出台《关于支持海峡西岸经济区建设的意见》，明确支持福建省“加强对台环保交流与合作。增强对台招商和交流的环境优势，引进台湾环保资金、先进环保技术与管理经验，对台资、台商在闽的环保合作项目等，在符合相关法律和规定前提下，享受同等待遇”。

2009年，国务院发布《关于支持福建省加快建设海峡西岸经济区建设的若干意见》提出，引进台湾先进节能环保技术，积极推进和支持重点台资企业的节能减排，加强台湾海峡海域、重要流域水环境综合治理……并为此赋予了福建省对台先行先试政策。同年公布的《福建省贯彻落实〈国务院关于支持福建省加快建设海峡西岸经济区建设的若干意见〉的实施意见》进一步细化了这些内容。

2014年4月，国务院发布的《关于支持福建省深入实施生态省战略，加快生态文明先行示范区建设的若干意见》，要求福建“开展两岸生态环境保护交流合作。推动建立闽台生态科技交流与产业合作机制，推进节能环保、新能源等新兴产业对接。鼓励和支持台商扩大绿色经济投资”。同月，福建省政府和环保部签署《共同推进福建省加快建设海峡西岸经济区合作协议书》，明确约定“环保部应支持福建构筑两岸环保交流合作前沿平台，并在安排对台环保交流合作项目等方面对福建重点倾斜”。

自然地理环境把厦门和台湾紧紧维系在一起，保护环境和发展经济关系到海峡两岸人民的命运与前途。早在20世纪初就有学者对台湾海峡及其邻近海域开展现代海洋环境科学研究。国家海洋局第三海洋研究所组织闽台11个单位22名海洋科学家编辑的《台湾海峡及其邻近海域海洋科学文献目录》，就收录了1902—1994年2774篇论著[①]。1982年《台湾海峡》（国家海洋局第三海洋研究所、中国海洋学会福建省海洋学会主办）期刊创刊后，就成为刊载原创性研究论文、综述和评论的学术交流平台。

国家海洋局第三海洋研究所1959年成立以后，就以研究台湾海峡海洋生态环境及其保护为使命，开展过台湾海峡中北部海洋综合调查、台湾海峡西部海域环境综合调查、福建海岸带资源调查、福建海岛资源调查、闽南-台湾浅滩鱼类资源调查、闽南-台湾浅滩渔场上升流区生态系研究等。台湾大学海洋研究所等海洋研究机构，也对台南核电厂邻近水域进行了多年的生态调查，并进行过北部核电厂邻近水域生态调查、台中附近水域环境与生态调查以及垦丁公园附近海域的一系列研究等。1985年1月，福建海洋研究所也完成对台湾海峡中部海域的综合调查。1987年11月，国家海洋局在厦门召开“台湾海峡西部海域综合调查”成果验收评审会。

台海局势一缓和，海峡两岸的生态环境科技工作者就想方设法进行交流。厦门市环境科学学会一直把推动两岸生态环境科技交流与合作作为工作重点与特点，积极开拓建设全方位、多层次的区域生态环境科技学术交流与合作平台，着力推动海峡两岸生态环境科技成果转化。

2021年12月21日，习近平总书记在《致厦门经济特区建设40周年的贺信》中指出：“40年来，在党中央坚强领导下，厦门经济特区开拓创新、锐意进取，各项事业实现历史性跨越，为改革开放和社会主义现代化建设作出重要贡献，在促进祖国统一大业

① 国家海洋局第三海洋研究所：《台湾海峡及其邻近海域海洋科学文献目录》，海洋出版社1995年版，前言。

中发挥了独特作用。”

2023年9月，中共中央、国务院发布《关于支持福建探索两岸融合发展新路 建设两岸融合发展示范区的意见》，提出：“支持台胞参与福建生态环保、乡村振兴、社会公益等各项事业发展。”“打造海峡两岸生态环境科技成果转化平台，支持台胞台企参与绿色经济发展。”“深化厦门大学与金门大学校际交流合作。”

在厦门市环境科学学会成立40周年的历史节点上，回顾海峡两岸环境科技交流与合作每一个平凡的事件，已经清晰地留下了厦门市环境科学学会及其会员单位积极探索海峡两岸环境科技融合发展的历史印迹。

1989年8月，厦门市环境科学学会接待了台湾民间团体“新环境基金会”董事长、台湾交通大学教授柴松林。柴松林教授参观了进展中的筼筜湖综合整治一期工程，对中国改革开放政策有了较深入的了解，并在厦门市环境科学学会组织的座谈会上介绍了台湾环境保护体制、法制、环境管理状况和存在的主要问题。此后，厦门市环境科学学会通过福建省环境科学学会订阅了台湾柴松林主办的《新环境》报，打开了了解台湾环境信息的窗口；福建省环境科学学会也将福建省出版的一些环保报刊资料邮往台湾。

1989年9月，第二届理事会接待了同济大学特聘教授林汝常先生（从台湾到美国任威斯康星大学教授），通过接待，增加了两岸环保交流与信息沟通，厦门与会者了解了台湾的环保政策、环境现状、管理方法、环境科研等问题，为厦门在审批台资企业项目方面提供了较有价值的参考。

1990年4月，台湾中央大学环境工程研究中心组团到厦门市环境监测站访问，吕世宗教授提出双方共同合作开展台湾海峡酸雨联合观测研究课题的意向。

1990年，国家环境保护局在上海举办“海峡两岸环境保护学术研讨会”。1991年和1993年国家海洋局也召开了“台湾邻近海域环境科学研讨会”。在这些会议上，厦门市环境科学学会会员表现活跃。

1991年，第一届“海峡两岸物理和化学海洋学研讨会”在杭州召开。厦门大学洪华生教授和福建海洋研究所阮五崎研究员作了专题报告，并积极争取第二届会议在厦门召开。从1993年海峡两岸第二次海洋学术交流会在厦门举办，至今20多年分别由两岸不同的单位举办。

1992年，厦门大学洪华生教授作为全球海洋通量联合研究（Joint Global Ocean

Flux Study，JGOFS）委员会成员到台湾，参访了台湾大学、台湾海洋大学、台湾中山大学，为后续的交往与合作铺垫了基础①。

1993年6月，台北市民意代表冯定亚女士走访厦门市环境保护局，通过座谈，互相通报了环境保护信息。

1993年8月12—16日，国家海洋局第三海洋研究所和厦门大学、福建海洋研究所承办的"台湾海峡及邻近海域海洋科学讨论会"在厦门举行。与会的两岸海洋学家144人，其中台湾学者36人，记者2人。国家海洋局科学技术委员会主任张金标主持了开幕式。福建省副省长王良溥、两岸发展研究基金会董事长丁守中、厦门市副市长王榕和国家海洋局第三海洋研究所所长于效群分别致辞祝贺。国家海洋局副局长葛有信代表国家海洋局欢迎台湾海洋学家与大陆的学者一起工作，进行学术交流，共同推进中国海洋科学的发展。会上，国家海洋局第三海洋研究所科研人员发表了数十篇论文，厦门大学陈金泉*、商少平*、潘伟然*、吴瑜端*等发表了论文《湄洲湾海域污染物迁移扩散自净能力及其利用研究》。吴瑜端*、陈慈美*、骆肖红发表了论文《次生悬浮颗粒物与海域生命元素的内循环》。

1993年年底，全球海洋通量联合研究科学（JGOFS）委员会年会在台北举行。厦门大学洪华生教授作为JGOFS委员会成员因入台手续到台湾时年会已经开完，但是通过到台北的台湾大学、基隆的海洋大学、高雄的中山大学进行个别参观访问，为后来海峡两岸的海洋环境科学合作与交流奠定了基础。

1993年，福建科技出版社出版《当代台湾科技》一书。郑元球*、王隆发*、吴瑜端*的论文《台湾环境科技》收录于其中。

1994年8月，由福建省环保局和厦门大学环境科学研究中心共同主办的"闽港台沿海环境科技与管理研讨会"在厦门大学召开，厦门市副市长、福建省环保局局长、国家环保局副司长、厦门大学副校长和台湾大学洪楚璋教授、香港科技大学黄玉山教授等出席会议，并对厦门市的陆域和海域生态环境进行实地考察。会上共交流论文41篇，来自台湾地区的19名学者发表了16篇论文。庄世坚也发表论文《关于加强闽台环境保护交流与合作的几点看法》，会后载于《中国环境管理》1994年第5期。

① 袁东星、李炎、洪华生:《春潏入海：厦门大学环境科学的成长》，厦门大学出版社2023年版，第187-191页。

1993—1994年，国家海洋局第三海洋研究所与香港大学、台湾大学多次互访、交流和合作。1995年4月，国际自然保护联盟鲸类专家组主席Leatherwood与国家海洋局第三海洋研究所黄宗国联合在厦门召开“闽港台鲸豚保育研讨会”；会议纪要建议“分别在厦门-金门海域和珠江口水域建立中华白海豚自然保护区”。

1994—1995年，厦门大学、厦门市环境监测站与台湾大学海洋研究所合作开展厦门-金门、闽江口-马祖海域污染联合监测。“台湾海峡海域环境质量监测研究”课题分别得到福建省政府、厦门市政府、台湾自然科学基金会的支持。参加单位：厦门大学、台湾大学、福建省环境保护科学研究所、厦门市环境监测站和福州市环境监测中心站。中央电视台4套在1994年底以《半个世纪的第一次交换》为题作专题报道（图6-5）。1995年10月16日，厦门大学、厦门市环境监测站编写了《厦门-金门海域污染物监测第一航次监测报告》。

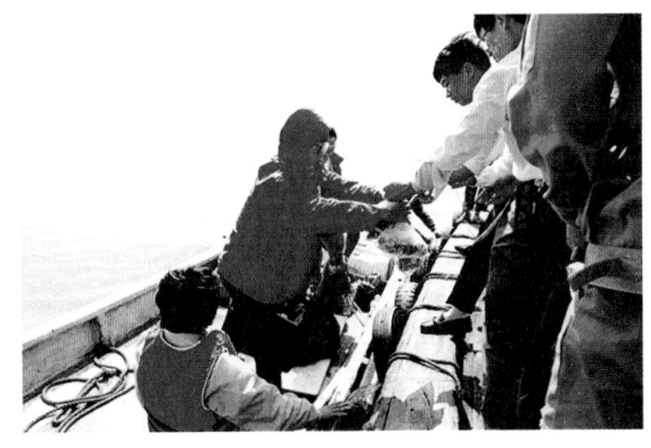

图 6-5　厦门市环境科学学会会员张珞平、徐立等乘坐小船在厦金海域与台湾方面直接船上交换样品

1999年11月，台湾中央大学大气物理所林能晖，环境工程研究中心吕世宗、张隆男，台湾环境保护学会常务理事张哲明再访厦门市环境监测中心站，商讨合作事宜。

2000年1月，福建省科协、福建省环境科学学会与台湾中华公共事务管理学会在福州举办“海峡两岸环境保护与可持续发展学术研讨会”。庄世坚等代表厦门市环境科学学会参加研讨会，并且从此与台湾环境保护学会建立了良好畅通的交流、沟通、合作关系，多次接待来厦门的台湾环境保护学会理事长及其他会员。

2001年，在时任福建省省长的习近平同志的亲自推动下，“台湾海峡及毗邻海域海洋动力环境实时立体监测系统”被列为国家“十五”“863”计划资源环境领域重大专项。洪华生担任首席科学家，并于2009年带领项目部分骨干到台湾中坜的中央大学参加“台湾海峡环境监测及灾害防治研讨会”①。

2001年，厦门高校大学生绿色环保论坛邀请了台湾、香港两地的大学生代表参与；香港地球之友总干事吴方笑薇女士作为论坛嘉宾评委出席并作了专题演讲。

2002年10月，中国地理信息系统协会第二次团体会员代表大会暨海峡两岸地理信息系统发展研讨会在厦门召开，海峡两岸和港澳地区200余位代表参加了研讨会。林桂兰*、孙飒梅*、庄世坚*等发表了论文《高分辨率遥感技术在厦门海湾生态环境调查中的应用》，会后载于《台湾海峡》2003年第2期。

2002年12月，“海峡两岸（金厦示范区）海洋环境管理系统”开题。张士三、陈劲毅、陈墀成、庄世坚*与傅崐成（台湾学者，在厦门大学任兼职教授）组成课题组。2003年11月，张士三、陈劲毅、庄世坚等在《台湾海峡》2003年第4期发表论文《金-厦海域环境综合管理机制探讨》。

2004年5月，金门县环境保护机构负责人蔡是民到厦门参加“关爱海湾环保论坛”，作了“金门环境保护的现状及金厦海域漂流垃圾之探讨”的演讲；还参加“鹭岛关爱日”活动，与3000多名志愿者一起在海边捡垃圾。

2004年7月3—6日，厦门市环境科学学会（20人）由常务理事庄世坚带队赴金门交流访问。庄世坚在“金厦环境保护及生态保育座谈会”上作了“坚持可持续发展战略 建设海湾型生态城市”主旨发言。袁东星副理事长和其他会员也发表了许多真知灼见。金门县政府及其环保局对厦门市环境科学学会在金门开展的破冰之旅高度重视。《金门日报》于2004年7月3日和4日连续在头版头条，以《厦门市环境科学学会应邀来金观摩》《金厦两门实为环保生命共同体》为题作了报道（图6-6）。此后，袁东星陆续招收金门环保局职员作为其硕士研究生和博士研究生。

厦门市环境科学学会出访金门回来后，就向大陆主管部门和有关单位反映海漂垃圾对厦门环岛路和金门县海岸景观及环境卫生构成影响的问题。因此，厦门形成了海上环卫机制：厦门市将海漂垃圾治理工作纳入党政领导生态环保目标责任书，将海岸线市容管理考评纳入全市城市综合管理常规考评；建立市级、九龙江入海口、各区海

① 袁东星、李炎、洪华生：《春潺入海：厦门大学环境科学的成长》，厦门大学出版社2023年版，第190-191页。

金門日報

廈門環境科學學會應邀來金觀摩

今將與台金環保界進行座談 就解決金廈海域漂垃圾問題謀求共識

李考區長赴考場為學子加油 慰勉試務人員辛勞

文科考試兩人違規 報大考中心將追扣分處置

《大學指考第二天》

敏督利颱風攪局

金門日報

金廈兩門實為環保生命共同體

大學指考金門考區未受颱風影響

順利完成最後兩科試程

图 6-6 《金门日报》连续两天在头版头条报道厦门市环境科学学会首访金门的资讯

漂垃圾保洁队伍，专门负责海上及岸线、沙滩保洁；市区财政加大资金保障，实现“海上垃圾打捞清理装船—船上垃圾吊装上岸—及时分拣装袋—分类回收资源化无害化处置”链条化无缝衔接。①

2005年12月，以开展循环经济、构建和谐社会为主题的“2005海峡环境科技论坛”在厦门市举行。金门县环境保护机构负责人参加论坛，并在会上介绍金门环境保护有关情况。

2005年起，厦门市环境科学学会持续开展两岸生态环境综合整治对策研究，深化两岸融合发展，促进两岸同胞凝心聚力，加强对台生态环保交流与合作。理事会每年都邀请台湾环境保护学会理事长张哲明作为领队的台湾环保代表团参加在厦门举办的“98”中国投资贸易洽谈会和环保分会场的活动。

2006年10月，国家环境保护总局国际合作司司长徐庆华、处长涂瑞和（现任UNEP驻华代表处首席代表）与厦门市环境科学学会庄世坚*、张珞平*、王新红*、叶勇*等座谈厦门与港澳台环保交流合作情况。国家环境保护总局表示厦门对台合作有较好的基础，支持厦门积极开展与台湾的合作交流。

2009年11月，以台湾地区“环保署督察总队总队长”张晃彰为领队的环保和海洋方面的官员一行21人访问厦门海事局，参观考察厦门生活垃圾处理和海面垃圾打捞处理情况；参访厦门市港务局、厦门市海洋与渔业局和厦门市环保局，谋求共同开创两岸在海洋油污染紧急应变及海漂垃圾处理方面合作的新契机。2009年12月，海峡两岸近百名环保界人士聚集金门县，就“两岸海洋油污染紧急应变”议题进行为期两天的交流。

① 国家发展和改革委员会:《国家生态文明试验区改革举措和经验做法推广清单》，2020年11月。

2010年，厦门市环境科学学会应厦门市环境监测中心站要求，多次联系和咨询金门县空气颗粒物在线检测数据。同年9月，邀请台湾地区的金门县、宜兰县、台东县环保局和多家台湾环境保护公司共12人，参加在厦门举办的“98”中国投资贸易洽谈会和环保分会场的活动，并组织参加在厦门召开的第二届海峡两岸环境保护交流会。

2011年6月，厦门市环境科学学会与台湾气溶胶研究学会、台湾中山大学环境工程研究所联合在金门大学举办“第一届海峡两岸环境保护双门论坛：空气品质监测及空气污染防治策略”。厦门市环境科学学会选送了10篇论文进行大会交流，并收录在论文集（共30篇论文）中。

2011年，厦门大学环境与生态学院与台湾云林科技大学工程学院、台湾宜兰大学工学院、台湾中央大学水文与海洋科学研究所、台湾中山大学环境工程研究所、台湾海洋大学环境与生态研究所签署合作协议，在科研合作、师生互派等方面开展交流。

2011年，由厦门大学与福建省海洋研究所联合共建的海洋环境科学联合重点实验室更名为福建省海陆界面生态环境重点实验室（Fujian Provincial Key Laboratory for Coastal Ecology and Environmental Studies，CEES）。为了提升海峡两岸在海洋环境监测及预报技术的研究和应用能力，提升海峡两岸防灾减灾能力，为海峡两岸海洋经济发展提供生态环境安全保障，造福海峡两岸人民，CEES与台湾方面商定每年或两年在大陆和台湾轮流召开一届“海峡两岸海洋环境监测及预报技术研讨会”，迄今已在厦门、基隆、厦门、金门、厦门、平潭、澎湖、武汉、厦门—台湾召开了10届研讨会。

2009—2012年，厦门大学海洋与环境学院和台湾中山大学合作，开展国家自然科学基金委（National Natural Science Foundation of China，NSFC）国际与地区合作交流项目“九龙江流域-河口-近海生态系统耦合变动及其环境效应”。研究结果对深入认识全球背景下流域-河口-近海系统的变迁规律、趋势以及调控机制提供了重要的科学基础，为流域-河口水环境管理提供科技支撑，并为海峡两岸的长期实质性合作打下基础。

2009—2012年，厦门大学海洋与环境学院和厦门市环境监测中心站承担厦门市科技计划项目“厦门市大气气溶胶PM_{10}与$PM_{2.5}$的物化特征分析及其时空分布趋势探讨”的成果，在《环境科学》、*Aerosol and Air Quality Research*刊物发表，并在台湾气溶胶研究会主办的2011国际气溶胶科技研讨会（ International Conference on Awareness Science and Technology，ICAST)及厦门大学承办的区域性会议“第九届海峡两岸气溶胶技术研讨会暨第二届海峡两岸环境保护厦门论坛”上交流。

2012年6月，厦门市环境科学学会一行8人前往台北、高雄、金门，参观了垃圾焚烧厂、污水处理设施和大气监测等。

2012年12月，厦门市环境保护局主办海峡两岸环境教育立法工作经验交流研讨会，厦门市环境科学学会会员积极参加研讨和相关活动。之后，由厦门市环境科学学会邀请参与台湾环境教育立法的专家学者到厦门，为厦门市环境教育立法出谋划策。

2013年7月，厦门市环境科学学会组织召开全国计划单列市宁波、青岛、深圳和大连4地的环境科学学会代表赴金门进行相关生态考察，并与金门县环保局相关技术人员开展了技术交流。

2013年8月，厦门市环境科学学会组织会员到台湾澎湖科技大学参加“第三届海峡两岸环境保护会议——澎湖论坛”，两岸专家学者共发表了103篇论文（图6-7）。

图 6-7　《金厦环境保护及生态保育座谈会资料集》《第三届海峡两岸环境保护会议——澎湖论坛论文摘要集》

2013—2017年，厦门大学与台湾“中央大学”合作，开展“极端天气下台湾海峡动力环境演变与生态响应”研究。项目取得了一系列成果，为台湾海峡物理、生态环境在极端天气条件下的适应性对策研究提供了重要的基础数据及理论积累，有助于提升海峡两岸在防灾减灾领域的监测和预报能力。

2014年5月，厦门市环境科学学会与环境保护部环境与经济政策研究中心签署“台湾地下水土壤污染综合整治保障体系研究”项目，旨在深入研究台湾地区地下水和土壤保护的发展历程，了解土壤和地下水整治基金建立、核算、工程执行和环保资源配置等，分析其在实践中的经验和教训，厘清其发展和管理思路，考量其成效，评估其运营效率和可持续发展潜力，为大陆当前地下水保护体系的建立提供值得借鉴的指导思想和可操作的规定。

2014年9月，厦门市环境科学学会与环境保护部环境与经济政策研究中心在厦门联合举办了“两岸土壤及地下水环境保护政策与可持续发展论坛”。会议邀请了台湾土壤及地下水环境保护协会、台湾土壤及地下水污染整治基金管理会、金门县环保局、厦门市环境保护局等有关部门和单位参加，讨论交流了两岸的土壤及地下水环境保护现状、政策、方法等，解答了大陆目前土壤及地下水保护的难题和疑问。会后，厦门市环境科学学会—台湾土壤及地下水环境保护协会签署了土壤及地下水合作备忘录。合作范围包括：①土壤及地下水环境生态保护政策及法规制度建设的研究与咨询。②举办土壤及地下水整治基金运营及修复新技术的研讨。③厦门市环境科学学会为产业发展委员会在厦门市参与有关土壤及地下水调查及修复技术试点项目提供协助。④厦门市环境科学学会协助产业发展委员会会员取得环境服务贸易相关资质许可，如跨境交付、商业存在等。⑤参加双方举办的土壤及地下水调查及修复技术展览会、交流会、论坛等活动。⑥其他合作项目。

2015年11月，厦门市环境科学学会与台湾环境科学学会洽谈关于共同开展酸雨研究，探讨合作开展金厦同步雨水采样监测的可行性，同时学习了台湾环境污染事件处理经验。

2016年4月，环境保护部环境与经济政策研究中心与厦门市环境保护局在厦门共同举办“2016年排污许可制度研讨会”，来自环境保护部台办、评估中心，中国环境规划院，中国环境监测总站，福建省环境保护厅，泉州市环境保护局以及台湾环境保护协会、金门县环境保护局和台湾环境顾问公司在内的40余位代表参加了研讨会。厦门市环境科学学会作为协办单位，为搭建了解台湾排污许可制度的平台发挥了重要作用。

2011年9月—2019年9月，厦门市环境科学学会每年都邀请台湾环保代表团参加在厦门举办的“98”中国投资贸易洽谈会和环保分会场的活动，台湾环境保护学会，金门县环保局、宜兰县环保局和多家台湾环境保护公司都积极响应。

2017年5月，环境保护部环境与经济政策研究中心委托厦门市环境科学学会提供台湾地区排污许可制度实施经验（包括排污许可制度总体情况、排污许可与排放交易制度的实施、排污数据监测与管理）。厦门市环境科学学会再次邀请台湾环保人士参加环境保护部环境与经济政策研究中心和厦门市环保局于2017年5月在厦门共同举办的“2017年排污许可制度研讨会”（图6-8）。此次会议根据大陆排污许可制度未来实施需要，就台湾地区排污许可执法、如何落实企业环保责任、排污许可证执法及企业守法案例、企业环境信用体系建设以及排污权交易制度等开展交流研讨。台湾地区排污许可制度的实施经验，为保障大陆排污许可制度实施提供了有益的借鉴和参考。

图 6-8　2017 年排污许可制度研讨会代表合影

2019年5月，厦门市环境科学学会组织部分理事赴台湾参加第九届海峡两岸环境与生态会议——宜兰论坛，与台湾地区在生态环境业务领域和环境管理方面进行交流学习；了解了台湾地区及相关大学研究成果，在业务领域和环境管理方面获益匪浅。

2019年6月，“海峡两岸青年学者产业技术论坛暨两岸环境与生态联盟论坛”在厦门大学召开。由福建省环境科学学会主办，厦门市环境科学学会协办的“海峡生态环境科技与产业融合发展论坛”为本次论坛分论坛之一。福建省生态环境厅副厅长黄书林和生态环境部，福建和台湾方面环保部门、机构、高等院校、社会团体及环保企事业单位等近60名代表共同参加了论坛。

2019年8月，台湾海峡海洋生态系统教育部野外科学观测研究站获批认定，主要聚焦台湾海峡海洋生态系统的结构与功能，开展长期监测和实验研究，致力于阐明台湾海峡典型海洋生态系统长期演变过程、机制及连通性，揭示该生态系统对气候变化和人类活动的响应特征，开展海洋生态环境及生物资源可持续利用技术示范与应用。

2019年12月，厦门市环境科学学会作为协办单位参加了2019厦门国际环保产业创新技术展览会暨海峡环保高峰论坛。

2020年11月，由中华白海豚保护联盟、自然资源部第三海洋研究所、厦门市自然资源和规划局及NGO共同主办的“第七届海峡两岸及港澳鲸豚研究和保护研讨会”在厦门召开。来自大陆的鲸豚专家学者、政府主管部门和NGO代表共150余人现场参会，并有来自台湾和香港地区以及日本的专家线上参会。会议交流了近两年来中国鲸豚等珍稀濒危动物保护研究方面的最新进展，包括海洋濒危动物种群和栖息地保护，海洋濒危物种的演化和生理，自然保护地管理和公众保护意识以及海洋工程对濒危物种的影响及减缓技术等内容。

2021年5月，厦门市环境科学学会与福建省厦门环境监测中心站一起举办环境监测设施向公众开放活动，邀请台资企业40多人参与交流互动。

2023年5月，自然资源部第三海洋研究所和厦门大学联合主办台湾海峡及周边海域关键海洋过程学术研讨会。会议围绕台湾海峡及周边海域海洋生物生态、海洋地质、海洋动力、海洋生物地球化学循环4个主题展开研讨。来自自然资源部第三海洋研究所、厦门大学、台湾中山大学、台湾“中研院”、美国北卡罗来纳州立大学、南京大学、同济大学、中国海洋大学、中国科学院海洋研究所、自然资源部南海信息中心等30多家涉海高校和科研院所科技人员160名专家学者和研究生参加了会议。

2023年6月，厦门市环境科学研究院被福建省市场监督局授予“两岸生态环境标准共通试点”。

2023年12月6日，“厦门市环境科学学会成立四十周年庆典暨学术交流”活动，邀请了金门县环保机构相关负责人和一些台湾环保科技社团及台湾环保企业参加，并举行厦门市环境科学学会与台湾环境检验测定商业同业公会、台湾立境环境科技股份有限公司等单位的共建签约仪式，携手推动生态环境技术和标准的融合发展，为两岸生态环境科技合作带来更多的机遇和发展空间。

附　录

附录 1　厦门市环境科学学会章程

厦门市环境科学学会章程

（厦门市环境科学学会第一次会员大会通过）

第一章　总　则

第一条　厦门市环境科学学会（以下简称学会）是在中国共产党领导下的环境科学工作者自愿结合的学术性群众团体，是厦门市科学技术协会的组成部分。

第二条　学会提倡辩证唯物主义和实践是检验真理的唯一标准，充分发扬民主，认真贯彻“百花齐放，百家争鸣”的方针，开展学术上的自由讨论。坚持实事求是、服从真理的科学态度。在工作中贯彻“全面规划，合理布局，综合利用，依靠群众，大家动手，保护环境造福人民”的环境保护工作方针，团结广大环境科学工作者，为繁荣发展环境科学事业，为把厦门市建成一个优美、清洁、幽静的港口风景城市，为特区建设作出贡献。

第三条　学会的主要工作任务

1.积极开展环境科学学术交流，普及环境科学技术知识，开展和推动环境科学的宣传教育工作，出版学术刊物。

2.积极开展科技咨询服务工作，发挥学会跨行业、多学科技术人才集中的优势，以经济特区建设为中心，重点解决环境科技难题。

3.接受市政府各部门和企事业单位委托的有关环保任务，配合各业务部门，研究解决环境科学技术中的重大问题和关键课题，坚持服务第一。

4.举办为环境科学工作者服务的各种事业和活动，加强同国内外的环境科学技术团体和科学技术工作者的学术交流和友好联系。

5.开发智力资源，培养“四化”建设人才。根据环境科学技术发展的需要，举办各种类型的培训班、进修班。努力提高会员和环境工作者的学术水平，发掘和推荐环境科学技术人才和研究成果。

6.针对控制和治理环境污染，改善和提高环境质量，保护生态平衡及有关环境科学技术的政策、条例和有关问题，开展科研活动，积极向政府和有关部门提出合理化建议，经常向有关部门反映环境科学工作者的意见、呼声和要求。

第二章 会 员

第四条 凡拥护中国共产党，遵守中华人民共和国宪法，承认学会章程，并具有下列条件者可申请为会员。

1.参加环境科学和技术工作的讲师、助理研究员、工程师、农艺师、主治医师等以上的科技人员。

2.取得硕士以上学位的环境科技人员。

3.高等院校、本科毕业，从事本学科工作三年以上，并具有一定水平，或虽非高等院校本科毕业，但具有相当于本条规定的学术水平和工作经验的环境科技和环境管理人员。

4.在环境科学和技术工作中有创造发明或在科学实验中有一定成就的工农群众。

5.热心环境科学、积极支持学会工作并从事有关环境工作的领导干部及政法工作者，专职从事环境保护科技和环境管理人员。

第五条 会员入会须由本人申请、本会会员介绍或单位推荐，经理事会或常务理事会批准，报市科协和省环境科学学会备案。对于著名科学家和有特殊贡献者，学会常务理事会可直接吸收为会员。会员由学会发给会员证。

第六条 会员的权利和义务。

1.权利：（1）有选举权和被选举权；（2）对学会工作有建议和批评权；（3）参加学会组织的有关活动；（4）优先取得本会有关的学术资料。

2.义务：（1）遵守学会会章；（2）执行学会的决议和完成学会所委托的工作，积极参加学会组织的各项咨询服务活动；（3）撰写学术论文和参加环境科普宣传及有关活动；（4）按会员条件积极发展和推荐会员，不断扩大学会队伍；（5）缴纳会费（会费金额和缴纳使用管理办法另定）。

第七条　会员可以声明退会。会员违反会章，情节严重或长期无故不参加学会活动者，劝其退会或取消会籍。因触犯刑律被剥夺公民权利者，其会籍自然撤销。

第三章　组织机构

第八条　学会的组织原则是民主集中制。学会的最高权力机构是会员大会或会员代表大会。

会员代表大会的职责:

1.决定学会工作方针和每届学会任务。

2.审查理事会工作报告。

3.选举新的理事会。

4.制定和修改学会章程，审查与学会有关的条例、规定。

第九条　会员代表大会闭幕期间，理事会是执行机构，其职责：

1.执行会员代表大会决议。

2.制订学会工作计划。

3.领导所属工作机构开展活动，检查督促其活动情况和协助解决工作中的困难。

4.组织学术鉴定，推荐优秀学术论文和科技成果，建议政府和会员所在单位给予奖励。

5.审查批准新会员入会。

6.组织筹备召开下届代表大会，并向下届大会报告工作。

第十条　理事会推选理事长、副理事长和常务理事，组成常务理事会，任期三年，并由常务理事会聘任秘书长、副秘书长。在理事会休会期间，常务理事会主持日常工作，行使理事会的职责。

第十一条　学会理事会根据工作需要设立必要的工作委员会、咨询委员会和专业学组，各委员会和专业学组的负责人，由常务理事会聘请。各委员会和专业学组的活动计划应经常务理事会审查批准后执行。

第十二条　秘书长、副秘书长应加强与会员的联系，了解会员的活动情况，及时向理事长、副理事长反映情况、提出建议，促进各项工作的顺利开展。

第四章　领导关系

第十三条　学会在市科学技术协会的领导和市环境保护办公室的指导下开展工作，业务上接受省环境科学学会的指导。

第五章 经 费

第十四条 学会经费来源

1.厦门市科学技术协会按计划拨款。

2.厦门市环境保护办公室补助。

3.本会举办的各种活动（咨询、专业组活动举办的各种学习班、刊物、资料等）收入。

4.会员费。

5.个人、单位或团体的捐款、赠款。

第六章 附 则

第十五条 本章程由学会代表大会通过后执行。

第十六条 本章程解释权属本会常务理事会。

厦门市环境科学学会章程

（厦门市环境科学学会第七次会员代表大会通过）

第一章 总 则

第一条 厦门市环境科学学会（以下简称本会），英文名：XIAMEN SOCIETY FOR ENVIRONMENTAL SCIENCES，缩写为XMSES。

第二条 本会是厦门市有关生态环境科技工作者、生态环境工程技术人员、生态环境宣传教育工作者、生态环境管理工作者（以下统称生态环境科技工作者）和关心支持生态环境科技工作的相关单位等自愿组成并依法登记的地方性、学术性、非营利性社会组织，是党和政府联系广大生态环境科技工作者的纽带和桥梁，是厦门市发展生态环境科技事业的重要社会力量，是厦门市生态环境保护工作的组成部分，也是厦门市科学技术协会的组成部分。本会会员分布和活动地域为厦门市。

第三条 本会的宗旨是坚持中国共产党的全面领导，根据中国共产党章程的规定，设立中国共产党的组织，开展党的活动，为党组织的活动提供必要条件。坚持以习近平新时代中国特色社会主义思想为指导，深入贯彻习近平生态文明思想，遵守宪法、法律、法规和国家政策，践行社会主义核心价值观，遵守社会道德风尚。自觉加强诚信自律建设。履行为科学技术工作者服务、为创新驱动发展服务、为提高全民科学素质服务、为党和政府科学决策服务的职责；坚持民主办会，发扬学术民主，倡导求真务实，发挥学术共同体作用，团结依靠广大会员和生态环境科技工作者，促进生态环境科学技术的发展和知识的普及，培育和举荐生态环境科技人才，反映生态环境科技人才工作者的意见建议，维护生态环境科技工作者的合法权益，营造良好的科学文化氛围，为厦门市生态文明建设和生态环境保护事业贡献力量。

第四条　本会接受业务主管单位厦门市科学技术协会和社团登记管理机关厦门市民政局的业务指导和监督管理。

第五条　本会会址设在福建省厦门市思明区天湖路46号1103室。

第二章　业务范围

第六条 本会的业务范围

（一）开展生态环境科学学术交流和研讨，组织学科优秀论文评选，发掘和举荐优秀科研成果、优秀科技人才，推动自主创新，促进学科不断向前发展。

（二）开展生态环境科普宣传活动，普及生态环境科学知识。通过学会网站、公众号、相关技术资料汇编和参观交流等活动，提高全民生态环境意识，努力建设人与自然和谐共生的现代化。

（三）开展生态环境科学研究各类技术咨询、技术服务与生态环境课题研究，组织项目的生态环境评估、论证，开展生态环境科技成果的评审和鉴定，建立生态环境技术交流平台，参与生态环境保护课题研究和专项报告编制。

（四）组织科学考察和会员专业培训，举办为生态环境科学工作者服务的各种活动，把本会建设成生态环境科技工作者之家。同时依托会员专业技术知识，开展生态环境会员专业技术培训、讲座和技术报告，积极推进全民生态文明水平提升。

（五）发挥纽带和桥梁作用，在全市各级政府部门和生态环境保护科技工作者之间建立良好的生态环境建设沟通渠道，推进有效和良性的互动。

（六）建设生态环境智库，针对生态环境保护领域的科技创新、战略规划、管理政策、标准体系和产业发展等组织相关研究，为政府、企业和其他社会组织或者机构提供咨询建议。

（七）开展两岸生态环境技术交流，推动两岸标准共通，推进两岸生态环境技术融合发展。

（八）承接政府有关部门委托事项。

第三章 会 员

第七条 本会的会员种类分为单位会员和个人会员。

第八条 申请加入本会的会员，应符合下列条件：

（一）拥护本会的章程。

（二）有加入本会的意愿。

（三）在本会的业务领域内具有一定的影响，凡符合下列条件之一者，可以申请作为个人会员：

1.取得中级以上（含中级）技术职称或学士以上（含学士）学位的生态环境科技工作者；

2.高等院校毕业、从事生态环境保护工作三年以上、具有一定学术水平和实际工作经验或中等专业学校毕业、从事生态环境保护工作五年以上、具有一定理论水平和丰富实践经验者；

3.热心生态环境保护事业、积极支持学会工作的管理干部、环境科技实业家或在生态环境科技普及、推广、教育及宣传方面作出积极贡献的各方面人士。

（四）愿意参加本会活动、积极支持本会工作的科技团体或企事业单位，可申请作为单位会员。

第九条 会员入会的程序是：

（一）提交入会申请书。

（二）学会秘书处审核。

（三）报备理事会同意。

（四）对于著名科学家和有特殊贡献者，经本会常务理事会推荐可直接吸收为会员。

第十条 会员享有下列权利：

（一）本会的选举权、被选举权和表决权。

（二）参加本会举办的各项学术活动及对外协作考察交流。

（三）优先参与本会承担的课题或项目，优先、优惠获得本会提供的各项服务。

（四）对本会工作的批评建议权和监督权。

（五）入会自愿、退会自由。

第十一条　会员履行下列义务：

（一）遵守本会的章程，执行本会的决议。

（二）维护本会合法权益和声誉。

（三）协助本会开展相关活动，完成本会交办的工作。

（四）按规定交纳会费。

（五）积极撰写学术论文和参加各种学术交流及科普活动。

（六）向本会反映学科发展和相关产业情况，提供有关信息资料。

第十二条　会员退会应书面通知本会，本会将按流程取消会员资格。一年以上无故不参加本会活动的，经本会提示仍不改者，视为自动退会。

第十三条　会员如有严重违反本章程的行为，秘书处提请理事会或常务理事会表决通过，予以除名。

第四章　组织机构和负责人产生、罢免

第十四条　本会的最高权力机构是会员代表大会，会员代表大会的职权是：

（一）制定和修改章程。

（二）选举和罢免理事、监事。

（三）审议理事会的工作报告和财务报告，审议监事会的工作报告。

（四）决定本会工作方针和任务。

（五）决定终止事宜。

（六）决定其他重大事宜。

第十五条　会员代表大会须有2/3以上的会员出席方能召开，其决议须经到会会员半数以上表决通过方能生效。特殊情况可通过视频会议形式参加会议。

第十六条　会员代表大会每届5年。因特殊情况需提前或延期换届的，须由理事会表决通过，报业务主管单位审查并经社团登记管理机关批准同意。但延期换届最长不超过1年。

第十七条　理事会是会员代表大会的执行机构，由会员代表大会选举产生，在闭会期间领导本会开展日常工作，对会员代表大会负责。

第十八条　理事会的职权是：

（一）执行会员代表大会的决议。

（二）选举和罢免理事长、副理事长、秘书长、常务理事。

（三）筹备召开会员代表大会。

（四）向会员代表大会报告工作和财务状况。

（五）负责会员的发展或除名。

（六）决定设立办事机构、分支机构、代表机构和实体机构。

（七）决定副秘书长、各机构主要负责人、办事机构、代表机构、实体机构专职工作人员的聘任。

（八）制订本会工作计划，领导本会各机构开展工作。

（九）制定内部管理制度。

（十）组织学术鉴定，推荐优秀学术论文和科技成果，建议政府和会员所在单位给予奖励。

（十一）履行章程规定的其他职权。

第十九条　理事会须有2/3以上理事出席方能召开，其决议经到会理事2/3以上表决通过方能生效。特殊情况理事可通过视频会议形式参加会议。

第二十条　理事会每年至少召开一次会议；情况特殊的，也可采用通讯形式召开。会议由理事长召集和主持，理事长不能履职时，由理事长指定的副理事长或理事会（常务理事会）推选的召集人负责召集和主持。

第二十一条　本会设立常务理事会，常务理事会由理事会选举产生，在理事会闭会期间行使第十八条第（一）、（三）、（五）、（六）、（七）、（八）、（九）、（十）项的职权，对理事会负责。

第二十二条　常务理事会须有2/3以上常务理事出席方能召开，其决议须经到会常务理事2/3以上表决通过方能生效。特殊情况常务理事可通过视频会议形式参加会议。

第二十三条　常务理事会至少半年召开一次会议，情况特殊的也可采用通讯形式召开。

第二十四条　本会设办事机构为秘书处，由秘书长负责，主要在理事会的领导下负责本会举办的各项活动的组织实施并处理本会的日常事务。

第二十五条　本会的理事长、副理事长、秘书长必须具备下列条件：

（一）坚持党的路线、方针、政策、政治素质好。

（二）在本会业务领域内有较大影响。

（三）理事长、副理事长、秘书长最高任职年龄原则不超过70周岁。

（四）身体健康，能坚持正常工作。

（五）未受过剥夺政治权利刑事处罚的。

（六）具有完全民事行为能力。

（七）未参加过非法组织。

（八）本人及其担任法定代表人的企业未存在正在被执行的经济案件。

（九）未被列入失信被执行人名录。

（十）无法律法规、国家政策规定不得担任的其他情形。

经理事会研究通过，本会可聘请大力支持我市生态环境事业发展的领导和有威望的科技专家若干人为名誉理事长或顾问。

第二十六条　本会理事长、副理事长、秘书长如超过最高任职年龄的，须经理事会表决通过，报业务主管单位审查并经社团登记管理机关批准同意后，方可任职。

第二十六条　本会理事长、副理事长、秘书长任期5年，理事长、副理事长、秘书长任期与会员代表大会任期一致，最长不得超过两届，因特殊情况需延长任期的，须经会员代表大会2/3以上会员表决通过，报业务主管单位审查并经社团登记管理机关批准同意后，方可任职。

第二十七条　理事长为本会法定代表人。因特殊情况，经理事长推荐、理事会通过，经业务主管单位同意、登记管理机关批准后，可以由副理事长或秘书长担任法定代表人。法定代表人代表本团体签署有关重要文件。本团体法定代表人不兼任其他团体的法定代表人。

第二十八条　本会理事长行使下列职权：

（一）召集和主持常务理事会、理事会。

（二）检查会员代表大会、理事会、常务理事会决议的落实情况。

（三）向会员代表大会、理事会、常务理事会报告工作。

理事长因故不能履行职责时，由常务副理事长代行其职责。

第二十九条　本会秘书长行使下列职权：

（一）主持秘书处工作，组织实施年度工作计划。

（二）协调各分支机构、代表机构、实体机构的工作。

（三）提名副秘书长以及各办事机构、分支机构、代表机构和实体机构主要负责人，交理事会或常务理事会决定。

（四）提名办事机构、代表机构、实体机构专职工作人员的聘用，交理事会或常务理事会决定。

（五）了解会员、会员单位的活动情况，及时向理事长和理事会反映情况，提出建议，促进各项工作顺利开展。

（六）处理其他日常事务。

第三十条　本会设立监事会，成员5名；其中监事长1名，副监事长1名，监事3名。监事任期与理事任期相同。

第三十一条　监事会是会员代表大会的监督机构，在代表大会闭会期间监督理事会，对会员代表大会负责。

第三十二条　监事会成员应当从具有良好职业道德和较高从业水平、奉献精神、热心本会团体工作和社会公益活动的会员中选举产生。监事会由会员代表大会选举产生。监事长由监事会选举产生，连续任期不得超过两届。

每届监事会监事的更新应该不少于1/3。

本会理事、常务理事、副秘书长、秘书长、副理事长、理事长不得担任监事。

第三十三条　监事会职责：

（一）监督理事会、常务理事会执行会员代表大会决议的情况。

（二）检查财务和会计资料，向登记管理机关、业务主管部门以及会计主管部门反映情况。

（三）监督理事会、常务理事会遵守法律和章程的情况。当理事长、副理事长、常务理事、理事和秘书长等管理人员的行为损害本会利益时，要求其予以纠正，必要时向会员大会、业务主管单位及登记管理机关报告。

（四）监事列席理事会、常务理事会及本会其他会议。

（五）提议召开理事会临时会议。

（六）向代表通报监事会年度工作情况。

（七）本章程规定或会员代表大会授予的其他职权。

第三十四条　监事会通过以下方式行使监督权：

（一）列席本会各项会议，查阅会议纪要、财务票据等有关材料。

（二）听取理事会、常务理事会、秘书处的工作情况通报。

（三）对理事提出质询。

（四）对于常务理事会、理事会作出的决议、决定，监事会认为存在违反程序或违背本会会员根本利益的，可以建议进行二次表决。

（五）对监事事项提出建议和异议。

（六）对不称职的理事会成员进行警示或建议罢免。

监事应以监事会集体的名义行使监督权，不得以监事个人名义发表意见。

第三十五条　监事长职责：

（一）领导监事会开展工作。

（二）召集和主持监事会会议。

（三）签署、检查监事工作。

（四）监督、检查监事工作。

（五）监事会授予的其他职责。

监事长因故不能履行职责时，由副监事长代行监事长职责。

第三十六条　监事会每 3 个月至少召开1次会议；必要时，经监事长决定或者2/3以上监事提议，应当举行监事会临时会议。

监事会会议必须有2/3以上监事出席方可召开。监事会作出决议，须经到会监事的过半数通过。

第三十七条　本会1/3以上会员或者2/3监事，可以向监事会提议罢免监事长。罢免提议一经提出，应当在20日内举行监事会临时会。

第三十八条　监事在1年内2次无故不参加监事会会议或任期内累计5次不参加监事会会议的，劝说其辞去监事职务，若不辞职的，监事会应在30日内书面通知其停止履行监事职权，并在会员代表大会上予以追认。

第三十九条　监事有下列情形之一的应当罢免职务：

（一）不执行本会代表大会、监事会会议决定的。

（二）受到刑事处罚的。

第五章　党建工作

第四十条　本会坚决拥护中国共产党的领导，执行党的路线、方针和政策，走中国特色社会组织发展之路。

第四十一条　本会按照党章规定，经上级党组织批准设立党组织。如暂不能单独建立党组织，支持通过联合建立党组织、建立兼合式党组织等方式，在本会开展党的工作。

第四十二条　本会党组织是党在厦门市环境科学学会的战斗堡垒，发挥政治核心作用。基本职能是保证政治方向，团结凝聚群众，推动厦门市环境科学学会的发展，建设先进文化，服务人才成长，加强党组织自身建设。

第四十三条　本会换届选举时，应先征求党组织对主要负责人的审核意见；本会变更、撤并或注销，党组织应及时向上级党组织报告，并做好党员组织关系转移等相关工作。

第四十四条　本会为党组织开展活动、做好工作提供必要的场地、人员和经费支持，将党建工作经费纳入学会管理费用列支，支持党组织建设活动阵地。

第四十五条　本会支持领导班子与党组织领导班子交叉任职，优先推荐领导班子中的中共正式党员担任党的组织以及纪检组织领导。

第四十六条　本会支持党组织对社会组织重要事项决策、重要业务活动、大额经费开支、接收大额捐赠、开展涉外活动等提出意见。

第六章　资产管理和使用

第四十七条　本会经费来源：

（一）会费。

（二）捐赠。

（三）政府资助。

（四）在核准的业务范围内开展活动或服务的收入。

（五）利息。

（六）其他合法收入。

第四十八条　本会按照国家有关规定收取会员会费。

第四十九条　本会经费必须用于本章程规定的业务范围和事业的发展，不得在会员中分配。

第五十条　本会依照国家及厦门市的相关规定，建立规范的财务管理制度，保证会计资料合法、真实、准确、完整。

第五十一条　本会配备具有专业资格的会计人员。会计不得兼任出纳。会计人员必须进行会计核算，实行会计监督。会计人员调动工作或离职时，必须与接管人员办清交接手续。

第五十二条　本会的资产管理和使用严格遵守国家及厦门市对社会团体规定的相关财务管理制度，接受会员代表大会和财政部门的监督。资产来源属于国家拨款或者社会捐赠、资助的，必须接受审计机构的监督，并将有关情况以适当方式向社会公布。

第五十三条　本会换届或更换法定代表人之前必须进行财务审计。

第五十四条　本会的资产，任何单位、个人不得侵占、私分和挪用。

第五十五条　本会专职工作人员的工资和保险、福利待遇，参照国家对事业单位的有关规定执行。

第七章　章程的修改程序

第五十六条　对本会章程的修改，须经理事会表决通过后报会员代表大会审议。

第五十七条　本会修改的章程，须在会员代表大会通过后15日内，经业务主管单位审查同意，并报社团登记管理机关核准后生效。

第八章　终止程序及终止后的财产处理

第五十八条　本会完成终止或自行解散或由于分立、合并等原因需要注销的，由理事会或常务理事会提出终止动议。

第五十九条　本会终止动议须经会员代表大会表决通过，并报业务主管单位审查同意。

第六十条　本会终止前，须在业务主管单位及有关机关指导下成立清算组织，清理债权债务，处理善后事宜。在此期间，不开展清算以外的活动。

第六十一条　本会经社团登记管理机关办理注销登记手续后即为终止。

第六十二条　本会终止后的剩余财产，在业务主管单位和社团登记管理机关的监督下，按照国家有关规定，用于发展与本会宗旨相关的事业。

第九章　附　则

第六十三条　本章程经2022年10月28日第七届第一次会员代表大会表决通过。

第六十四条　本章程的解释权属本会理事会。

第六十五条　本章程自社团登记管理机关核准之日起生效。

附录 2 厦门市环境科学学会大事记

1983年11月30日—12月4日，福建省环境科学学会第一届第三次环境科学学术年会与厦门市环境科学学会成立大会在厦门市召开。11月30日，宣布厦门市环境科学学会成立；12月3日，召开第一次会员大会，选举产生了第一届常务理事会和理事会。

1985年2月，厦门市环境科学学会在1984年厦门市科学技术协会活动中成绩显著，被厦门市科学技术协会评为先进集体。

1985年12月，厦门市环境科学学会召开第二次学术交流会。

1986年12月22—23日，厦门市环境科学学会召开第二次会员代表大会暨第三次学术交流会。大会选举产生了第二届常务理事会和理事会。

1986年12月27日，厦门市环境科学学会会员陈德峰、季欧当选厦门市科学技术协会第三届委员会常务委员。

1990年4月20—21日，厦门市环境科学学会召开第四次学术交流会。

1991年5月，福建省环境科学学会召开“庆祝福建省环科学会成立十周年纪念暨1991年学术交流会”。

1991年5月，厦门市环境科学学会会员黄国和在中国科学技术协会第四次全国代表大会获中国科学技术协会第二届青年科技奖。

1992年7月23日，厦门市环境科学学会会员王小如、阮五崎、陈德峰、季欧、袁东星、高鸣九当选厦门市科学技术协会第四届委员会常务委员，副理事长林汉宗、副理事长陈泽夏、理事郝松乔当选厦门市科学技术协会第四届委员会委员。

1993年1月12—13日，厦门市环境科学学会举行第三次会员代表大会暨第五次学术交流会。大会选举产生第三届常务理事会和理事会。

1995年1月，第八届全国人大常委会副委员长卢嘉锡为厦门市环境科学学会题词：群策群力保护海上花园环境，同心同德促进厦门持续发展。

1997—1998年，“厦门市环境保护战略与对策”科研成果以厦门市环境科学学会为完成单位，获厦门市科学技术进步奖二等奖、厦门市第三次社会科学优秀成果奖三等奖和福建省科学技术进步奖三等奖。

1999年3月15日，厦门市环境科学学会举行第四次会员代表大会。大会选举产生第四届常务理事会和理事会。

2000年11月13日，厦门市环境科学学会副理事长袁东星，会员王小如、苏文金、阮五崎当选厦门市科学技术协会第五届委员会常务委员，秘书长欧寿铭当选厦门市科学技术协会第五届委员会委员。

2001年11月，厦门市环境科学学会会员林鹏当选中国工程院院士，并因其在红树林系统研究的突出贡献被誉为“中国红树林之父”。

2003年1月，厦门市环境科学学会会员洪华生当选福建省十届人大常委会副主任。

2005年4月8—10日，中国环境科学学会在厦门组织召开了第一届全国环境保护科普工作经验交流会。厦门市环境科学学会作了重点发言。

2005—2008年，厦门市环境科学学会部分会员参加中共中央编译局与厦门市合作的重大课题“建设社会主义生态文明：厦门实践”；课题成果为党的十七大提出“建设生态文明”作了理论铺垫。

2007年12月11日，厦门市环境科学学会副理事长余兴光当选厦门市科学技术协会第六届委员会副主席，副理事长袁东星当选厦门市科学技术协会第六届委员会常务委员，会员赖桂勇当选厦门市科学技术协会第六届委员会委员。

2011年9月1日，厦门市环境科学学会举行第五次会员代表大会，选举产生第五届常务理事会和理事会。

2011年11月，厦门市环境科学学会会员焦念志当选中国科学院院士。

2013年6月，厦门市环境科学学会会员焦念志、苏文金当选福建省科学技术协会第八届委员会副主席。

2014年1月，厦门市环境科学学会副理事长余兴光当选厦门市科学技术协会第七届委员会主席，会员戴民汉当选厦门市科学技术协会第七届委员会副主席，秘书长焦卫东当选厦门市科学技术协会第七届委员会常务委员。

2015年，厦门市环境科学学会会员黄国和当选加拿大工程院院士。

2017年9月14日，厦门市环境科学学会举行第六次会员代表大会。大会选举产生第六届常务理事会和理事会。

2017年10月20—22日，中国环境科学学会在厦门召开2017年科学技术年会。第五届副理事长余兴光在“福建省生态环境保护与可持续发展论坛”作主题报告。

2017年11月，厦门市环境科学学会会员戴民汉当选中国科学院院士。

2018年12月，厦门市环境科学学会会员焦念志、江云宝、李清彪当选福建省科学技术协会第九届委员会副主席。

2019年11月，厦门市环境科学学会会员江云宝当选厦门市科学技术协会第八届委员会主席，顾问颜昌宙、副秘书长庄马展当选厦门市科学技术协会第八届委员会常务委员，秘书长黄全佳当选厦门市科学技术协会第八届委员会委员。

2020—2021年，厦门市环境科学学会第六届理事长庄世坚以厦门市环境科学学会之名撰写《筼筜故事：生态文明建设厦门实录》。中共厦门市委据此建设了“筼筜故事”生态文明展陈馆。

2022年，厦门市环境科学学会会员俞绍才当选欧洲科学院外籍院士。

2022年10月28日，厦门市环境科学学会举行第七次会员代表大会。大会选举产生第七届常务理事会和理事会及监事会。

2022年11月，厦门市环境科学学会被厦门市科学技术协会命名为“2022年度学会能力提升十佳学会”。

2023年12月6日，“厦门市环境科学学会成立四十周年庆典暨学术交流”在厦门市集美区举行。中国环境科学学会副理事长贺泓宣读贺信、厦门市环境科学学会第七届理事长庄世坚介绍厦门市环境科学学会四十年历程。洪华生、潘世建、余兴光、吕永龙、胡军、林秋松等领导和政产学研用各界300多人出席了会议。举办了院士论坛、学术交流论坛、企业优秀科技成果交流论坛和优秀团体会员单位风采展示，并向学会历届理事会领导颁发纪念奖。

附录3　历届厦门市环境科学学会理事会

第一届理事会（1983年12月3日—1986年12月22日）

理事长：周绍民

副理事长：邱永清、刘炳林、吴瑜端、杨孙楷、徐祖鋆、陈伯霖、陈德峰、黄金生、赖新生、李少犹

秘书长：刘震

常务理事：周绍民、邱永清、刘炳林、吴瑜端、杨孙楷、徐祖鋆、陈伯霖、陈德峰、黄应明、廖永川、吴子琳、谢开礼、黄金生、杨邦建、赖新生、李少犹、刘震、廖荆铭、杨淑专

理事：周绍民、刘炳林、黄金生、杨孙楷、陈伯霖、陈德峰、邱永清、徐祖鋆、吴瑜端、李少犹、赖新生、杨邦建、杨淑专、谢开礼、吴子琳、刘震、黄应明、廖永川、王留宏、廖荆铭、林汉宗、王为钹、许清辉、李美琦、王永燕、白瑞章、庄灵

副秘书长：李少犹、廖荆铭、杨淑专、庄灵、王永燕

第二届理事会（1986年12月23日—1993年1月12日）

名誉理事长：周绍民、邱永清

理事长：吴瑜端

副理事长：杨孙楷、林汉宗、陈泽夏、谢开礼

秘书长：刘震

常务理事：吴瑜端、杨孙楷、林汉宗、陈泽夏、谢开礼、刘震、曾焕彩、廖永川、吴明德、杨淑专、高振华、余必敏、吴子琳（增补）

理事：吴瑜端、杨孙楷、林汉宗、陈泽夏、谢开礼、曾焕彩、刘震、廖永川、吴明德、杨淑专、高振华、余必敏、林鹏、杨邦建、王永燕、许清辉、吴子琳、王为钹、徐祖鋆、陈华南、王留宏、郝松乔（增补）、高鸣九（增补）

副秘书长：王隆发

第三届理事会（1993年1月13日—2003年1月17日）

名誉理事长：周绍民、邱永清、吴瑜端、杨孙楷

顾问：周绍民、邱永清、吴瑜端、杨孙楷、曾焕彩、刘震

理事长：吴子琳

副理事长：林汉宗、陈泽夏、袁东星

秘书长：欧寿铭

常务理事：吴子琳、林汉宗、陈泽夏、袁东星、余兴光、王隆发、许清辉、杨邦建、欧寿铭、高振华、高鸣九、郝松乔、谢开礼

理事：吴子琳、林汉宗、陈泽夏、袁东星、余兴光、王隆发、许清辉、杨邦建、欧寿铭、高振华、高鸣九、郝松乔、谢开礼、蒲宛兰、高维真、曾灿星、王为钹、杨淑专、高诚铁、吴广济

副秘书长：王隆发、吴广济

第四届理事会（2003年1月17日—2011年9月1日）

理事长：吴子琳

副理事长：袁东星、余兴光、欧寿铭

秘书长：高诚铁

常务理事：吴子琳、袁东星、余兴光、欧寿铭、高诚铁、刘建、周鲁闽、庄世坚、方青松、马天南、曾国寿

理事：吴子琳、袁东星、余兴光、欧寿铭、高诚铁、刘建、周鲁闽、庄世坚、方青松、马天南、曾国寿、涂朝阳、张细欣、许木土、张晓明、张钒、黎中宝、黄邦钦、张珞平、王文辉、张健、邵火炉、孙飒梅、叶文健、李秀珠、李文昌、郑树波

副秘书长：叶文建、方青松

第五届理事会（2011年9月1日—2017年9月14日）

理事长：赵景柱

副理事长：余兴光、黄邦钦、孙飒梅

秘书长：焦卫东

常务理事：赵景柱、余兴光、黄邦钦、孙飒梅、庄世坚、袁东星、周鲁闽、陈世真、王伟军、颜昌宙、余立平、焦卫东

理事：赵景柱、余兴光、黄邦钦、孙飒梅、庄世坚、袁东星、周鲁闽、陈世真、王伟军、颜昌宙、余立平、焦卫东、陈瑞珍、邵火炉、洪德军、许特、曾伟民、王民法、王博、陈志浩、余进、任国岩、陈水共、陈敏、李文昌、王金坑、王克坚、张青、张钒、叶文健、方青松、关天胜、薛东辉、林建清、严滨、洪俊明、林强、黄锦良、邹利军、陈水强、张艳华、吴晓光、邓电明、盛运昌、陈天文、林远龄、李子朔、郑发树、陆从容

副秘书长：方青松、陆从容

第六届理事会（2017年9月14日—2022年10月28日）

名誉理事长：赵景柱

顾问：余兴光、袁东星、黄邦钦、孙飒梅、周鲁闽、颜昌宙

理事长：庄世坚

副理事长：陈少华、曹文志、黄全佳

秘书长：黄全佳

常务理事：庄世坚、陈少华、曹文志、黄全佳、胡军、任国岩、王伟军、陈忠、罗昌荣、吴耀建、谢小青、王建春、李友谊（增补）、蔡启欣（增补）、傅海燕（增补）、张世文（增补）

理事：庄世坚、陈少华、曹文志、黄全佳、胡军、任国岩、王伟军、陈忠、罗昌荣、吴耀建、谢小青、王建春、李友谊、蔡启欣、傅海燕、张世文、陆从容、官伦晨、张煦荣、林晔、张青、潘飞舟、陈鹏、余立平、关天胜、吕嘉扬、林建清、陈进生、李志辉、曾子建、余进、杨喜爱、方青松、金磊、焦卫东、沈甦、陈水强、邹骏、关琰珠、林远龄、郑发树、林清德、刘培勇、庄马展（增补）、庄洁（增补）、杨尤波（增补）、曾庆添（增补）

副秘书长：陆从容、庄马展（增补）、方青松（增补）

第七届理事会（2022年10月28日— ）

理事长：庄世坚

副理事长：郑煜铭、王新红、庄马展

秘书长：庄马展

监事长：黄全佳

副监事长：陈进生

常务理事：庄世坚、郑煜铭、王新红、庄马展、陈剑平、许文锋、吴志明、荆国华、傅海燕、黄云凤、张继伟、余进、王建春、张世文、蒋林煜、李振峰、庄洁、陈亮、陈燕贵

理事：庄世坚、郑煜铭、王新红、庄马展、陈剑平、许文锋、吴志明、荆国华、傅海燕、黄云凤、张继伟、余进、王建春、张世文、蒋林煜、李振峰、庄洁、陈亮、陈燕贵、崔胜辉、方青松、许特、吕嘉扬、王剑波、詹源、李燕、陈鹭巡、郑秋萍、吴水平、彭荔红、洪俊明、林建清、金磊、王彦国、郑昱、黄华斌、林剑艺、林云萍、杨喜爱、唐雪平、陈嘉宾、陈志雄、郭鸿、黄辉樟、梁春容、兰芬、林嘉扬、赖丽珍、林清德、柳添辉、李艺娟、刘文同、李专成、唐伟、王淦太、汪水吉、王盛志、高俊、杨尤波、张晓龙、赵胜亮、张雪静、郑智宏、方云辉、孙晶晶、李术标（增补）、江素梅（增补）、蒋平辉（增补）

副秘书长：崔胜辉、方青松

监事：黄全佳、陈进生、李杨帆、陆从容、张学敏

附录 4　厦门市生态环境调查与监测科研成果

获奖年份	成果名称	完成单位	主要完成人	奖项等级与备注
1985	1985年度厦门市环境质量报告书	厦门市环保监测站*	刘震*、高诚铁*、吴慧敏*、欧寿铭*、孙飒梅*、林文生*、周玉琴*、黄国和*、赖成宗*	福建省环境保护委员会颁发的优秀奖
1986	台湾海峡中、北部海洋综合调查	福建海洋研究所*	郑执中、阮五崎*、翁学传、朱长寿、骆惠仲、许金树、黄荣祥、徐凤山、杨尧	福建省科学技术进步奖一等奖
1987	台湾海峡中、北部海洋综合调查	福建海洋研究所*	郑执中、阮五崎*、翁学传、朱长寿、骆惠仲、许金树、黄荣祥、徐凤山、杨尧	国家科学技术进步奖二等奖
1987	福建省植被资源调查及区划	厦门大学*	林鹏*、丘喜昭	福建省科学技术进步奖三等奖
1987	1981—1985年厦门市环境质量报告书	厦门市环保监测站*	刘震*、高诚铁*、吴慧敏*、欧寿铭*、孙飒梅*、林文生*、周玉琴*、黄国和*、赖成宗*	1986—1987年度厦门市科学技术进步奖三等奖
1987	厦门市工业污染源调查研究	厦门市环境保护委员会污染源调查办公室	洪占音*、吴淑汝*、王世金*、吴慧敏*、王水交*、陈秋茹* 等	国家五个委、部、局联合嘉奖
1987	福建省潮间带生物调查	厦门水产学院*		福建省科学技术进步奖三等奖

续 表

获奖年份	成果名称	完成单位	主要完成人	奖项等级与备注
1987	福建省海岸带环境调查研究	福建省环境监测中心、国家海洋局第三海洋研究所*	倪源锟、许清辉*、刘用清（厦门市环境科学学会50多位会员参加了本课题）	福建省科学技术进步奖三等奖
1988	福建省海岸带资源综合调查研究	《福建省海岸带资源综合调查报告》编委会	杨瑞琼、陈灿忠、陈品健、王渊源、胡晴波	福建省科学技术进步奖二等奖
1988	福建省海岸带浮游生物调查	福建省水产研究所*	朱耀光、汪伟洋、陈必哲、郑玉水、姚联腾	福建省科学技术进步奖三等奖
1988	城市垃圾处理与利用调研（情报成果奖）	厦门市科技情报研究所		福建省科学技术进步奖三等奖
1988	城市大气环境监测优化布点研究：厦门大气环境测点的确定	厦门市环境监测站*、厦门市环保科研所*	庄世坚*、高诚铁*、欧寿铭*、宋伟建*、石美莲*	厦门市科学技术进步奖一等奖
1988	台湾海峡西部海域综合调查	国家海洋局第三海洋研究所*	陈承惠、洪启明、王伟强、蔡秉及、吴启泉、陈其焕、纪华柏、蔡福龙*、林仁法 等	国家海洋局科学技术进步奖二等奖
1988	南海中部海域浮游生物、底栖生物、初级生产力、微生物、水化学及声速调查	国家海洋局第三海洋研究所*	陈瑞祥 等	国家海洋局科学技术进步奖二等奖
1988	福建省海岸带地质地貌、水文、水化、环保、浮游生物、底栖生物、生产力调查	国家海洋局第三海洋研究所*	陈承惠、刘维坤、陈峰*、窦亚伟、张维林、陈其焕、陈兴群*、庄亮钟、张明 等	国家海洋局科学技术进步奖三等奖
1989	大亚湾核电站海洋生态零点调查研究	国家海洋局第三海洋研究所*	黄宗国 等	国家海洋局科学技术进步奖一等奖
1989	728工程邻近海域放射性背景值调查研究	国家海洋局第三海洋研究所*	蔡福龙* 等	国家海洋局科学技术进步奖二等奖

续　表

获奖年份	成果名称	完成单位	主要完成人	奖项等级与备注
1990	闽东渔场自然环境调查	福建省水产研究所*	曾焕彩*、蔡清海*、杜琦*、钱小明*、黄美珍*	福建省科学技术进步奖三等奖
1990	厦门文昌鱼资源调查及自然保护区可行性研究	国家海洋局第三海洋研究所*	周秋麟*、何明海*、邵合道、张仕三、林生理	厦门市科学技术进步奖三等奖
1991	福建省土壤环境背景值研究	福建省环境监测中心站、厦门大学*	陈振金、吴瑜端*、陈春秀、刘用清、杨孙楷*、卢昌义*	福建省科学技术进步奖二等奖
1991	福建省海岸带和海涂资源综合调查	国家海洋局第三海洋研究所*、福建海洋研究所*	许清辉*、连光山、陈其焕、周定成*、洪启明、徐惠川、施文彬、林志峰*、唐依池、吴丽卿、黄尚高、王伟强、陈砚*、吴成基、蔡秉及、江锦祥、肖晖、江甘兴、王寿景等	福建省科学技术进步奖二等奖
1991	城市大气环境监测优化布点研究：厦门大气环境测点的确定	厦门市环境监测站*、厦门市环保科研所*	庄世坚*、高诚铁*、欧寿铭*、宋伟建*、石美莲*	福建省科学技术进步奖三等奖
1991	福建省九龙江流域水质调查和污染防治对策研究	福建省环境监测中心站、厦门市环境监测站*	李永忠、王易农*、丁桂冰、陈连兴*、周晓红	福建省科学技术进步奖三等奖
1991	厦门西海域调查、监测、监视和执法管理	国家海洋局第三海洋研究所*	曾昭文、陈泽夏*、林仁法、陈其焕、刘石玉 等	国家海洋局科学技术进步奖三等奖
1992	厦门市环境质量报告书（1986—1990）	厦门市环境监测站*	孙飒梅*、陈丽玉*、周玉琴*、高捷达*	国家环保局环境质量报告书优秀奖
1993	《海洋监测规范》（国家标准）编写	国家海洋环境监测中心、国家海洋局第三海洋研究所*	张春明、许昆灿*、陈维岳、张水浸*、赵得兴、陈进兴* 等	国家科学技术进步奖三等奖

续 表

获奖年份	成果名称	完成单位	主要完成人	奖项等级与备注
1993	厦门市环境电磁辐射污染研究	厦门市环境监测站	赖成宗*、王幼麟*、符江涛*、黄鹭滨*、陈文田*	福建省科学技术进步奖二等奖
1994	厦门港赤潮调查研究	国家海洋局第三海洋研究所*	陈其焕、张水浸*、曾昭文、许昆灿*	国家海洋局科学技术进步奖二等奖
1995	福建省海岛资源综合调查	福建省海岛资源综合调查办公室、福建海洋研究所*、国家海洋局第三海洋研究所*	阮五崎*、李正、许珠华、江锦祥、赵昭炳	福建省科学技术进步奖二等奖
1997	筼筜湖水产资源调查	福建省水产研究所*、厦门市筼筜湖管理处*	杜琦*、卢振彬*、黄毅坚*、郝松乔*、洪朝良*	福建省“八五”环保科技成果奖三等奖
1997	厦门市放射性污染源现状调查与管理对策研究	厦门市环境监测中心站*	赖成宗*、郭丹红*、樊敏*、吴广济*、曾子建*	厦门市科学技术进步奖二等奖
1998	《国家海水水质标准》的编制与研究	国家海洋局第三海洋研究所*、中国海洋大学	黄自强*、张克、许昆灿*、隋永年、孙淑媛*、陆贤昆、林庆礼	国家海洋局科学技术进步奖三等奖
1999	厦门市放射性污染源现状调查与管理对策研究	厦门市环境监测中心站*	赖成宗*、郭丹红*、樊敏*、吴广济*、曾子建*	福建省科学技术进步奖三等奖
2001	厦门市环境质量报告书（1996—2000年）	厦门市环境监测中心站*	高诚铁*、庄世坚*、周玉琴*、王坚*、符江涛*、郁建栓* 等	国家环境保护总局全国环保系统优秀环境质量报告书一等奖
2002	福建省海洋污染基线调查	福建省海洋污染基线调查领导小组办公室、福建海洋研究所*、厦门大学*、福建省水产研究所*	符卫国、张钒*、游建胜、阮五崎*、吴丽云	福建省科学技术进步奖三等奖
2005	福建省7个晋升国家级自然保护区的生物资源调查与研究	厦门大学*	林鹏*、李振基、林益明、陈小麟、黄耀坚	福建省科学技术进步奖三等奖

续 表

获奖年份	成果名称	完成单位	主要完成人	奖项等级与备注
2005	厦门海环境监测与预警预报调查研究	国家海洋局第三海洋研究所*	暨卫东、张元标、霍文冕、许昆灿*、陈维芬、王伟强、林辉、陈金民	厦门市科学技术进步奖三等奖
2006	厦门市环境质量报告书（2001—2005年）	厦门市环境监测中心站*、厦门市环境保护局*、厦门市环境保护科研所*、厦门市环境宣传教育中心*、厦门市信息中心*、厦门市大屿岛白鹭自然保护区筹建处	黄全佳*、张学敏*、关琰珠*、詹源*、黄歆宇*、王坚*、陈小江*、陈志鸿*、曹超*	国家环境保护总局全国环保系统优秀环境质量报告书二等奖
2006	中国首次南极“冰穹A”综合科学考察	中国极地研究中心、中国气象科学院、中国科学院寒区与旱区工程研究所、武汉大学、信息产业部第22研究所、青海工程机械厂、厦门工程机械有限公司、中央电视台	张占海、李院生、孙波、秦为稼、效存德、袁绍宏、侯书贵、张胜凯、徐霞兴、崔鹏惠、陈有利、张永亮、童鹤翔、盖军衔、糜文明	海洋创新成果奖一等奖
2009	福建省厦门市第一次全国污染源普查技术报告	厦门市第一次全国污染源普查办公室	庄世坚*、许亚品*、陈志鸿*、杨喜爱*、陈怡颖*、周荣光、黄全佳* 等	国务院第一次全国污染源普查办公室优秀技术报告二等奖
2011	厦门市环境质量报告书（2006—2010年）	厦门市环境监测中心站*、厦门市环境保护局总工办、厦门市环境保护局自然生态保护处、厦门市环境保护科研所*、厦门市信息中心*、厦门市环境宣传教育中心*、厦门市大屿岛自然保护区管理处*	庄马展*、黄全佳*、郭丹红*、陈小江*、张学敏*、余新田*、王坚*、符江涛*、梁榕源*、欧健*、孙娜、方青松*、吕嘉扬*、黄歆宇*、陈志鸿*、庄翠蓉*、朱开建* 等	环境保护部“十一五”期间全国环保系统优秀环境质量报告书三等奖

续 表

获奖年份	成果名称	完成单位	主要完成人	奖项等级与备注
2015	厦门市海岛地名普查	国家海洋局第三海洋研究所*	陈鹏*、陈庆辉*、吴剑、朱嘉、涂武林、廖连招、汤坤贤、吴海燕	厦门市科学技术进步奖三等奖
2021	厦门市环境质量报告书（2016—2021年）	厦门市环境监测中心站、厦门市环境监测站*	方青松*、王秋蓉*、赵丽娟*、刘丽华*、曾少坚*、田永强、吴玉芳	生态环境部“十三五”期间全国环保系统良好环境质量报告书

附录 5　厦门市生态环境科研成果及其奖项

获奖年份	成果名称	完成单位	主要完成人	奖项等级与备注
1984	河口海域重金属的地球化学行为和沿海优化排污方案	厦门大学*	吴瑜端*、陈慈美*、陈于望*、王隆发*等	国家环保局环境保护科技成　果奖
1985	西沙群岛至海南岛南部海域污损生物研究	国家海洋局第三海洋研究所*	黄宗国	国家海洋局科学技术进步奖二等奖
1985	上海石油化工总厂投产后对杭州湾北岸潮间带底栖动物生态的影响	国家海洋局第三海洋研究所*	林双淡等	国家海洋局科学技术进步奖二等奖
1986	电镀添加剂的作用机理研究	厦门大学*	周绍民*、张瀛洲、蔡加勒、许家园、陈秉彝	福建省科学技术进步奖二等奖
1986	港湾、河口污染场数值预测方法及其应用	厦门大学*、福建省环境监测中心站	陈金泉*、吴瑜端*、刘用泉、曾仁昌、丁顺清、潘伟然*等	国家环保局环境保护科学技术进步奖三等奖
1987	台风暴潮数值预报方法研究	厦门大学*、福州市水电局、福建省水文总站、福州市农委	陈金泉*、商少平*、张洪进、林克、陈光、胡建宇*	国家教委科学技术进步奖二等奖
1987	西沙群岛南部海域污损生物研究	国家海洋局第三海洋研究所*	黄宗国	国家海洋局科学技术进步奖二等奖
1987	厦门国际机场环境影响预测研究	厦门市环境监测站*	黄国和*	1986—1987年度厦门市科学技术进步奖二等奖
1987	中国海洋底栖硅藻类（上卷）	厦门大学生物系	金德祥、程兆弟、林均民、刘师成	国家教委科学技术进步奖二等奖

续 表

获奖年份	成果名称	完成单位	主要完成人	奖项等级与备注
1988	台风暴潮数值预报方法研究	厦门大学*、福州市水电局、福建省水文总站、福州市农委	陈金泉*、商少平*、张洪进、林克、陈光、胡建宇*	国家科学技术进步奖三等奖
1988	厦门国际机场环境影响预测研究	厦门市环境监测站*	黄国和*	福建省科学技术进步奖二等奖
1988	港区环境噪声评价与控制研究	福建省环境监测中心站、厦门市环保监测站*、青岛市环保监测站、漳州市环保监测站	林观辉、洛本君、黄华凯*、王应梁、林峰、刘海涛、庄世坚*、沈嘉陵、王建国	福建省科学技术进步奖三等奖
1988	含铜废酸水的治理及铜的回收	厦门电化厂		福建省科学技术进步奖三等奖
1988	若干核素对海洋生物及生态系统的影响及其转移规律的研究	国家海洋局第三海洋研究所*	陈祥瑞、蔡福龙*等	国家海洋局科学技术进步奖二等奖
1988	重金属在海水-沉积物界面的转移过程	国家海洋局第三海洋研究所*	陈松* 等	国家海洋局科学技术进步奖二等奖
1988	海水提铀机理研究	国家海洋局第三海洋研究所*	陈松* 等	国家海洋局科学技术进步奖二等奖
1988	黄、渤海沿岸污损生物生态学研究	国家海洋局第三海洋研究所*	黄宗国	国家海洋局科学技术进步奖二等奖
1988	厦门西港区赤潮的跟踪观测研究	国家海洋局第三海洋研究所*	张水浸*、许昆灿*、陈其焕、曾昭文	国家海洋局科学技术进步奖三等奖
1988	福建沿岸晚更新世以来的海侵与海平面变化研究	国家海洋局第三海洋研究所*	谢在团*、邵合道、陈峰*、陈子燊、窦亚伟	国家海洋局科学技术进步奖三等奖
1988	厦门地区微地震台网监测筼筜港断层活动性及区域地壳稳定性评价研究	福建省物化探大队	褚志贤、潘晓燕、左林融	地矿部科学技术进步奖四等奖
1989	海洋环境样品精确分析技术研究及国际分析互校	国家海洋局第三海洋研究所*	曾潮生、许昆灿* 等	国家海洋局科学技术进步奖二等奖

续 表

获奖年份	成果名称	完成单位	主要完成人	奖项等级与备注
1989	厦门港、泉州湾、湄洲湾三类疏浚物倾倒区选划	国家海洋局第三海洋研究所*	黄英凯、曾昭文、何明海*、杨顺良等	国家海洋局科学技术进步奖三等奖
1989	厦门港东渡二期工程临时性抛泥区选择的放射性示踪沙的研究	国家海洋局第三海洋研究所*、厦门建港指挥部	程汉良、张可飞、邹汉阳*、曾文义、曾宪章、黄国富、姚建华、姚家奠、尹明端、黄财宾、留籍援等	厦门市科学技术进步奖一等奖
1989	同安湾海洋综合开发利用战略研究报告	国家海洋局第三海洋研究所*	尹卫平*、邱辉煌、周秋麟*、王侯慧、方根滕	厦门市科学技术进步奖三等奖
1990	福建近海及邻近海区经济鱼类生物学研究	厦门大学*	丘书院、张其永、江素菲、徐旭才、杨圣云	福建省科学技术进步奖二等奖
1990	同安县城环境保护规划研究	同安县环境保护办公室*	王水交*、王为铉*、叶文祥*、吕珍庄*、张再福*、黄水兴*	厦门市科学技术进步奖三等奖
1991	闽南-台湾浅海渔场上升流区生态系研究	厦门大学*、福建海洋研究所*、福建省水产研究所*	洪华生*、丘书院、阮五崎*、洪港船	福建省科学技术进步奖一等奖
1991	厦门西海域环境容量及水质污染控制系统规划研究	国家海洋局第三海洋研究所*、厦门大学*、厦门市环境监测站*	陈泽夏*、陈伟*、陈松*、吴瑜端*、孙飒梅*、温生辉*、王文辉*、叶德赞*、陈慈美*	国家海洋局科学技术进步奖二等奖
1991	筼筜湖纳潮排污搞活水体及其对西海域影响试验研究	厦门市环境保护局*、国家海洋局第三海洋研究所*、厦门市环境科学研究所*、鹭江大学环境工程研究室*、厦门市环境监测站*	吴子琳*、陈泽夏*、吴瑜端*、高维真*、陈淑勉*	厦门市科学技术进步奖一等奖
1991	筼筜湖综合治理和纳潮搞活水体技术	厦门市污水治理工程筹建处*	张益河、郝松乔*、洪朝良*、谢开礼*、骆国泰	厦门市科学技术进步奖三等奖

续 表

获奖年份	成果名称	完成单位	主要完成人	奖项等级与备注
1991	厦门市污染物排放标准	厦门市环境监测站*	欧寿铭*、高诚铁*、林汉宗*、叶丽娜*、庄世坚*、吴耀建*、吴淑汝*、吴子琳*、王水交*、吴慧敏*、余必敏*等	厦门市科学技术进步奖三等奖
1992	福建省九龙江口红树林生态学定位研究	厦门大学生物系	林鹏*、卢昌义*、陈荣华、林光辉*、连玉武*	福建省科学技术进步奖二等奖
1992	福建省湄洲湾新经济开发区环境规划	北京大学、福建省环境科学研究所、厦门大学*、北京师范大学、清华大学	唐孝炎、陈祥彬、陈金泉*、王华东、程声通、叶文虎、陈振金、陈家宜、周世良、关伯仁、林孔党、商少平*、薛纪瑜、刘志明、蔡晓明	国家教委科学技术进步奖一等奖
1992	湄洲湾海域污染场迁移扩散自净能力及其利用研究	厦门大学*、福建省环境科学研究所	陈金泉*、商少平*、陈祥彬、潘伟然*、吴瑜端*	国家教委科学技术进步奖二等奖
1992	海洋环境中铀系不平衡的研究	厦门大学*	黄奕普、施文远、罗尚德、陈绍勇	国家教委科学技术进步奖二等奖
1992	长江口至北部湾风暴潮数值预报产品研究	厦门大学*	陈金泉*(第2获奖人)、商少平*(第5获奖人)	中国科学院科学技术进步奖三等奖
1992	福建九龙江口红树区大型底栖动物的群落生态及其开发应用研究	厦门大学*	李复雪、高世和、周时强、蔡立哲*、柯才焕	国家教委科学技术进步奖三等奖
1992	厦门筼筜湖区域水污染的综合治理与开发利用	厦门市污水治理筹建处*	郝松乔*、张益河、洪朝良*、谢开礼*、骆国泰	厦门市科学技术进步奖一等奖
1992	污水处理微机监控系统	厦门市污水处理厂*	曹俊辉、黄玲艺	厦门市科学技术进步奖二等奖

续 表

获奖年份	成果名称	完成单位	主要完成人	奖项等级与备注
1993	厦门饮用水有机污染物危害的研究	厦门市卫生防疫站*、国家海洋局第三海洋研究所*、厦门大学抗癌中心	高振华*、梁荣春、郑金树*、于侣仙、廖锦初	厦门市科学技术进步奖三等奖
1994	红树林扩种及北移引种技术、抗寒机理研究	厦门大学*	林鹏*、卢昌义*、杨盛昌、沈瑞池、王恭礼	福建省科学技术进步奖三等奖
1994	我国河流主要离子化学和河口生物元素行为	厦门大学*、国家海洋局第三海洋研究所*	胡明辉*、杨选萍、张群英、林峰*	国家海洋局海洋科学技术奖三等奖
1994	福建滨海旅游资源调查与开发研究	国家海洋局第三海洋研究所*	谢在团*、周定成*、林瑞明、陈及霖*、林惠来	国家海洋局科学技术进步奖三等奖
1995	闽南—台湾浅滩渔场上升流区生态系研究	厦门大学*、福建海洋研究所*、福建省水产研究所*	洪华生*、丘书院、阮五崎*、洪港船、朱长寿	国家科学技术进步奖三等奖
1995	台湾海峡晚更新世以来的海陆变迁及其环境演变	国家海洋局第三海洋研究所*	蓝东兆*、张维林、陈承惠等	国家海洋局科学技术进步奖二等奖
1996	中国红树林的环境生态和利用	厦门大学*	林鹏*、卢昌义*	国家科学技术进步奖三等奖
1996	福建若干港湾和台湾海峡南部上升流区初级生产力研究	厦门大学*	李文权、王宪、蔡阿根*、郑爱榕	福建省科学技术奖三等奖
1996	福建沿岸微型硅藻	厦门大学*	程兆第、高亚辉、刘师成	福建省科学技术进步奖三等奖
1996	广西红树林生态学研究	厦门大学*	林鹏*、郑文教*	国家教委科学技术进步奖三等奖
1996	厦门港主航道的沉积速率及泥沙来源研究	国家海洋局第三海洋研究所*	曾宪章、曾文义、邹汉阳*、邱曼华、陈燕南	国家海洋局科学技术进步奖三等奖

续 表

获奖年份	成果名称	完成单位	主要完成人	奖项等级与备注
1997	风暴潮客观分析、四维同化和数值预报产品研究	中国海洋大学、厦门大学*	冯士筰、孙文心、汪景镛、商少平*、史峰岩	山东省科技进步二等奖
1997	厦门市环境功能区划	厦门市环境保护科研所*、国家海洋局第三海洋研究所*、厦门大学*	欧寿铭*、孙飒梅*、陈泽夏*、陈志鸿*、张珞平*	厦门市科学技术进步奖二等奖
1997	厦门市环境保护战略与对策	厦门市环境科学学会*	吴子琳*、庄世坚*、吴瑜端*、林汉宗*、陈泽夏*	厦门市科学技术进步奖二等奖
1997	厦门大屿-鸡屿白鹭自然保护区规划研究	厦门大学环境科学研究中心*、厦门市环境保护局*	卢昌义*、吴子琳*、吴广齐*、江毓武*、宋晓军、陈剑榕*、郑文教*、胡慧娟*、蔡立哲*、孙雷*、郑逢中*、林鸣红	厦门市科学技术进步奖三等奖
1998	厦门市环境保护战略与对策	厦门市环境科学学会*	吴子琳*、庄世坚*、吴瑜端*、林汉宗*、陈泽夏*	福建省科学技术进步奖三等奖
1998	深港治理深圳河环境评估研究	北京大学、清华大学、厦门大学*	林鹏*(生态组负责人)等	教育部科学技术进步奖三等奖
1998	厦门市环境保护战略与对策	厦门市环境科学学会*	吴子琳*、庄世坚*、吴瑜端*、林汉宗*、陈泽夏*	厦门市第三次社会科学优秀成果奖三等奖
1999	城市环境综合整治定量考核信息管理系统	厦门市环境信息中心*	吴子琳*、孙飒梅*、李燕*、陈志浩*、庄世坚*	福建省科学技术进步奖二等奖
1999	《植物群落学》	厦门大学*	林鹏*	福建省科学技术进步奖二等奖
1999	《硅藻彩色图集》	厦门大学*、香港大学	程兆第、高亚辉、Mike Dickman	福建省科学技术进步奖二等奖

续 表

获奖年份	成果名称	完成单位	主要完成人	奖项等级与备注
1999	香港和厦门港湾污染沉积物的来源及变化过程研究	厦门大学*	洪华生*、徐立*、张珞平*、薛雄志*、黄邦钦*、王新红*、陈伟琪*、商少凌*、彭兴跃、蔡立哲*、李玉柱、林庆梅、郑天凌*、洪丽玉*、黄建东*	教育部科学技术进步奖三等奖
1999	城市环境综合整治定量考核信息管理系统	厦门市环境信息中心*	吴子琳*、孙飒梅*、李燕*、陈志浩*、庄世坚*	国家环保总局科学技术进步奖三等奖
1999	GEF/UNDP/IMO东亚海域海洋污染预防与管理厦门示范计划海洋环境监测与污染管理效果评价	国家海洋局第三海洋研究所*、厦门大学*、厦门市环境监测站*、福建省海洋研究所*、福建省渔业环境监测站*	许昆灿*、暨卫东、杨慧辉、袁东星*、高诚铁*、李秀珠*、洪丽娟*	国家海洋局科学技术进步奖二等奖
1999	海洋综合管理——辖区海洋监视可控度研究	国家海洋局厦门海洋管区	张士三、曾昭文、潘皆再、陈劲毅、陈玉霞	国家海洋局科学技术进步奖三等奖
1999	台湾海峡西部上空气溶胶化学研究	国家海洋局第三海洋研究所*	陈立奇*、高原、杨绪林*、黄自强*、顾德宇*	国家海洋局科学技术进步奖三等奖
2000	红树林生理生态学研究	厦门大学*	林鹏*、林益明、郑文教*、郑海雷、王文卿	福建省科学技术进步奖三等奖
2000	福建植被的群落生态学研究	厦门大学*	林鹏*、李振基、丘喜昭、叶庆华、王良睦	福建省科学技术进步奖三等奖
2000	可降解滴塑环保防护手套	厦门涌泉集团有限公司*	赖桂勇*、黄继勋、黄泰山、陈良坦、连渊智	福建省科学技术进步奖三等奖

续 表

获奖年份	成果名称	完成单位	主要完成人	奖项等级与备注
2001	环境与生命物质流动体系的电致化学发光研究	厦门大学*	陈曦、王小如*、李梅金、钟振明、李真	福建省科学技术进步奖三等奖
2001	区域性环境管理规范化研究——ISO14001环境管理体系文件电子化和信息管理系统	鼓浪屿实施ISO标准办公室、厦门大学环境科学研究中心*、厦门市环境管理体系认证中心*	刘与东、薛东辉*、徐平东*、洪华生*、李晨章*、叶丽娜*、郭莹、郑艳芬、刘锦清、郑光正	厦门市科学技术进步奖三等奖
2001	微污染水源水生物接触氧化-气浮工艺制水技术研究	厦门大学环境科学研究中心*、厦门市自来水厂	陶有胜、郑天凌*、林勇炮、潘彩德、洪丽玉*	厦门市科学技术奖三等奖
2002	南沙海域核素分布规律的研究	厦门大学*	黄奕普、陈敏*	福建省科学技术进步奖二等奖
2002	南极地区对全球变化的响应与反馈作用研究	中国极地研究所、中国科学院寒区旱区环境与工程研究所、中国气象科学研究院等	陈立奇*、秦大河、董兆乾、卞林根、刘小汉、孙松、黄奕普等	国家海洋局海洋创新成果奖一等奖
2002	海洋初级生产力结构、新生产力及微型生物生产过程与机制	中国科学院海洋研究所、厦门大学*、国家海洋局第一海洋研究所	焦念志*、王荣、朱明远、杨燕辉、王永华、王勇、李瑞香、陈念红、李炜、柳承璋	国家海洋局海洋科学技术奖二等奖
2002	厦门西海域赤潮监测及赤潮灾害预警研究	国家海洋局厦门海洋管区	张士三、陈劲毅、仲伟耐、畅守波、潘皆再、刘石玉、杨峙、王志强	厦门市科学技术进步奖二等奖
2002	厦门岛东南岸保滩护岸技术与工程措施的新方案研究	厦门大学海洋与环境学院*、厦门市建设系统科技委员会	蔡爱智、陈丽英、石谦、张金城、吴晓琦、胡建勤、许文宗	厦门市科学技术进步奖三等奖
2003	全天候户外环境噪声自动监测系统	厦门市环境监测中心站*	符江涛*、骆鹏飞*、宋伟健*、肖秀华*	福建省科学技术进步奖三等奖

续 表

获奖年份	成果名称	完成单位	主要完成人	奖项等级与备注
2003	台湾海峡初级生产力及其调控机制研究	厦门大学*、福建海洋研究所*	洪华生*、黄邦钦*、阮五崎*、张钒*、王海黎、吴丽云、郑天凌*、彭兴跃、李少菁、梁红星、陈钢、黄加棋、陈岚	国家海洋局海洋科学技术奖二等奖
2004	福建近岸海域持久性有机污染物的迁移转化规律及生物毒性效应研究	厦门大学海洋环境科学教育部重点实验室*	洪华生*、王新红*、徐立*、陈伟琪*、张珞平*、张祖麟、林建清*	福建省科学技术进步奖二等奖
2004	筼筜湖水质影响因素及水体良性运行方式	厦门大学、厦门大学环境科学研究中心*、厦门市筼筜湖管理处*	卢昌义*、谢小青*、林玉美、郑逢中*、庄学山、张一可、孙飒梅*、傅迅毅、张莉、陈国雄	福建省科学技术进步奖二等奖
2004	福建主要港湾水产养殖容量研究	福建省水产研究所*	杜琦*、卢振彬*、钱小明*、蔡清海*、方民杰、许翠娅、蔡建堤、林燕、陈剑辉、郑小宏、吴天明、刘建明、黄志源、许色明	福建省科学技术进步奖二等奖
2004	环境管理空间信息移动服务技术示范系统	厦门市环境信息中心*、北京大学空间信息工程实验室	孙飒梅*、程承旗*、庄世坚*、陈志浩*等	福建省科学技术进步奖三等奖
2004	亚热带海水养殖污染环境的生物修复技术研究	厦门大学*、福建省海洋研究所*	汤坤贤、焦念志*、梁红星、徐永健、沈东煜	国家环保局环境保护科学技术进步奖三等奖
2004	厦门海域使用管理技术的研究与应用	厦门大学海洋环境科学教育部重点实验室、厦门大学环境科学研究中心*	洪华生*、薛雄志*、江毓武*、彭本荣*、陈伟琪*、张珞平*、王春生、周鲁闽*	厦门市科学技术进步奖二等奖

续 表

获奖年份	成果名称	完成单位	主要完成人	奖项等级与备注
2004	厦门市筼筜湖水质影响因素及水体良性运行方式研究	厦门大学*、厦门大学环境科学研究中心*、厦门市筼筜湖管理处*	卢昌义*、谢小青*、林玉美、郑逢中*、庄学山、张一可、孙飒梅*、傅迅毅、张莉、陈国雄	厦门市科学技术进步奖三等奖
2005	福建典型海水养殖区富营养化的生物修复技术研究	厦门大学*、福建海洋研究所*、东山县环境监测站	焦念志*、梁红星、汤坤贤、钱鲁闽、方少华*、徐永健、袁东星*	福建省科学技术进步奖二等奖
2005	海湾生态过程与可持续发展	中国科学院海洋研究所、厦门大学*	焦念志*、赵卫红、赵淑江、杨宇峰、沈志良、崔茂常、杨燕辉、王勇、王文琪、柳承璋	国家海洋局海洋创新成果奖二等奖
2005	福建惠安核电厂附近海域海洋生物及其生态环境调查和观测	国家海洋局第三海洋研究所*	张玉生*、唐森铭、暨卫东、王伟强、杨清良*、李冠荣、林辉、戴燕玉、郑成兴、陈兴群*	国家海洋局海洋创新成果奖二等奖
2005	厦门市生态功能区划	厦门市环境保护科研所*	欧寿铭*、林红*、孙飒梅*、庄翠蓉*、陈志鸿*、郑建华*、张宇*	厦门市科学技术进步奖二等奖
2005	外来（及有害）植物种类对厦门生态安全危害的状况及防治措施研究	厦门大学*	卢昌义*、胡宏友、张明强、欧健*、郑逢中*、张娆挺、程静、钟跃庭、薛东辉*、孙飒梅*	厦门市科学技术进步奖三等奖
2005	利用废塑料生产缠绕关键技术开发与应用	厦门聚富塑胶制品有限公司	陈建朝、许汉生、陈耀钦	厦门市科学技术进步奖三等奖

续 表

获奖年份	成果名称	完成单位	主要完成人	奖项等级与备注
2005	有机垃圾微生物处理机	厦门市荣佳实业有限公司	邱宁、朱智华、李振营、徐美香、方肇敏、陈德进、李金福、陈海英	厦门市科学技术进步奖三等奖
2005	厦门鹭类分类及其种群动态研究	厦门大屿岛白鹭自然保护区管理处*、厦门大学*	陈小麟、王博*、林清贤、朱开建*、周晓平、孙雷* 等	厦门市科学技术进步奖三等奖
2005	生态城市中社会生态的分析框架	厦门大学*	周志家	厦门市第六次社会科学成果奖论文三等奖
2006	海洋初级生产力结构及微型生物生态学研究	中国科学院海洋研究所、厦门大学*、国家海洋局第一海洋研究所	焦念志*、王荣、杨燕辉、张瑶、曾永辉	国家自然科学奖二等奖
2006	台湾海峡微型浮游生物生态研究	厦门大学*、福建海洋研究所*	洪华生*、黄邦钦*、郑天凌*、王大志、高亚辉、张钒*、王海黎、黄家琪、李少菁、阮五崎*、柯林、陈钢、朱长寿、林元烧、林学举、王斐	教育部高等学校科学技术奖自然科学奖二等奖
2006	九龙江流域水污染和生态破坏综合整治绩效评估	福建省环境科学研究院、厦门大学环境科学研究中心*	张玉珍、曹文志*、曾悦、郑彧、陈能汪*	环境保护科学技术奖三等奖
2006	海洋动力环境立体监测动态信息服务集成示范系统	国家海洋技术中心、国家海洋局第一海洋研究所、国家海洋信息中心、国家海洋环境预报中心、福州大学、厦门大学*、福建省海洋与渔业局、莱阳农学院	康寿岭、周智海、罗林、刘海行、陈崇成、李学坤、张冬生、商少平*、吴自库、林宪坤	国家海洋局海洋科学技术奖二等奖

续　表

获奖年份	成果名称	完成单位	主要完成人	奖项等级与备注
2006	大型机组烟气循环流化床干法脱硫装置国产化研究与应用	福建龙净环保股份有限公司	易江林、林春源、林驰前、张原、罗龙、苏碧香、孙鸿英、赖毅强、郑进朗、詹威全	龙岩市科学技术进步奖一等奖
2006	厦门环境现场实施稽查系统	厦门市环境保护局*、厦门市环境信息中心*、北京大学空间信息工程实验室	孙飒梅*、程承旗、庄世坚*、陈志浩*等	中国地理信息系统协会地理信息系统优秀工程金奖
2007	大型烟气循环流化床干法脱硫装置	福建龙净环保股份有限公司	张原、林春源、林驰前、易江林、罗龙	福建省科学技术进步奖三等奖
2007	《全球生态环境问题的哲学反思》	厦门大学*	陈墀成	福建省第七届社会科学优秀成果专著二等奖
2007	《2006年中国能源发展报告》	厦门大学*	林伯强（主编），朱超、魏巍贤（副主编）	福建省第七届社会科学优秀成果专著三等奖
2007	大型烟气循环流化床干法脱硫技术装置	福建龙净环保股份有限公司	易江林、林春源、林驰前、张原、罗龙、苏碧香、孙鸿英、赖毅强、郑进朗	环境保护科学技术奖二等奖
2007	FE型电袋复合式除尘器	福建龙净环保股份有限公司	黄炜、林宏、郑奎照、吴江华、阙昶兴、邹标、廖增安、陈威祥、邓晓东	环境保护科学技术奖二等奖
2007	海洋微型生物生态学研究	厦门大学*	焦念志*	厦门市科学技术奖重大贡献奖
2007	厦门西海域整治和开发相关的水动力环境数值模拟	厦门市海洋研究开发院、国家海洋局第三海洋研究所*	温生辉*、蔡启富、汤军键、王海滨、王春生、林怀远	厦门市科学技术进步奖二等奖

续 表

获奖年份	成果名称	完成单位	主要完成人	奖项等级与备注
2007	厦门管辖海域水环境容量研究	厦门市环境保护科研所*、国家海洋局第三海洋研究所*	欧寿铭*、林红*、孙琪*、詹兴旺*、魏育*、庄世坚*、陈志鸿*、王文辉*、郑建华*、陈鹏*	厦门市科学技术进步奖三等奖
2007	压舱水有害赤潮藻的采样与检测技术研究	厦门大学*、厦门环宇卫生处理有限公司、厦门出入境检验检疫局*	熊焕昌、高亚辉*、杨浩、杨清双、梁君荣、金朝荣、兰湛华、李雪松、陈长平、邢小丽	厦门市科学技术进步奖三等奖
2008	烧结机烟气选择性脱硫技术	福建省三钢（集团）有限责任公司、福建三钢闽光股份有限公司、福建龙净脱硫脱硝工程有限公司*	欧阳元和、陈冠群、林金柱、林建军、梁伯平、江荣才、余志杰、陈深灿、郭光章、赖毅强	福建省科学技术进步奖一等奖
2008	九龙江流域非点源污染机理与控制研究	厦门大学*、福建省水土保持委员会办公室、福建省环境监测站	洪华生*、张珞平*、曹文志*、陈伟琪*、黄金良、张玉珍、阮伏水、王钦建、陈能汪*、王卫平	福建省科学技术进步奖二等奖
2008	建设社会主义生态文明：厦门的实践与经验	中共中央编译局、中共厦门市委、厦门市人民政府	吴凤章、潘世建、洪英士、陈二加、庄世坚* 等	课题组成员受到中共中央编译局和中共厦门市委、市政府联合表彰
2008	《海洋调查规范》系列国家标准的修订与制定	国家海洋局第二海洋研究所、国家海洋标准计量中心、国家海洋局第一海洋研究所、国家海洋局第三海洋研究所*等	李家彪、康寿龄、丁永耀、暨卫东、李培英、张玉生*、陈尚、张义钧、王炜阳、汤毓祥、于晓果、秦嗣仁	国家海洋局海洋创新成果奖一等奖
2008	深海嗜热细菌及噬菌体的分子生物学研究	国家海洋局第三海洋研究所*	章小波、吴穗洁、王蔚、杨丰、陈新华、阮灵伟	国家海洋局海洋创新成果奖一等奖

续 表

获奖年份	成果名称	完成单位	主要完成人	奖项等级与备注
2008	福建罗源湾环境容量与海洋生态保护规划研究	国家海洋局第三海洋研究所*	余兴光*、陈彬*、王金坑*、孙琪*、黄美珍*、林志兰、刘希、马志远、王文辉*、姚瑞梅*	国家海洋局海洋创新成果奖二等奖
2008	核电站海洋环境影响评价技术研究与实践——以宁德核电围填海工程环境影响评价为例	国家海洋局第三海洋研究所*	马丽*、詹兴旺*、王金坑*、孙琪*、陈菲莉、傅世峰、陈彬*	国家海洋局海洋创新成果奖二等奖
2008	干式石灰消化器研制开发	福建龙净脱硫脱硝工程有限公司*	易江林、饶益龙、林春源、林驰前、张哲平、陈旭、章俊华、孙鸿英、陈树发、张朝阳	厦门市科学技术进步奖三等奖
2008	厦门环境现场实时稽查系统	厦门市环境信息中心*、北京大学空间信息工程实验室	孙飒梅*、程承旗、庄世坚*、陈志浩*等	厦门市科学技术进步奖二等奖
2008	《循环经济：厦门在行动》	厦门市环境保护局*	庄世坚*、薛东辉*等	厦门市第七次社会科学优秀成果专著一等奖
2008	《从可持续发展到循环经济》	厦门市环境保护局*	薛东辉*	厦门市第七次社会科学优秀成果论文三等奖
2008	《重视环境安全 共筑和谐社会》	厦门市环境保护局*	关琰珠*	厦门市第七次社会科学优秀成果论文三等奖
2008	《中国能源发展报告》	厦门大学*	林伯强	厦门市第七次社会科学优秀成果专著三等奖
2009	干式石灰消化器研制开发	福建龙净脱硫脱硝工程有限公司*	易江林、饶益龙、林春源、林驰前、张哲平、章俊华、张朝阳	福建省科学技术进步奖三等奖

续 表

获奖年份	成果名称	完成单位	主要完成人	奖项等级与备注
2009	环罗源湾区域环境资源承载力与可持续发展战略研究	厦门大学*、福州市环境科学研究院	张珞平*、刘用凯、石成春、黄金良、江毓武*	福建省科学技术进步奖三等奖
2009	沙门氏菌快速检测体系的建立与应用	厦门出入境检验检疫局检验检疫技术中心*、厦门市农产品质量检验测试中心	孔繁德、陈琼、徐淑菲	福建省科学技术进步奖三等奖
2009	低纬度近海碳的源汇格局与调控机理	厦门大学*	戴民汉*、翟惟东、蔡平河、郭香会、陈蔚芳	教育部高等学校科学研究优秀成果奖一等奖
2009	水环境保护投入效益最大化研究	厦门大学*、福建省环境科学研究院、福建省环境保护厅	曹文志*、张玉珍、林向东	环境保护科学技术奖三等奖
2009	海洋环境中POPs重金属复合污染评价指标的初步建立研究	国家海洋局第三海洋研究所*	王海燕、韩大雄、暨卫东、岳宏伟、林建云	国家海洋局海洋创新成果奖二等奖
2009	深海与极地中PAHs降解菌及降解基因多样性研究	国家海洋局第三海洋研究所*	邵宗泽*、赖其良、汪保江、董纯明、崔志松、马迎飞、袁军、王琳、孙凤芹	国家海洋局海洋创新成果奖二等奖
2009	船载海—气CO_2观测系统的升级改造研究	国家海洋局第三海洋研究所*	张远辉、林奇、杨绪林*、李伟	国家海洋局海洋创新成果奖二等奖
2009	循环流化床锅炉燃烧过程优化控制系统	厦门大学*、厦门海通自控有限公司	江青茵、曹志凯、师佳、陈柳章、周华	厦门市科学技术进步奖二等奖
2010	电膜法海水淡化技术及成套设备	波鹰（厦门）科技有限公司*、厦门理工学院*	张世文*、黄红武、陈立义*、严滨*、李元高	福建省科学技术进步奖三等奖
2010	《“生态学马克思主义”研究》	华侨大学*	曾文婷	福建省第八届社会科学优秀成果专著三等奖
2010	大黄鱼免疫的分子基础及重要免疫基因的功能研究	国家海洋局第三海洋研究所*	陈新华、敖敬群、余素红、郑文彪、母尹楠	国家海洋局海洋创新成果奖一等奖

续 表

获奖年份	成果名称	完成单位	主要完成人	奖项等级与备注
2010	华南海滩动力地貌研究与应用	国家海洋局第三海洋研究所*	蔡锋*、曹惠美、雷刚、苏贤泽、戚洪帅、刘建辉、王广禄	国家海洋局海洋创新成果奖一等奖
2010	南极区域保护与管理研究	国家海洋局第三海洋研究所*	陈立奇*、凌晓良、何剑锋、余兴光*、陈丹红、刘小汉、蔡明红、林志兰、张洁	国家海洋局海洋创新成果奖二等奖
2010	中国长江以南近岸海域甲藻孢囊分类学及生态学研究	国家海洋局第三海洋研究所*	蓝东兆*、顾海峰、方琦、兰彬斌	国家海洋局海洋创新成果奖二等奖
2010	海洋桡足类滞育生物学研究	厦门大学*	王桂忠*、李少菁、吴荔生、姜晓东、商栩、何剑锋、郭东晖、林琼武、孔祥会	国家海洋局海洋创新成果奖二等奖
2010	高性能“P84+PTFE”复合滤料开发与应用技术	厦门三维丝环保股份有限公司*	蔡伟龙、罗祥波、罗章生、郑锦森、郑智宏、洪丽美、李艺君、乐世平	厦门市科学技术进步奖二等奖
2010	短流程双膜法浓水循环中水回用技术	厦门市威士邦膜科技有限公司*、厦门绿邦膜技术有限公司	王俊川*、曾沿鸿、曾志鸿、江良涌、邓家添、姜军、王木森、王添火	厦门市科学技术进步奖三等奖
2010	贝类石油烃重金属污染微生物净化技术研究	集美大学*、厦门绿之素生物工程有限公司	周常义、苏国成、苏文金*、江锋、蔡慧农、庄宏儒、林情员	厦门市科学技术进步奖三等奖
2010	多重RT-PCR一步法技术同时检测猪瘟病毒和蓝耳病病毒方法的建立以及初步应用	厦门出入境检验检疫局检验检疫技术中心*	孔繁德，王荣，陈琼，吴德峰，徐淑菲	厦门市科学技术进步奖三等奖
2010	《生态文明构建：理论与实践》	中共中央编译局、中共厦门市委、厦门市人民政府	吴凤章、潘世建、洪英士、陈二加、庄世坚* 等	厦门市第八次社会科学优秀成果专著一等奖
2010	《生态文明：迈向人与自然的和谐》	厦门市环境保护局*	庄世坚*	厦门市第八次社会科学优秀成果论文三等奖

续 表

获奖年份	成果名称	完成单位	主要完成人	奖项等级与备注
2010	《生态文明指标体系研究》	厦门市环境保护局*	关琰珠*、郑建华*、庄世坚*	厦门市第八次社会科学优秀成果论文三等奖
2011	台湾海峡及周边海域业务化海洋防灾决策支持系统	福建省海洋预报台、厦门大学*、国家海洋局第三海洋研究所*	刘修德、林海华、林法玲、洪华生*、商少平*、张友权、郭小钢	福建省科学技术进步奖二等奖
2011	循环流化床（CFB）锅炉燃烧过程优化控制系统	厦门大学*、厦门海通自控有限公司	江青茵、曹志凯、师佳、周华、亢金锁、魏本涛	福建省科学技术进步奖二等奖
2011	短流程双膜法浓水循环中水回用技术	厦门市威士邦膜科技有限公司*、厦门绿邦膜技术有限公司	王俊川*、曾沿鸿、曾志鸿、江良涌、邓家添、姜军、王木森、王添火	福建省科学技术进步奖三等奖
2011	PTA氧化残渣的资源化关键技术研发及应用	厦门大学*、厦门海湾化工有限公司	李清彪*、陈少岳、郑艳梅、黄双能、黄加乐、刘剑明、孙道华、邓佳旭、刘洪城、林文爽	福建省科学技术进步奖三等奖
2011	《节能和碳排放约束下的中国能源结构战略调整》	厦门大学*	林伯强、姚昕、刘希颖	福建省第九届社会科学优秀成果奖论文一等奖
2011	《中国经济发展中碳排放增长的驱动因素研究》	厦门大学*	王锋、吴丽华、杨超	福建省第九届社会科学优秀成果奖论文二等奖
2011	气候变化对中国台湾海峡及其邻近海域海洋生态系统的作用（908）	国家海洋局第三海洋研究所*	蔡榕硕*、刘克修、杨清良*、陈际龙、周秋麟*、林茂、颜秀花、高志刚、张启龙、王彰贵、蔡怡、林更铭、齐庆华、陈宝红、林凤翱	国家海洋局海洋创新成果奖一等奖

续 表

获奖年份	成果名称	完成单位	主要完成人	奖项等级与备注
2011	中国海及邻近西北太平洋海洋生物物种编目和分布图集编制	国家海洋局第三海洋研究所*	林茂、王春光、王彦国*、项鹏、王雨、林更铭、林荣澄*、陈小银*、戴燕玉、陈瑞祥	国家海洋局海洋创新成果奖二等奖
2011	北冰洋海洋碳循环观测工程技术及其应用研究	国家海洋局第三海洋研究所*	陈立奇*、高众勇、孙恒、杨绪林*、张远辉、何建华、王伟强、余雯、林奇	海洋工程科学技术奖二等奖
2011	LJS循环流化床烧结烟气多组分污染物干法脱除技术与装置	福建龙净脱硫脱硝工程有限公司*	赖毅强、郑进朗、饶益龙、林春源、林驰前、罗龙、徐海军、陈星旺	厦门市科学技术进步奖二等奖
2011	口蹄疫病毒抗体快速检测试剂的研制与应用	厦门出入境检验检疫局检验检疫技术中心*	孔繁德、林祥梅、徐淑菲、陈信忠等	厦门市科学技术进步奖三等奖
2012	两岸联合开展台湾海峡主要渔业资源利用与养护	厦门大学*、福建海洋研究所*	戴天元、苏永全*、阮五崎*、沈长春、颜尤明、王军、庄庆达	福建省科学技术进步奖二等奖
2012	印染废水深度处理再生循环利用技术与示范工程	波鹰（厦门）科技有限公司*	张世文*、陈立义*、王峰、曾广德、吴灿东、许雅玲、陈鑫祥	福建省技术发明奖三等奖
2012	进出口建筑用胶对建筑、环境及人体安全的风险评估和关键技术研究	厦门出入境检验检疫局检验检疫技术中心*、深圳出入境检验检疫局检验检疫技术中心、广东出入境检验检疫局检验检疫技术中心、山东出入境检验检疫局检验检疫技术中心	赖莺、董清木、王鸿辉等	国家质检总局“科技兴检”奖二等奖

续 表

获奖年份	成果名称	完成单位	主要完成人	奖项等级与备注
2012	基于海岸带综合管理的海洋生物多样性保护研究与示范	国家海洋局第三海洋研究所*	陈彬*、温泉、丁德文、杨琳、王金坑*、黄浩、俞炜炜、郑森林*、杜建国、蒋金龙	国家海洋局海洋科学技术奖二等奖
2012	海洋微生物资源采集与国家海洋微生物资源共享平台建设	国家海洋局第三海洋研究所*、中国极地研究中心、中国海洋大学、国家海洋局第一海洋研究所、厦门大学*、青岛科技大学、山东大学威海分校	邵宗泽*、陈波、池振明、曲凌云、焦念志*、孙风芹、李光玉、赖其良、刘秀片、叶德赞*、徐俊、汤熙翔、郑天凌*、刘杰、杜宗军	海洋工程科学技术奖一等奖
2012	中国海洋生物种类名录和图谱	国家海洋局第三海洋研究所*	余兴光*、林茂、黄宗国、李瑞香、陆斗定、王春光、王彦国*、项鹏、王雨、林更铭	国家海洋局海洋科学技术奖二等奖
2012	核电海域放射性检测新技术与辐射防护评价	国家海洋局第三海洋研究所*、清华大学工程物理系、中科华核电技术研究院-苏州热工研究院有限公司	尹明端、曾志、何建华、唐森铭、上官志洪、余雯、门武、马豪、张晓峰	国家海洋局海洋科学技术奖二等奖
2012	印染废水深度处理再生循环利用技术与示范工程	波鹰（厦门）科技有限公司*	张世文*、陈立义*、王峰、吴灿东、曾广德、许雅玲、陈鑫祥	厦门市技术发明奖二等奖
2012	城市污泥深度脱水和资源化利用	厦门水务集团有限公司	谢小青*、吴灿东、曾广德、黄珍艺*、戴兰华*、林清秀、谢小明、刘美龄	厦门市科学技术进步奖三等奖
2012	铅锌冶炼厂废水零排放工艺装置	厦门世达膜科技有限公司	孙洪贵、虞美辉、李振峰*、陈洪景、卢伯福、陈世郁、杨灿坤	厦门市科学技术进步奖三等奖

续 表

获奖年份	成果名称	完成单位	主要完成人	奖项等级与备注
2012	氧化型染发剂中染料的检测及毒理学安全评价研究	厦门出入境检验检疫局检验检疫技术中心*	赖莺、普旭力、王鸿辉等	厦门市科学技术进步奖三等奖
2013	北冰洋碳循环及其对气候变化的响应	国家海洋局第三海洋研究所*	陈立奇*、高众勇、余雯、王伟强	福建省自然科学奖二等奖
2013	海洋桡足类滞育生物学研究	厦门大学*	王桂忠*、李少菁、吴荔生、姜晓东	福建省自然科学奖三等奖
2013	福建省城镇污水处理运行标准技术研究与应用	厦门水务集团有限公司、福建省城市建设协会、厦门水务中环污水处理有限公司*、厦门市排水监测站*	兰邵华、谢小青*、黄珍艺*、戴兰华*、杨建强、吴琪璞、谢小明、彭育蓉	福建省科学技术进步奖三等奖
2013	大型烧结机干法烟气脱硫及多组分污染物协同净化技术与装置	福建龙净脱硫脱硝工程有限公司*	郑进朗、赖毅强、饶益龙、林春源、林驰前	福建省科学技术进步奖三等奖
2013	中国第三次北极科学考察与研究	国家海洋局第三海洋研究所*	张海生、袁绍宏、赵进平、陈立奇*、何剑锋、陈建芳、卞林根、李志军、陈敏*、谢周清、王汝建、程振波、高众勇、张光涛、王建忠	国家海洋局海洋科学技术奖一等奖
2013	海洋入侵赤潮生物规模化快速经济处理新技术	大连海事大学、厦门大学*	张芝涛、白敏冬、黄凌风等	国家海洋局海洋科学技术奖一等奖
2013	陆源入海重点排污口典型有机污染物海洋环境效应确定的关键技术研究	国家海洋环境监测中心、厦门大学*	王菊英、郭丰、穆景利、王新红*等	国家海洋局海洋工程技术奖一等奖

续 表

获奖年份	成果名称	完成单位	主要完成人	奖项等级与备注
2013	海洋微型生物资源采集与国家海洋微型生物资源共享平台建设	厦门大学*	焦念志*	海洋工程科学技术奖一等奖
2013	CFB锅炉炉后烟气循环流化床干法脱硫技术与装置	福建龙净脱硫脱硝工程有限公司*	林春源、詹威全、陈燕玲、陈星旺、饶益龙、章俊华、张忠平、苏碧香	厦门市科学技术进步奖二等奖
2013	福建省城镇污水处理运行标准技术研究与应用	厦门水务集团有限公司、福建省城市建设协会、厦门水务中环污水处理有限公司*、厦门市排水监测站*	兰邵华、谢小青*、黄珍艺*、戴兰华*、杨建强、吴琪璞、谢小明、彭育蓉	厦门市科学技术进步奖二等奖
2013	厦门西海域及同安湾海域面积（围填海）总量控制	福建海洋研究所*、厦门大学*	郭允谋、江毓武*、彭本荣*、赵东波、杨顺良	厦门市科学技术进步奖三等奖
2013	新型中空纤维膜组件及其系统	厦门绿邦膜技术有限公司、厦门市威士邦膜科技有限公司*	王俊川*、黄德昌、俞海桥、夏天华、江良涌、陈明进、林嘉填、练必元	厦门市科学技术进步奖三等奖
2013	一种印染深度处理废水净化装置及净化方法	波鹰（厦门）科技有限公司*	张世文*、陈立义*、林建清*、潘美平、黄丽芹	厦门市专利奖三等奖
2013	《低碳城市发展的理论与政策：基于厦门的考察》	厦门大学经济学院	任力	厦门市第九次社会科学优秀成果专著一等奖
2013	《推进厦门市节能减排的财税政策研究》	厦门大学经济学院	刘晔等6人	厦门市第九次社会科学优秀成果论文二等奖

续 表

获奖年份	成果名称	完成单位	主要完成人	奖项等级与备注
2013	《环境保护、群体压力还是利益波及?厦门居民PX环境运动参与行为的动机分析》	厦门大学公共事物学院	周志家	厦门市第九次社会科学优秀成果论文二等奖
2013	《厦门饮用水面临的污染问题与对策研究——以坂头水库为例》	厦门理工学院*、厦门市环境监测中心站*	严滨*、梁榕源*、李元高、柴天、李岱霖、刘德灿	厦门市第九次社会科学优秀成果论文二等奖
2013	《厦门建设低碳城市特色项目研究——低碳城市建设中公众参与机制的构建》	“厦门建设低碳城市特色项目研究”课题组	关琰珠*、颜昌宙*、蔡加培、余进*、林蓓蕾*、张艳*、余强、陈农清	厦门市第九次社会科学优秀成果论文三等奖
2013	《关于福建省机动车尾气污染控制存在问题的调研与建议》	九三学社厦门市委员会	九三学社厦门市委员会课题组	厦门市第九次社会科学优秀成果论文三等奖
2014	微型生物在海洋碳储库及气候变化中的作用	厦门大学*	焦念志*、张瑶、骆庭伟、张锐、郑强	福建省科学技术进步奖一等奖
2014	应对气候变化红树林移植及资源优化技术	浙江省海洋水产养殖研究所、厦门大学*、中国科学院华南植物园	陈少波、卢昌义*、仇建标、叶勇*、黄丽、王发国、郑春芳、王文卿、郑逢中*、谢起浪	浙江省科学技术进步奖三等奖，国家海洋局海洋科学技术奖二等奖
2014	东北印度洋海洋多尺度变率及其气候效应研究	国家海洋局第三海洋研究所*	邱云、李立、蔡文炬、靖春生、许金电、潘爱军、郭小钢、宣莉莉、曾明章、陈航宇	国家海洋局海洋科学技术奖二等奖
2014	台湾海峡及毗邻海域主要渔场重要渔业资源评价与利用	福建省水产研究所*、国家海洋局第三海洋研究所*、厦门大学*、集美大学*	戴天元、林龙山、王军、张静、苏永全*、刘勇、庄庆达、王德祥、李渊、廖正信	国家海洋局海洋科学技术奖二等奖
2014	基于膜技术的染料废水处理方法	厦门理工学院*	蓝伟光*、黄松青、严滨*、林丽华	厦门市专利奖二等奖

续 表

获奖年份	成果名称	完成单位	主要完成人	奖项等级与备注
2014	生活污水零排放处理方法及其系统	厦门理工学院*	严滨*、黄国和*	厦门市专利奖三等奖
2014	地表水体藻类应急处理技术的研究与应用	华侨大学*、厦门环宇卫生处理有限公司、厦门鑫西华贸易有限公司	洪俊明*、金朝荣、孙荣*、黄柏山、缪柳、李菊花、石椿丽、林冰	厦门市科学技术进步奖三等奖
2014	小流域水环境综合整治	厦门市城市规划设计研究院*、河海大学	李轶、黄友谊、关天胜*、张文龙、王晴、陈伟伟、王玉明、王宁	厦门市科学技术进步奖三等奖
2014	水泥窑尾袋式除尘器用耐高温抗水解芳砜纶/聚酰亚胺复合滤料	厦门三维丝环保股份有限公司*	蔡伟龙、罗祥波、郑锦森、胡恭任、乐世平、郑智宏、王巍、张静云	厦门市科学技术进步奖三等奖
2014	有机锡的毒性效应与机制及其在生态风险评价中的应用	厦门大学*、河南科技大学	王重刚、左正宏、张纪亮、蔡嘉力、李博文、孙凌斌、赵扬、王新丽	厦门市科学技术进步奖三等奖
2014	生猪养殖排泄物低碳资源化处理技术集成与推广示范	中国科学院城市环境研究所*	刘超翔、朱葛夫、黄栩、刘琳	莆田市科学技术进步奖三等奖
2015	微型生物在海洋碳储库及气候变化中的作用	厦门大学*	焦念志*、张瑶、骆庭伟、张锐、郑强	国家科学技术进步奖二等奖
2015	环境砷污染过程及其控制原理	中国科学院城市环境研究所*、中国科学院生态环境研究中心	朱永官、叶军、郑茂钟、颜昌宙*、李刚	福建省自然科学奖三等奖
2015	循环流化床锅炉清洁燃烧福建无烟煤的技术开发及应用	集美大学*、福建省石狮热电有限责任公司	何宏舟、俞金树、吴剑恒、邹峥、洪方明、俞建洪、饶庆平	福建省科学技术进步奖二等奖
2015	城市人居环境中的功能湿地技术应用	华侨大学*	刘埢、郑志、姚敏峰、洪毅、洪俊明*	福建省科学技术进步奖三等奖

续 表

获奖年份	成果名称	完成单位	主要完成人	奖项等级与备注
2015	中国近海二氧化碳通量遥感监测与示范系统	国家海洋局第二海洋研究所、厦门大学*、国家海洋局东海环境监测中心、浙江大学、中国科学院海洋研究所、杭州师范大学、国家海洋局第三海洋研究所*、国家海洋环境预报中心、国家海洋环境监测中心	白雁、戴民汉*、何贤强、项有堂、刘仁义、何宜军、周斌、张远辉、乔然、陈艳拢、于培松、朱乾坤、黄海清、陶邦一、龚芳	国家海洋局海洋科学技术奖特等奖
2015	我国近海底质调查与研究	国家海洋局第一海洋研究所、国家海洋局第三海洋研究所*、国家海洋信息中心、国家海洋局第二海洋研究所	石学法、陈坚*、初凤友、刘焱光、殷汝广、乔淑卿、李西双、姚政权、刘升发、许江、王昆山、李小艳、李传顺、胡利民、刘志杰	国家海洋局海洋科学技术奖一等奖
2015	近海海水水质基准的研究与制定	国家海洋环境监测中心、厦门大学*、国家海洋局第三海洋研究所*	王菊英、穆景利、张志锋、王新红*、王睿睿、胡莹莹、林彩、王莹、黄金良等	国家海洋局海洋科学技术奖二等奖
2015	城市固体废物处置与系统优化调控技术	厦门理工学院*、厦门联创达科技有限公司*、华北电力大学	黄国和*、傅海燕*、李术标*、李永平、安春江、阳艾利、代智能、吴义诚	厦门市科学技术进步奖二等奖
2015	循环流化床锅炉清洁燃烧福建无烟煤的技术开发及应用	集美大学*、福建省石狮热电有限责任公司	何宏舟、俞金树、吴剑恒、邹峥、洪方明、俞建洪、庄煌煌、赵龙飞	厦门市科学技术进步奖二等奖
2015	硅工业余热高效回收技术开发及产业化	集美大学*、凤阳海泰科能源环境管理服务有限公司、福建大源节能环保科技有限公司、江西琦丰大源绿色能源有限公司	李志伟、何秀锦、杨晓平、钱瑞林	厦门市科学技术进步奖三等奖

续 表

获奖年份	成果名称	完成单位	主要完成人	奖项等级与备注
2015	废电石渣资源化应用的循环流化床干法烟气脱硫一体化技术与装置	福建龙净脱硫脱硝工程有限公司*	饶益龙、郑进朗、章俊华、张原、詹威全、王建春*、卢茂源、吴慕正	厦门市科学技术进步奖三等奖
2015	绿色功能型超塑化剂的原位聚合与功能可控技术的研究及应用	科之杰新材料集团有限公司*	柯余良、方云辉*、林添兴、郭鑫祺、蒋卓君、张小芳、郑荣平、陈小路	厦门市科学技术进步奖三等奖
2015	高性能环保型管式多通道陶瓷膜的研制与产业化	三达膜科技（厦门）有限公司*	洪昱斌、翁志龙、方富林、叶胜、黄俊煌、蓝伟光*	厦门市科学技术进步奖三等奖
2016	基于羟基自由基高级氧化快速杀灭海洋有害生物的新技术及应用	厦门大学*、大连海事大学	白敏冬、张芝涛、黄凌风、白敏菂、田一平、张均东	国家技术发明奖二等奖
2016	烧结烟气干法脱除方法及装置	福建龙净脱硫脱硝工程有限公司*	赖毅强、徐海军、林春源、陈燕玲、王晓增	第十八届中国专利奖
2016	一种新型除尘器	厦门市海林生物科技有限公司	袁国炜、洪赐和、洪尊敬、洪仁德、洪上赞	第十八届中国专利奖
2016	海洋酸化对初级生产过程的影响、机制及其生态效应	厦门大学*	高坤山、徐军田、高光、金鹏、吴亚平	福建省自然科学奖一等奖
2016	海湾围填海规划环境影响评价技术导则	福建省海洋与渔业厅、厦门大学*、国家海洋局第三海洋研究所*、福建省海洋环境与渔业资源监测中心	刘修德、李涛、张珞平*、余兴光*、杨顺良、陈伟琪*等	福建省标准贡献一等奖
2016	东南沿海浅海五种特色经济底栖生物资源恢复技术集成与示范	福建省水产研究所*、厦门大学*、中国水产科学研究院南海水产研究所、浙江省海洋水产养殖研究所、福建省水产技术推广总站	曾志南、柯才焕、陈丕茂、柴雪良、高如承、林国清、尤颖哲	福建省科学技术进步奖二等奖

续 表

获奖年份	成果名称	完成单位	主要完成人	奖项等级与备注
2016	现代泵送混凝土控制技术及新型保坍保水新材料的研究开发	科之杰新材料集团有限公司*、厦门天润锦龙建材有限公司、福建省混凝土工程技术研究中心	方云辉*、柯余良、蒋卓君、张小芳、赖广兴、官梦芹、刘君秀	福建省科学技术进步奖二等奖
2016	城市人居环境中的功能湿地技术应用	华侨大学*	刘塨、郑志、姚敏峰、洪毅、洪俊明*	福建省科学技术进步奖三等奖
2016	烟气脱硝催化剂检测与评价技术研发及其应用	中国科学院城市环境研究所*	陈进生*、王金秀、江长水、陈衍婷、尹丽倩	福建省科学技术进步奖三等奖
2016	地表富营养化污染水体处理关键技术研究及应用	华侨大学*、厦门环宇卫生处理有限公司	洪俊明*、黄柏山、黄全佳*、苏树明、陈耀群	福建省科学技术进步奖三等奖
2016	三维非对称氟醚复合滤料关键技术及应用	厦门三维丝环保股份有限公司*	蔡伟龙、郑智宏、郑锦森、罗祥波、王巍	福建省科学技术进步奖三等奖
2016	《发展阶段变迁与中国环境政策选择》	厦门大学*	林伯强、邹楚沅	福建省第十一届社会科学优秀成果奖论文一等奖
2016	海洋烷烃降解菌与代谢机制研究	国家海洋局第三海洋研究所*	邵宗泽*、王万鹏、王丽萍、赖其良	国家海洋局海洋科学技术奖一等奖
2016	滨海旅游区海洋环境安全保障技术集成与应用	国家海洋环境预报中心、国家海洋局厦门海洋预报台、国家海洋局北海环境监测中心、厦门市海洋与渔业研究所、国家海洋局北海预报中心、青岛国信汇泉湾管理公司	魏立新、吴向荣、孙虎林、苏博、李志强、徐子钧、陈国斌、马静、张薇、邓小花	国家海洋局海洋科学技术奖二等奖
2016	工程机械减振降噪关键技术创新及其应用	厦门大学*、厦门厦工机械股份有限公司	侯亮、郭涛、蔡惠坤、祝青园、曾晓岚、卜祥建、黄阳印、吴永华	厦门市科学技术进步奖一等奖

续 表

获奖年份	成果名称	完成单位	主要完成人	奖项等级与备注
2016	同时高效脱硫脱硝的干法烟气净化工艺装置的研发与应用	福建龙净脱硫脱硝工程有限公司*	王建春*、张志文、张原、林驰前、詹威全、余华龙、张哲平、张哲然*	厦门市科学技术进步奖二等奖
2016	电厂锅炉烟气余热的深度回收利用及减排系统的研发与产业化	成信绿集成股份有限公司	常海青、郑启山、张燕、唐海平、袁朝、张灿、郑木辉、赖庆梧	厦门市科学技术进步奖二等奖
2016	紧凑型前置反硝化BIOFOR曝气生物滤池建设、运行和协同处理技术	厦门水务中环污水处理有限公司*	黄珍艺*、戴兰华*、吴文华、蔡万强、陈向强、刘美龄、江洁珊、陈咪梓	厦门市科学技术进步奖三等奖
2016	农田土壤重金属污染微生物修复关键技术与应用	福建三炬生物科技股份有限公司	林克明、余劲聪、尤越、侯昌萍、何舒雅	厦门市科学技术进步奖三等奖
2016	《环境治理约束下的中国能源结构转变：基于煤炭和二氧化碳峰值的分析》	厦门大学*	林伯强、李江龙	厦门市第十次社会科学优秀成果论文一等奖
2016	《厦门人口承载力研究及建议》	厦门市政协人资环委	张思鹭、朱奖思、蔡加培、姜建群、杨琪、关琰珠*、康斌	厦门市第十次社会科学优秀成果论文三等奖
2016	《厦门经济特区生态文明建设的成就经验、面临挑战与对策建议》	中共厦门市委党校	岳世平	厦门市第十次社会科学优秀成果论文三等奖
2017	食品和饮水安全快速检测、评估和控制技术创新及应用	中国人民解放军军事医学科学院卫生学环境医学研究所、中国科学院大连化学物理研究所、吉林大学、福州大学、中食净化科技（北京）股份有限公司、长春吉大、小天鹅仪器有限公司、厦门斯坦道科学仪器股份有限公司*	高志贤、李君文、关亚风、宋大千、谢增鸿、宁保安、邱志刚、周焕英、金敏、尹静	国家科学技术进步奖二等奖

续　表

获奖年份	成果名称	完成单位	主要完成人	奖项等级与备注
2017	一种交联型羧酸专用保坍剂的制备方法及该方法制备的保坍剂	科之杰新材料集团有限公司*	蒋卓君、郭鑫祺、方云辉*、官梦芹、李英祥	第十九届中国专利优秀奖
2017	土壤环境修复与系统调控技术研发及其应用	厦门理工学院*、厦门市江平生物基质技术股份有限公司	黄国和*、李永平、傅海燕*、夏江平、安春江、姚尧、阳艾利	福建省科学技术进步奖二等奖
2017	一种交联型羧酸专用保坍剂的制备方法及该方法制备的保坍剂	科之杰新材料集团有限公司*	蒋卓君、郭鑫祺、方云辉*、官梦芹、李英祥	福建省专利奖二等奖
2017	地表富营养化污染水体处理关键技术研究及应用	华侨大学*、厦门市环境监测中心站*	洪俊明*、黄柏山、黄全佳*、苏树明、陈耀群	福建省科学技术进步奖三等奖
2017	锅炉烟气余热的深度回收利用及减排系统的研制与工程应用	厦门理工学院*、成信绿集成股份有限公司	常海青、张燕、袁朝、宋卫华、张灿	福建省科学技术进步奖三等奖
2017	农村分散点源污染治理集成技术研发与产业化	中国科学院城市环境研究所*、集美大学*、福建中科同恒环保规划设计有限公司	陈少华*、方宏达*、林向宇、吴杰、付远鹏	福建省科学技术进步奖三等奖
2017	集成车内（室内）空气安全监测及空气污染处理系统的回风口装置	爱芯环保科技（厦门）股份有限公司	钟红生、陈勤耀、钟喜生、周三君、古大鹏	福建省科学技术进步奖三等奖
2017	同时高效脱硫脱硝的干法烟气净化工艺装置的研发与应用	福建龙净脱硫脱硝工程有限公司*	王建春*、张志文、张原、林驰前、詹威全	福建省科学技术进步奖三等奖
2017	污染源在线监测计量标准化关键技术研究与应用	福建省计量科学研究院、厦门斯坦道科学仪器股份有限公司*	罗峰、黄伟、卓晓丹、许航、汤新华	福建省科学技术进步奖三等奖
2017	海洋溢油中长期生物效应及生态风险评估关键技术研究	国家海洋环境监测中心、厦门大学*	穆景利、王莹、王新红*、王菊英 等	国家海洋局海洋科学技术奖二等奖

续 表

获奖年份	成果名称	完成单位	主要完成人	奖项等级与备注
2017	北极快速变化与海洋生态系统响应——中国第四次北极科学考察与研究	国家海洋局第三海洋研究所*、国家海洋局极地考察办公室、中国极地研究中心、中国气象科学研究院、中国海洋大学、国家海洋局第二海洋研究所、中国科学技术大学	余兴光*、吴军、林龙山、何剑锋、吴日升、卞林根、高众勇、赵进平、庄燕培、谢周清	国家海洋局海洋科学技术奖二等奖
2017	土壤污染原位修复与风险控制技术与应用	厦门理工学院*、厦门市江平生物基质技术股份有限公司	黄国和*、李永平、傅海燕*、夏江平、安春江、姚尧、阳艾利、文笑	厦门市科学技术进步奖二等奖
2017	福建近海游泳动物多样性及其应用研究	国家海洋局第三海洋研究所*、厦门大学*、福建省水产研究所*	林龙山、苏永全*、戴天元、李渊、张静、张丽艳、刘敏、宋普庆	厦门市科学技术进步奖二等奖
2017	微细粉尘控制专用水刺覆膜高性能滤料关键技术开发及产业化	厦门三维丝环保股份有限公司*	蔡伟龙、郑智宏、王巍、郑锦森、邱薰艺、张静云、李彪、戴婷婷	厦门市科学技术进步奖二等奖
2017	燃煤烟气干式超低排放技术及装置	福建龙净脱硫脱硝工程有限公司*、福建龙净环保股份有限公司	张原、林春源、詹威全、王建春*、赖毅强、饶益龙、苏碧香、张福全	厦门市科学技术进步奖三等奖
2017	环保型功能化超塑化剂的常温复合引发关键技术开发及产业化	科之杰新材料集团有限公司*、厦门市建筑科学研究院集团股份有限公司、福建科之杰新材料有限公司*、厦门天润锦龙建材有限公司	方云辉*、柯余良、钟丽娜、尹键丽、徐仁崇、蒋卓君、陈小秀	厦门市科学技术进步奖三等奖
2017	节能型城镇污水处理厂网运行控制技术	厦门水务集团有限公司、厦门水务中环污水处理有限公司*	谢小青*、戴兰华*、黄珍艺*、谢小明、刘美龄、陈向强、郑东赞、赖智显	厦门市科学技术进步奖三等奖

续 表

获奖年份	成果名称	完成单位	主要完成人	奖项等级与备注
2017	城市绿地生态服务功能提升的关键技术研究与应用	中国科学院城市环境研究所*、福建省顺昌埔上国有林场、厦门理工学院*	任引、左舒翟、唐立娜、满旺、翁闲、丁洪峰	厦门市科学技术进步奖三等奖
2018	微生物燃料电池关键电极材料研究	中国科学院城市环境研究所*	陈水亮、侯豪情、赵峰、贺光华	江西省自然科学奖一等奖
2018	浮游植物营养代谢、珊瑚共生及赤潮生消的生态过程及基因调控	厦门大学*	林森杰、林昕	福建省自然科学奖三等奖
2018	海绵城市系统平衡理论与建设关键技术研究及示范	厦门市城市规划设计研究院*、中国水利水电科学研究院、中联环股份有限公司*	刘家宏、王浩、关天胜*、邵薇薇、丁相毅、吴连丰、杨志勇	福建省科学技术进步奖二等奖
2018	土壤环境修复与系统调控技术研发及其应用	厦门理工学院*	阳艾利、李永平、傅海燕*、黄国和*、夏江	福建省科学技术进步奖二等奖
2018	微细粉尘控制专用水刺覆膜高性能滤料关键技术开发及产业化	厦门三维丝环保股份有限公司*	蔡伟龙、郑智宏、王巍、郑锦森、张静云	福建省科学技术进步奖三等奖
2018	天然气化工清洁技术研发及靛蓝等特色产业链的构建	厦门大学*	尹应武、张正西、毛永生、师雪琴、栾敏红	福建省技术发明奖二等奖
2018	燃煤烟气汞及其它污染物协同控制技术研发与应用	上海交通大学、福建龙净脱硫脱硝工程有限公司*	晏乃强、张原、瞿赞、王建春*、贾金平、赖毅强	教育部技术发明奖二等奖
2018	厦门海域极端潮位灾害精细化预警与应用	国家海洋局厦门海洋预报台、厦门大学*、厦门蓝海天信息技术有限公司	张世民、陈德文、吴向荣、张文舟、袁方超、杨金湘、李郅明、刘晓东、叶雨颖、卢君峰	国家海洋局海洋科学技术奖二等奖
2018	烟气脱硝过程硫氨盐的生成与防控技术研究	中国科学院城市环境研究所*	王金秀	中国华电集团有限公司科学技术进步奖三等奖

续 表

获奖年份	成果名称	完成单位	主要完成人	奖项等级与备注
2018	工业生产传热传质工序减排降耗关键技术与装备	厦门烟草工业有限责任公司、福建中烟工业有限责任公司	吴玉生、周跃飞、林荣欣、徐建燎、王道铨、钱继春、罗靖、戴宇昕	厦门市科学技术进步奖二等奖
2018	进口货物消毒及废水资源化关键技术研究与应用	华侨大学*、厦门和健卫生技术服务有限公司	洪俊明*、黄柏山、张倩、王泊舟、苏升、陈志坤、张发明、孙荣	厦门市科学技术进步奖二等奖
2018	基于烟气余热蒸发的脱硫废水零排放技术	盛发环保科技（厦门）有限公司、中国科学院城市环境研究所*	万忠诚、郑煜铭*、张净瑞、刘其彬、苑志华*、马明军、黄奕军、赵飞	厦门市科学技术进步奖三等奖
2018	铁矿石柔性选矿及污水快速处理技术	厦门环资矿业科技股份有限公司	苏木清、苏建财、唐立靖、李萍	厦门市科学技术进步奖三等奖
2018	水库蓝藻优势度的变化过程及机制研究和应用	中国科学院城市环境研究所*	杨军、刘乐冕、杨军、薛媛媛、余正、吕宏、郭云艳、ISABWE Alain	厦门市科学技术进步奖三等奖
2019	近海赤潮灾害应急处置关键技术与方法	中国科学院海洋研究所、中国海洋大学、厦门大学*	俞志明、于志刚、宋秀贤、高亚辉、曹西华、甄毓	国家技术发明二等奖
2019	环境中抗生素抗性基因的形成和传播扩散机理	中国科学院城市环境研究所*	朱永官、苏建强、乔敏、崔丽、安新丽	福建省自然科学奖二等奖
2019	多重环境压力下海洋酸化的生理生态影响及其食物链效应	厦门大学*、江苏海洋大学、汕头大学	高坤山、金鹏、徐军田、李富田、陈善文	福建省自然科学奖三等奖
2019	燃煤烟气多污染物干式协同超净技术及装置	福建龙净环保股份有限公司、福建龙净脱硫脱硝工程有限公司*	张原、王建春*、林春源、詹威全、陈树发、赖毅强、饶益龙、苏清发、初琨、陈旭龙	福建省科学技术进步奖一等奖

续 表

获奖年份	成果名称	完成单位	主要完成人	奖项等级与备注
2019	复杂动力条件下砂质海滩修复理论与关键技术研究与应用	自然资源部第三海洋研究所*、河海大学、自然资源部海岛研究所、自然资源部第一海洋研究所、中国海洋大学、自然资源部第二海洋研究所	蔡锋*、张弛、戚洪帅、郑金海、杜军、雷刚、刘建辉、李广雪、时连强、朱君	福建省科学技术进步奖一等奖
2019	煤粉工业锅炉清洁燃烧无烟煤的技术开发及应用	集美大学*、福建永恒能源管理有限公司	何宏舟、赵雪、张榕杰、张军、郑捷庆	福建省科学技术进步奖三等奖
2019	火电厂污染防治关键技术与集成规范应用	国电环境保护研究院有限公司、中国环境科学研究院、生态环境部环境工程评估中心、福建龙净环保股份有限公司、浙江大学、浙江菲达环保科技股份有限公司、盛发环保科技（厦门）有限公司	朱法华、莫华、柴发合、高翔、罗如生、王圣、舒英钢、张净瑞、薛建明、刘英华、陈奎续、郦建国、庄烨、陈晓雷、李辉	环境保护科学技术奖一等奖
2019	烧结（球团）烟气多污染物干式协同净化技术及装置	福建龙净环保股份有限公司、福建龙净脱硫脱硝工程有限公司*	张原、王建春*、林春源、赖毅强、徐海军、饶益龙、林驰前、詹威全、张哲然*、郭厚焜*、初琨、苏碧香、陈旭荣、张卡德、贺艳艳	中国环保产业协会环境技术进步奖一等奖
2019	沿海水域有害生物规模化高效绿色防控的新技术	厦门大学*、大连海事大学、厦门水务集团有限公司*	白敏冬、田一平、黄金良、艾春香、林少云、俞哲、黄凌风、章春星、余忆玄、张均东、张小芳、郑琦琳等	国家海洋局海洋科学技术奖一等奖

续 表

获奖年份	成果名称	完成单位	主要完成人	奖项等级与备注
2019	北极快速变化与海洋生态系统响应——中国第四次北极科学考察与研究	自然资源部第三海洋研究所*、国家海洋局极地考察办公室、中国极地研究中心、中国气象科学研究院、中国海洋大学、自然资源部第二海洋研究所、中国科学技术大学、厦门大学*、国家海洋环境预报中心	余兴光*、林龙山、吴军、何剑锋、卞林根、高众勇、谢周清、雷瑞波、赵进平、庄燕培、陈敏*、吴日升、宋普庆、黄勇勇、林荣澄*	国家海洋局海洋科学技术奖一等奖
2019	福建近海游泳动物资源变动及养护关键技术与应用	自然资源部第三海洋研究所*、厦门大学*、福建省水产研究所*、集美大学*	林龙山、苏永全*、戴天元、黄良敏、李渊、刘敏、张静、宋普庆、王军、王家樵、张然、王良明	海洋工程科学技术奖二等奖
2019	进口货物消毒及废水资源化关键技术研究与应用	华侨大学*、厦门和健卫生技术服务	洪俊明*、黄柏山、张倩*、王泊舟、苏升、陈志坤、张发明、孙荣	厦门市科学技术进步奖二等奖
2019	干式烟气预处理技术及装置	福建龙净脱硫脱硝工程有限公司*、福建龙净环保股份有限公司	王建春*、张哲然*、张原、林春源、张卡德、卢茂源、金玉健、郭厚焜*	厦门市科学技术进步奖二等奖
2019	氧化铝熟料窑电除尘器超低排放集成创新技术及其应用	厦门绿洋环境技术股份有限公司、厦门理工学院*	谢友金、曾海泉、柯岚、谢友煌、连天华、吴志勇、汤超奇、林仕芳	厦门市科学技术进步奖二等奖
2019	酸性农田土壤重金属活性及原位钝化治理的同位素标记研究	集美大学*、福建省中挪化肥有限公司、福建玛塔生态科技有限公司	黄志勇、曹英兰、黄云凤*、刘丰兴	厦门市科学技术进步奖三等奖
2019	大件垃圾资源化处理系统产业化	环创（厦门）科技股份有限公司、中国科学院广州能源研究所	郭子成、袁浩然、谢榭、蔡美俊、王亚琢、单锐	厦门市科学技术进步奖三等奖

续 表

获奖年份	成果名称	完成单位	主要完成人	奖项等级与备注
2019	应对台风、洪涝灾害的滨海高密度城市生态韧性与智慧海绵关键技术	厦门市城市规划设计研究院*、天津大学、天津城建大学	曾坚、吴连丰、曾穗平、王宁、王峤、王泽阳、黄黛诗、田健	厦门市科学技术进步奖三等奖
2019	水库蓝藻优势度的变化过程及机制研究和应用	中国科学院城市环境研究所*	杨军、刘乐冕、杨军、薛媛媛、余正、吕宏、郭云艳、ISABWE Alain	厦门市科学技术进步奖三等奖
2019	《厦门市推进国家生态文明试验区建设暨厦门市生态文明体制改革行动方案评估（2017年度）》	厦门市发展研究中心	林红、彭朝明、董世钦、张振佳	厦门市第十一次社会科学优秀成果报告二等奖
2019	《中国居民能源消费与公众环境感知》	厦门市发展研究中心	孙传旺	厦门市第十一次社会科学优秀成果专著二等奖
2019	《推进厦门市垃圾分类减量工作研究》	中共厦门市委政研室与市政协人资环委联合课题组	关琰珠*、钟前线、康斌	厦门市第十一次社会科学优秀成果论文三等奖
2020	健康城市空间规划关键技术及应用	中国科学院城市环境研究所*	王兰、齐涛*、王新哲、李新虎、李芳、高军、赵晓菁、黄建中、俞屹东、孙文尧	上海市科学技术进步奖二等奖
2020	JB/T 12115—2015烧结烟气干法脱硫及多组分污染物协同净化装置	福建龙净环保股份有限公司	詹威全、林文锋、林驰前、张哲平、谢美华、王建春*、林春源、王惠英	福建省标准贡献奖一等奖
2020	铁基/锰基功能材料开发关键技术及环境治理应用	中国科学院城市环境研究所*	苑宝玲、付明来、吴承彬、许志龙、池德森、黄卫国、周强	福建省科学技术进步奖二等奖

续 表

获奖年份	成果名称	完成单位	主要完成人	奖项等级与备注
2020	燃煤电厂高盐废水零排放及其资源化利用关键技术与应用	中国科学院城市环境研究所*、盛发环保科技（厦门）有限公司、福建华电可门发电有限公司	郑煜铭*、张净瑞、苑志华*、赵飞、邹宜金	福建省科学技术进步奖三等奖
2020	干式预处理技术及装置	福建龙净脱硫脱硝工程有限公司*、福建龙净环保股份有限公司	王建春*、张哲然*、郭志航、张卡德、赖鼎东	福建省科学技术进步奖三等奖
2020	污染土壤节能增效异位脱附修复关键技术与装备及应用	中国科学院城市环境研究所*	杨勇、马福俊、贾宏鹏、杜晓明、黄海、史怡、刘爽、张倩、金增伟	环境保护科学技术奖二等奖
2020	呼吸健康导向的城市规划设计理论、方法与应用	中国科学院城市环境研究所*	王兰、吴志强、杨建荣、王新哲、赵晓菁、高军、杨丽、齐涛、俞屹东、李新虎、孙文尧、蒋希冀	华夏建设科学技术奖二等奖
2020	基于生态系统演变的北极海洋生物资源潜力评价技术研究与应用	自然资源部第三海洋研究所*、中国极地研究中心、厦门大学*、上海海洋大学、自然资源部第二海洋研究所	林龙山、余兴光*、雷瑞波、陈敏*、唐建业、林和山、庄燕培、张然	厦门市科学技术进步奖一等奖
2020	生物质废弃物的炭转化成套技术研发与产业化应用	中国科学院城市环境研究所*	汪印、余广炜、邢贞娇、刘学蛟、李智伟、王兴栋、赖登国、方靓	厦门市科学技术进步奖一等奖
2020	典型污染场地土壤和地下水修复关键技术研究与应用	华侨大学*、中国科学院城市环境研究所*、福建嘉宜建筑工程有限公司、厦门斯邦泽环保科技有限公司	苑宝玲、付明来、曹威、许志龙、黄卫国、崔浩杰、周真明、陈文昕	厦门市科学技术进步奖二等奖

续　表

获奖年份	成果名称	完成单位	主要完成人	奖项等级与备注
2020	绿色建筑全过程关键技术集成创新与工程应用	厦门市建筑科学研究院有限公司*、中建四局建设发展有限公司、中国建筑第四工程局有限公司、厦门佰地建筑设计有限公司、厦门市万科湖心岛房地产有限公司	王建飞、洪霄伟、曾平、王金兵、张向军、祝国梁、李垂举、梁国辉	厦门市科学技术进步奖二等奖
2020	难降解有机废水处理工艺系统关键技术研发与应用	华侨大学*、厦门烟草工业有限责任公司、厦门和健卫生技术服务有限公司	洪俊明*、王永全、郭兆春、辛晓东、苏升、陈志坤、张倩*、张晓东	厦门市科学技术进步奖三等奖
2020	基于物联网的智慧海洋云服务平台	厦门卫星定位应用股份有限公司、厦门大学*、厦门北斗通信息技术股份有限公司、厦门斯坦道科学仪器股份有限公司*	赖增伟、江培舟、商少平*、邱鸣、谢燕双、彭敖、汤新华、陈丽珍、张媛、卓静	厦门市科学技术进步奖三等奖
2021	历史遗产及城乡风貌保护系统理论构建与数字技术创新应用	中国科学院城市环境研究所*	罗涛、李苗裔、杨艳、张鹰、李梁峰、缪远、晁鹏飞	福建省科学技术进步奖二等奖
2021	新型吸附催化复合材料的设计合成与污染净化关键技术	中国科学院城市环境研究所*	付明来、苑宝玲、吴承彬、李建荣、徐垒、吴世昌、洪国华	福建省科学技术进步奖二等奖
2021	环境中抗生素抗性基因来源、传播机制及防控策略	中国科学院城市环境研究所*	陈红、苏建强、张志剑	浙江省自然科学奖二等奖
2021	农田土壤氮素转化及其高效利用	中国科学院城市环境研究所*	姚槐应、朱永官、李雅颖、吴愉萍、俞永祥、戴锋、王先挺、陆凯文	浙江省科学技术进步奖二等奖

续 表

获奖年份	成果名称	完成单位	主要完成人	奖项等级与备注
2021	生物质废弃物的炭转化成套技术研发与产业化应用	中国科学院城市环境研究所*	汪印、余广炜、李智伟、邢贞娇、刘学蛟	福建省科学技术进步奖三等奖
2021	城市更新区高效园林绿化关键技术及工程应用	中国科学院城市环境研究所*	张浪、王香春、张冬梅、朱永官、张桂莲、薛建辉、黄绍敏、朱义、张清、冯仲科、张琪、张勇伟、郑思俊、伍海兵、张绿水	华夏建设科学技术奖一等奖
2021	滨海核电厂的海洋环境要素适宜性研究及应用	自然资源部第三海洋研究所*	黄发明、林杰、郑斌鑫、陈秋明	海洋科学技术奖二等奖
2021	高浓度难降解污水应急处理关键技术及轻量化智能装备	厦门嘉戎技术股份有限公司*、厦门理工学院*、优尼索膜技术（厦门）有限公司	王如顺、严滨*、董正军、许美兰、刘德灿、叶茜、周静、曾孟祥	厦门市科学技术进步奖一等奖
2021	中印尼联合海洋生态站建设与热带海洋生态系统研究	自然资源部第三海洋研究所*	陈彬*、杜建国、陈光程、马志远、林俊辉、潘爱军、牛文涛、陈宝红	厦门市科学技术进步奖一等奖
2021	中华白海豚及其栖息地保护体系构建与应用	自然资源部第三海洋研究所*、广西科学院、北部湾大学、厦门大学*	王先艳、黄祥麟、吴海萍、吴福星、赵丽媛、祝茜、许肖梅、牛富强	厦门市科学技术进步奖二等奖
2021	静电纺丝微纳复合纤维污染防治功能材料的开发及其产业化应用	中国科学院城市环境研究所*、中科贝思达（厦门）环保科技股份有限公司、盛发环保科技（厦门）有限公司	郑煜铭*、钟鹭斌*、吴仁香、陈澍、苑志华*、张净瑞、陈江萍、王建建	厦门市科学技术进步奖二等奖

续　表

获奖年份	成果名称	完成单位	主要完成人	奖项等级与备注
2021	金属硫氧化物复合材料用于水中污染物去除的关键技术及工程应用	华侨大学*、中国科学院城市环境研究所*、福州城建设计研究院有限公司、斯邦泽生态环境科技（厦门）股份有限公司	付明来、苑宝玲、周强、徐垒、李建荣、艾慧颖、崔浩杰、肖友淦	厦门市科学技术进步奖二等奖
2021	城镇排水管网系统施工与智能监测关键技术研究	厦门市政工程有限公司、福建洪庄建设有限公司、厦门大学*、华侨大学*、厦门市政环境科技股份有限公司	陈有雄、黄晨曦、郭瑞孝、王成、蔡万强、陈志清、朱国勇、魏陈波	厦门市科学技术进步奖二等奖
2021	功能性复合薄膜高效制造关键技术与产业应用	厦门大学*、厦门理工学院*、厦门市科宁沃特科技有限公司、厦门世达膜科技有限公司*、厦门纳莱科技有限公司	郑高峰、李文望、纪镁铃、李振峰*、王翔、姜佳昕、黄春梅、江鹭鹭	厦门市科学技术进步奖二等奖
2021	新型节能环保除磷材料制备和关键技术研发及工程应用	华侨大学*、杭州沁霖生态科技有限公司、中建协和建设有限公司、北京爱尔斯生态环境工程有限公司	周真明、周锋、苏龙辉、武学军、李飞、邹景、刘淑坡、王光荣	厦门市科学技术进步奖二等奖
2021	厦门市既有公共建筑节能改造成套技术与应用示范	厦门市建筑节能中心、福建省建筑科学研究院有限责任公司、深圳市紫衡技术有限公司、厦门金名节能科技有限公司、福建省建研工程顾问有限公司	王云新、蔡立宏、陈定艺、单平平、张燕、何影、叶明树、杨淑波	厦门市科学技术进步奖三等奖
2022	高浓度难降解污水应急处理关键技术及轻量化智能装备	厦门理工学院*、厦门嘉戎技术股份有限公司*、优尼索膜技术（厦门）有限公司	严滨*、王如顺、董正军、许美兰、刘德灿	福建省科学技术进步奖三等奖

续 表

获奖年份	成果名称	完成单位	主要完成人	奖项等级与备注
2022	难降解有机废水处理工艺系统关键技术研发与应用	华侨大学*、厦门烟草工业有限责任公司、福州建工（集团）总公司、福建省融旗建设工程有限公司	张倩*、洪俊明*、王永全、曾静、朱剑钦	福建省科学技术进步奖三等奖
2022	我国生活垃圾填埋场减污降碳协同控制关键技术及应用	中国环境科学研究院、生态环境部南京环境科学研究所、同济大学、中国科学院城市环境研究所*、南京师范大学、南京万德斯环保科技股份有限公司、深圳市利赛实业发展有限公司	张后虎、席北斗、何品晶、马占云、王晓君、蔡祖聪、高庆先、陈少华*、邵立明、吕凡、章骅、刘景龙、党秋玲、刘军、刁兴兴	环境保护科学技术奖一等奖
2022	汽油车尾气细颗粒物排放特征、控制策略研究及应用	中国环境科学研究院、清华大学、北京理工大学、中汽研汽车检验中心（天津）有限公司、厦门环境保护机动车污染控制技术中心	胡京南、朱仁成、何立强、郝利君、苏盛、闫峰、刘乐、赖益土、祖雷	环境保护科学技术奖二等奖
2022	复杂烟气干式协同深度治理关键技术及应用	福建龙净环保股份有限公司、福建龙净脱硫脱硝工程有限公司*	林春源、王建春*、赖毅强、饶益龙、林驰前、詹威全、赖鼎东、郭厚焜*、苏碧香	环境保护科学技术奖二等奖
2022	潮间带贝类地理分布格局及适应机制研究	中国海洋大学、厦门大学*、自然资源部第三海洋研究所*、国家海洋信息中心、烟台大学	董云伟、廖明玲、江毓武*、王伟、黄海燕、韩国栋、王杰、李晓旭、胡利莎	海洋科学技术奖一等奖
2022	海洋生态补偿关键理论与技术创新及其应用	自然资源部第三海洋研究所*、厦门大学*、中国海洋大学	陈克亮、彭本荣*、李京梅、张继伟*、方秦华、黄海萍、陈凤桂、吴侃侃、赖敏、姜玉环	海洋科学技术奖二等奖

续 表

获奖年份	成果名称	完成单位	主要完成人	奖项等级与备注
2022	广东全过程环境风险管控技术体系与示范应用	中国科学院城市环境研究所*	叶脉、张路路、张景茹、董仁才、李朝晖、孙健、张志娇、张佳琳、陈佳亮、林亲铁、潘斌、江婷、李春明、杨泽涛、叶晓倞	广东省环境保护科学技术奖一等奖
2022	海洋生态补偿评估关键技术创新与应用	自然资源部第三海洋研究所*、厦门大学*、中国海洋大学	陈克亮、彭本荣*、陈凤桂、李京梅、张继伟*、方秦华、黄海萍、吴侃侃	厦门市科学技术进步奖二等奖
2022	滨海高强度开发地区海绵城市建设关键技术及配套标准体系研究应用	厦门市城市规划设计研究院有限公司*	王开春、王泽阳、王连接、吴连丰、关天胜*、林卫红、黄黛诗、谢鹏贵	厦门市科学技术进步奖三等奖
2022	钢铁行业实现NOX超低排放的中低温SCR脱硝技术及应用	华侨大学*、福建龙净脱硫脱硝工程有限公司*	荆国华*、吴孝敏、郭厚焜*、黄和茂、黄志伟、申华臻、张哲然*	厦门市科学技术进步奖三等奖
2022	《推进厦门市污水治理体制机制改革的对策建议》	厦门市委改革办	徐祥清、陈首考、吴宇轩	厦门市第十二次社会科学优秀成果报告一等奖
2022	《中国能源和环境问题研究：基于效率的视角》	厦门大学*	林可锐、林伯强	厦门市第十二次社会科学优秀成果著作三等奖
2022	《中国绿色金融政策、融资成本与企业绿色转型：基于央行担保品政策视角》	厦门大学*	陈国进、丁赛杰、赵向琴、蒋晓宇	厦门市第十二次社会科学优秀成果论文三等奖

续 表

获奖年份	成果名称	完成单位	主要完成人	奖项等级与备注
2022	《环境战略对环境绩效的影响：基于企业成长性和市场竞争性的调节效应》	集美大学*	王丽萍、姚子婷、李创	厦门市第十二次社会科学优秀成果论文三等奖
2022	《碳中和背景下的森林碳汇及其空间溢出效应》	厦门大学*	杜之利、苏彤、葛佳敏、王霞	厦门市第十二次社会科学优秀成果论文三等奖
2022	《城市生活垃圾治理政策变迁：基于1949—2019年城市生活垃圾治理政策的分析》	厦门大学*	龚文娟	厦门市第十二次社会科学优秀成果论文三等奖
2022	《陆海统筹海岸带生态环境保护，为高颜值厦门增成色》	民进厦门市委课题组	杨喜爱*、陈能汪*、吴丽冰、李明辉、陈志鸿*、刘昕	厦门市第十二次社会科学优秀成果报告三等奖
2022	近海海底地质灾害预测评价及防控关键技术	自然资源部第一海洋研究所、中国海洋大学、中石化石油工程设计有限公司、青岛海洋地质研究所、广州海洋地质调查局、自然资源部第三海洋研究所*、天津大学	孙永福、宋玉鹏、贾永刚、荆少东、石要红、陈晓辉、靖春生、杜星、周其坤、王虎	自然资源科学技术奖二等奖
2023	海洋动物新型抗菌肽的发现与产品创制及其示范应用	厦门大学*	王克坚*	亚太海洋生物技术学会海洋生物技术奖-学术或工业界

续 表

获奖年份	成果名称	完成单位	主要完成人	奖项等级与备注
2023	近岸海域生态保护修复规划关键技术研究与应用	自然资源部第三海洋研究所*、浙江大学、厦门大学*	陈彬*、胡文佳、俞炜炜、叶观琼、杜建国、方秦华、马志远、吴海燕、陈顺洋、巫建伟、谢斌、廖建基、陈光程	中国海洋工程咨询协会海洋工程科学技术奖一等奖

附录6　缘于厦门的生态环境保护科技著作

出版年份	著作名称	作者	出版单位	备注
1984	《海洋浮游生物学》	郑重、李少菁、许振祖	海洋出版社	1988年全国高校优秀教材特等奖
1984	《海洋污损生物及其防除（上册）》	黄宗国、蔡如星	海洋出版社	
1985	《中国海洋底栖硅藻类》	金德祥、周秋麟*	海洋出版社	
1986	《红树林对河口区汞循环和在净化环境方面的作用》	林鹏*、陈荣华	厦门大学出版社	
1986	《海洋浮游生物生态学文集》	郑重	厦门大学出版社	
1986	《植物群落学》	林鹏*	上海科学技术出版社	1999年获福建省科学技术进步奖二等奖
1986	《海洋生物综合利用》	郑微云*译	海洋出版社	
1986	《中国海岸带的现代沉积》	任美锷、蔡爱治等	海洋出版社	
1987	《海洋枝角类生物学》	郑重、曹文清	厦门大学出版社	
1988	《台湾海峡中、北部海洋综合调查研究报告》	福建海洋研究所*	科学出版社	福建省科学技术进步奖一等奖
1989	《1985年—2000年厦门经济社会发展战略》	习近平、罗季荣、郑金沐	鹭江出版社	设“厦门市城镇体系与生态环境问题”专章

续　表

出版年份	著作名称	作者	出版单位	备注
1989	《中国海洋浮游生物学》	郑重、李少菁、周秋麟*	海洋出版社	
1990	《福建植被》	林鹏*	福建科学技术出版社	附《福建省1:2500000植被图编制及其说明》
1990	《红树林研究论文集（1980—1989）》	林鹏*	厦门大学出版社	
1990	《海洋硅藻学》	金德祥	厦门大学出版社	
1991	《闽南-台湾浅滩渔场上升流区生态系研究》	洪华生*、丘书院、阮五崎*、洪港船等	科学出版社	
1991	《中国海洋蟹类》	戴爱云、周秋麟* 等	海洋出版社	
1991	《中国海洋底栖硅藻类（下卷）》	金德祥、程兆北、刘师成、马俊享	海洋出版社	
1991	《海洋生物的功能适应》	郑义水、周秋麟*、吴宝铃	海洋出版社	
1991	《环境管理与环境系统分析》	张开航（主编）	山东大学出版社	庄世坚*编写“环境预测方法”一节
1991	《海洋监测规范》	《海洋监测规范》编委会	海洋出版社	中华人民共和国行业标准HY003.1—91至HY003.10—91
1992	《大气环境监测优化布点方法》	吴忠勇、程春明、梁熙彦、庄世坚* 等	中国环境科学出版社	
1992	《海洋桡足类生物学》	郑重、李少菁、连光山	厦门大学出版社	第二届全国高等学校出版社优秀学术著作优秀奖
1992	《海洋渔业生态系统：定量评价与管理》	邱辉煌、周秋麟*、杨纪明译	海洋出版社	
1993	《海洋中的生物过程和废物》	郑义水、周秋麟*	海洋出版社	

续 表

出版年份	著作名称	作者	出版单位	备注
1993	《海岸带综合管理的策略和方法》	周秋麟*、张玉生	海洋出版社	
1993	《中国海湾志•第八分册•福建省南部海湾》	陈峰、刘维坤、陈瑞祥、林仁法、许清辉*、陈银法、邱辉煌、周定成*	海洋出版社	
1993	《福建沿岸微型硅藻》	程兆第、高亚辉、刘师成	海洋出版社	1996年度福建省科学技术进步奖三等奖
1993	《红树林研究论文集（第二集，1990—1992）》	林鹏*	厦门大学出版社	
1994	《海洋生物地球化学研究论文集：1986—1993》	洪华生*（主编）	厦门大学出版社	
1994	《中国海洋生物种类与分布》	黄宗国	海洋出版社	2008年（增订版）
1995	《厦门市环境保护战略与对策》	庄世坚*	鹭江出版社	1997年度厦门市科学技术进步奖二等奖，1998年度福建省科学技术进步奖三等奖
1995	《厦门港赤潮调查研究论文集》	国家海洋局第三海洋研究所*	海洋出版社	
1995	《台湾海峡及其邻近海域海洋科学文献目录》	国家海洋局第三海洋研究所*	海洋出版社	
1996	《厦门市海岛调查研究论文集》	郑家麟、陈国强、陈砚*、谢在团*、林荣盛	海洋出版社	收录的27篇论文中绝大部分论文为厦门市环境科学学会会员所作
1996	《厦门的海洋环境质量》	林峰*、许清辉*	海洋出版社	

续 表

出版年份	著作名称	作者	出版单位	备注
1996	《吴瑜端教授海洋环境化学论文选集》	蔡阿根*、魏嵩寿、陈慈美*	厦门大学出版社	
1996	《硅藻彩色图集》	程兆第、高亚辉、Mike Dickman	海洋出版社	1999年度福建省科学技术进步奖二等奖
1997	《化学海洋学》	郭锦宝（主编）	厦门大学出版社	教材
1997	《香港与厦门港湾污染沉积物研究》	洪华生*、徐立* 等	厦门大学出版社	
1997	《中国海洋学文集7.台湾海峡初级生产力及其调控机制研究》	洪华生* 等	厦门大学出版社	
1997	《沿海环境影响评价指南》	尹卫平*、顾德宇*译，周秋麟*校	海洋出版社	
1997	《海洋环境容量：预防海洋污染的方法》	尹卫平*、顾德宇*、傅天宝*译，周秋麟*校	海洋出版社	
1998	《统一科学初探》	庄世坚*	厦门大学出版社	华东六省一市优秀科普读物一等奖，华东地区大学出版社第四届优秀学术专著
1998	《虾类的健康养殖》	苏永全*、王军、柯才焕、蔡心一	海洋出版社	
1999	《文昌鱼生殖神经内分泌生理学论文集》	方永强	海洋出版社	
2000	《中华白海豚及其它鲸豚》	黄宗国、刘文华*	厦门大学出版社	
2000	《生态学》	李振基、陈小麟、郑海雷	科学出版社	教材 2000年第1版 2004年第2版 2007年第3版 2014年第4版

续 表

出版年份	著作名称	作者	出版单位	备注
2000	《生命的曲线》	周秋麟* 等译	吉林人民出版社	
2001	《林产工业污染及防治》	林秀兰	厦门大学出版社	
2001	《福建漳江口红树林湿地自然保护区综合科学考察报告》	林鹏*（主编）	厦门大学出版社	
2002	《呼唤绿色新文明》	卢昌义*、王伟军*、刘维刚、陈登雄、沈伯员、廖汀沪	厦门大学出版社	
2002	《福建省志·海洋志》	胡明辉（主编），许天增、傅子琅、郭卫东、江锦祥、张水浸*、周定成*等	方志出版社	
2003	《区域生态环境建设的理论与实践研究：以福建省为例》	关琰珠*、朱鹤健	中国环境科学出版社	第七届福建省自然科学优秀学术论文二等奖
2003	《环境核算体系研究》	张白玲	中国财政经济出版社	
2003	《从筼筜港到筼筜湖》	卢昌义*、谢小青*	厦门大学出版社	
2003	《南海海洋图集：海洋生物分册》	陈瑞祥	海洋出版社	
2004	《南海海洋图集：海水化学分册》	暨卫东（主编）	海洋出版社	
2004	《福建省海洋生物优良种质及生物活性物质》	方永强、李少菁、方金瑞、傅天宝*、王桂忠* 等	海洋出版社	
2004	《海洋生物基因工程实验指南》	徐洵、文建军、王风平、杨丰、肖湘、邵宗泽*、陈新华、徐丽美、章军、章晓波、楼士林	海洋出版社	

续 表

出版年份	著作名称	作者	出版单位	备注
2004	《城市环境管理经济方法：设计与实施》	徐琳瑜、余进*、苏美蓉等	化学工业出版社	
2004	《海洋河口湿地生物多样性》	黄宗国（主编）	海洋出版社	
2004	《中国近海及邻近海域海洋环境》	暨卫东(第四编委)	海洋出版社	
2004	《福建省海洋生物优良种质及生物活性物质》	方永强（主编）	海洋出版社	
2005	《循环经济：厦门在行动》	庄世坚*、薛东辉*、关琰珠*、徐平东、郑如霞、林媛媛、余进*、陈琛	厦门大学出版社	厦门市第七次社会科学优秀成果专著一等奖
2005	《动物生物学》	陈小麟、方文珍	高等教育出版社	教材 2005年第3版 2012年第4版 2019年第5版
2005	《中共厦门地方史专题研究（社会主义时期Ⅲ）》	中共厦门市委党史研究室	中共党史出版社	庄世坚、叶文建撰写“厦门市环保事业的发展”专题
2006	《海洋微生物生态学》	焦念志*	科学出版社	教材
2006	《厦门海岸带综合管理十年回眸》	洪华生*、薛雄志*	厦门大学出版社	
2006	《海岸带生态系统价值评估》	彭本荣*、洪华生*	海洋出版社	
2006	《厦门湾物种多样性》	黄宗国	海洋出版社	优秀海洋科技图书
2006	《福建典型区生态环境研究》	曾从盛、郑达贤、王金坑*、陈彬*等	中国环境科学出版社	
2006	《湿地生态与工程》	卢昌义*、叶勇*	厦门大学出版社	

续 表

出版年份	著作名称	作者	出版单位	备注
2006	《海洋化学调查技术规程》	暨卫东、林辉、张元标、陈金民、陈宝红、林彩、贺青等	海洋出版社	
2006	《海洋化学研究文集》	黄奕普、胡明辉*、李文权、杨逸萍	海洋出版社	
2006	《海洋自然保护区管理绩效评估指南》	周秋麟*、牛文生等（译著）	海洋出版社	
2006	《同位素海洋学研究文集》	黄奕普、陈敏*、刘广山等	海洋出版社	
2007	《海洋与环境科学教学研究文集》	杨圣云、曹文清	海洋出版社	
2008	《九龙江五川流域农业非点源污染研究》	洪华生*、张玉珍、曹文志*	科学出版社	
2008	《生态文明构建：理论与实践》	吴凤章、潘世建、洪英士、陈二加、庄世坚* 等	中央编译出版社	厦门市第八次社会科学优秀成果专著一等奖
2008	《九龙江流域农业非点源污染机理与控制研究》	洪华生*、黄金良、曹文志*	科学出版社	
2008	《厦门大屿岛白鹭自然保护区》	王博*、朱开建* 等	海洋出版社	
2008	《福建省海湾数模与环境研究：福清湾》	张珞平*、胡建宇*、江毓武*、陈伟琪*、万振文*等	海洋出版社	
2008	《福建省海湾围填海规划环境影响回顾性评价》	张珞平*（主编）	科学出版社	
2008	《福建海岸带与台湾海峡西部海域大型底栖生物》	李荣冠	海洋出版社	
2008	《海洋管理研究》	张珞平*	厦门大学出版社	

续 表

出版年份	著作名称	作者	出版单位	备注
2008	《海洋污损生物及其防除（下册）》	黄宗国（主编）	海洋出版社	
2008	《“生态学马克思主义”研究》	曾文婷	重庆出版社	福建省第八届社会科学优秀成果专著三等奖
2009	《福建省海湾数模与环境研究：厦门湾》	张珞平*、江毓武*、陈伟琪*、万振文*、胡建宇*等	海洋出版社	
2009	《海洋微型生物生态学》	焦念志*	现代教育出版社	
2009	《化学海洋学》	陈敏*	海洋出版社	教材
2009	《海洋放射性核素测量方法》	刘广山	海洋出版社	教材
2009	《台湾海峡成因初探》	蔡爱智、石谦	厦门大学出版社	
2010	《2010中国可持续城市发展报告》	赵景柱*、石龙宇、邱全毅、高莉洁、郭青海、唐立娜、崔胜辉*、颜昌宙*、魏晓华	科学出版社	
2010	《海洋地质学》	徐茂泉、陈友飞	厦门大学出版社	教材
2010	《海洋生态学（第3版）》	沈国英、黄凌风*、郭丰、施并章	科学出版社	教材
2010	《福建省海湾数模与环境研究：兴化湾》	陈伟、陈彬*	海洋出版社	
2010	《同位素海洋学》	刘广山	郑州大学出版社	教材
2011	《福建省海湾数模与环境研究：诏安湾》	陈伟、陈彬* 等	海洋出版社	
2011	《群落生态学》	李振基*、陈圣宾	气象出版社	教材

续 表

出版年份	著作名称	作者	出版单位	备注
2011	*Microbial Carbon Pump in the Ocean*	Nianzhi Jiao*，Farooq Azam，Sean Sanders	Science/The American Association for The Advancement of Science Business Office	
2011	《福建省海岛海岸带高分辨率遥感调查实践》	许德伟、杨燕明、陈本清等	海洋出版社	
2011	《北部湾海洋科学研究论文集第3辑：海洋生物与生态专辑》	林元烧、蔡立哲*	海洋出版社	
2011	《台湾海峡常见鱼类图谱》	苏永全*、王军、戴天元、阮五崎*、廖正信	厦门大学出版社	教材
2011	《海洋磷虾类生物学》	郑重、李少菁、郭东晖	厦门大学出版社	教材
2012	《中国区域海洋学：化学海洋学》	洪华生*	海洋出版社	
2012	《中国海洋物种和图集（上、下卷）》	黄宗国、林茂	海洋出版社	优秀海洋科技图书
2012	《生态文明在厦门新农村建设中的实践》	倪志荣、卢昌义*等	厦门大学出版社	
2012	《应对气候变化的红树林北移生态学》	陈少波、卢昌义*等	海洋出版社	
2012	《福建省滨海湿地水鸟》	陈小麟、方文珍、林清贤、周晓平	高等教育出版社	教材
2012	《泰宁世界自然遗产地生物多样性研究》	李振基、陈小麟、刘长明	科学出版社	
2012	《九龙江河口生态环境状况与生态系统管理》	余兴光*、刘正华*、马志远、陈彬*、陈坚、陈本清等	海洋出版社	

续 表

出版年份	著作名称	作者	出版单位	备注
2012	《基于海岸带综合管理的海洋生物多样性保护管理技术》	陈彬* 等	海洋出版社	
2012	《福建省海洋资源与环境基本现状》	吴耀建*（主编）	海洋出版社	2013年度优秀海洋科技图书
2012	《生态文明在厦门新农村建设中的实践》	倪志荣	厦门大学出版社	
2012	《中国古代哲学的生态意蕴》	吴洲	中国社会科学出版社	
2012	《废水是如何变清的：倾听地球脉搏》	李青松	冶金工业出版社	
2012	《偶氮染料的微生物脱色》	严滨*	化学工业出版社	
2013	《江西婺源森林鸟类自然保护区生物多样性研究》	李振基、陈小麟、王英永、刘长明、侯学良、刘新锐、汪桂福、洪元华	科学出版社	
2013	《海南东寨港红树林软体动物》	王瑁（主编）	厦门大学出版社	
2013	《南方滨海耐盐植物资源（一）》	王文卿、陈琼	厦门大学出版社	
2013	《厦门市小学环境教育读本》	赖菡、王文杰、郭献文、庄世坚*、李燕娜、陈伟民、余进*、关琰珠*等	福建教育出版社	
2013	《厦门市高中环境教育读本》	赖菡、王文杰、郭献文、庄世坚*、李燕娜、陈伟民、余进*、关琰珠*等	福建教育出版社	
2013	《海岸带环境污染控制实践技术》	吴军、陈克亮、汪宝英等	科学出版社	

续 表

出版年份	著作名称	作者	出版单位	备注
2013	《入海污染物总量控制技术与方法》	王金坑*、詹兴旺*、杨圣云、石晓勇、陈克亮等	海洋出版社	
2013	《北部湾海洋科学研究论文集第4辑：海洋化学专辑》	郑爱榕、陈敏*	海洋出版社	
2013	《厦门湾海域环境质量评价和环境容量研究》	张珞平*、陈伟琪*、江毓武*、黄金良、方秦华等	海洋出版社	
2013	《藻类固碳：理论、进展与发展》	高坤山（主编）	科学出版社	
2013	《台湾海峡及其邻近海域鱼类图鉴》	陈明茹、杨圣云	中国科学技术出版社	教材
2013	《中国福建南部海洋鱼类图鉴（第一卷）》	刘敏、陈骁、杨圣云	海洋出版社	教材
2014	《中国福建南部海洋鱼类图鉴（第二卷）》	刘敏、陈骁、杨圣云	海洋出版社	教材
2014	《福建典型海岛生态系统评价》	胡灯进、杨顺良、涂振顺	科学出版社	
2014	《福建汀江源自然保护区生物多样性研究》	李振基、金斌松、刘新锐、刘长明、陈小麟	科学出版社	
2014	*Socio-environmental Impact of Sprawl on the Coastline of Douala : Options for Intergrated Coastal Management*	Suinyuy Derrick Ngoran，Xue Xiongzhi*	Anchor Academic Publishing	
2014	《福建省典型滨海湿地》	李荣冠、王建军、林俊辉	科学出版社	
2014	《中国海岛志 福建南部沿岸（福建卷第三册）》	陈坚*（编委）	海洋出版社	

续　表

出版年份	著作名称	作者	出版单位	备注
2014	《生态文明的探索与厦门生态建设的实践》	钟前线（副主编），周秋麟*、方轻、叶文建*、关琰珠*、许若鲲等	人民出版社	
2014	《守望美丽家园》	叶文建*	厦门大学出版社	
2015	《河口区海洋环境监测与评价一体化研究：以珠江口为例》	叶璐、张珞平*	海洋出版社	
2015	《福建峨眉峰自然保护区综合科学考察报告》	李振基、陈小麟、刘长明、金斌松	科学出版社	
2015	《被子植物生殖生物学》	田惠桥、朱学艺	科学出版社	教材
2015	《城市总体规划环境影响评价技术方法及应用研究》	石晓枫*、兰芬*、郑冠凌	中国环境出版社	
2015	*Polyadenylation in Plants*	Arthur G. Hunt, Qingshun Quinn Li*	Springer New York	
2015	《晋江滨海绿化植物图谱》	王文卿、张琳婷	海峡书局	
2015	《海洋环境经济政策：理论与实践》	彭本荣*、郑冬梅、洪荣标、杨薇、饶欢欢	海洋出版社	
2015	*Estuarine, Coastal and Shelf Science Special Issue: Riverestuary-coast continuum: Bio-Geochemistry and Ecological Response to Increasing Human and Climatic Cchanges*	Deli Wang, Nengwang Chen*, Hongbin Liu, Cindy Lee	Elsevier	

续 表

出版年份	著作名称	作者	出版单位	备注
2015	《深圳湾底栖动物生态学》	蔡立哲*	厦门大学出版社	
2015	《中国海洋生态补偿制度建设》	陈克亮、张继伟*、陈凤桂等	海洋出版社	
2015	《基于生态修复的海洋生态损害评估方法》	陈凤桂、张继伟*、陈克亮等	海洋出版社	
2016	《福建省陆域常见动植物图鉴》	陈小麟、侯学良、李振基、林清贤、罗大民	高等教育出版社	教材
2016	《南方滨海沙生植物资源及沙地植被修复》	王文卿、陈洋芳、李芊芊、范志阳	厦门大学出版社	
2016	《福建省蓝色经济发展评估》	彭本荣*、杨薇、徐佳音	海洋出版社	
2016	《寒区生态水文学理论与实践》	刘光生、王根绪、张寅生	科学出版社	
2016	《福建海情》	陈凤桂、陈斯婷、吴耀建*	科学出版社	
2016	《福建省近海海洋综合调查与评价总报告》	陈坚*、徐勇航、柯淑云、郭小钢、唐森铭、林辉、杨顺良、杨圣云、蔡锋*、张数忠、潘伟然*、张澄茂、郑国富、杨燕明、李晓、林光纪	科学出版社	
2016	《台湾海峡西部海域游泳动物多样性》	林龙山、张静、戴天元、李渊等	厦门大学出版社	
2016	《园博会对城市区域环境经济影响的综合评价：以厦门园博苑为例将环境因素纳入管理决策中》	陈松河、王伟军*、黄全能、张万旗	中国建筑工业出版社	

续 表

出版年份	著作名称	作者	出版单位	备注
2016	《企业环境信息披露研究》	吴红军	厦门大学出版社	
2016	《中国环境社会学（第3辑）》	周志家、龚文娟（主编）	厦门大学出版社	
2016	《珠三角区域大气污染联防联控运行机制研究》	谢伟	厦门大学出版社	
2016	《北极快速变化与海洋生态系统响应》	余兴光*	海洋出版社	2017年度优秀海洋科技图书
2017	《城市效率学初探：基于城市住区代谢效率的研究实践》	赵千钧、张国钦、吝涛等	科学出版社	
2017	《城市效率学刍论》	赵千钧、吝涛、张国钦、李新虎等	科学出版社	
2017	《水质工程学：给水处理》	蒋柱武、范功端、魏钟庆、李青松、王家华、赵红兵、陈礼洪	高等教育出版社	
2017	《城市可持续发展能力辨识方法及案例研究》	石龙宇、杨斌、李宇亮、赵景柱*	中国环境出版社	
2018	《蓝碳行动在中国》	焦念志*等	科学出版社	
2018	《基于无人机遥感的城市台风应急与管理关键技术》	何原荣、吴克寿、崔胜辉*	科学出版社	
2018	《中国氮素流动分析方法指南》	蔡祖聪、高兵、逯超普、谷保静、崔胜辉*、李彦旻、颜晓元、马林、魏志标	科学出版社	

续 表

出版年份	著作名称	作者	出版单位	备注
2018	《厦门市低碳城市创新发展研究》	潘家华、庄贵阳等	社会科学文献出版社	课题组组长：马援、张志红、潘家华，副组长：王巧莉、庄贵阳
2018	《滨海蓝碳：红树林、盐沼海草床碳储量和碳排放因子评估方法》	陈鹭真*、卢伟志、林光辉*	厦门大学出版社	
2018	《统一科学：融基础学科于一体（上、下册）》	庄世坚*	厦门大学出版社	
2018	《厦门湾渔业资源与生态环境》	黄良敏等	中国农业出版社	
2018	《踏浪飞歌：1996—2016厦门海岸带综合管理二十年关键人物口述实录》	王春生（主编）	厦门大学出版社	
2018	《滨海核电厂建设海洋环境要素适宜性研究》	黄发明等	厦门大学出版社	
2018	《海洋保护区生态补偿标准评估技术与示范》	陈克亮、黄海萍、张继伟*	海洋出版社	
2018	《中国海洋生态补偿立法：理论与实践》	陈克亮、张继伟*、姜玉环	海洋出版社	
2018	《环境税法教程》	丁国民	厦门大学出版社	教材
2018	《变化、影响和响应：北极生态环境观测与研究》	余兴光*	海洋出版社	2019年度海洋优秀科技图书
2019	《植物的智慧》	李振基、李两传	中国林业出版社	

续 表

出版年份	著作名称	作者	出版单位	备注
2019	《基于RS的环境量化分析遥感技术厦门应用》	李渊、耿旭朴	北京大学出版社	
2019	《生态产品供给制度研究》	唐潜宁	厦门大学出版社	
2019	《空气污染与人体健康》	郑煜铭*、赵红霞、杨少华	经济管理出版社	
2019	《黄山鸟类》	林清贤、尹莺、钱阳平、张丽荣、王夏晖	中国环境出版集团	
2019	《海口湿地：红树林篇》	陈鹭真*、钟才荣、陈松、顾肖璇	厦门大学出版社	
2019	《三亚红树林》	王瑁、王文卿、林贵生	科学出版社	科普读物
2019	《化感物质抑藻效应研究》	郭沛涌*、李庆东、江中央、高李李、刘杨	海洋出版社	
2019	《水务工程专业课程设计指导书》	朱木兰*、刘光生	吉林大学出版社	
2020	*Urban Health and Wellbeing Programme Policy Briefs: Volume 1*	Franz W. Gatzweiler	浙江大学出版社，Springer出版社	
2020	《君子峰鸟类》	林清贤、尹莺	厦门大学出版社	
2020	《生态系统价值核算与业务化体系研究：以厦门为例》	张林波、高艳妮等	科学出版社	
2020	《现代环境科学概论（第3版）》	卢昌义*、史大林、陈荣*、郁昂*等	厦门大学出版社	教材 2005年第一版 2014年第二版
2020	《地理信息系统与遥感技术》	孙荣*、王艳	电子科技大学出版社	

续 表

出版年份	著作名称	作者	出版单位	备注
2020	《国家海洋公园建设与管理机制研究》	吴侃侃、陈克亮	海洋出版社	
2021	《碧海生命乐章：首位归国海洋学女博士洪华生传》	黄水英（主编）、许晓春（编著）	厦门大学出版社	
2021	《滨海湿地环境生态学》	蔡立哲* 等	厦门大学出版社	
2021	*Urban Health and Wellbeing Programme: Policy Briefs: Volume 2*	Franz W. Gatzweiler、刘昱、钟楚玥	浙江大学出版社，Springer出版社	
2021	《城市健康与福祉计划：健康未来》	Franz W. Gatzweiler	浙江大学出版社	
2021	《城市健康与福祉计划：城市建设与传染病防控》	Franz W. Gatzweiler	浙江大学出版社	
2021	《吉林省生物多样性：动物志•弹尾纲卷》	孙新*	吉林教育出版社	
2021	《中国土壤微生物组》	朱永官、沈仁芳（主编）	浙江大学出版社	
2021	《厦门大学环境与生态学院院史》	张明智、李庆顺	厦门大学出版社	
2021	《厦门大学海洋与地球学院院史》	王克坚*、陈东军	厦门大学出版社	
2021	《启航问海：厦门大学早期的海洋学科》	袁东星*、李炎	厦门大学出版社	
2021	《大气污染控制工程实验指导书》	金磊*、刘静、郭惠斌	中国纺织出版有限公司	
2021	《中国工业大气环境效率研究》	蔡婉华	厦门大学出版社	

续 表

出版年份	著作名称	作者	出版单位	备注
2021	《论环境变化》	刘广山	厦门大学出版社	
2021	《基于多维决策分析法的海岸带区域规划环境风险评价研究》	吴侃侃、张珞平*	海洋出版社	
2022	《气候变化与中国近海初级生产》	蔡榕硕*、谭红建、郭海峡、付迪	科学出版社	2023年度海洋优秀科技图书
2022	《中国近岸海洋生态学研究与管理》	丁德文、何培民、叶属峰、陈彬*、黄凌风等	科学出版社	2023年度海洋优秀科技图书
2022	《基于生态用海的海洋空间规划研究与实践》	黄发明等	海洋出版社	
2022	《环境卫生监测与评价实训》	范春、王翠玲、程义斌、赵苒	厦门大学出版社	教材
2022	《公司环境绩效：影响因素及经济后果》	杜兴强等	厦门大学出版社	
2022	《农业面源污染防治行为及环境规制影响效应研究：以生猪规模养殖户为例》	林丽梅	厦门大学出版社	
2022	《环境中抗生素抗性基因及其健康风险》	陈红、苏建强等	科学出版社	
2022	《泉州与厦门湖库生源要素分布特征及其环境意义》	郭沛涌*	海洋出版社	
2022	《城市受损生态空间修复保育及功能提升研究》	任引、严力蛟、田波、左舒翟、李雅颖、黄璐、张婷、窦攀烽	福建科技出版社	

续 表

出版年份	著作名称	作者	出版单位	备注
2022	*Urban Health and Wellbeing Programme-Policy Briefs: Volume 3*	Franz W. Gatzweiler	浙江大学出版社，Springer出版社	
2022	《厦门园林植物园奇趣植物区》	张真珍、潘甘杏	鹭江出版社	科普读物
2022	《厦门园林植物园多肉植物区》	李兆文、陈伯毅	鹭江出版社	科普读物
2022	《海洋生态环境保护与修复》	雷刚	科学出版社	
2022	《环境在线监测系统运维》	黄华斌、李大治	厦门大学出版社	
2022	《中国海洋生物多样性概论》	黄宗国、林茂、王春光	科学出版社	
2022	《中国海洋生物多样性保护》	黄宗国、林茂、徐奎栋等	科学出版社	
2022	《中国海洋生物遗传多样性》	黄宗国、吴仲庆、李渊、李和阳等	科学出版社	
2022	《中国海洋浮游生物》	黄宗国、邵广昭、伍汉霖、林茂等	科学出版社	
2022	《中国海洋游泳生物》	黄宗国、伍汉霖、邵广昭、林茂	科学出版社	
2022	《中国海洋底栖生物》	黄宗国、徐奎栋、林茂、李荣冠、周时强等	科学出版社	
2022	《中国珊瑚礁、红树林和海草场》	黄宗国、林茂、黄小平、王文卿	科学出版社	

续 表

出版年份	著作名称	作者	出版单位	备注
2023	《中国东部超大城市群生态环境研究报告》	唐立娜、周伟奇 等	科学出版社	
2023	《春潺入海：厦门大学环境科学的成长》	袁东星*、李炎、洪华生*	厦门大学出版社	
2023	《景感生态学与生态基础设施》	石龙宇等	中国环境出版集团	
2023	《论环境利益的环境法保障》	何佩佩	厦门大学出版社	

后　记

《1921—2021中国共产党厦门历史大事记》《中共厦门地方史大事记》共同记载了一件大事：1983年12月3日，厦门市环境科学学会成立并举行第一次理事会。

厦门市环境科学学会是厦门市环境科技工作者自愿组成的学术性、科普性社会团体。40年来，厦门市环境科学学会历届理事会一以贯之坚持"三服务一加强"（"努力为广大科技工作者服务，为经济社会全面协调可持续发展服务，为提高公众科学文化素质服务，全面加强科协组织的自身建设"）的工作方向，团结全市生态环境科技工作者，紧紧围绕厦门市生态环境保护工作和生态文明建设的中心任务，奋力实施环境科技创新驱动发展战略，广泛深入地进行学术交流、科学普及、技术培训和技术服务等活动，为党和政府的科学决策服务，积极推动对外对台的生态环保交流与合作。

厦门市环境科学学会历届的理事和会员在这个开放型服务平台上筑梦、追梦、圆梦，出现了福建省人大常委会副主任、福建省政协副主席1个，中国科学院院士、中国工程院院士和欧洲科学院外籍院士、加拿大工程院院士、俄罗斯科学院外籍院士6个，福建省科协副主席4个，中国科学院城市环境研究所所长、书记、副所长3个，厦门大学副校长2个，集美大学校长2个，厦门市科协主席2个、副主席4个，自然资源部第三海洋研究所所长2个，副所长4个，厦门市环境保护办公室主任2个，厦门市环境保护局局长、巡视员3个……而更多的厦门市环境科学学会会员也做出了许许多多彪炳史册的辉煌业绩。厦门经济特区奋勇前行的成长轨迹中，始终充盈着厦门市环境科学学会及其会员的身影。厦门市环境科学学会锐意进取的历程及其成效，确实是厦门市生态环境保护事业的一件大事。

2023年2月，厦门市环境科学学会常务理事会认为，有必要以翔实的史料来记述厦门市环境科学学会成长为充满生机活力的新型社会组织的历程，讴歌厦门市环境科学学会及其会员为开拓厦门的生态环境科技事业作出的贡献。为此，决定出版一部《厦门市环境科学学会会史》，并推举理事长为编撰会史的不二人选。

2020—2021年，理事长曾在中共厦门市委领导策划、指导下和中共厦门市委办公厅、中共厦门市委党史和地方志研究室、市政府相关部门全力支持下，执笔编写《筼筜故事：生态文明建设厦门实录》一书，并参与“筼筜故事”厦门生态文明建设展示馆策展。当时收集、整编的大量的历史资料为《厦门市环境科学学会会史》的编写奠定了基础。

2023年，在收集、核实厦门市生态环境科技史料的过程中，又得到了厦门市环境科学学会各会员单位的鼎力支持。特别是，厦门大学、自然资源部第三海洋研究所、中国科学院城市环境研究所、厦门市环境监测站、厦门市环境科学研究院、华侨大学化工学院、厦门理工学院环境科学与工程学院、福建龙净脱硫脱硝工程有限公司提供了单位简介和取得的生态环境科研成果及其奖项，厦门市科技局、厦门市档案馆提供了相关的资料，厦门市环境宣传教育中心、洪华生、卢昌义、谢小青等提供了相关照片，余兴光、袁东星、孙飒梅、郑煜铭、王新红、庄马展、王建春、洪俊明、陈彬、崔胜辉、邵银环、叶丽娜、张继伟、庄洁、张珞平、叶文建、关琰珠、薛东辉、王博、陈志鸿、陈立义、张雪静等会员都积极地为本书的编撰提供相关资讯和帮助。江素梅为厦门市环境科学学会成立40周年创作了一幅国画并作为本书封底。中共厦门市委党史和地方志研究室副主任樊荣兵对一些史料的处理提供了指导意见。

由于厦门市环境科学学会从诞生之日就把生态环境管理作为环境科技服务的主战场，厦门市环境科学学会会史必须以服务生态环境管理为主线来谋篇与行文。因此，本书所刻画的厦门市环境科学学会会史不啻是一部厦门市生态环境科技史，也是一部厦门市现代生态环境治理的行政史，而且充满着现代科技团体有效、管用的宝贵经验和鲜活样本，富有创造性、反映规律性、展现系统性、具有示范性。

为了使这部史书具有存世与传世的价值，本书把历年厦门市生态环境科技工作者参与生态环境科技工作获得的科研成果及其奖项载入史册。当然，遴选的项目只能是国家、省、部（委）和地市政府颁布的与生态环境保护相关的自然科学奖、科技进步奖、技术发明奖和专利奖及社会科学成果奖，生态环境部和中国科协设立的环境保护科学技术奖，国家一级学会颁布的与生态环境保护相关的科学技术奖、创新成果奖、工程科学技术奖和专利奖及标准贡献奖。此外，本书也收录了厦门市环境科技工作者出版的生态环境科技专著以及缘于厦门的生态环境科技著作。

《履践致远：厦门市环境科学学会会史》脱稿之后，福建省人大常委会原副主任洪华生、厦门市人民政府原副市长潘世建、厦门市生态环境局局长何伯星审核了书稿，余兴光、袁东星、庄洁、方青松等会员提出了修改和补充意见。洪华生还欣然为本书作序。本书付梓之际，传来习近平总书记对厦门持之以恒做好海洋生态修复予以充分肯定。厦门市一些部门从本书样书订正版中提取了相关素材，为中央媒体重磅聚焦宣传习近平生态文明思想“厦门实践”和美丽河湖、美丽海湾优秀案例采风行提供服务。

由于本书涉及生态环境科学交叉的诸多学科和行政、科技、社会、经济等方面及政产学研用各层次，涵盖范围广泛，资料征集工作量大，编撰时间紧迫，编者水平和阅历有限，所述内容难免有疏漏和不周之处，敬请广大读者不吝批评指正。

本书的出版获厦门市优秀人才专项资金资助和厦门市环境科学学会资助。

谨此对为本书的编写、出版提供资料和帮助的所有单位和个人深表感谢！

编著者

2024年3月